配视频

数字信号处理

从入门到进阶

U0205499

潘矜矜
潘丹青 ｜ 编著

化学工业出版社
·北京·

内 容 简 介

本书基于数字信号处理技术的特点，分 3 大部分，从理论知识和实战解析两个角度，详细讲解了数字信号处理的相关知识。

第 1 部分是入门理论，主要介绍数学基础、离散信号与系统基本原理及相关理论。

第 2 部分是进阶知识，主要内容为离散傅里叶变换 DFT、FFT 以及数字信号处理中关于采样、谱分析等实际问题的讨论，帮助读者迅速建立起数字信号处理的知识体系框架。

第 3 部分是滤波器设计与实现，详细讲解了模拟滤波器基础、IIR 数字滤波器、FIR 数字滤波器设计原理以及滤波器的结构等内容。

本书配有视频资源，对关键内容做重点解读，扫描二维码即可观看。

本书可作为电子信息工程、通信工程、信号与信息处理等专业高年级本科生或研究生的参考资料，也可供从事交叉学科如人工智能、医学工程等专业的工程技术人员学习使用。

图书在版编目（CIP）数据

数字信号处理从入门到进阶：配视频/潘矜矜，潘丹青编著 . —北京：化学工业出版社，2023.3（2024.2 重印）
ISBN 978-7-122-42714-4

Ⅰ.①数… Ⅱ.①潘…②潘… Ⅲ.①数字信号处理
Ⅳ.①TN911.72

中国国家版本馆 CIP 数据核字（2023）第 009739 号

责任编辑：贾 娜　　　　　　　　文字编辑：陈 锦 陈小滔
责任校对：李 爽　　　　　　　　装帧设计：史利平

出版发行：化学工业出版社（北京市东城区青年湖南街 13 号　邮政编码 100011）
印　　装：三河市延风印装有限公司
787mm×1092mm　1/16　印张 22　字数 516 千字　　2024 年 2 月北京第 1 版第 2 次印刷

购书咨询：010-64518888　　　　　售后服务：010-64518899
网　　址：http://www.cip.com.cn
凡购买本书，如有缺损质量问题，本社销售中心负责调换。

定　　价：128.00 元

前　言

　　第一次承担数字信号处理这门课程的教学任务时，教学对象是自动化专业的大四学生，授课学时仅安排 30 个学时；第二次上课的教学对象是通信工程专业中职升本班学生，学时是 48 学时。他们的特点，前者是没有信号与系统基础，后者，干脆是没有上过高中。在教学过程中，最大的感受就是面对那些缺少基础知识的学生，最需要的就是一本适合他们的参考书，能够将数字信号处理学习需要的背景知识，用与他们的知识储备和认知水平相匹配的方式进行铺垫，从简单的必要知识开始，逐步过渡到貌似高深的先进技术的那些原理。事实上，对于大多数初学者来说，要掌握数学在通信技术中的应用逻辑和方法，不断复习和应用数学方面的知识也是很有必要的。

　　当我开始第三次数字信号处理课程教学时，有了一个很好的契机。那是在 2020 年春季学期，因为新冠肺炎疫情的影响，学生只能在线学习，我的课程变成了直播课。每次直播后，我会将当时的授课内容进行精简，以知识点对应的例题习题为单元，做成一个个 10 多分钟的短视频，取名《数字信号处理教程（超浓缩版）》，应学生们的要求发布到年轻人最多的 B 站平台。全部视频只有 8 个多小时，主要是想给学生们一个课后复习的平台，帮助其顺利通过考试。没想到的是，全国很多学生和相关行业的科技人员都关注了这个视频，并通过私信以及其他方式提出了很多自己碰到的难题、实际应用时遇到的场景以及对视频内容的见解，这些对我启发非常大。在他们的建议下，我不断优化视频内容，并将自己在各种教材习题、例题、考研真题等题目的解题过程中发现的知识断点加以补充和完善，在确保视频深入浅出的基础上，力求保证数学的严谨性。这个视频从发布到现在，经历了三个年头，播放量已经达到了 100 多万，每个学期的期末，更是常有学生通宵刷视频，成为很多在校大学生的 B 站年度陪伴视频。

　　在出版社编辑的建议下，基于以上视频内容，我们做了进一步的完善，形成了本书。编写过程中，充分考虑了读者的数学基础，从初学者的角度编排讲授顺序，尽可能忽略繁杂的数学推导，突出基本概念，通过理论公式与例题相结合的形式，深入浅出，帮助读者充分理解覆盖的知识点，重点培养读者应用数学知识解决问题的能力，从而使读者能够高效地学习并掌握基本概念及知识点的用法和算法原理，迅速建立起数字信号处理的知识体系框架。

　　本书共分为 3 个部分。第 1 部分是入门理论，主要介绍数学基础、离散信号与系统基本原理及相关理论，入门知识内容与信号与系统课程离散部分基本是交叉的，没有信号与系统基础的读者可以从这个部分开始阅读。第 2 部分是进阶知识，主要内容为离散傅里叶变换 DFT、 FFT 以及数字信号处理中关于采样、谱分析等实际问题的讨论。第 3 部分是滤波器设计与实现，主要内容是模拟滤波器基础、 IIR 数字滤波器、 FIR 数字滤波器设计原理以及滤波器的结构等内容。

本书配有视频资源，对关键内容做重点解读，扫描二维码即可观看。

感谢我的合作者桂林航天工业学院潘丹青老师。潘丹青具有扎实的专业基础、严谨的学术作风以及丰富的教学经验，为本书的数学理论、计算机编程、行文规范性等关键方面提供了强有力的专业支持。另外，本书配套视频的剪辑工作由蔡锦峰和杨锦文协助完成。

感谢我的同事，我们是一个很好的团队——桂林航天工业学院通信工程教学团队，我们团结和谐，专业务实，为教育事业孜孜不倦地耕耘。为了让我顺利完成本书的编写工作，同事们提供了很多专业建议，并且不断地鼓励我坚持完成本书的写作。当然，这个团队，包括本书的出版，也获得了桂林航天工业学院教务处的大力支持，包括资金支持和政策支持。

对于探索数字信号处理技术浩瀚海洋而言，本书只能起到一个抛砖引玉的作用。希望读者能够从中获得一些启发，最终应用到新技术中去。

由于时间紧迫，知识有限，书中难免存在不妥之处，恳请读者批评指正。

桂林航天工业学院　潘矜矜

目　录

第 2 部分　进阶知识　　135

绪论

数字信号处理是大数据时代重要的技术基础。随着通信技术的发展，它不仅成为电子信息工程专业和通信工程专业本科的必修课，很多与大数据、人工智能、生物医学等相关的专业也需要学习数字信号处理。

数字信号处理可以简单地定义为：用数值计算的方法对信号进行处理。信号处理一般包括变换、滤波、检测、频谱分析、调制解调和编码解码等。数值计算则是指对信号（观测数据的数值）进行变换所用的数学运算，如加减、微分积分及积分变换等，或者抽象其数学模型使之便于分析、识别并加以应用。

（1）数值的来源

① 计算机输入输出信号　计算机是典型的数字设备，举个例子，我们经常用的键盘，每个按键对应的就是一个 ASCII 码，A 键的值是 01000001，相当于十进制的 65，计算机输入的都是一些二进制只有 1 和 0 的数字信息，输出也是如此。

② 数码设备的信号　如图 0-1(a) 所示的黑白图片即为数码设备图片，图 0-1(b) 是数据在计算机中的存储形式，可以看到是由 0 和 255、254 这样的数字组成的，255 用 8 位二进制表示是 11111111，254 则是 11111110，也就是说，图像在计算机中是以二进制数据存储在数字设备中的。

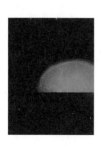

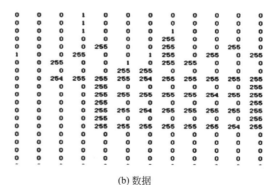

(a) 黑白图片　　　　　　　　　　　　　(b) 数据

图 0-1　数码设备图片及存储数据示意图

图 0-2 中，原模拟信号为连续曲线，圆点对应的竖线是采样点对应的样值，样值的大小是模拟曲线上对应的电平值，这个值也是连续取值；通过量化得到有限个电平值，得到数字信号，数字信号可以用一定数量的数码来编码，本例中 3 位数码编码表示量化电平数为 8 位。

③ 模拟信号通过时间离散转换成离散时间信号　图 0-2 所示为一个正弦模拟信号通过采样、量化转换成一个样值编码，以编码形式将离散函数值存储在设备中，可以用来进行各种处理和计算。

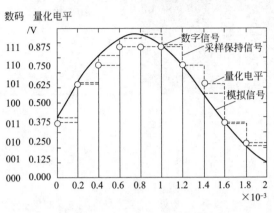

图 0-2　模拟信号数字化示意图

第 3 个来源是通信技术中较常见的，即通过采样、量化得到离散的时域信号。本书 2.1 节将重点分析连续模拟信号通过采样转换为离散信号的时域过程，第 4 章 4.2.4 节分析采样信号的频谱，这是整个数字信号处理中最基础的部分，也是最关键的部分。

（2）数值计算及基本算法思路

从定义可以看出，数字信号处理有两个关键的部分，一是数值，二是计算。数值可以通过信号采样或者数据设备输出获得；计算则是数字信号处理最核心的问题。

计算考虑两个层次的问题，一个层次是算法的原理，另一个层次是如何根据这个算法原理实现运算的步骤。

算法原理可以理解为某种函数的计算公式，比如给出一组数据求它们的和，加法就是算法的原理；但是如果数据为 N 个常数 a，可以用乘法 $a \times N$ 来表示，则乘法也是它的算法原理。

所谓的算法，是对某一特定问题的求解步骤的一种描述。

比如大家熟悉的这个数学表达式：

$$1 + 2 + 3 + 4 + 5 = \sum_{n=1}^{5} n = \frac{(1+5) \times 5}{2} = 15$$

这个式子中，第一个等号左边的 5 个数字连加，其中蕴含的数学原理是加法运算，表示将 5 个数据相加；求和公式抽象概括了连续加法运算、被加数各个数值的数学规律以及求和的项数。

对于 5 个数字的求和运算，可以采用将数字依次相加的方法求和，也可以用 N 项和公式来求解。第二个等号右边是应用等差数列 N 项和公式求解。这就是算法选择的问题，无论选择何种算法，计算结果 15 都是相同的。

数字信号处理是利用专用或通用的数字系统（包括计算机）对系统的数值进行计算的，其算法基础全部源自数学，其中傅里叶变换和快速傅里叶变换是数字时代最著名的算法。

一般来说，信号处理会选择采用效率更高的算法，这就有了算法设计。作为最终目标，我们要做的还是将每个自变量对应的函数值计算出来，其特点仍是一种以人力可以计算为基础的算法，计算机辅助实现只是基于可行的步骤将大量数值在算法基础上进行重复计算的工作。放弃对算法原理的理解，完全依赖机器自觉完成数据处理，在效率上终究会存在些许缺陷。

（3）数字信号处理的实现

数字信号处理的实现有两种方式，一种是基于软件处理的数值计算，一种是基于软硬件结合的数字信号处理。

基于软件处理的数值计算，就是设计各种系统的模拟、仿真，比如移动通信的信道，我们可以用一些数学模型来对它进行仿真，也可以对一些传统的参数进行修正，经过实验，不断地改进参数，所以一般会更注重基于数字信号处理的算法设计。

基于软硬件结合的数字信号处理，即采用专用数字信号处理（DSP）芯片及相应的电路芯片，在硬件环境下运行软件实现某种算法就可以成为实际使用的设备，比如 TMS32 系列、ARM、FPGA 等芯片都可以完成软硬件结合的数字信号处理。

（4）数字信号处理的特点

相较于传统模拟信号处理，数字信号处理具有以下优点：

第一是灵活性强，数据存放在存储器中，往往几个参数的改变就可以改变算法的结果，或者对系统有决定性的改进甚至得到不同的系统。以深度学习为例，这个领域的算法很成熟，可以应用于任意的场合，图像处理、语音处理、机器智能等不同的应用场景参数是不同的，通过实验测试参数以及调整，可以在很多领域得到不同的应用。

第二是高精度和高稳定性。模拟系统的精度依赖于电容、电感等电路元件的精度，这些元件的精度很难达到 10^{-3} 以上，模拟系统的精度也因此受到很大的限制。而数字系统的高精度主要决定于计算的位数，只要 16 位字长就可以接近 10^{-5} 的精度，如果想要精度提高，还可以采用更高位数，例如 32 位、64 位，精度可以越来越高。高稳定性则与芯片制造技术有关，随着芯片制造技术的不断提高，半导体器件的性能也越来越稳定。

第三是数字电路的元件都具有高规范性，便于大规模集成、大规模生产。

当然，从目前来看，数字信号处理也有一定的局限性。比如其系统复杂性高、成本高。数字信号处理器需要采用特殊功能的微处理器芯片，且两端还需要配备额外的 ADC（模数转换器）和 DAC（数模转换器）组件以及控制电路。对于仅仅实现一个一般功能的低通高通滤波器，采用传统的电容、电感元件实现相同性能的 LC 模拟滤波器所用的电路要简单得多，成本也低。

数字信号处理速度与精度的矛盾也是数字信号处理系统设计的一个重要问题，精度越高，处理的位数就越多，而计算量也会大大增加，从而影响处理速度。

数字信号处理器工作的功率损耗也比相同性能的 LC 模拟器件高，还有在处理高频信号时受 ADC 和 DAC 的影响，动态范围也会受到很多限制，在实际设计的时候都要考虑。

不管怎么说，数字信号处理技术在现代各个领域的应用越来越广泛，除了通信领域外，还涉及消费电子与仪器、工业控制与自动化、医疗、生物医学工程及军事领域的实际应用，成为越来越多学科的必修课。

第 1 部分
入门理论

　　知识是有连续性的。可能当你开始想学习数字信号处理时，会觉得自己在此之前要懂信号与系统，再之前应该掌握高等数学、线性代数、概率论，甚至还应该更深入地学习复变函数、随机过程、矩阵论、泛函分析、信息论……想到这些，很多人就打算放弃学习数字信号处理了。

　　真的是这样吗？

　　事实上也没有这么难，因为即使有这么多必学的数学课程，但每一门课程中真正应用于通信的知识并没有那么多。

　　学着学着你就会发现，好像很多知识它就是背景，一个模糊了的背景，在工程应用中能够用得上的，就是那些已经刻入你 DNA 里的东西；而且可能更多的是那些年少时怎么都不曾明白的数学知识，在此刻再一次用到，却变得那么显而易见了。

　　我们通常用到的教材都有非常详细和完美的数学逻辑。因为作者们都是数学家或者在数学和通信方面都有相当造诣的专家们，他们受到数学家文化的影响，往往追求将数学之美展现到极致，即尽可能用最简洁的语言将问题描述清楚。这样的数学之美是很多数学家经过历史的沉淀而凝练出来的，初学者并不一定欣赏得来。

　　本书的特点是在你受困于经典教材的内容时，为你找到你遗漏了的某个知识点，并以不那么完美的表述方式将这些知识用能引起你共鸣的逻辑体现出来，让你恍然大悟，回头阅读经典教材时，你可以畅快淋漓地一目十行。

　　入门理论的内容一共有 4 章，包括数学基础、离散时间序列的信号分析、离散时间系统时域分析和离散时间信号与系统变换域（z 变换和序列傅里叶变换）分析，这些内容包含必要的数学知识、信号与系统离散部分知识，如果是通信工程专业的高年级学生，基本都已经学过了，可以直接从第 2 部分进阶开始学习。如果没有这些基础，从头开始学数字信号处理，则可以通过第 1 部分快速入门，建立起必要的信号分析的知识框架。

第1章 数学基础

自然科学是以数学为基础的。

本章所涉及的数学基础，并不是以学习数学的顺序来编排的，也不一定涉及所有的数学知识，可能也不是那么完美。这只是一些在数字信号处理与分析中需要用到的数学知识。可能有些都算不上知识，仅仅是数学的解题技巧而已。这些技巧可能正好是每个阶段的数学学习中都被遗漏了的内容。

在定理描述过于抽象或无法完美表述时，本书选择了用例题辅助的方法，特别是在技巧的应用上，例题作为一种说明方式，其内涵还需要各位读者自己去体会和总结。希望这里的例题正好是你在学习过程中做不出来的习题。

1.1 连续信号和离散信号

连续是指连续不间断的状态。自然界的时间是典型的以时间为自变量的函数，称为连续时间函数。为了计算这些连续时间函数，发展出了导数和积分的概念，导数用来计算函数的变化率，积分则可以计算函数图形下方的面积。无穷小量的时间间隔对应的面积累积的定点形状就是近似的函数波形。微积分运算时对无限小量的计算，是一种无限运算，这是数学严密逻辑体系的完美体现。

利用计算机辅助数值计算恰恰是要打破这种无穷小的格局，用一种有限运算来处理信号的运算，微分用差分替代，积分则用求和替代，这种有限运算是更具体的数学。为了实现这个有限计算的目的，必然要牺牲部分无限取值，将连续的状态转变为离散的、间断的状态。

连续时间信号可以看成以时间 t 为自变量的函数，用 $x(t)$ 来表示，函数的值域通常也是连续的，这种信号也叫模拟信号。自然界中大多数信号都是连续时间信号，如语音信号、心电信号、模拟电路中的电压电流等。

离散时间信号可以通过对连续时间信号等间隔采样得到，设采样时间间隔为 T_s，下标 s 是英文 sampling 的缩写。采样后的信号记为 $x(nT_s)$，n 是整数，表示采样后信号由原连续信号等间隔的函数值构成。采样时间间隔在不同场合选取的值不一样，但是采样值所形成

的序列是以 n 为顺序存放和处理的，所以一般在讨论离散时间信号时，用 $x(n)$ 替代 $x(nT_s)$，这是一种数学抽象，在表示方法和各种数学定义归纳和推导上更加简洁。这时忽略的关于 T_s 的物理意义，在恢复模拟信号时仍是非常重要的，比如一段采样的语音信号忽略 T_s 的大小而存放，在读出数据时，播放时间间隔 $T>T_s$ 会听到慢速的语音，$T<T_s$ 则会听到语速变快的语音，这都可以体现为数据恢复的偏差。

本书中用 $x(t)$ 或 $f(t)$ 表示连续时间信号，$x(n)$ 或 $f(n)$ 表示离散时间信号，判断连续时间信号和离散时间信号的关键在于自变量的类型，自变量为 t 表示连续时间信号，自变量为 n 表示离散时间信号。

【例 1.1.1】 根据波形判断下列信号是连续时间信号还是离散时间信号。

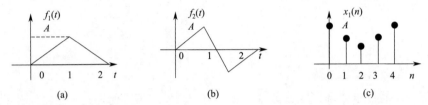

解： 根据连续时间信号和离散时间信号的定义可以判断 $f_1(t)$、$f_2(t)$ 为连续时间信号，$x_1(n)$ 为离散时间信号。

1.2　复数和复变函数

简单地说，实数包含有理数、无理数。在数轴上任意一个点对应一个实数。

复数的表示需要引入虚数单位 j 代表不同于任何实数的数，其平方等于 -1。现实中常见的时域信号多数都是实变量函数。引入虚数单位使得数的概念广义化，由此产生了复数的定义。

傅里叶变换的频谱函数 $F(\omega)$，拉普拉斯变换中的复变量 $s=\sigma+j\omega$，以及 z 变换中的复变量 $z=re^{j\omega}$ 都是复数。信号与系统分析的大多数理论都是以复变函数为基础的，因此掌握复变量的含义以及一些有关复变函数的知识是很有必要的。

注意：习惯上数学用 i 表示虚数单位，工程领域一般用 j 表示虚数单位。

1.2.1　复数的表示

（1）复数的定义

在初等代数的实数范围内，方程

$$x^2=-1$$

是无解的，因为没有一个实数的平方等于 -1，由此引入了虚数

$$j^2=-1$$

j 是 $x^2=-1$ 的一个根。

对于任意两个实数 a、b，若 $z=a+bj$，则 z 是复数，其中 a、b 分别称为 z 的实部和虚部，记为：$a=\mathrm{Re}(z)$，$b=\mathrm{Im}(z)$。当 $a=0$ 时，$z=bj$ 是纯虚数；当 $b=0$ 时，$z=a$ 是

实数。

一个复数等于零，必须且只需它的实部和虚部同时为零；两个复数相等，必须且只需它们的实部和虚部同时相等。复数与实数不同，一般来说两个复数不能比较大小。

（2）复数的表示

用实数 a、b 表示复数是初等代数中的表示方法，更一般地，常用有序实数 x、y 来表示复数。

① 复数的直角坐标表示法　一般任意复数 $z = x + \mathrm{j}y$ 与一对有序实数 x、y 成一一对应关系，所以对于二维平面上给定的直角坐标系，复数 $z = x + \mathrm{j}y$（或 $z = x + y\mathrm{j}$）可以用该平面上坐标为 (x, y) 的点来表示，此时 x 轴是实轴、y 轴是虚轴，x 轴、y 轴所在的平面称为复平面或 z 平面。

② 复数的向量表示法　复数 z 还能用从原点指向点 (x, y) 的平面向量来表示。

向量的长度 r 称为 z 的模或绝对值，记为：

$$|z| = r = \sqrt{x^2 + y^2} \tag{1.2.1}$$

也可以将复数的模简记为 $\bar{z}$。

当 $z \neq 0$ 时，表示 z 的向量与 x 轴正向间的交角 θ 称为 z 的辐角，记为：

$$\arg z = \theta$$

这时有：

$$\tan(\arg z) = \frac{y}{x} \tag{1.2.2}$$

复数在复平面上的向量可以绕原点旋转，因此任何一个复数 z（$z \neq 0$）有无穷多个辐角，设其中一个辐角为 θ_1，则：

$$\arg z = \theta_1 + 2k\pi\,(k \text{ 为任意整数}) \tag{1.2.3}$$

式(1.2.3) 给出了 z 的全部辐角，在 z 的全部辐角中，定义满足 $-\pi \leqslant \theta_0 \leqslant \pi$ 的辐角 θ_0 为 $\arg z$ 的主值，记为：

$$\theta_0 = \arg z \tag{1.2.4}$$

结合式(1.2.2)、式(1.2.4) 可以看出，z 的辐角是由 $\arctan\left(\dfrac{y}{x}\right)$ 对应的角度以及复数所在的象限共同决定的。

对于用直角坐标形式表示的复数，可以在直角坐标中将复数表示出来，而向量形式表示的复数则是在极坐标中表示的。

③ 复数的三角表示法　利用直角坐标与极坐标的关系：

$$x = r\cos\theta, \; y = r\sin\theta$$

复数还可以表示为：

$$z = r(\cos\theta + \mathrm{j}\sin\theta) \tag{1.2.5}$$

称为复数的三角表示法。

④ 复数的指数表示法　复数的指数表示法需要用到数学历史上的著名公式：

$$1 + \mathrm{e}^{\mathrm{j}\pi} = 1 + \mathrm{e}^{-\mathrm{j}\pi} = 0 \tag{1.2.6}$$

$$e^{j\theta} = \cos\theta + j\sin\theta \qquad (1.2.7)$$

式(1.2.7) 称为欧拉公式，是以著名的瑞士数学家欧拉的名字命名的。式(1.2.6) 中的 $e^{j\pi}$ 用 $\theta = \pi$ 的欧拉公式代入即可求解。这两个公式中，式(1.2.6) 被数学家们称为"上帝创造的公式"，因为它完美地包含了数学中最重要的几个数字：两个超越数自然常数 e 和圆周率 π，两个单位数虚数单位 j 和自然数单位 1，以及被称为人类伟大发现之一的 0。

由式(1.2.6)、式(1.2.7) 还可以得到复数的指数表示法为：

$$z = re^{j\theta} \qquad (1.2.8)$$

式中，r 是复数的模，θ 是复数的辐角或相角。复数的指数表示法是信号处理中最常用的表示方法，它可以将向量法中的模和辐角在同一个函数中体现出来，更利于理解模和辐角与一个复数之间的对应关系。

欧拉公式的重要应用是可以实现极坐标和直角坐标的转换。如果与复数对应的向量位于复平面的第一或第四象限，从欧拉恒等式可以直接得到实部和虚部；如果复数对应的向量位于第二或第三象限，需要先将复数的相角表示为 $\theta = \pi \pm \phi$，其中 ϕ 是向量与负实轴的夹角，由 $e^{j\pi} = -1$ 可得：

$$e^{j\theta} = e^{j(\pi \pm \phi)} = -e^{\pm j\phi} \qquad (1.2.9)$$

θ 为特殊角时，$e^{j\theta}$ 的值可以借助欧拉公式计算其对应的直角坐标表示形式，表 1-1 为常用 $e^{j\theta}$ 的对应的直角坐标形式复数。

表 1-1　常用 $e^{j\theta}$ 的对应的直角坐标形式复数

θ	$0/2k\pi$	$\dfrac{\pi}{8}$	$\dfrac{\pi}{6}$	$\dfrac{\pi}{4}$	$\dfrac{\pi}{3}$	$\dfrac{\pi}{2}$	π
$e^{j\theta}$	1	$\dfrac{1}{2}\left(\sqrt{2+\sqrt{2}} + j\sqrt{2-\sqrt{2}}\right)$	$\dfrac{1}{2}(\sqrt{3}+j)$	$\dfrac{\sqrt{2}}{2}(1+j)$	$\dfrac{1}{2}(1+j\sqrt{3})$	j	-1

由于 θ 表示的是极坐标中的向量的角度，因此 $e^{j\theta}$ 与正弦余弦一样具有周期性，即：

$$e^{j(\theta + 2k\pi)} = e^{j\theta} \qquad (1.2.10)$$

由欧拉公式同样也可以得到其他角度对应的直角坐标形式的复数，例如：

$$e^{j\left(\theta + \frac{\pi}{2}\right)} = \cos\left(\theta + \frac{\pi}{2}\right) + j\sin\left(\theta + \frac{\pi}{2}\right) = -\sin\theta + j\cos\theta \qquad (1.2.11)$$

【例 1.2.1】求 $z = -\sqrt{12} - 2j$ 的模和辐角，并将其转化为三角表示形式和指数表示形式。

解：

$$|z| = r = \sqrt{x^2 + y^2} = \sqrt{12 + 4} = 4$$

$$\tan\theta = \frac{y}{x} = \frac{-2}{-\sqrt{12}} = \frac{\sqrt{3}}{3}$$

由于 z 在第三象限，所以 $\theta = -\dfrac{5}{6}\pi$。

z 的三角表示是：

$$z = r(\cos\theta + j\sin\theta) = 4\left[\cos\left(-\frac{5}{6}\pi\right) + j\sin\left(-\frac{5}{6}\pi\right)\right]$$

$$= 4\left(\cos\frac{5}{6}\pi - j\sin\frac{5}{6}\pi\right)$$

z 的指数表示是：

$$z = re^{j\theta} = 4e^{-j\frac{5}{6}\pi}$$

⑤ 共轭复数　两个复数，若实部相等，虚部符号相反，则称为共轭复数，记为 z 和 z^*，其关系为：

$$\text{Re}(z) = \text{Re}(z^*), \text{Im}(z) = -\text{Im}(z^*) \tag{1.2.12}$$

共轭复数具有相同的模，其辐角符号相反。

$$z = a + jb = r(\cos\theta + j\sin\theta) = re^{j\theta} \tag{1.2.13}$$

$$z^* = a - jb = r(\cos\theta - j\sin\theta) = re^{-j\theta} \tag{1.2.14}$$

（3）复数的运算

① 复数的加与减　两个复数 $z_1 = x_1 + jy_1$，$z_2 = x_2 + jy_2$ 的加法和减法计算如下：

$$z_1 \pm z_2 = (x_1 + jy_1) \pm (x_2 + jy_2) = (x_1 \pm x_2) + j(y_1 \pm y_2)$$

② 复数的乘法与除法　直角坐标形式表示的复数的乘法：

$$z_1 z_2 = (x_1 + jy_1)(x_2 + jy_2) = x_1 x_2 - y_1 y_2 + j(x_1 y_2 + y_1 x_2)$$

直角坐标形式表示的复数的除法：

$$\frac{z_1}{z_2} = \frac{x_1 + jy_1}{x_2 + jy_2} = \frac{x_1 x_2 + y_1 y_2 + j(y_1 x_2 - x_1 y_2)}{x_2^2 + y_2^2}$$

指数形式表示的复数乘除法：设 $z_1 = r_1 e^{j\theta_1}$，$z_2 = r_2 e^{j\theta_2}$，则：

$$z_1 z_2 = r_1 e^{j\theta_1} r_2 e^{j\theta_2} = r_1 r_2 e^{j(\theta_1 + \theta_2)} \tag{1.2.15}$$

$$\frac{z_1}{z_2} = \frac{r_1 e^{j\theta_1}}{r_2 e^{j\theta_2}} = \frac{r_1}{r_2} e^{j(\theta_1 - \theta_2)} \tag{1.2.16}$$

即两个复数的乘积的模等于它们的模的乘积，两个复数的乘积的辐角等于它们辐角之和；两个复数的商的模等于它们的模的商，两个复数的商的辐角等于被除数与除数的辐角之差。

对于 z 和 z^*，有：

$$zz^* = r^2 = |z|^2 = a^2 + b^2 \tag{1.2.17}$$

③ 复数的乘幂与方根　n 个重复的 z 的乘积称为 z 的 n 次幂，记为 z^n，设 $z = re^{j\theta}$，则：

$$z^n = (re^{j\theta})^n = r^n e^{jn\theta} \tag{1.2.18}$$

设方程 $\omega^n = z$，有 $\omega = \sqrt[n]{z}$，ω 称为 z 的 n 次方根，设 $z = re^{j\theta}$，则：

$$\sqrt[n]{z} = (re^{j\theta})^{\frac{1}{n}} = r^{\frac{1}{n}} e^{j\frac{\theta}{n}} \tag{1.2.19}$$

【例 1.2.2】已知 $z_1 = 5 - 5j$，$z_2 = -3 + 3j$，求 $z_1 + z_2$、$z_1 - z_2$、$z_1 z_2$、$\dfrac{z_1}{z_2}$。

解：

$$z_1 + z_2 = (5 - 5j) + (-3 + 3j) = 2 - 2j$$

$$z_1 - z_2 = (5 - 5j) - (-3 + 3j) = 8 - 8j$$

$$z_1 z_2 = (5-5j)(-3+3j) = 30j$$

$$\frac{z_1}{z_2} = \frac{5-5j}{-3+3j} = \frac{(5-5j)(-3-3j)}{(-3+3j)(-3-3j)} = -\frac{5}{3}$$

因为本题中两个复数的辐角是特殊角，用指数形式的乘除法也很方便，先将复数转化成指数形式：

$$z_1 = 5 - 5j = 5\sqrt{2}\, e^{-j\frac{\pi}{4}}$$

$$z_2 = -3 + 3j = 3\sqrt{2}\, e^{j\frac{3\pi}{4}}$$

$$z_1 z_2 = 5\sqrt{2} \times e^{-j\frac{\pi}{4}} \times 3\sqrt{2} \times e^{j\frac{3\pi}{4}} = 30e^{j\frac{\pi}{2}} = 30\left(\cos\frac{\pi}{2} + j\sin\frac{\pi}{2}\right) = 30j$$

$$\frac{z_1}{z_2} = \frac{5\sqrt{2}\, e^{-j\frac{\pi}{4}}}{3\sqrt{2}\, e^{j\frac{3\pi}{4}}} = \frac{5}{3} e^{-j\pi} = \frac{5}{3}\left[\cos(-\pi) + j\sin(-\pi)\right] = -\frac{5}{3}$$

1.2.2 复变函数

复变函数是指自变量为复数的函数。

(1) 复变函数的概念

以复数 $z = x + jy$ 为自变量的函数称为复变函数，记为：

$$w = f(z) \tag{1.2.20}$$

由于给定了复数 $z = x + jy$ 就相当于给定了两个实数 x 和 y，若 x 和 y 都是自变量 t 的实函数，则有 $z = x(t) + jy(t)$，即复变函数 z 在实平面和虚平面分别对应两个实函数 $x(t)$ 和 $y(t)$。

也可以表示为：

$$\mathrm{Re}(z) = x(t),\ \mathrm{Im}(z) = y(t) \tag{1.2.21}$$

则 z 也可以看成 t 的函数，即：

$$z(t) = x(t) + jy(t) \tag{1.2.22}$$

其模为：

$$|z(t)| = \sqrt{x^2(t) + y^2(t)} \tag{1.2.23}$$

辐角的计算与复数计算方法相同，要综合考虑 $\arctan\left[\dfrac{y(t)}{x(t)}\right]$ 及复数的象限获得。

(2) 用指数形式的复变量表示的复变函数

以指数形式的复变量表示的复变函数表示为 $z(t) = r(t)e^{j\theta(t)}$，其模为 $|z(t)| = r(t)$，辐角为 $\arg(z) = \theta(t)$。

一般来说，普通的二维函数是无法表示复变函数的，所以采用实部、虚部和模、辐角分别按其函数描述出二维波形，组合在一起得到一个复数的波形。

【例1.2.3】已知复变函数 $z(t) = \cos(\omega_0 t) + j\sin(\omega_0 t)$，$\omega_0 = 2\pi$，$0 < t < \dfrac{\pi}{2}$，画出 z 的实平面和虚平面波形及其模和辐角波形。

解：实平面的波形即：

$$\mathrm{Re}(z)=x(t)=\cos(2\pi t)$$

虚平面波形为：

$$\mathrm{Im}(z)=y(t)=\sin(2\pi t)$$

模为：

$$|z(t)|=\sqrt{x^2(t)+y^2(t)}=\sqrt{\cos^2(\omega_0 t)+\sin^2(\omega_0 t)}=1$$

辐角为：

$$\arg(z)=\arctan\left[\frac{\sin(\omega_0 t)}{\cos(\omega_0 t)}\right]=\arctan[\tan(\omega_0 t)]=\omega_0 t,\ 0<t<\frac{\pi}{2}$$

画出相应波形图如图 1-1 所示。

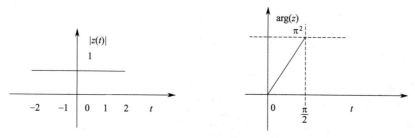

图 1-1 【例 1.2.3】图

1.2.3　相量与正弦稳态

由于 $\sin\left(\theta+\dfrac{\pi}{2}\right)=\cos\theta$，表示余弦为同角正弦超前 $\dfrac{1}{4}$ 周期得到，习惯上将正弦余弦信号统称为正弦信号。

周期正弦信号可以用下式表示：

$$x(t)=A\cos(\Omega_0 t+\psi),\ -\infty<t<\infty \tag{1.2.24}$$

式中，A 为振幅，或称幅度；$\Omega_0=2\pi f_0$ 为角频率，单位是 rad/s；f_0 是频率，单位赫兹（Hz）；ψ 为以弧度为单位的初始相位（初相）。信号 $x(t)$ 对所有 t 值都有定义，$x(t)$ 的函数值以 $T_0=\dfrac{1}{f_0}$ 为周期重复出现。

如果已知式（1.2.24）中的角频率 Ω_0，则该余弦的值就由其振幅和相位来决定。即可以表示为：

$$\dot{X}=A\,\mathrm{e}^{\mathrm{j}\psi}=A\cos(\psi)+\mathrm{j}A\sin(\psi)=A\angle\psi \tag{1.2.25}$$

式中，$\dot{X}$ 称为相量，在正弦稳态分析中，$\dot{X}$ 可以是电压 $\dot{V}$ 或者电流 $\dot{I}$。从计算的角度，相量可以看成以某个角频率 Ω_0 沿正向（逆时针方向）旋转的向量，在计算相同频率下正弦信号叠加时，可转化成两个相量（复数）之和的计算。

1.3 有限级数和无穷级数

级数分为有限级数和无穷级数两种。有限级数主要研究如何求级数的和，无穷级数则主要研究其收敛性。在数字信号处理中常用的 z 变换、序列傅里叶变换和离散傅里叶变换 DFT 都需要用到无穷级数的求和。作为数学基础，需要将这两部分知识整合到一起，即解决如何求无穷级数和的问题。无穷级数包括数列、数项级数、函数项级数、傅里叶级数等。

1.3.1 关于级数的一般定义

（1）数列的定义及性质

按一定顺序排列的无穷多个数，称为无穷数列，在数字信号处理中也叫序列。数列中的数称为数列的项。在数列项中，相同的数可出现多次。若按一定的数学函数定义一个数列，则该数列中每一项能唯一确定，用通项公式 a_n 表示。

数列的极限：若对于任意小的 $\varepsilon > 0$，总存在指标 $n_0(\varepsilon)$，使得对于 $n > n_0$ 时的全部 a_n，恒有：

$$|a_n - A| < \varepsilon \tag{1.3.1}$$

上式表明，若对无限增加的参数 n，恒有 $a_n - A$ 任意小，则称无穷数列有极限 A。

若对于任意 $K > 0$，总存在指标 $n_0(K)$，使得对于 $n > n_0$ 时的全部 a_n，恒有：

$$|a_n| > K \tag{1.3.2}$$

则称无穷数列的极限为 $\pm\infty$。

（2）有限级数

和式

$$S_n = a_0 + a_1 + a_2 + \cdots + a_n = \sum_{i=0}^{n} a_i \tag{1.3.3}$$

称为有限级数，被加数 a_i（$i = 0, 1, 2, \cdots$）可以由一定公式给出，称为级数的项。常见的有限项级数有等差数列和等比数列两种，属于初等代数的范畴。

（3）无穷级数

无穷级数相对有限级数而言，其项数 $n \to \infty$。因此对于无穷级数，不但要研究如何计算无穷级数的和，还要研究无穷级数的和是否存在，即其通项是否收敛，其和的极限是否存在，即是否可和。

（4）无穷级数和无穷级数的和

① 无穷级数。

由无穷数列 $\{a_k\}$ 的各项 a_k，可得到以下表达式：

$$a_1 + a_2 + \cdots + a_n + \cdots = \sum_{k=1}^{\infty} a_k \tag{1.3.4}$$

称为无穷级数，简称级数，a_k 是级数的通项。

② 部分和。

有限和

$$S_1 = a_1, S_2 = a_1 + a_2, S_n = \sum_{k=1}^{n} a_k \tag{1.3.5}$$

称为部分和。

③ 级数的和及级数的敛散性。

若部分和数列 $\{S_n\}$ 收敛，则称级数式(1.3.4) 收敛，极限

$$S = \lim_{n \to \infty} S_n = \sum_{k=1}^{+\infty} a_k \tag{1.3.6}$$

称为级数的和。若式(1.3.6) 不存在或等于 $\pm\infty$，则称该级数发散，此部分和是无界或振荡的。因此要确定无穷级数是否收敛，只需确定数列 $\{S_n\}$ 的极限。

④ 级数收敛的一般定理。

级数收敛的必要条件：若收敛级数项列为零序列，即 $\lim_{n \to \infty} a_n = 0$，则级数收敛。

若开始时在级数中去掉有限个初始项或添加有限多个初始值，或者改变有限项次序，级数的敛散性不变；若级数的和存在，交换级数有限多项次序并不影响和的值。

若把收敛级数各项同时乘以相同因子 c，则级数的敛散性不变，且其和也变为原来的 c 倍。

把两个收敛级数

$$a_1 + a_2 + \cdots + a_n + \cdots = \sum_{k=1}^{\infty} a_k = S_1 \tag{1.3.7}$$

$$b_1 + b_2 + \cdots + b_n + \cdots = \sum_{k=1}^{\infty} b_k = S_2 \tag{1.3.8}$$

逐项相加或相减，得到的仍然是一个收敛序列，其和或差为：

$$(a_1 \pm b_1) + (b_2 \pm a_2) + \cdots + (b_n \pm a_n) + \cdots = \sum_{k=1}^{\infty} (a_k \pm b_k) = S_1 \pm S_2 \tag{1.3.9}$$

1.3.2 函数项级数

(1) 函数项级数的定义

各项均为同一自变量 x 的函数的级数称为函数项级数，函数项级数的一般形式为：

$$f_1(x) + f_2(x) + \cdots + f_n(x) + \cdots = \sum_{n=1}^{\infty} f_n(x) \tag{1.3.10}$$

(2) 数项级数的部分和（前 n 项和）

定义 $S_n(x)$ 是级数的前 n 项和为：

$$S_n(x) = f_1(x) + f_2(x) + \cdots + f_n(x) = \sum_{k=1}^{n} f_k(x) \tag{1.3.11}$$

(3) 收敛域

当 $x = a$ 时，若函数 $f_n(x)$ 所确定的常函数级数

$$f_1(a) + f_2(a) + \cdots + f_n(a) = \sum_{k=1}^{n} f_k(a)$$

收敛，即部分和 $S_n(a)$ 存在：

$$\lim_{n \to \infty} S_n(a) = \lim_{n \to \infty} \sum_{k=1}^{n} f_k(a) = S(a) \tag{1.3.12}$$

则称所有这样的 $x = a$ 构成的集合为函数项级数的收敛域。

1.3.3　幂级数

（1）幂级数的定义

形如

$$a_0 + a_1 x + a_2 x^2 + \cdots + a_n x^n + \cdots = \sum_{n=0}^{\infty} a_n x^n \tag{1.3.13}$$

或

$$a_0 + a_1(x - x_0) + a_2(x - x_0)^2 + \cdots + a_n(x - x_0)^n + \cdots = \sum_{n=0}^{\infty} a_n(x - x_0)^n$$
$$\tag{1.3.14}$$

的数项级数为幂级数，其中系数 a_i 及 x_0 为常数。

（2）幂级数的收敛域与收敛半径

若存在一个数，即收敛半径 $r > 0$，使得当 $|x - x_0| < r$ 时绝对收敛，而 $|x - x_0| > r$ 时发散。

收敛半径公式为：

$$r = \lim_{n \to \infty} \left| \frac{a_n}{a_{n+1}} \right| \text{ 或 } r = \frac{1}{\lim_{n \to \infty} \sqrt[n]{|a_n|}} \tag{1.3.15}$$

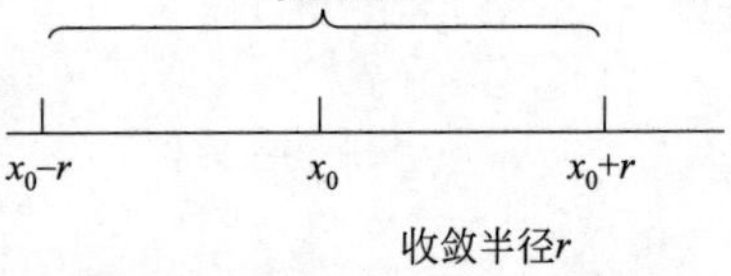

图 1-2　幂级数的收敛域与收敛半径

收敛域和收敛半径示意图如图 1-2 所示。

1.4　有理式的运算

代数是初中就开始接触的数学知识。在算术的基础上，把数字或符号，用加、减、乘、除、根式等运算符号连接起来，并通过各类符号确定运算顺序，由此得到的计算式称为代数式或项。

代数式中出现的一般数（符号）称为基本量。对于函数，自变量就是基本量，尚未给出数值的其他量是代数式的参数，有些代数式中比如在多项式、傅里叶级数和线性差分方程等情形中，参数称为系数。

代数式的基本量通常用字母表的后几个字母 x，y，z，u… 表示，用前几个字母 a，b，c… 表示参数，并用字母 m，n，p… 表示正整数参数值，比如求和或迭代。

代数式可以分为整有理式、有理式、无理式和超越式四种类型。

① 整有理式是指只对基本量进行加、减、乘、非负整数次幂运算的代数式。

② 有理式包含对基本量的除法运算，即除以整有理式，故基本量的指数也可为负整数。

③ 无理式包含根式（指整有理式的非整有理次幂），也包含基本量有理式。

④ 超越式包含基本量的指数式、对数式和三角式，即基本量代数式的指数可存在无理数，或者基本量的代数式可位于指数、三角式或对数式自变量中。

下面主要介绍有理式的化简、求整、部分分式分解的定理和方法，因为在数字信号处理中，z 变换后的解析式 $X(z)$ 是以 z 为基本量（自变量）的有理式，这些数学定理和方法在求解 z 反变换时需要用到（连续信号变换域分析的拉普拉斯变换的象函数也要用到该方法）。

1.4.1 整有理式

（1）整有理式与多项式的转换

整有理式通过单项式和多项式加法、减法、乘法等基本变换，可转化为多项式形式。

【例 1.4.1】已知整有理式为：

$$(-a^3+2a^2x-x^3)(4a^2+8ax)+(a^3x^2+2a^2x^3)-(a^5+4a^3x^2)$$

试将其化简为多项式形式。

解：原式 $=-4a^5+8a^4x-4a^2x^3-8a^4x+16a^3x^2-8ax^4+a^3x^2+2a^2x^3-a^5-4a^3x^2$

$=-5a^5-2a^2x^3+13a^3x^2-8ax^4$

（2）多项式的因式分解

多项式通常可以分解成单项式和多项式的乘积，可通过提取公因式、分组、利用方程特殊公式和特殊性质完成分解，例如：

① 提取公因式：$8ax^2y-6bx^3y^2+4cx^5=2x^2(4ay-3bxy^2+2cx^3)$

② 分组解法：$6x^2+xy-y^2-10xz-5yz=6x^2+3xy-2xy-y^2-10xz-5yz$

$=3x(2x+y)-y(2x+y)-5z(2x+y)=(2x+y)(3x-y-5z)$

③ 利用方程的性质

【例 1.4.2】已知多项式 $P(x)=x^6-2x^5+4x^4+2x^3-5x^2$，试将其分解成因式分解。

解：先提取公因式：$P(x)=x^2(x^4-2x^3+4x^2+2x-5)=x^2P_1(x)$

令 $P_1(x)=0$，即 $x^4-2x^3+4x^2+2x-5=0$，很明显该方程有两个根为 $x=\pm1$，因此 $P_1(x)$ 必有因式为 $(x-1)(x+1)$，即 $P_1(x)=(x-1)(x+1)P_2(x)$，则：

$$P_2(x)=\frac{P_1(x)}{(x-1)(x+1)}=\frac{x^4-2x^3+4x^2+2x-5}{(x-1)(x+1)}=x^2-2x+5$$

继续令 $P_2(x)=0$，即 $x^2-2x+5=0$，这是一个一元二次方程，利用求根公式可求其有一对共轭复数根：

$$\alpha_{1,2}=\frac{2\pm\sqrt{4-20}}{2}=1\pm2\mathrm{j}$$

则：

$$P_2(x)=(x-\alpha_1)(x-\alpha_1)=(x-1-2\mathrm{j})(x-1+2\mathrm{j})$$

由此得到 $P(x)$ 的全实因子因式分解为：

$$P(x) = x^2(x-1)(x+1)(x^2-2x+5)$$

若将共轭复数根分解，则可得：

$$P(x) = x^2(x-1)(x+1)(x-1-2j)(x-1+2j)$$

注意：全实因子表示在滤波器设计时，可将两个级联的具有共轭复数根的一阶系统合并为一个全实因子的二阶系统，巧妙地解决了复数在现实不存在的工程应用问题。

1.4.2　有理式

根据定义，有理式中包含整有理式的除法运算，其中基本量可以有正幂和负幂形式。

（1）有理式的最简形式

有理式的最简形式是指任意有理式记为两个互素多项式之商的形式。对于任意非互素形式的有理式，可以通过多项式和分式加减乘除以及分式化简等基本计算和变换，将有理式化简成最简形式。

【例1.4.3】已知有理分式 $P(x)$ 如下所示，试将其化为最简有理分式形式。

$$P(x) = \frac{3x + \dfrac{2x+y}{z}}{x\left(x^2 + \dfrac{1}{z^2}\right)} - y^2 + \frac{x+z}{z}$$

解： 原式 $= \dfrac{(3xz+2x+y)z}{x^3z^2+x} + \dfrac{-y^2z+x+z}{z}$

$$= \frac{3xz^3 + 2xz^2 + yz^2 + x(x^2z^2+1)(-y^2z+x+z)}{xz(x^2z^2+1)}$$

$$= \frac{3xz^3 + 2xz^2 + yz^2 - x^3y^2z^3 - xy^2z + x^4z^2 + x^2 + x^3z^3 + xz}{x^3z^3 + xz}$$

上式即为 $P(x)$ 的最简形式。

（2）有理真分式与假分式

有同一变量的两个多项式之商，若分子的次数低于分母的次数，称为真分式，反之则称为假分式。

假分式通过分子除以分母，可以分解成真分式与整有理式之和。

假分式的有理式分子除以分母的除法称为长除法。长除法的基本原理与除法相同。

【例1.4.4】已知有理分式 $R(x)$ 如下所示，试分解出其真分式和整有理式，并求 $|x| \to 0$ 和 $|x| \to +\infty$ 时 $R(x)$ 的逼近式。

$$R(x) = \frac{3x^4 - 10ax^3 + 22a^2x^2 - 24a^3x + 10a^4}{x^2 - 2ax + 3a^2}$$

解： 采用长除法处理该问题。

$$3x^2 - 4ax + 5a^2$$

$$x^2 - 2ax + 3a^2 \overline{\smash{\big)}\, 3x^4 - 10ax^3 + 22a^2x^2 - 24a^3x + 10a^4}$$

$$-)\ 3x^4-6ax^3+9\,a^2x^2$$

$$\overline{\qquad -4ax^3+13\,a^2x^2-24\,a^3x\qquad}$$

$$-)\ -4ax^3+8\,a^2x^2-12a^3x$$

$$\overline{\qquad 5\,a^2x^2-12a^3x+10a^4\qquad}$$

$$-)\ 5\,a^2x^2-10a^3x+15a^4$$

$$\overline{\qquad -2a^3x-5a^4\qquad}$$

$$\therefore R(x)=3x^2-4ax+5a^2+\frac{-2a^3x-5a^4}{x^2-2ax+3a^2}$$

其中，整有理式部分为 $3x^2-4ax+5a^2$，真分式部分为 $\dfrac{-2a^3x-5a^4}{x^2-2ax+3a^2}$，当 $|x|\to 0$ 和 $|x|\to+\infty$ 时，$R(x)$ 的逼近式可通过对 $R(x)$ 求极限获得：

$$\lim_{|x|\to 0}R(x)=\frac{-2a^3x-5a^4}{x^2-2ax+3a^2} \tag{1.4.1}$$

$$\lim_{|x|\to\infty}R(x)=3x^2-4ax+5a^2 \tag{1.4.2}$$

由式（1.4.1）可知，当 $|x|$ 趋于零时，真分式部分趋于无穷大，因此将整有理式部分作为 $R(x)$ 的渐进逼近。在拉普拉斯变换和 z 变换的变换域函数 $X(s)$ 或 $X(z)$ 为假分式时，应用初值定理求时域初值 $x(0)$，根据这个结论，只需要考虑真分式部分，即对形如式（1.4.2）的部分应用初值定理即可，在拉普拉斯变换或 z 变换的初值定理应用时较常见。

由式（1.4.2）可知，当 $|x|$ 趋于无穷大时，真分式部分的值趋于零，则整有理式部分是为 $R(x)$ 的渐进逼近，这个结论在拉普拉斯变换或 z 变换的终值定理时较常见。

1.4.3 有理式的零点和极点

任意有理式可写成如下形式：

$$R(x)=\frac{B(x)}{A(x)} \tag{1.4.3}$$

式中，$B(x)$、$A(x)$ 为整有理式。

有理式的零点和极点的定义为：设分子 $B(x)=0$，方程的根称为零点；设分母 $A(x)=0$，方程的根称为极点。

根据方程的根存在的不同情况，对零点、极点定义的名称如下：

① 当方程的根为单实根时，零点称为单实零点，同样地，极点称为单实极点。

② 若方程的根为共轭复数根，则零点和极点分别称为共轭复数零点和共轭复数极点。

③ 若方程的根为重根，则零点和极点称为重零点和重极点，比如，二重根对应的极点，称为二重极点，以此类推。

这些零点和极点会使得有理式出现零值或者极值，是考虑方程存在或者收敛的时候的参考点。比如在 z 变换中，其收敛域要以极点为界，取大于或者小于极点值的部分作为收敛域，不能取极点为半径的圆上的任何值。

在信号分析中，常将时域的微分方程、差分方程通过拉普拉斯变换、z 变换转换成有理式来处理。零点和极点分别对应着信号和系统的一些性能，可以直接利用零极点分布分析离散系统性能。详见第 4 章。

1.4.4 部分分式分解

在【例 1.4.3】中通过通分得到有理分式的最简形式，这在初等代数中是很常用的。部分分式分解是有理分式最简形式的反运算，即将一个最简形式的有理分式展开为多个最简分式之和，也称为部分分式展开。这种运算是利用变换域函数反变换求解原函数时（比如拉普拉斯反变换和 z 反变换）的一种必要运算。

（1）部分分式展开（分解）的定义

若对于任意分子、分母为互素多项式的有理真分式：

$$R(x) = \frac{B(x)}{A(x)} = \frac{b_n x^n + b_{n-1} x^{n-1} + \cdots + b_1 x + b_0}{x^m + a_{m-1} x^{m-1} + \cdots + a_1 x + a_0} \quad (n < m) \tag{1.4.4}$$

系数 $b_0, b_1, \cdots, b_n, a_0, a_1, \cdots, a_{m-1}$ 为实数。

若分母 $A(x)$ 可以分解为 m 个因式之积，即：

$$R(x) = \frac{B(x)}{(x - p_1)(x - p_2) \cdots (x - p_m)}$$

则 $R(x)$ 可唯一地分解成最简分式之和。$p_1, p_2, \cdots, p_m$ 为 $A(x) = 0$ 的根，称为 $R(x)$ 的极点。

（2）部分分式展开（分解）的方法

① $R(x)$ 为真分式（$n < m$）　根据极点的类型，$R(x)$ 的分解有以下三种情况。

第 1 种情况：当 $p_1, p_2, \cdots, p_m$ 为 $A(x) = 0$ 的 m 个不相等根时，$R(x)$ 分解为 m 项最简分式之和，形式如下：

$$R(x) = \frac{K_1}{(x - p_1)} + \frac{K_2}{(x - p_2)} + \cdots + \frac{K_m}{(x - p_m)} \tag{1.4.5}$$

其中，系数 $K_1, K_2, \cdots, K_m$ 的计算公式为：

$$K_i = (x - p_i) R(x) \big|_{x = p_i} \quad (i = 1, 2, \cdots, m) \tag{1.4.6}$$

当极点 p_i 为复数时，系数 K_i 可能是复数。根据一元二次方程判别式小于零会出现共轭复数根的情况，所以可以对其中的共轭复数对做合并，形成系数均为实数的二阶最简分式形式。

第 2 种情况：当 $A(x) = 0$ 存在 k 个相等实根时，p 称为 $R(x)$ 的 k 重极点，此时设 $R_1(x) = \dfrac{B_1(x)}{(x - p)^k}$，则：

$$R_1(x) = \frac{K_{11}}{(x - p)^k} + \frac{K_{12}}{(x - p)^{k-1}} + \cdots + \frac{K_{1k}}{(x - p)} \tag{1.4.7}$$

其中，系数 $K_{11}, K_{12}, \cdots, K_{1k}$ 的计算公式为：

$$K_{11} = (x - p)^k R(x) \big|_{x = p_i} \quad (i = 1) \tag{1.4.8}$$

$$K_{12} = \frac{\mathrm{d}}{\mathrm{d}x} \left[(x - p)^k R(x) \right] \big|_{x = p_i} \quad (i = 2) \tag{1.4.9}$$

以上是常用的二重极点部分分式分解的系数的求解公式，对于更高阶的重极点，可以由下式计算。

$$K_{1i} = \frac{1}{(i-1)!} \times \frac{d^{i-1}}{dx^{i-1}}[(x-p)^k R(x)]\Big|_{x=p_i} \quad (i=2,\cdots,m) \tag{1.4.10}$$

第 3 种情况：当 $A(x)=0$ 存在一对共轭复数根时，也可以合并成一个二阶最简分式来表示。二阶最简分式记为：

$$\frac{Dx+E}{x^2+bx+c} \quad (b^2<4c) \tag{1.4.11}$$

分子上的两个待定系数 D、E 为实常数，通常可以用待定系数法求解。

② $R(x)$ 为假分式 $(n>m)$ 假分式不能直接按上述公式展开，此时需按【例 1.4.4】的方法将假分式分解为整有理式与真分式之和的形式，再对 $R(x)$ 的真分式部分进行分解。

【例 1.4.5】 已知有理分式如下，试将它们部分分式展开。

$$① \ R(x) = \frac{2x+4}{x^2+4x+3} \qquad\qquad ② \ F(x) = \frac{5x+13}{x(x^2+4x+13)}$$

$$③ \ H(x) = \frac{x^2+2x+5}{(x+3)(x+5)^2}$$

解： ① $R(x)$ 的分母 x^2+4x+3 可以因式分解为 $(x+1)(x+3)$ 两个因式，根据式 (1.4.4) 可分解如下：

$$R(x) = \frac{2x+4}{x^2+4x+3} = \frac{2x+4}{(x+1)(x+3)} = \frac{K_1}{(x+1)} + \frac{K_2}{(x+3)}$$

有两个极点 p_1、p_2，由式 (1.4.6) 求出两个系数：

$$K_1 = (x-p_1)R(x)\Big|_{x=p_1} = (x+1)\frac{2x+4}{(x+1)(x+3)}\Big|_{x=-1} = \frac{2x+4}{x+3}\Big|_{x=-1} = 1$$

$$K_2 = (x-p_2)R(x)\Big|_{x=p_2} = (x+3)\frac{2x+4}{(x+1)(x+3)}\Big|_{x=-3} = \frac{2x+4}{x+1}\Big|_{x=-3} = 1$$

则：

$$R(x) = \frac{1}{x+1} + \frac{1}{x+3}$$

② $F(x)$ 的分母中，若令 $x^2+4x+13=0$，因为属于 $b^2<4c$ 的情况，方程有两个共轭复数根，可以用求根公式求得这两个极点为 $p_1=-2+j3$、$p_2=-2-j3$，另外还有一个极点由分母中的 $x=0$ 提供，即 $p_3=0$，按三个单极点可以将有理分式分解为：

$$F(x) = \frac{5x+13}{x(x^2+4x+13)} = \frac{K_1}{x+2-j3} + \frac{K_2}{x+2+j3} + \frac{K_3}{x}$$

由式 (1.4.6) 求出三个系数：

$$K_1 = (x-p_1)F(x)\Big|_{x=p_1} = (x+2-j3)\frac{5x+13}{x(x+2-j3)(x+2+j3)}\Big|_{x=-2+j3}$$

$$= \frac{5x+13}{x(x+2+j3)}\Big|_{x=-2+j3} = -\frac{1}{2}(1+j)$$

$$K_2 = (x-p_2)F(x)\Big|_{x=p_2} = (x+2+j3)\frac{5x+13}{x(x+2-j3)(x+2+j3)}\Big|_{x=-2-j3}$$

$$= \frac{5x+13}{x(x+2-\mathrm{j}3)}\bigg|_{x=-2-\mathrm{j}3} = -\frac{1}{2}(1-\mathrm{j})$$

$$K_3 = (x-p_3)F(x)\big|_{x=p_3} = x\frac{5x+13}{x(x+2-\mathrm{j}3)(x+2+\mathrm{j}3)}\bigg|_{x=0}$$

$$= \frac{5x+13}{(x+2-\mathrm{j}3)(x+2+\mathrm{j}3)}\bigg|_{x=0} = 1$$

则：

$$F(x) = \frac{-\dfrac{1}{2}(1+\mathrm{j})}{x+2-\mathrm{j}3} + \frac{-\dfrac{1}{2}(1-\mathrm{j})}{x+2+\mathrm{j}3} + \frac{1}{x} \tag{1.4.12}$$

对式(1.4.12)的前两项，极点是一对共轭复数，分子也是一对共轭复数，可以合并表示为一个一元二次多项式，现利用第 3 种情况设待定系数求解。

将 $F(x)$ 分解为：

$$F(x) = \frac{Dx+E}{x^2+4x+13} + \frac{K_3}{x}$$

K_3 的解法同上，可得 $K_3=1$，即有：

$$F(x) = \frac{Dx+E}{x^2+4x+13} + \frac{1}{x}$$

通分得到：

$$F(x) = \frac{Dx^2+Ex+x^2+4x+13}{x(x^2+4x+13)} = \frac{(D+1)x^2+(E+4)x+13}{x(x^2+4x+13)}$$

对比题干中 $F(x)$ 的分子，可知：

$$\begin{cases} D+1=0 \rightarrow D=-1 \\ E+4=5 \rightarrow E=1 \end{cases}$$

所以 $F(x)$ 可分解为：

$$F(x) = \frac{-x+1}{x^2+4x+13} + \frac{1}{x}$$

③ $H(x)$ 的分母中是一元三次多项式，应该有三个极点，其中第一个极点 $p_1=-3$ 是单极点，另一个是二重极点 $p_2=-5$，则 $H(x)$ 可分解为：

$$H(x) = \frac{K_1}{x+3} + \frac{K_{21}}{(x+5)^2} + \frac{K_{22}}{x+5}$$

$$K_1 = (x-p_1)H(x)\big|_{x=p_1} = (x+3)\frac{x^2+2x+5}{(x+3)(x+5)^2}\bigg|_{x=-3} = \frac{x^2+2x+5}{(x+5)^2}\bigg|_{x=-3} = 2$$

$$K_{21} = (x-p_2)^2 H(x)\big|_{x=p_2} = (x+5)^2\frac{x^2+2x+5}{(x+3)(x+5)^2}\bigg|_{x=-5} = \frac{x^2+2x+5}{(x+3)}\bigg|_{x=-5} = -10$$

$$K_{22} = \frac{\mathrm{d}}{\mathrm{d}x}\left[(x-p_2)^2 H(x)\right]\big|_{x=p_2} = \frac{\mathrm{d}}{\mathrm{d}x}\left[\frac{x^2+2x+5}{(x+3)}\right]\bigg|_{x=-5} = \frac{x^2+6x+1}{(x+3)^2}\bigg|_{x=-5} = -1$$

所以 $H(x)$ 可部分分式分解为：

$$H(x) = \frac{2}{x+3} + \frac{-10}{(x+5)^2} + \frac{-1}{x+5}$$

在求出 K_1、K_{21} 后，若微分比较麻烦，也可以用一个简便方法求 K_{22}。具体做法是，将 K_1、K_{21} 代入部分分式并与原式一起列等式：

$$\frac{x^2+2x+5}{(x+3)(x+5)^2}=\frac{2}{x+3}+\frac{-10}{(x+5)^2}+\frac{K_{22}}{x+5}$$

令 $x=0$，得到方程：

$$\frac{5}{75}=\frac{2}{3}-\frac{10}{25}+\frac{K_{22}}{5}$$

可快速解出 $K_{22}=-1$。

1.5 一元函数的微分和积分

在连续系统中，信号是时间变量的连续函数，系统可用微分或积分方程式来描述。

1.5.1 微分和有限差分

微分概念的引入是为了解决自变量存在一个微小增量 Δt 时，如何计算函数相应增量 Δy 的问题。对于一元函数而言，可微和可导是等价的，如果一元函数 $y=x(t)$ 连续可导，在连续域有：

$$\Delta y=\Delta[x(t)]=\lim_{\Delta t\to 0}\frac{x(t+\Delta t)-x(t)}{\Delta t} \tag{1.5.1}$$

假设用采样间隔 T 将连续时间自变量 t 离散化，两个采样间隔之间的变化量为：

$$\Delta[x(nT)]=x[(n+1)T]-x(nT)$$

当采样间隔无穷小时，式(1.5.1) 中的极限值可以近似为两个样值之差，即：

$$\Delta[x(nT)]=x[(n+1)T]-x(nT)\approx\lim_{\Delta t\to 0}\frac{x(t+\Delta t)-x(t)}{\Delta t}$$

将采样间隔 T 归一化，可以得到：

$$\Delta[x(n)]=x(n+1)-x(n) \tag{1.5.2}$$

式(1.5.2) 定义的有限差分运算可以近似地表示微分运算结果，当然这个近似的精确程度取决于 T 的选取，T 越小，有限差分运算逼近微分运算结果的精度越高。

有了微分与差分运算的近似计算公式，就不难理解线性时不变连续时间系统的数学模型是常系数微分方程，而离散时间的线性时不变系统的数学模型是常系数差分方程。

微分方程由连续自变量和函数及其各阶导数或积分项线性叠加而成。利用差分原理将微分方程转换成差分方程，构成方程的各项包含有离散变量的函数以及这个序列的移位函数之和。

1.5.2 积分和求和

积分运算与微分运算正好相反，假设 $y(t)$ 是信号 $x(t)$ 从某个时刻 $t_0\to t(t_0<t)$ 的积分，记为：

$$y(t) = \int\limits_{t_0}^{t} x(\tau) \, \mathrm{d}\tau \qquad\qquad (1.5.3)$$

根据积分的几何意义，这是 $x(t)$ 在 $t_0 \rightarrow t$ 下方的面积，t 是被积函数的因变量。从面积计算的原理来说，积分运算是通过求无穷小量对应的面积得到的，即：

$$y(t) = \int\limits_{t_0}^{t} x(\tau) \, \mathrm{d}\tau \approx \lim_{\Delta t \to 0} \sum_{n=-\infty}^{+\infty} x(n\Delta t) \qquad\qquad (1.5.4)$$

从式(1.5.4)可以看出，信号的积分可以通过求和实现。

从微分到差分，从积分到求和，实际上也体现了从连续到离散的思想，这是数字信号处理重要的思维方法，即如何利用这些极限化处理，设计出利于计算机计算的算法。

数字信号处理理论知识不仅对于电子信息和通信工程师来说是必要的，对于以数据处理为核心的大数据技术的算法工程师也是必要的。万丈高楼平地起，这些与信号处理相关的基础知识对于深刻理解数字信号处理理论具有重要的基石般的作用。

第2章 离散时间序列的信号分析

随着电子技术的发展,在 19 世纪发展起来的连续时间系统的很多功能都转换成离散时间系统来实现,因此研究离散时间信号与系统的基本理论和方法尤为重要。

本章作为全书的基础,主要阐述连续信号转换成离散信号的数学原理,以及离散时间信号的一些时域特性与运算规则。

2.1 采样——从模拟信号到离散时间信号

对一个自变量取值和函数值都连续的模拟信号进行等间隔采样,是模拟信号转变成离散时间信号的常见途径。可以说采样是信号进入数字世界的第一步。

2.1.1 采样的基本概念

(1) 理想采样模型

理想采样的原理就是将连续时间信号 $x_a(t)$ 与一个理想采样序列 $p(t)$ 相乘。相乘用乘法器实现,理想采样模型如图 2-1(a) 所示,图 2-1(b) 是理想采样脉冲 $p(t)$ 的波形。

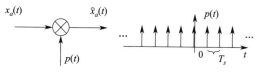

(a) 理想采样模型　　　　(b) 理想采样脉冲波形

图 2-1　理想采样模型与理想采样脉冲波形

由图 2-1 写出理想采样脉冲的数学解析式为:

$$p(t) = \sum_{n=-\infty}^{+\infty} \delta(t - nT_s) \tag{2.1.1}$$

（2）采样信号的表示

采样信号 $\hat{x}_a(t)$ 为：

$$\hat{x}_a(t) = x_a(t)p(t)$$

$$= x_a(t)\sum_{n=-\infty}^{+\infty}\delta(t-nT_s)$$

$$= \sum_{n=-\infty}^{+\infty}x_a(nT_s)\delta(t-nT_s)$$

则理想采样后输出信号为：

$$\hat{x}_a(t) = \sum_{n=-\infty}^{+\infty}x_a(nT_s)\delta(t-nT_s) \tag{2.1.2}$$

在式（2.1.2）中，等号左边的 $\hat{x}_a(t)$ 是采样后输出的信号，简称采样信号。等号右边是一个级数，级数的求和项数与 n 有关，即级数的变量是 n，而和式中的 $x_a(nT_s)\delta(t-nT_s)$ 只有 $\delta(t-nT_s)$ 含有时域自变量 t，从函数本质上说，这仍是一个关于连续时间 t 的连续信号，它的离散化是由冲激函数的采样特性实现的，其系数 $x_a(nT_s)$ 是 $\hat{x}_a(t)$ 的采样值，称为样值。

2.1.2 从连续信号到离散序列的转换

在离散时间系统中，自变量只取整数 n，以采样信号 $\hat{x}_a(t)$ 的每项系数 $x_a(nT_s)$ 为函数得到的离散时间函数称为序列，并且简化地表示为 $x(n)$。即采样后得到的序列为：

$$x(n) = x_a(nT_s) \tag{2.1.3}$$

这样，采样信号和其他来源的离散信号，如计算机输入输出信号、数码设备的信号，都可以统一用序列来表示。

【例 2.1.1】已知任意连续时间信号 $x_a(t)$，用图 2-1（b）所示的理想采样脉冲 $p(t)$ 对 $x_a(t)$ 采样，理想采样模型如图 2-1（a）所示。回答下列问题：

① 写出理想采样脉冲 $p(t)$ 的表达式；

② 写出理想采样系统输出的采样信号 $\hat{x}_a(t)$；

③ 假设输入信号 $x_a(t) = \sin(16\pi t)$，当采样频率分别等于 $f_{s1} = 160\,\mathrm{Hz}$、$f_{s2} = 320\,\mathrm{Hz}$ 时，写出采样后离散样值序列 $x(n)$ 的表达式，并画出波形图。

解：① 由图 2-1 可知，采样间隔为 T_s，则理想采样脉冲：

$$p(t) = \sum_{n=-\infty}^{+\infty}\delta(t-nT_s)$$

② 根据理想采样系统结构可得［推导过程见式（2.1.2）］：

$$\hat{x}_a(t) = \sum_{n=-\infty}^{+\infty}x_a(nT_s)\delta(t-nT_s)$$

③ 当采样频率分别等于 $f_{s1} = 160\,\mathrm{Hz}$、$f_{s2} = 320\,\mathrm{Hz}$ 时，其采样间隔分别为：

$$T_{s1} = \frac{1}{f_{s1}} = \frac{1}{160} = 0.00625\,(\mathrm{s})$$

$$T_{s2} = \frac{1}{f_{s2}} = \frac{1}{320} = 0.003125(\text{s})$$

将输入信号、实际采样间隔代入式（2.1.3）得到采样序列为：

$$x_1(n) = x_a(nT_{s1}) = \sin(16\pi nT_{s1}) = \sin(16\pi \times 0.00625n) = \sin(0.1\pi n)$$

$$x_2(n) = x_a(nT_{s2}) = \sin(16\pi nT_{s2}) = \sin(16\pi \times 0.003125n) = \sin(0.05\pi n)$$

序列的波形如图 2-2 所示。

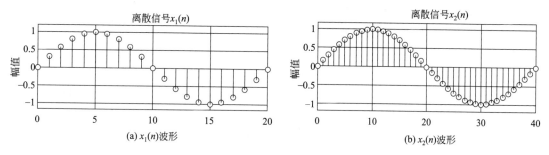

图 2-2　不同采样频率对应的离散信号波形

从波形可以看到，采样频率不同，采样后样值大小和数量也不同，采样频率较高的样值数量也会相应增加。但是两个波形中，样值顶点连在一起的形状仍然具有原来的连续信号 $x_a(t) = \sin(16\pi t)$ 波形的形状，这个由样值顶点形成的原函数波形叫做包络。

很明显，采样后包络会具有原函数的波形形状，且与原函数的模拟周期相同。也就是说，序列中有两种频率，一种是样值的频率，它是由采样频率决定的；另一种是包络的频率，它是与信号模拟频率相同的。

2.1.3　采样定理

连续模拟信号通过采样成为离散序列，这是数字信号处理中很关键的一步。从采样的数学过程上看，采样间隔的选取不同，序列的数字频率也不一样。采样并不是信号处理的最终目的，我们必须考虑采样后信号是否可以恢复的问题。

一般接收系统如图 2-3 所示。

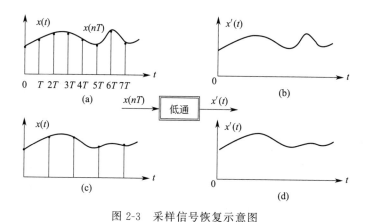

图 2-3　采样信号恢复示意图

图 2-3 中，图（a）和图（c）是波形 $x(t)$ 的时域采样示意图，中间的低通滤波器是恢复滤波器，可以将采样序列的高频部分滤除，从而得到 $x'(t)$。

图 2-3 中，在图（a）所示的采样间隔下，恢复的 $x'(t)$ 如图（b）所示，可以看出与 $x(t)$ 完全相同，这种情况称为唯一恢复该信号。图（c）所示的采样间隔明显比图（a）大，恢复的 $x'(t)$ 如图（d）所示，经过恢复滤波器输出的波形如图（d）所示，与图（b）波形就有差别。可以认为图（d）是失真的波形。

采样间隔的大小可以用采样定理来确定，完整表述为：

设带限信号 $x(t)$ 的最高角频率为 Ω_m，则当采样频率为 $\Omega_s \geqslant 2\Omega_m$ 时，信号可以无失真恢复。

采样定理实际是以频率作为对象来描述的，采样定理也称为奈奎斯特定理。通常定义临界采样频率的 $\Omega_s = 2\Omega_m$ 为奈奎斯特频率，该名称用来纪念总结出采样定理的美国物理学家奈奎斯特。

在实际应用中，也可以用单位为 Hz 的频率来表示采样定理，即：

$$f_s \geqslant 2f_m \qquad (2.1.4)$$

$f_s = 2f_m$ 时，f_s 为奈奎斯特频率。当采样频率 f_s 高于奈奎斯特频率时，称为过采样；当 f_s 低于奈奎斯特频率时，称为欠采样。一般欠采样会出现信号频谱混叠失真，这个结论将在第 4 章从频域角度分析。

采样定理规定了采样频率的最小值，在处理由很多频率成分组成的信号时，若 f_m 为信号中的最高频率项，则只要 $f_s \geqslant 2f_m$ 就肯定符合大于其他频率的 2 倍的要求。

【例 2.1.2】有一连续信号 $x_a(t) = \cos\left(600\pi t + \dfrac{\pi}{3}\right) + \cos(2600\pi t) - 3\sin[8600\pi(t-1)]$。

① 若对 $x_a(t)$ 采样，求奈奎斯特频率 f_s 和采样周期 T_s；

② 若以 2000Hz 对 $x_a(t)$ 采样，哪些频率成分会因为欠采样而失真？

解： ① $x_a(t)$ 由三个频率组成，即 $\Omega_1 = 600\pi(\text{rad/s})$，$\Omega_2 = 2600\pi(\text{rad/s})$，$\Omega_3 = 8600\pi$ (rad/s)，则其频率 $f = \dfrac{\Omega}{2\pi}$。

$\therefore f_1 = 300\text{Hz}$，$f_2 = 1300\text{Hz}$，$f_3 = 4300\text{Hz}$，三个频率中最高频率为 $f_m = 4300\text{Hz}$，所以根据采样定理，奈奎斯特频率为 $f_s = 2f_m = 8600\text{Hz}$；采样周期 $T_s = \dfrac{1}{f_s} = 0.00011628\text{s}$。

扫码看视频

② 若采样频率为 2000Hz，对于 f_2、f_3，因采样频率未达到它们的 2 倍，都是欠采样，会发生失真。

2.2　离散时间信号的表示——序列

将采样信号值 $x_a(nT_s)$ 中的采样周期 T_s 归一化，即令 $T_s = 1$，将 $x_a(nT_s)$ 简化成采样序列 $x(n)$，与来自计算机和数码设备的输入输出信号的表示相统一。这样表示的 $x(n)$ 仅是整数 n 的函数，所以又称为离散时间序列。

2.2.1　序列的定义与表示

（1）序列的定义

信号在数学上定义为一个函数，离散时间信号的函数用序列来表示，其一般定义为：

$$\{x(n)\}, n = 0, \pm 1, \pm 2, \cdots \tag{2.2.1}$$

$x(n)$ 表示第 n 个时刻的离散时间信号 $\{x(n)\}$ 的值，$\{x(n)\}$ 仅在整数 n 时刻有定义（在非整数点上无定义，但并不表示信号值为零）。从数学的角度看，序列的定义是一种集合形式的表示方法，$\{\ \}$ 中的 $x(n)$ 表示集合中的第 n 个值，多数情况下，为了表示的方便，也用 $x(n)$ 表示整个离散时间信号。

（2）序列的表示

① 公式表示法　对于一个确定的连续时间信号，可以通过采样转换成离散时间信号，连续时间信号的函数表示形式可以继续应用于离散域。比如 $x(n) = \sin(\omega_0 n)$，这是一个数字频率为 ω_0 的正弦序列；$x(n) = \mathrm{e}^{-an}$，是实指数序列，它们的波形图如图 2-4 所示。这些信号的特点是它们的自变量 n 是整数，序列 $x(n)$ 关注样值的大小和顺序，是采样周期 $x(nT)$ 的数学抽象。用数学解析式表示的离散序列，其波形包络具有采样前连续信号的特点。

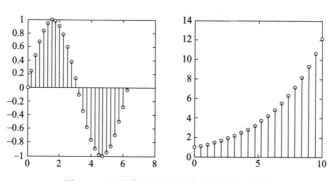

图 2-4　正弦序列和实指数序列的波形图

② 集合表示法　数字信号处理中，数值的来源不仅仅是从采样确定的连续时间信号得到的，有些信号是随机信号，有些信号直接来自计算机和数码设备。这些样值不一定能够用确定的函数形式来表示，只能将样值按 n 的顺序排列起来存储，这时序列可以用集合的形式来表示，这与序列的定义是一致的。比如序列 $x(n) = \{\underline{1}, 2, 3, 4, 5, \cdots\}$。

在集合中，对应原点 $n = 0$ 处的样值，加一条下划线来表示。

③ 图形表示法　序列还可以用更直观的形式表示，就是用图形来表示其波形。

序列中的每个值称为样值。样值用顶端有一小黑点或者空心圆圈的竖线来表示。

图形表示法可以很直观地把序列样值幅度的大小、n 的值对应关系表示出来。如图 2-5 所示。

在离散序列图形表示法的坐标系中，横坐标是自变量 n，它只能取整数，纵坐标就是对应样值幅度的大小。

离散时间信号的幅度大小定义为连续的，可以在值域内取任意值，包括无穷小量。而为了存储的需要，也要对值域进行有限化离散化处理（值域的有限化处理称为量化），值域也

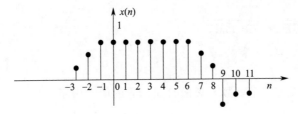

图 2-5　离散时间信号的图形表示

是离散的序列，称为数字信号。在实际数字信号处理中的信号是数字信号。

本书只研究自变量离散化的信号特性，对值域是否离散化没有严格要求，在数学表示和推导时会比较方便和容易。

④　序列表示方法的互换　这三种表示方法可以相互转换。在课本里我们看到用公式法表示比较多，实际应用中，因为我们处理的信号很多都是随机的，无法用确定的数学函数来描述，采样后数据可以直接存储起来，相当于就是集合表示法。

【例 2.2.1】已知序列 $x(n)=\{\underline{1},2,3,4,5,\cdots\}$，试用公式法和图形法表示该序列。

解：由序列样值的规律可知，其公式表示法为：

$$x(n)=\{\underline{1},2,3,4,5,\cdots\}=n+1,n\geqslant 0$$

同时可以画出其波形如图 2-6 所示。

序列的表示方法是研究数字信号处理的基础。本节介绍了离散时间信号的公式表示法、集合表示法、图形表示法。公式表示法侧重于抽象和总结序列与连续域函数的关联，集合表示法则侧重于每个序列的大小，图形表示法可以更加清楚地看到序列样值的大小以及相对应的函数关系。

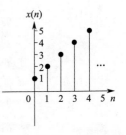

图 2-6　序列 $x(n)$ 的波形

2.2.2　常用典型序列

（1）单位脉冲序列

1）定义

单位脉冲序列的符号是 $\delta(n)$，这个符号和信号与系统中的单位冲激函数的符号 $\delta(t)$ 很相近。其公式定义及集合表示形式如下：

$$\delta(n)=\begin{cases}1 & n=0 \\ 0 & n\neq 0\end{cases} \qquad (2.2.2)$$

$$\delta(n)=\{\cdots,0,\underline{1},0,0,\cdots\} \qquad (2.2.3)$$

单位脉冲序列 $\delta(n)$ 的波形如图 2-7 所示。

$\delta(n)$ 也称为单位冲激序列，沿用了连续时间函数中冲激函数的名称，要注意其本质已经改变，因为 $\delta(n)$ 定义简单而精确，就是一个在 $n=0$ 时大小为 1 的样值；而 $\delta(t)$ 是连续域的奇异函数，用极限来定义，它的大小趋于无穷大，强度恒为 1，是一种数学抽象。

$\delta(n)$ 序列是一种最基本的序列，可以用于构造其他

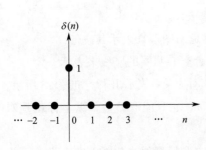

图 2-7　单位脉冲序列的波形

任意序列，其幅度为单位 1，因此也称为单位样值序列。

2）单位脉冲序列的性质

① 单位脉冲序列与任意序列 $x(n)$ 相乘　由于单位脉冲序列只在原点处有一个单位长度的样值，其他 n 值对应的都是零，所以有：

$$x(n)\delta(n)=x(0)\delta(n)=x(0) \tag{2.2.4}$$

$$x(n)\delta(n-n_0)=x(n_0)\delta(n-n_0)=x(n_0) \tag{2.2.5}$$

上式表明任意序列与单位脉冲序列相乘后，除了与单位脉冲序列位置相同的序列之外，其他样值都为零，此时，单位脉冲序列的幅度由 $x(n)$ 在这一点的幅度决定，位置由 $\delta(n)$ 及其移位表示。因为 $x(0)$、$x(n_0)$ 本身也可以表示序列的序号，也可以省略与之相乘的单位脉冲序列。这个性质也称为单位脉冲序列的筛选特性或抽样特性。

② 用单位脉冲序列的移位和幅度加权表示任意序列　单位脉冲序列的移位是指当原序列为 $\delta(n)$ 时，$\delta(n\pm n_0)$，$n_0>0$ 表示单位脉冲序列左移或右移，其移位规则左加右减与连续时间信号是相同的。同理，单位脉冲序列幅度乘以一个常数 a，表示为 $a\delta(n)$，样值的幅度变成原来的 a 倍，称为单位脉冲序列加权。

【例 2.2.2】已知序列

$$x(n)=\begin{cases}2n+5 & -4\leqslant n\leqslant 1 \\ 5 & 0\leqslant n\leqslant 1 \\ 0 & 其他\end{cases}$$

① 画出序列 $x(n)$ 的波形，标出各样值的大小；

② 试用单位脉冲序列的移位及其加权表示序列 $x(n)$；

③ 用集合法表示序列 $x(n)$。

解：根据序列公式，画出序列波形如图 2-8 所示。

序列一共有 6 个样值，每个样值可以看成一个单位脉冲序列的移位，样值的幅度则可用单位脉冲序列的倍数来表示，得：

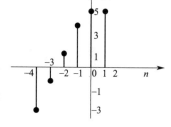

图 2-8　$x(n)$ 序列波形图

$$x(n)=-3\delta(n+4)-\delta(n+3)+\delta(n+2)+$$
$$3\delta(n+1)+5[\delta(n)+\delta(n-1)]$$

用集合形式表示，只需要将每个 $\delta(n\pm n_0)$ 的幅度按顺序表示出来，即：

$$x(n)=\{-3,-1,1,3,\underline{5},5\}$$

（2）单位阶跃序列

单位阶跃序列的表示符号是 $u(n)$，定义为：

$$u(n)=\begin{cases}1 & n\geqslant 0 \\ 0 & n<0\end{cases} \tag{2.2.6}$$

在连续域，单位阶跃序列 $u(t)$ 是奇异函数，$u(t)$ 当函数值为 $u(0)$ 是没有定义的；单位阶跃序列 $u(n)$ 从原点开始，每个样值的大小都是 1，如图 2-9 所示，在原点处样值也等于 1。

从波形可以看出，单位阶跃序列是由一系列单位样值序列组成的，也可以用单位样值序列来表示：

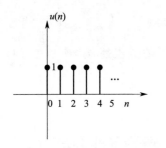

图 2-9　单位阶跃序列波形图

$$u(n) = \sum_{m=0}^{+\infty} \delta(n-m) \qquad (2.2.7)$$

$$\delta(n) = u(n) - u(n-1) \qquad (2.2.8)$$

这个关系也可以理解为阶跃序列可以分解成单位脉冲序列之和。

（3）单位矩形序列

定义：

$$R_N(n) = \begin{cases} 1 & 0 \leqslant n \leqslant N-1 \\ 0 & \text{其他} \end{cases} \qquad (2.2.9)$$

这是一个样值数量为 N，每个样值大小都是 1 的有限长序列，也叫做矩形窗函数。

矩形窗函数也可以用单位阶跃序列和单位脉冲序列来表示。

$$R_N(n) = u(n) - u(n-N) \qquad (2.2.10)$$

$$R_N(n) = \sum_{m=0}^{N-1} \delta(n-m) \qquad (2.2.11)$$

（4）单边实指数序列

单边实指数序列可以看成连续域函数 $x(t) = a^t$ 在采样间隔 $T_s = 1$ 时得到，即：

$$x(n) = a^n, n \geqslant 0 \qquad (2.2.12)$$

（5）正弦和余弦序列

单频正弦序列定义为：

$$x(n) = A\sin(\omega_0 n + \theta), -\infty < n < +\infty \qquad (2.2.13)$$

式中，A 为信号的幅度；ω_0 为信号的数字频率；θ 为初始相位，当相位为 $\theta = \dfrac{\pi}{2}$ 时，正弦序列有：

$$x(n) = A\sin\left(\omega_0 n + \frac{\pi}{2}\right) = A\cos(\omega_0 n) \qquad (2.2.14)$$

所以通常正弦、余弦序列都统称为正弦序列。

对于任意正弦信号 $x(t) = A\sin(2\pi f_m t)$，采样频率为 f_s，则采样间隔为 $T_s = \dfrac{1}{f_s}$，采样后得到采样序列：

$$x(n) = A\sin(2\pi f_m n T_s) = A\sin\left(2\pi \frac{f_m}{f_s} n\right) \qquad (2.2.15)$$

对比式（2.2.14）可知，数字频率：

$$\omega_0 = 2\pi \frac{f_m}{f_s} \qquad (2.2.16)$$

式（2.2.16）是一个非常重要的定义，由 $\dfrac{f_m}{f_s}$ 说明下列两个信息：

① 通过频率比实际上抵消了实际频率的物理单位 Hz，所以数字频率 ω_0 是一种相对频率，其量纲为角度，单位是弧度。与角度一样，ω_0 也是以 2π 为周期的。

② 由采样定理 $f_s \geqslant 2f_m$ 可知，$\dfrac{f_m}{f_s} \leqslant \dfrac{1}{2}$，则 $|\omega_0| \leqslant \pi$，即数字频率的取值范围是 $-\pi \leqslant$

$\omega_0 \leqslant \pi$，由于角度的周期性，这个范围可以称为 ω_0 的主值区间。

数字频率是离散时间序列中很重要的一个新定义，它具有如下性质：

① 数字频率 ω_0 是连续取值的量，其主值区间为 $[-\pi, \pi]$。由于角度的本质是向量绕圆周旋转，因此数字频率实际上可以理解为以 2π 为周期的频率量，当 $|\omega_0| > \pi$ 时，可通过 $\omega_0 = \omega_0' \pm 2k\pi$，$|\omega_0'| \leqslant \pi$，转换成用主值区间为 $[-\pi, \pi]$ 的 ω_0' 来表示。

② 数字频率 ω_0 虽然没有频率的单位，但是它表示序列在采样间隔 T_s 内正弦信号的角度，也可以表示信号相对变化的一种快慢程度，仍具有类似频率的概念。

数字频率与物理意义上的实际频率对无穷大的定义有很大区别，数字频率在数字信号频域分析中是一个重要的概念，也是理解数字信号处理的一个难点。

（6）虚指数序列

虚指数序列定义为：

$$x(n) = \mathrm{e}^{\mathrm{j}\omega_0 n} \tag{2.2.17}$$

由欧拉公式 $\mathrm{e}^{\mathrm{j}\omega_0 n} = \cos\omega_0 n + \mathrm{j}\sin\omega_0 n$ 可知，该序列的实部是余弦序列，虚部是正弦序列，所以也叫复正弦序列。ω_0 是虚指数序列的数字频率，它与正弦序列的周期性一致。虚指数序列在实际中不存在，但是在数学表示和分析上可以方便地表示一些公式和运算，因此也是常用的序列之一。虚指数序列波形如图 2-10 所示。

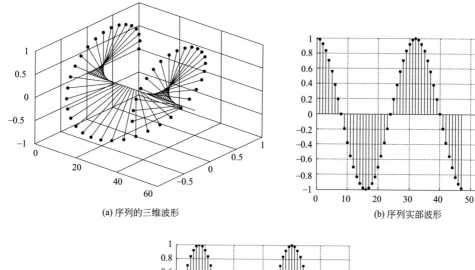

(a) 序列的三维波形

(b) 序列实部波形

(c) 序列虚部波形

图 2-10　虚指数序列 $\mathrm{e}^{\mathrm{j}\omega_0 n}$ 的波形

2.2.3 周期序列与非周期序列

如果对所有 n 存在一个最小正整数 N，使下面等式成立：

$$x(n) = x(n+N) \tag{2.2.18}$$

则称序列 $x(n)$ 为周期序列。

（1）正弦型序列的周期

对于任意正弦序列

$$x(n) = A\sin(\omega_0 n + \varphi)$$

则：

$$x(n+N) = A\sin[\omega_0(n+N) + \varphi] = A\sin(\omega_0 n + \omega_0 N + \varphi)$$

如果 $x(n) = x(n+N)$，则要求 $\omega_0 N = 2k\pi$，k 为任意整数，则正弦序列的周期公式为：

$$N = \frac{2\pi}{\omega_0} k \tag{2.2.19}$$

由于 N 应为正整数，正弦序列周期计算有三种情形：

① 当 $N = \dfrac{2\pi}{\omega_0}$ 为正整数，令 $k=1$ 或 $k=-1$，则序列的周期为 $\left|\dfrac{2\pi}{\omega_0}\right|$；

② 当 $N = \dfrac{2\pi}{\omega_0}$ 为有理数，可化简为最小正整数比 $\dfrac{P}{Q}$，其中 P、Q 是非零值且是互为素数的整数，令 $k=Q$ $(\omega_0 > 0)$ 或 $k=-Q(\omega_0 < 0)$，则序列的周期为 $N=P$；

③ 当 $N = \dfrac{2\pi}{\omega_0}$ 为无理数，则任何 k 都不能使 N 为正整数，此时序列为非周期序列。

【例 2.2.3】判断下列序列是否为周期序列，若是周期的，确定其周期。

① $x_1(n) = A\sin\left(24n - \dfrac{\pi}{8}\right)$ ② $x_2(n) = 0.8\cos\left(\dfrac{\pi}{7}n\right)$

③ $x_3(n) = \sin(3\pi n) + \cos(15n)$ ④ $x_4(n) = 0.5\cos\left(\dfrac{4}{5}\pi n\right) + \sin\left(\pi n - \dfrac{\pi}{2}\right)$

解：① $\omega_0 = 24$，$\dfrac{2\pi}{\omega_0} = \dfrac{2\pi}{24} = \dfrac{\pi}{12}$，$\dfrac{\pi}{12}$ 是无理数，序列 $x_1(n)$ 无周期。

② 本质上正弦和余弦都是 ω_0 的单频信号，序列周期的求解方法相同，只需要关注 $\dfrac{2\pi}{\omega_0}$ 的情况即可计算出周期：

$\omega_0 = \dfrac{\pi}{7}$，$\dfrac{2\pi}{\omega_0} = \dfrac{2\pi}{\frac{\pi}{7}} = 14$，所以 $x_2(n)$ 的周期为 $N=14$。

③ $x_3(n)$ 有两个部分，应分别求出两个序列的周期，再根据具体情况求公共周期：

$\omega_1 = 3\pi$，$\dfrac{2\pi}{\omega_1} = \dfrac{2\pi}{3\pi} = \dfrac{2}{3}$，是有理数，令 $\dfrac{P}{Q} = \dfrac{2}{3}$ 可知，周期 $N_1 = 2$；

$\omega_2 = 15$，$\dfrac{2\pi}{\omega_2} = \dfrac{2\pi}{15}$，是无理数，可知该序列无周期，则两个序列无公共周期。

④ $x_4(n)$ 有两个部分，分别求出其周期：

$\omega_1 = \dfrac{4}{5}\pi$，$\dfrac{2\pi}{\omega_1} = \dfrac{2\pi}{\dfrac{4\pi}{5}} = \dfrac{5}{2}$，是有理数，令 $\dfrac{P}{Q} = \dfrac{5}{2}$ 可知，周期 $N_1 = 5$；

$\omega_2 = \pi$，$\dfrac{2\pi}{\omega_2} = \dfrac{2\pi}{\pi} = 2$，是正整数，周期 $N_2 = 2$；

所以 $x_4(n)$ 的周期是两个序列周期的最小公倍数 $N = 10$。

由上例可以看出，正弦信号在连续域是典型的周期信号，而采样之后，其数字频率是一种相对频率。当数字频率 ω_0 为有理数时，比值 $\dfrac{2\pi}{\omega_0}$ 是无理数，序列没有周期，即采样后正弦序列也不一定是周期序列。这与连续时间信号中正弦信号是周期信号的定义是不同的。

（2）虚指数信号 $e^{j\omega_0 n}$ 的周期

由欧拉公式并令 $\theta = \omega_0 n$ 得到：

$$e^{j\omega_0 n} = \cos(\omega_0 n) + j\sin(\omega_0 n) \tag{2.2.20}$$

由上式知 $e^{j\omega_0 n}$ 是频率为 ω_0 的单频复序列，所以虚指数序列周期的求解方法与正弦序列相同。

【例 2.2.4】证明只有在 $\dfrac{2\pi}{\omega_0}$ 为有理数时，虚指数函数 $x(n) = e^{j\omega_0 n}$ 才是一个周期信号。

证明：根据式（2.2.18）周期序列的定义，若 $x(n)$ 为周期序列，则应满足 $x(n+N) = x(n)$，即：

$$e^{j(\omega_0 n + N)} = e^{j\omega_0 n} e^{j\omega_0 N}$$

若要求：

$$e^{j\omega_0 n} e^{j\omega_0 N} = e^{j\omega_0 n}$$

应有：

$$e^{j\omega_0 N} = 1$$

即应有：

$$\omega_0 N = 2k\pi \rightarrow N = \dfrac{2k\pi}{\omega_0}$$

则只有在 $\dfrac{2\pi}{\omega_0}$ 为有理数时，才能保证 N 为正整数，虚指数函数为周期信号。

注意：虚指数函数值见表 1-1。

【例 2.2.5】判断下列序列是否为周期序列，若是周期的，确定其周期。

① $x_1(n) = e^{-j\left(\frac{1}{8}n - \pi\right)}$ ② $x_2(n) = e^{-j\left(\frac{\pi}{6}n + \frac{\pi}{3}\right)}$

③ $x_3(n) = e^{-2n} u(n)$

解：① $\omega_0 = \dfrac{1}{8}$，$\dfrac{2\pi}{\omega_0} = \dfrac{2\pi}{\dfrac{1}{8}} = 16\pi$，$16\pi$ 是无理数，序列 $x_1(n)$ 无周期。

② $\omega_0 = \dfrac{\pi}{6}$，$\dfrac{2\pi}{\omega_0} = \dfrac{2\pi}{\dfrac{\pi}{6}} = 12$，所以 $x_2(n)$ 的周期为 $N = 12$。

③ 本题中，$x_3(n)$ 是一个实指数序列（不是虚指数序列），应根据周期序列的定义求解。设序列周期为 N，则：

$$x_3(n+N) = e^{-2(n+N)} u(n+N) = e^{-2N} e^{-2n} u(n+N) \neq x_3(n)$$

所以 $x_3(n)$ 不是周期序列。

（3）正弦型序列周期性与连续时间正弦信号周期性的区别与联系

① 连续时间的正弦信号 $x_a(t) = A\sin(\Omega_m t + \theta) = A\sin(2\pi f_m + \theta)$ 一定是周期信号，$\Omega_m = 2\pi f_m$，f_m 的单位是 Hz，f_m 越大，信号的频率越高，相对应地，其角频率 Ω_m 也会越大，$x_a(t)$ 的变化也会更快。

② 离散序列 $x(n) = A\sin(\omega_0 n + \theta) = A\sin[(\omega_0 + 2k\pi)n + \theta]$，数字频率 ω_0 是一个周期为 $2k\pi$ 的相对频率，并不是 ω_0 越大，$x(n)$ 变化越快。理解这个特性，对数字滤波器频率特性的理解非常重要。

③ 不管正弦序列是否具有时域周期性，即是否存在 N 使得序列满足 $x(n) = x(n+N)$，ω_0 都可以作为它的数字域频率，其主值范围 $-\pi \leqslant \omega_0 \leqslant \pi$ 或 $0 \leqslant \omega_0 \leqslant 2\pi$。

④ 虚指数序列 $e^{j(\omega_0 n + \theta)} = \cos(\omega_0 n + \theta) + j\sin(\omega_0 n + \theta)$，故其周期的讨论与正弦型序列相同。

周期信号的傅里叶级数在信号频谱分析和处理中有着非常重要的作用。

在实际通信中，存在着大量的非周期信号。为了求非周期信号的频谱，通过假设周期信号的周期趋于无穷大，得到非周期信号，则可由周期信号傅里叶级数导出非周期信号的傅里叶变换，由此分析非周期连续信号的频谱密度函数。频谱密度函数是关于连续模拟角频率的函数，但是由于其计算数值无穷大，无法用计算机来计算。

数字信号处理则不同，对于任意一段已知的样值，可以通过周期延拓得到一个任意周期序列，使之转换成周期序列，从而应用傅里叶级数来分析其频谱特性；而周期序列的傅里叶级数也是周期的，又可以利用周期序列取主值的计算将傅里叶级数系数的无限计算次数缩小到有限的一个序列周期 N，这是离散傅里叶变换 DFT 的重要理论基础。

2.3 序列的基本运算

序列的基本运算有加减法、乘法、移位、反折和尺度变换。

2.3.1 序列的加减法和乘法

序列之间的加减法和乘法，是指具有同序号的序列值逐项对应进行加减和相乘。

【例 2.3.1】已知序列 $x_1(n) = \{\underline{2}, 1, 1.5, -1, 1\}$、$x_2(n) = \{1.\underline{5}, 2, 1, 0, -1\}$，求 $y_1(n) = x_1(n) + x_2(n)$ 和 $y_2(n) = x_1(n) x_2(n)$，并画出各序列波形。

解： $y_1(n) = x_1(n) + x_2(n)$

$$= \{\underline{2+1.5}, 1+2, 1.5+1, -1+0, 1+(-1)\}$$
$$= \{\underline{3.5}, 3, 2.5, -1, 0\}$$
$$y_2(n) = x_1(n)x_2(n)$$
$$= \{\underline{2 \times 1.5}, 1 \times 2, 1.5 \times 1, (-1) \times 0, 1 \times (-1)\}$$
$$= \{\underline{3}, 2, 1.5, 0, -1\}$$

图 2-11 为各序列波形图。

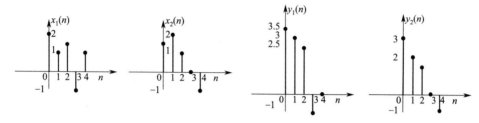

图 2-11 【例 2.3.1】各序列波形图

【例 2.3.2】已知序列 $x_1(n) = \{2, 1, 1.5, -1, 1\}$、$x_2(n) = \delta(n)$，求 $y_1(n) = x_1(n) + x_2(n)$ 和 $y_2(n) = x_1(n)x_2(n)$，并画出各序列波形。

解：$x_2(n) = \delta(n) = \{\cdots 0, \underline{1}, 0, 0, 0 \cdots\}$
$$y_1(n) = x_1(n) + x_2(n)$$
$$= \{2+0, \underline{1+1}, 1.5+0, -1+0, 1+0\}$$
$$= \{2, \underline{2}, 1.5, -1, 1\}$$
$$y_2(n) = x_1(n)x_2(n)$$
$$= \{2 \times 0, \underline{1 \times 1}, 1.5 \times 0, (-1) \times 0, 1 \times 0\}$$
$$= \{0, \underline{1}, 0, 0, 0 \cdots\} = \delta(n)$$

$y_2(n)$ 也可以利用单位脉冲序列与任意序列相乘的性质来求解：
$$y_2(n) = x_1(n)x_2(n) = x_1(n)\delta(n) = x_1(0)\delta(n) = \delta(n)$$

画出各序列波形图如图 2-12 所示。

2.3.2 序列的移位与反折

（1）序列移位、反折的定义

序列的移位运算与连续时间的规则相同，只是序列移位是以整数为单位移动的。

① 设序列 $x(n)$，则其移位序列记为 $x(n \pm n_0)$，$n_0 > 0$。$x(n-n_0)$ 表示序列右移 n_0，也称为序列延迟 n_0；$x(n+n_0)$ 表示序列左移 n_0，也称为序列超前 n_0。

② 序列 $x(n)$ 反折记为 $x(-n)$，是序列 $x(n)$ 波形关于 y 轴对称旋转 $180°$。

【例 2.3.3】已知有限长序列 $x(n) = \{3, 2, 1, -1, \}$，求序列 $x_1(n) = x(n-2)$、$x_2(n) = x(-n)$、$x_3(n) = x(-n-2)$，并画出波形。

解：$x_1(n) = x(n-2) = \{\underline{0}, 0, 3, 2, 1, -1\}$
$$x_2(n) = x(-n) = \{-1, 1, 2, \underline{3}\}$$
$$x_3(n) = x(-n-2) = \{-1, 1, 2, 3, 0, \underline{0}\}$$

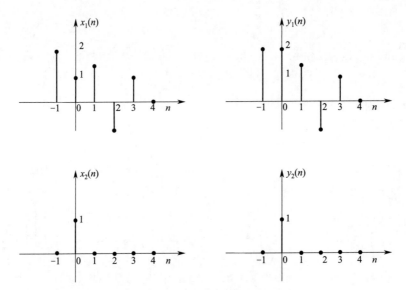

图 2-12　【例 2.3.2】各序列波形图

图 2-13 为各序列波形图。

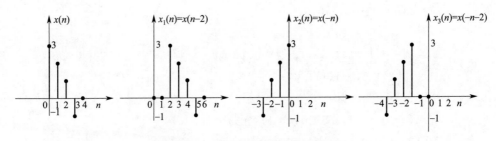

图 2-13　【例 2.3.3】各序列波形图

（2）序列移位的性质

① 序列移位会改变序列的长度，但是有效值长度不变。

假设有限长序列 $x(n)$ 的长度为 N，序列的第 1 个非零值从原点 $n=0$ 开始，当序列右移时即 $x(n-n_0)$，序列从原点处补进 n_0 个零，此时实际序列长度增加 n_0 位；当序列左移时，原点位置是右移 n_0 位，有效长度虽然不变，但是序列中 $n \geq 0$ 的位数会减少。

② 序列移位的值不变。

假设 $x(n)=D$，序列移位不改变序列的值，即 $x(n \pm n_0)=D$。尽管序列移位对应的差分运算是由连续信号的微分近似得到的，但序列移位后值的变化与函数微分的变化是完全不同的。这个性质会在讲解差分方程经典解法的【例 3.2.8】中用到。

2.3.3　序列的抽取与插值

离散时间序列的自变量取值仅在整数时间点上有定义，对尺度变换有较严格的限制，因此离散序列的自变量乘以或者除以一个整数，与连续信号的尺度变换有较大的不同。基于尺度变换的操作有两种情况，称为抽取和插值。

抽取是将离散时间变量 n 变 Mn，且定义 M 为正整数。这意味着将离散时域尺度放大 M 倍，则此时原序列 $x(n)$ 变为 $x(Mn)$，这种变换称为抽取（Decimation），抽取只保留原序列在 M 的整数倍时刻点的序列值。如果 M 为负整数，则意味着它是 $x(n)$ 的时域反折与抽取的组合变换。

插值是指序列每个样值中间插 $M-1$ 个零，记为 $x\left(\dfrac{n}{M}\right)$。

抽取和插值改变了序列样值之间的间隔，是变采样率数字信号处理的基础。抽取可以看成是减小采样率的操作，本质是将采样数据减少了；而插值则可以增加序列的点数。

【例 2.3.4】 已知序列 $x(n)=\{\underline{2},1,1.5,-1,1\}$，求 $x_1(n)=x(2n)$ 和 $x_2(n)=x\left(\dfrac{n}{2}\right)$，并画出各序列波形。

解：$x_1(n)=x(2n)=\{\underline{2},1.5,1\}$

$$x_2(n)=x\left(\dfrac{n}{2}\right)=\{\underline{2},0,1,0,1.5,0,-1,0,1\}$$

图 2-14 为各序列波形图。

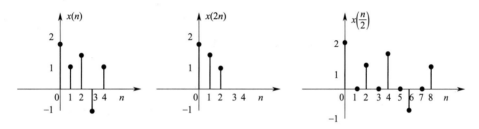

图 2-14　【例 2.3.4】各序列波形图

由例题及图 2-14 可以看出，抽取时，序列在 2 的整数倍点的值保留，并且新序列的自变量值变为原来的 $\dfrac{n}{2}$（比如原来是 $n=2$，新序列是 $n=1$）；内插时相邻两个样值之间加入了 1 个零值，所以也称为内插零，内插后序列中增加了一些零，整体长度增加了。

2.4　序列的卷积和

卷积和也叫线性卷积，是离散时间信号与系统分析的一种计算，本节重点学习卷积和的定义及时域计算方法，在第 3 章学习其物理意义及变换域求解法。

2.4.1　卷积和的定义

假设有两个线性序列 $x_1(n)$ 和 $x_2(n)$，定义序列的卷积和运算为：

$$y(n)-x_1(n)*x_2(n)=\sum_{m=-\infty}^{+\infty}x_1(m)x_2(n-m) \tag{2.4.1}$$

* 表示卷积和运算，卷积和运算也称为线性卷积，要求 $x_1(n)$、$x_2(n)$ 满足线性特性，

即齐次性和比例性，在 3.3.2 节离散时间 LTI 系统的零状态响应和单位脉冲响应中会进一步解释。

从式(2.4.1)可以看出，卷积和的运算过程分为以下几个步骤：

第一步：将 $x_1(n)$、$x_2(n)$ 中的变量 n 转换成 m，即序列变为 $x_1(m)$、$x_2(m)$；

第二步：对 $x_2(m)$ 反折移位。先关于纵轴反折得到 $x_2(-m)$；再按 n 值移位 $x_2(n-m)$，当 $n>0$ 时，对 $x_2(-m)$ 右移 n 位，当 $n<0$ 时，对 $x_2(-m)$ 左移 n 位；

第三步：将对应项 $x_1(m)$ 和 $x_2(n-m)$ 相乘然后逐项相加即可得到对应的 $y(n)$；

第四步：不断改变 n 值，重复第三步，直到求出全部 n 值下对应的 $y(n)$。

这四个步骤的计算过程可以用图解法来描述，是计算卷积和的一种方法。计算示例见【例 2.4.2】。

2.4.2 卷积和的运算性质

（1）乘法特性

卷积和的计算对象是两个序列，计算顺序与初等代数类似，即在 m 次序下，先做序列相乘，再做累加运算。因此其运算性质具有类似乘法的性质。

① 交换律 交换律是指两个序列进行卷积和运算时与次序无关，即：

$$x_1(n) * x_2(n) = x_2(n) * x_1(n) \tag{2.4.2}$$

② 结合律 卷积和运算满足结合律，假设有三个序列进行卷积和运算，可以先将其中两个结合起来，计算其卷积和，再与另一个序列卷积，改变结合的组合顺序不影响卷积和结果，即：

$$[x_1(n) * x_2(n)] * x_3(n) = x_1(n) * [x_2(n) * x_3(n)] \tag{2.4.3}$$

③ 分配律 当卷积和运算中出现两个序列相加并与第三个序列卷积和的运算时，满足分配律：

$$[x_1(n) + x_2(n)] * x_3(n) = x_1(n) * x_3(n) + x_2(n) * x_3(n) \tag{2.4.4}$$

（2）移位特性

若 $y(n) = x_1(n) * x_2(n)$，则有：

$$y(n-n_0) = x_1(n-n_0) * x_2(n) = x_1(n) * x_2(n-n_0) \tag{2.4.5}$$

证明：

$$y(n-n_0) = \sum_{m=-\infty}^{+\infty} x_1(m) x_2(n-n_0-m) = x_1(n) * x_2(n-n_0)$$

再由卷积和的交换律：

$$y(n-n_0) = \sum_{m=-\infty}^{+\infty} x_1(n-n_0-m) x_2(m) = x_1(n-n_0) * x_2(n)$$

则 $y(n-n_0) = x_1(n-n_0) * x_2(n) = x_1(n) * x_2(n-n_0)$ 得证。

从这个结论可以得知，当卷积的一个序列发生移位时，卷积和也会发生相应的移位。公式对左移也同样适用。

（3）任意序列 $x(n)$ 与单位脉冲序列 $\delta(n)$ 卷积和

$$x(n) * \delta(n) = x(n) \tag{2.4.6}$$

$$x(n) * \delta(n - n_0) = x(n - n_0) \tag{2.4.7}$$

$$x(n + n_1) * \delta(n - n_0) = x(n + n_1 - n_0) = x(n) * \delta(n + n_1 - n_0) \tag{2.4.8}$$

式（2.4.8）表明卷积和计算时，序列的移位情况比较复杂，可以将所有移位转移到单位样值序列上，便于求解和处理。例如：

$$x_1(n + n_1) * x_2(n - n_2) = x_1(n) * \delta(n + n_1) * x_2(n) * \delta(n - n_2)$$

$$= x_1(n) * x_2(n) * \delta(n + n_1) * \delta(n - n_2) \quad \text{（交换律）}$$

$$= [x_1(n) * x_2(n)] * \delta(n + n_1 - n_2) \quad \text{（结合律）}$$

（4）任意序列 $x(n)$ 与单位阶跃序列 $u(n)$ 卷积和

$$x(n) * u(n) = \sum_{m=0}^{+\infty} x(n - m) \tag{2.4.9}$$

证明：

$$x(n) * u(n) = x(n) * \sum_{m=0}^{+\infty} \delta(n - m) = \sum_{m=0}^{+\infty} x(n - m)$$

即当序列与单位阶跃序列卷积时，相当于对该序列累加和。

注意，下列两种序列累加和的表示是相同的，即：

$$\sum_{m=0}^{+\infty} x(n - m) = \sum_{m=0}^{n} x(m) \tag{2.4.10}$$

工程应用中累加器的数学表示为 $\sum_{m=0}^{n} x(m)$，它表示在 n 时刻，$y(n)$ 等于 $x(n)$ 在该时刻及其之前全部输入样值的累加或求和 [也可以将累加时刻推广到了更一般的 $-\infty$ 时刻（即求和下限为 $= -\infty$）]，累加和的上限由因变量 n 决定，n 的取值范围遵循自变量取值原则，可以是 $(-\infty, +\infty)$，与序列的实际取值范围有关。

根据累加和定义的描述，式（2.4.10）的计算原理与式（2.4.9）相同。

【例 2.4.1】已知离散序列 $x(n) = \{\underline{1}, 2, 0, -1\}$，求 $y(n) = x(n) * u(n)$。

解：根据式（2.4.9）可知，

$$y(n) = x(n) * u(n) = \sum_{m=0}^{n} x(n - m)$$

即：

$y(0) = x(0) = 1$

$y(1) = x(0) + x(1) = 1 + 2 = 3$

$y(2) = x(0) + x(1) + x(2) = 1 + 2 + 0 = 3$

$y(3) = x(0) + x(1) + x(2) + x(3) = 1 + 2 + 0 - 1 = 2$

$y(4) = x(0) + x(1) + x(2) + x(3) + x(4) = 1 + 2 + 0 - 1 + 0 = 2$

$y(5) = 2$

...

$\therefore y(n) = \{\underline{1}, 3, 3, 2, 2, 2, 2 \cdots\}$

由于 $x(n)$ 是长度为 $N=4$ 的有限长序列，在累加和计算中，从 $y(4)$ 开始已经达到了所有样值和的累加，所以 $n \geqslant 4$ 之后，$y(n)$ 每个时刻的值就是 $x(n)$ 到这个时刻为止的所有样值的累加和，为 2，之后即使 n 值不断增加，因为 $x(n)$ 已无非零样值，所以样值之和的大小不再改变。

2.4.3 卷积和的计算方法

卷积和的计算方法主要有以下四种。

（1）图解法

图解法是按照定义的计算步骤求解卷积和的方法，这种方法可以形象地理解卷积和的计算过程，适用于两个长度较小的有限长序列卷积和求解。

图解法的具体步骤如下：

① 将 $x_1(n)$、$x_2(n)$ 中的变量 n 转换成 m，即序列变为 $x_1(m)$、$x_2(m)$。

② 对 $x_2(m)$ 反折移位。以 y 轴为对称轴反折得到 $x_2(-m)$；再按 n 值移位 $x_2(n-m)$，当 $n>0$ 时，对 $x_2(-m)$ 右移 n 位，当 $n<0$ 时，对 $x_2(-m)$ 左移 n 位；由于卷积和满足交换律，实际计算时可以选择一个较简单的序列来移位。

③ 将对应项 $x_1(m)$ 和 $x_2(n-m)$ 相乘然后逐项相加即可得到对应的 $y(n)$（注：需假设 $n=\cdots-1,0,1,2\cdots$ 中的某个任意值计算）。

④ 不断改变 n 值 [相当于移动 $x_2(-m)$]，重复第③步，直到求出全部 n 值下对应的 $y(n)$。

【例 2.4.2】 已知序列 $x_1(n)=x_2(n)=R_2(n)$，用图解法求 $y(n)=x_1(n)*x_2(n)$。

解： 用图解法求解，如图 2-15 所示。

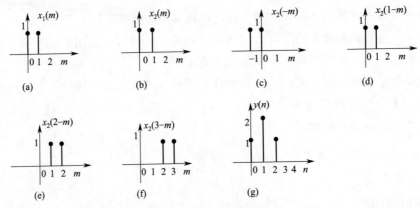

图 2-15 【例 2.4.2】图解法

① 图 2-15(a)：$x_1(n)$ 的 n 变 m，得到 $x_1(m)$ 序列本身没有变化，只是横坐标标注 m 即可。

② 图 2-15(b)：$x_2(n)$ 的 n 变 m，得到 $x_2(m)$。

③ 图 2-15(c)：$x_2(m)$ 反折得到 $x_2(-m)$，每个样值关于纵轴对称发生转换。

④ 计算 $y(0)$，先计算序列 $x_1(m)x_2(-m)$，图 2-15(a) 和图 2-15(c) 中的对应样值做乘法，然后将样值相加，得到 $y(0)=1$。

⑤ 图 2-15(d)：$x_2(-m)$ 右移 1 位到 $x_2(1-m)$；计算 $y(1)$，先计算序列 $x_1(m)x_2(1-m)$，图 2-15(a) 和图 2-15(d) 中的对应样值做乘法，然后将样值相加，得到 $y(1)=2$。

⑥ 图 2-15(e)：$x_2(1-m)$ 右移 1 位到 $x_2(2-m)$；计算 $y(2)$，先计算序列 $x_1(m)x_2(2-m)$，图 2-15(a) 和图 2-15(e) 中的对应样值做乘法，然后将样值相加，得到 $y(2)=1$。

⑦ 图 2-15(f)：$x_2(2-m)$ 右移 1 位到 $x_2(3-m)$；计算 $y(3)$，先计算序列 $x_1(m)x_2(3-m)$，图 2-15(a) 和图 2-15(f) 中的对应样值做乘法，然后将样值相加，得到 $y(3)=0$。

⑧ 在图 2-15（g）中记录 $y(n)$ 的非零样值，即为所求，用集合形式表示为 $y(n)=\{\underline{1},2,1\}$。图解法求解可以比较直观地理解卷积和运算的步骤及原理，可以直接作为计算机辅助计算的编程流程。不过手工计算的计算量较大。

（2）公式法

对于可以用数学闭合解析式表示的序列，可以直接用公式法来计算。

【例 2.4.3】已知序列 $x_1(n)=x_2(n)=u(n)$，求序列的卷积和 $y(n)=x_1(n)*x_2(n)$。

解：由卷积和公式有：

$$y(n)=x_1(n)*x_2(n)=\sum_{m=-\infty}^{+\infty}x_1(m)x_2(n-m)$$

$$=\sum_{m=-\infty}^{+\infty}u(m)u(n-m)=\sum_{m=0}^{n}1=n+1(n\geqslant0)$$

$u(m)$ 和 $u(-m)$ 只有在右移，即 $n\geqslant0$ 时，相乘才会有非零值，因此也可以记为：

$$u(n)*u(n)=(n+1)u(n) \tag{2.4.11}$$

【例 2.4.4】已知序列 $x_1(n)=a^n u(n)(|a|<1)$，$x_2(n)=u(n)$，求序列的卷积和 $y(n)$。

解：由卷积和公式有：

$$y(n)=x_1(n)*x_2(n)=\sum_{m=-\infty}^{+\infty}x_1(m)x_2(n-m)$$

$$=\sum_{m=-\infty}^{+\infty}a^m u(m)u(n-m)=\sum_{m=0}^{n}a^n=\frac{1-a^{n+1}}{1-a}(n\geqslant0)$$

也可以记为：

$$a^n u(n)*u(n)=\frac{1-a^{n+1}}{1-a}u(n) \tag{2.4.12}$$

以上两个式子中，序列都是右边序列，其求和项数 m 一般从 0 到 n，属于有限几何级数范畴，可以直接用级数求和公式求解；当 $n\rightarrow\infty$ 时，适用级数的无穷项和求解。对于项数 m 从负值或者负无穷项开始，则需要通过变量代换、分段处理后，得到适用于级数求和公式的形式方能求解（转换成从零开始求和）。表 2-1 为常见几何级数求和公式。

表 2-1　常见几何级数求和公式

前 N 项和公式	无穷项和公式
$\sum_{m=0}^{N-1}a^m=\dfrac{1-a^N}{1-a}$	$\sum_{m=0}^{+\infty}a^m=\dfrac{1}{1-a}(|a|<1)$

前 N 项和公式	无穷项和公式
$\sum\limits_{m=0}^{N-1} m a^m = \dfrac{(N-1)a^{N+1} - Na^N + a}{1-a}$	$\sum\limits_{m=0}^{\infty} m a^m = \dfrac{1}{(1-a)^2}(\lvert a \rvert < 1)$
$\sum\limits_{m=0}^{N-1} m = \dfrac{1}{2}N(N-1)$	
$\sum\limits_{m=0}^{N-1} m^2 = \dfrac{1}{6}N(N-1)(2N-1)$	

注：本表中，有限项级数求和对 a 没有限制，而无穷项和要求 $\lvert a \rvert < 1$，即序列收敛才能求和。

【例 2.4.5】已知序列 $x_1(n) = 2^n u(-n)$，$x_2(n) = u(n)$，求序列的卷积和 $y(n) = x_1(n) * x_2(n)$。

解： 由卷积和公式有：

$$y(n) = x_1(n) * x_2(n) = \sum_{m=-\infty}^{+\infty} x_1(m) x_2(n-m)$$

$$= \sum_{m=-\infty}^{+\infty} 2^m u(-m) u(n-m) = \sum_{m=-\infty}^{0} 2^m u(-m) u(n-m)$$

由上式可知，$x_1(m)$ 和反折后的 $x_2(-m)$ 所有样值都在横轴的负半轴，当 $n < 0$ 时，$x_2(n-m)$ 向左移，求和的非零值项数之和为：

$$y(n) = \sum_{m=-\infty}^{n} 2^m \xrightarrow{\ \ 令 k = -m\ \ } \sum_{k=-n}^{+\infty} 2^{-k} = \frac{2^n}{1-\frac{1}{2}} = 2^{n+1}\ (n < 0)$$

当 $n \geqslant 0$ 时，序列右移，由于 $x_2(-m) = u(-m)$ 在横坐标右半轴没有样值，所以：

$$y(n) = \sum_{m=-\infty}^{0} 2^m \xrightarrow{\ \ 令 k = -m\ \ } \sum_{k=0}^{+\infty} 2^{-k} = \frac{1}{1-\frac{1}{2}} = 2\ (n \geqslant 0)$$

故：

$$y(n) = \begin{cases} 2 & n \geqslant 0 \\ 2^{n+1} & n < 0 \end{cases}$$

在本例题中要注意，实际序列移位时，两个序列相乘非零值区间要分不同情况讨论 n 的取值范围，并将其转换成一般几何级数的正整数项求和。

【例 2.4.6】已知序列 $x(n) = \begin{cases} 1 & 10 \leqslant n \leqslant 20 \\ 0 & 其他 \end{cases}$，$h(n) = \begin{cases} n & -5 \leqslant n \leqslant 5 \\ 0 & 其他 \end{cases}$，试确定卷积和 $x(n) * h(n)$ 的长度和非零值区间。

解： 因为 $x(n)$ 的非零值区间为 $[10, 20]$，长度为 $N_1 = 11$，$h(n)$ 的非零值区间为 $[-5, 5]$，长度为 $N_2 = 11$，假设选择 $h(n)$ 反折移位，从 $m = 5$ 的位置一直右移，移到 $m = 10$ 才会相交，开始有非零值，此时位移量 $n = 5$。当序列的尾部全部移出 $x(n)$ 最后一个样值位置 $m = 20$ 时，序列的位移为 $n = 25$，所以序列非零值区间为 $n \in [5, 25]$，卷积和的长度为 21。

由【例 2.4.6】可以看出，序列卷积和的长度一般会比序列长很多，假设 $x_1(n)$ 的长度为 N_1，$x_2(n)$ 的长度为 N_2，$y(n) = x_1(n) * x_2(n)$，则 $y(n)$ 的长度为：

$$N = N_1 + N_2 - 1 \tag{2.4.13}$$

假设两个序列长度相同，都为 N，则卷积和序列的长度为序列的 $2N-1$，这也意味着如果直接计算卷积和运算量很大，需要考虑其计算的可实现性。为便于计算，一些常用的卷积和公式可直接查表 2-2 获得。

表 2-2 常见序列卷积和公式表

序号	$x_1(n)$	$x_2(n)$	$y(n)=x_1(n)*x_2(n)=x_2(n)*x_1(n)$
1	$\delta(n)$	$x(n)$	$x(n)$
2	$u(n)$	$u(n)$	$(n+1)u(n)$
3	$a^n u(n)$	$u(n)$	$\dfrac{1-a^{n+1}}{1-a}u(n)$
4	$a^n u(n)$	$a^n u(n)$	$(n+1)a^n u(n)$
5	$a^n u(n)$	$\beta^n u(n)$	$\dfrac{a^{n+1}-\beta^{n+1}}{a-\beta}u(n)$
6	$a^n u(n)$	$nu(n)$	$\dfrac{n}{1-a}+\dfrac{a(a^n-1)}{(1-a)^2}$
7	$nu(n)$	$nu(n)$	$\dfrac{1}{6}(n-1)n(n+1)u(n)$

（3）利用性质求解

常用的序列卷积和公式表（表 2-2）给出的是常用序列在序列起始点为原点且均为右边序列的情况，当序列发生移位时可以利用卷积的性质求解。

【例 2.4.7】已知序列 $x_1(n)=u(n-3)$，$x_2(n)=u(n+2)$，求序列卷积和 $x_1(n)*x_2(n)$。

解：

$$
\begin{aligned}
x_1(n)*x_2(n) &= u(n-3)*u(n+2)\\
&= u(n)*\delta(n-3)*u(n)*\delta(n+2)\\
&= (n+1)u(n)*\delta(n-1)=nu(n-1)
\end{aligned}
$$

在求解中应用了任意序列与单位样值序列卷积的性质、卷积和的结合律以及常用序列表中的 $u(n)*u(n)=(n+1)u(n)$。

（4）对位相乘相加法

对位相乘相加法首先将序列排成两排，将它们按右端对齐，然后做乘法（注意不要进位），最后将两排的乘积相加即可得到卷积和结果，计算非常简便，适合有限长序列的简单计算。

【例 2.4.8】设长度 $N=2$ 的序列 $h(n)=\{\underline{1},2\}$，序列 $x(n)=\{\underline{1},1,1,1,1,1,1,1,1\}$，长度为 9，求卷积和 $y(n)=h(n)*x(n)$。

解： 用对位相乘相加法直接计算：

$$
\begin{array}{r}
\underline{1}11111111 \qquad x(n)\\
\times \qquad \underline{1}2 \qquad h(n)\\
\hline
\underline{2}22222222\\
+\quad \underline{1}11111111\\
\hline
\underline{1}333333332
\end{array}
$$

即 $y(n)=\{\underline{1},3,3,3,3,3,3,3,3,2\}$

2.5　序列的周期延拓与循环移位

在自然界中，日出月落、潮汐、太阳黑子等属于有序可循的周期性自然现象，人的语音、音乐有一定的周期性，这样的信号在连续域为数不多，连续时间信号的周期性都是它们的自然属性。周期信号的特点是其函数值具有重复性，只要有一个周期的信号，就能推导出整个自变量 $t \in (-\infty, +\infty)$ 的全部波形。

在数字信号处理中，序列可以经过对连续信号的采样获得。如果在连续域本来就是具有周期性的信号，如正弦信号，则只要选择合适的采样频率，采样后可以获得周期正弦序列。而对于时域的非周期信号，或者一段随机信号的采样信号，采样后可以得到一段有限长序列 $x(n)$，这些序列大多数情况下都是非周期的。

信号频谱分析的数学理论基础是傅里叶级数，傅里叶级数基于周期信号的分解原理，在连续域如此，在离散域也如此。可见周期性对频谱分析的重要性。在连续域，理想的周期信号在现实中是不存在的，所以通过将周期的无限延长取极限得到了傅里叶变换，以便对非周期连续信号的频谱密度函数 $X(\Omega)$ 进行研究和分析。

长度为 N 的有限长序列 $x(n)$ 可以由 N 个独立值来定义。基于 DSP 系统的数据存储功能，在离散域要获得周期序列会容易得多，只要不断重复读出该段序列的样值，就可以实现序列的周期性，因此可以直接用序列傅里叶级数系数对其频谱进行计算和分析。

这种将有限长序列转变为周期序列的方法称为周期延拓。当然，由于序列周期化既需要保证原序列的完整性，也需要顾及计算机计算的位数（比如是 2 整数幂），所以对序列进行周期延拓也有一些类似于运算法则的规定。

2.5.1　周期延拓的定义

假设有限长序列 $x(n)$，以 N 为周期对 $x(n)$ 进行周期延拓，记为：

$$\tilde{x}(n)=x((n))_N=\sum_{r=-\infty}^{+\infty}x(n+rN) \tag{2.5.1}$$

式中，r 是整数；$\tilde{x}(n)$ 表示一个周期序列；$x((n))_N$ 是以 N 为周期的周期延拓符号，几何级数公式则表示了周期延拓的具体计算过程。

运算符号 $((n))_N$ 表示模 N 对 n 求余，即若存在 $n=kN+n_1$（$0 \leqslant n_1 \leqslant N-1$，$k$ 为整数），则：

$$x((n))_N=x((kN+n_1))_N=x(n_1) \tag{2.5.2}$$

【例 2.5.1】已知序列 $x(n)=\{1, 2, 3, 4, 5\}$，序列长度为 5，将其以 5 为周期进行周期延拓，求 $\tilde{x}(n)$ 并计算 $x((7))_5$、$x((15))_5$ 的值。

解：由周期延拓的定义可知，将 $x(n)$ 以 $N=5$ 为周期将序列不断重复得到：

$$\tilde{x}(n)=x((n))_N=\{\underline{1},2,3,4,5,1,2,3,4,5,1,2\cdots\}$$

根据周期延拓运算规则：

$$x((7))_5 = x((1 \times 5 + 2))_5 = x(2) = 3$$

$$x((15))_5 = x((3 \times 5 + 0))_5 = x(0) = 1$$

$x(2)$、$x(0)$对应原序列$x(n)$中$n=2$和$n=0$的值。

由于$\tilde{x}(n)$是$x(n)$周期延拓得到的，$x(n)$称为$\tilde{x}(n)$的主值序列，记为：

$$x(n) = \tilde{x}(n)R_N(n) = \sum_{n=0}^{N-1} x(n+rN) \tag{2.5.3}$$

其中：

$$\sum_{n=0}^{N-1} x(n+rN) = \left[\sum_{n=-\infty}^{+\infty} x(n+rN) \right] R_N(n)$$

上述表达式$\sum\limits_{n=0}^{N-1} x(n+rN)$用几何级数求和范围$n = [0, N-1]$替代了原有的无穷范围，这种表示方法隐含了无穷级数求和取主值运算过程，后续内容比如DFT变换、循环卷积等常有涉及。

2.5.2 周期延拓的运算规则

周期延拓是数字信号处理中一种特有的运算。设序列的长度为M，即$x(n)$只在$0 \leqslant n \leqslant M-1$时有值，则延拓周期$N$与序列长度$M$存在以下关系时，周期延拓的规则如下：

① 当$N=M$时，即序列长度与延拓周期相同，则$\tilde{x}(n)$是$x(n)$的简单重复；

② 当$N>M$时，要先在$x(n)$后补$N-M$个0，得到$x_N(n)$，再由$x_N(n)$重复得到$\tilde{x}(n)$，此时参加周期延拓的序列是$x_N(n)$，也可以表示为$\tilde{x}_N(n)$；

③ 当$N<M$时，需要将$x(n)$按N位截断，剩余的$M-N$位序列补$2N-M$位个0，形成新序列与截断序列相加，得到$x_N(n)$，再用$x_N(n)$以N为周期延拓。

【例2.5.2】已知序列$x(n) = \{\underline{1}, 2, 3, 3, 2, 1\}$，序列长度$M=6$，求延拓周期分别为$N_1=6$、$N_2=8$、$N_3=4$的周期延拓序列，并写出其主值序列$\tilde{x}_6(n)R_6(n)$、$\tilde{x}_8(n)R_8(n)$、$\tilde{x}_4(n)R_4(n)$。

解： 解得【例2.5.2】各序列波形如图2-16所示，由周期延拓的规则可知：

如图2-16(b)所示，当$N_1=6$时，$N=M$，$\tilde{x}(n)$是$x(n)$的简单重复，即$\tilde{x}_6(n) = \{\underline{1}, 2,3,3,2,1,1,2,3,3,2,1,1,2,3\cdots\}$。

如图2-16(c)所示，当$N_2=8$时，$N>M$，要先在$x(n)$后补$N-M$个0，得到$x_N(n)$，即$x_8(n) = \{\underline{1},2,3,3,2,1,0,0\}$，则$\tilde{x}_8(n) = \{\underline{1},2,3,3,2,1,0,0,1,2,3,3,2,1,0,0,1,2,3,\cdots\}$。

如图2-16(d)所示，当$N_3=4$时，$N<M$，需要将$x(n)$按N位截断，剩余的$M-N$位序列补$2N-M$位个0，形成新序列与截断序列相加，即：$x_4(n) = \{\underline{1},2,3,3\} + \{2,1,0,0\} = \{\underline{3},3,3,3\}$，则$\tilde{x}_4(n) = \{\underline{3},3,3,3,3,3,3,3,3,3,3,3\cdots\}$。

主值序列：

如图2-16(e)所示，$\tilde{x}_6(n)R_6(n) = x(n) = \{\underline{1},2,3,3,2,1\}$。

如图2-16(f)所示，$\tilde{x}_8(n)R_8(n) = x_8(n) = \{\underline{1},2,3,3,2,1,0,0\}$。

如图 2-16(g) 所示，$\widetilde{x}_4(n)R_4(n)=x_4(n)=\{\underline{3},3,3,3\}$。

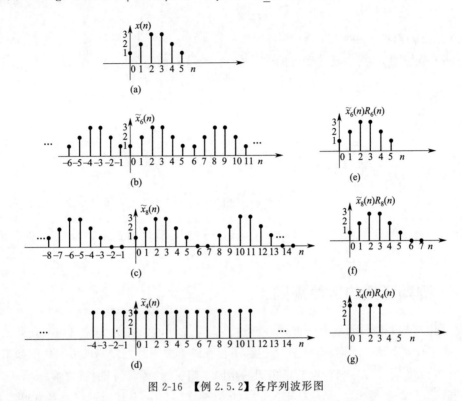

图 2-16 【例 2.5.2】各序列波形图

2.5.3 有限长序列的循环移位

有限长序列循环移位的技术背景是基于固定长度设计的计算机应用程序或者由固定长度的移位寄存器组成的系统，这些系统对数据长度的定义是固定的。当同一数据移入寄存器或进行读入时，受到寄存器位数或算法的限制，发生的移位遵循循环移位规则，在一些教材中也叫圆周移位，取该移位相当于序列首尾相连形成圆周，在一个圆周内移位之意。

设有限长序列 $x(n)$ 的长度为 M，$M \leqslant N$，则 $x(n)$ 循环移位定义为：

$$y(n)=x((n+m))_N R_N(n) \tag{2.5.4}$$

式(2.5.4) 表明，将 $x(n)$ 以 N 为周期进行周期延拓得到 $\widetilde{x}(n)=x((n))_N$，再将 $\widetilde{x}(n)$ 左移 m 位得到 $\widetilde{x}(n+m)$，最后取 $\widetilde{x}(n+m)$ 的主值序列得到 $y(n)$。

【例 2.5.3】已知序列 $x(n)=\{\underline{1},2,3,3,2,1\}$，将 $x(n)$ 以 $N=8$ 为周期延拓，求 $x((n+2))_8$ 及循环移位序列 $y(n)=x((n+2))_8 R_8(n)$。

解： 由循环移位规则可知，应先将 $x(n)$ 以 8 为周期进行周期延拓，得到 $x((n))_8=\{\underline{1},2,3,3,2,1,0,0,1,2,3,3,2,1,0,0,1,2,3,\cdots\}$。

再将 $x((n))_8$ 左移 2 位得到 $x((n+2))_8=\{1,2,\underline{3},3,2,1,0,0,1,2,3,3,2,1,0,0,1,2,3,\cdots\}$。

所以循环移位序列 $y(n)=x((n+2))_8 R_8(n)=\{\underline{3},3,2,1,0,0,1,2\}$。

各序列波形如图 2-17 所示。

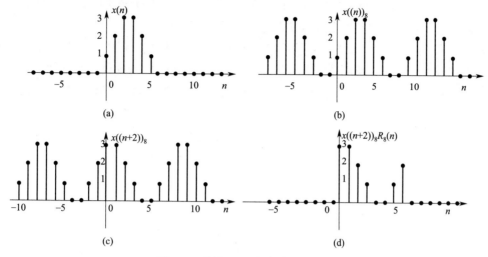

图 2-17 【例 2.5.3】各序列波形图

从图 2-17 可以看出，循环移位序列 $y(n)$ 是长度为 N 的有限长序列，在循环移位时，被移出序列的样值在序列后又从右侧进入主值区，循环移位就是由此而得名。选择不同的延拓周期，即使是对同一序列的相同位移量，其循环移位序列都是不同的。这是循环移位与普通有限长序列移位的不同之处。

数字信号处理中的非周期序列可以通过周期延拓得到周期序列。同样，对于一个周期序列，取其一个周期的数据进行运算和存储，再通过重复输出或者读出实现周期延拓是很简单的操作。

2.6 周期卷积与循环卷积

上一节我们提到，周期序列在数字信号处理中具有重要的作用，周期卷积和循环卷积是在周期序列条件下定义的卷积运算，与之前提到的卷积和（线性卷积）有相同之处，但也有一定的区别。

2.6.1 周期卷积与循环卷积的定义

假设周期序列 $\tilde{x}_1(n)$ 的周期为 N_1，$\tilde{x}_2(n)$ 的周期为 N_2，它们的主值序列分别记为 $x_1(n)$ 和 $x_2(n)$，若有 $L \geqslant \max[N_1, N_2]$，取周期 $L \geqslant \max[N_1, N_2]$，对这两个序列进行的卷积称为周期卷积。

$$\tilde{y}(n) = \tilde{x}_1(n) * \tilde{x}_2(n) = \sum_{m=-\infty}^{+\infty} \tilde{x}_1(m) \tilde{x}_2(n-m) \tag{2.6.1}$$

周期卷积也称圆周翻褶卷积，其结果 $\tilde{y}(n)$ 也是一个周期为 L 的序列。因为周期序列是主值序列的不断重复，在此基础上，周期卷积的序列主值 $x_1(n)$、$x_2(n)$ 的 L 点循环卷积为：

$$y(n) = x_1(n) \,\textcircled{L}\, x_2(n) = \Big[\sum_{m=0}^{L-1} x_1(m) x_2((n-m))_N\Big] R_L(n) \tag{2.6.2}$$

式（2.6.2）中，Ⓛ表示循环卷积运算，圈中的 L 是循环卷积结果的长度，也可以称为点数，循环卷积序列 $y(n)$ 的长度也是 L，即 $y(n)$ 包含 L 个值。

对于循环卷积，可以想象为一组同轴的圆柱和套筒。圆柱上有 N 个等分的格子，可以装入序列 $x_1(m)$ 的 N 位数据，套筒上则是逐位输入 $x_2(m)$；在计算区，将圆柱与套筒对应数据相乘并输出一个和，套筒数据要 N 个时刻才能全部移入计算区；继续移位，每个位置都做一次序列值相乘求和运算，旋转完整一圈，就得到 N 个循环卷积值。

套筒旋转一圈之后，如果继续移位，相当于一端移进，另一端移出，循环不止，故称为循环卷积，示意图如图 2-18 所示。图 2-18(a) 所示为一个 8 位循环卷积系统，圆柱可以装入 8 位 $x_1(m)$ 数据，套筒顺时针旋转，从左侧输入端输入数据 $x_2(m)$，不断循环输入，则实现了序列的周期延拓。图 2-18(a) 中示意的是最后一位 $x_2(7)$ 进入计算区时，左边相邻位的 $x_2(0)$ 是第二个周期循环进入计算区的数据；套筒通过旋转可以不断地与 $x_1(m)$ 实现计算，因此也可以看成 $x_1(m)$ 周期延拓，这就体现了循环卷积的周期延拓。小圆柱是计算输出，即每次计算结果为 $y(n)$ 的一位。$x_2(m)$ 逐位输入与 $x_1(m)$ 相乘相加的过程如图 2-18(b) 循环卷积的直观解释所示。

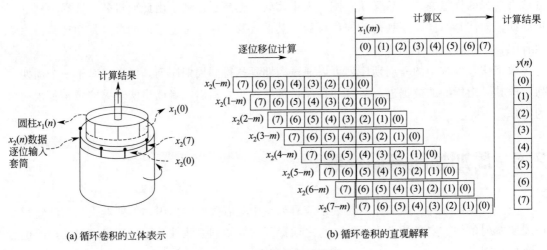

(a) 循环卷积的立体表示　　　　　　　　　(b) 循环卷积的直观解释

图 2-18　循环卷积示意图

当然实际计算时，并不需要不停地输入相同的数据，而是计算完一个序列之后，再重复装入数据进行新一轮计算。

在图 2-18(a) 中，存放 $x_1(m)$ 时是通过圆柱旋转将 N 位数据一次性读入的，如果存储的位数 M 与序列的位数 N 相同，则可以直接将数据存入；如果存储位数 $M>N$，多余的存储空间会自动补零；而如果存储位数小于序列的长度，即 $M<N$，则装入时剩余的 $N-M$ 位就会与之前输入的样值发生混叠，这与 2.5.2 节中周期延拓的规则是一致的。

2.6.2　循环卷积的计算方法

（1）循环卷积的矩阵计算法

循环卷积也称为圆周卷积或圆卷积，可以用矩阵来表示循环卷积的计算步骤。

第一步：$x_2(n)$ 中的变量变换并反折得到 $x_2(-m)$，对 $x_2(-m)$ 进行循环移位，每个移位值都作为矩阵的一行，依次写出 n 个 $x_2(n-m)$ 循环移位值，得到 $L \times L$ 的循环移位矩阵；

第二步：$x_1(n)$ 中的变量变换得到 $x_1(m)$，并写成 L 行 1 列矩阵；

第三步：将循环移位矩阵与 $x_1(m)$ 做矩阵乘法得到矩阵 $y(n)$：

$$
\begin{bmatrix} y(0) \\ y(1) \\ \vdots \\ y(L-1) \end{bmatrix} = \begin{bmatrix} x_2(0) & x_2(L-1) & x_2(L-2) & \cdots & x_2(1) \\ x_2(1) & x_2(0) & x_2(L-1) & \cdots & x_2(2) \\ \vdots & x_2(1) & x_2(0) & \cdots & x_2(3) \\ & \vdots & \vdots & & \vdots \\ x_2(L-1) & x_2(L-2) & x_2(L-3) & \cdots & x_2(0) \end{bmatrix} \begin{bmatrix} x_1(0) \\ x_1(1) \\ \vdots \\ x_1(L-1) \end{bmatrix} \qquad (2.6.3)
$$

式 (2.6.3) 中，由 $x_2((n-m))_L$ 循环移位得到的矩阵称为循环移位矩阵。循环矩阵的特点是，第一行为 $x_2(-m)$，第二行是 $x_2(1-m)$，随着 n 不断增加，最后一行为 $x_2(L-1-m)$。

循环矩阵的长度 L 是固定的，如果 $x_1(n)$、$x_2(n)$ 的长度小于 L，需要先对序列补零，构成长度为 L 的矩阵再进行计算。

【例 2.6.1】已知有限长非周期序列 $x_1(n) = \{1,1,1,1\}$、$x_2(n) = \{1,2,3,4\}$，用矩阵法求 $x_1(n)$ 和 $x_2(n)$ 的 4 点循环卷积 $x_1(n) ④ x_2(n)$ 和 8 点循环卷积 $x_1(n) ⑧ x_2(n)$。

解：按式 (2.6.3) 写出 $x_1(n)$ 和 $x_2(n)$ 的 4 点循环卷积和 8 点循环卷积矩阵形式为：

$$
x_1(n) ④ x_2(n) = \begin{bmatrix} 1 & 4 & 3 & 2 \\ 2 & 1 & 4 & 3 \\ 3 & 2 & 1 & 4 \\ 4 & 3 & 2 & 1 \end{bmatrix} \begin{bmatrix} 1 \\ 1 \\ 1 \\ 1 \end{bmatrix} = \begin{bmatrix} 10 \\ 10 \\ 10 \\ 10 \end{bmatrix}
$$

$$
x_1(n) ⑧ x_2(n) = \begin{bmatrix} 1 & 0 & 0 & 0 & 0 & 4 & 3 & 2 \\ 2 & 1 & 0 & 0 & 0 & 0 & 4 & 3 \\ 3 & 2 & 1 & 0 & 0 & 0 & 0 & 4 \\ 4 & 3 & 2 & 1 & 0 & 0 & 0 & 0 \\ 0 & 4 & 3 & 2 & 1 & 0 & 0 & 0 \\ 0 & 0 & 4 & 3 & 2 & 1 & 0 & 0 \\ 0 & 0 & 0 & 4 & 3 & 2 & 1 & 0 \\ 0 & 0 & 0 & 0 & 4 & 3 & 2 & 1 \end{bmatrix} \begin{bmatrix} 1 \\ 1 \\ 1 \\ 1 \\ 0 \\ 0 \\ 0 \\ 0 \end{bmatrix} = \begin{bmatrix} 1 \\ 3 \\ 6 \\ 10 \\ 9 \\ 7 \\ 4 \\ 0 \end{bmatrix}
$$

（2）循环卷积的对位相乘相加法

循环卷积也可以利用对位相乘相加法计算，由于循环卷积结果的长度是固定的，在运用对位相乘相加法得到卷积值后，还可根据循环卷积长度对所求值进一步计算。

【例 2.6.2】已知有限长非周期序列 $x_1(n) = \{1, 1, 1, 1\}$、$x_2(n) = \{1, 2, 3, 4\}$，用对位相乘相加法求 $x_1(n)$ 和 $x_2(n)$ 的 4 点循环卷积 $x_1(n) ④ x_2(n)$ 和 8 点循环卷积 $x_1(n) ⑧ x_2(n)$。

解：先用对位相乘相加法求 $x_1(n) * x_2(n)$。

用对位相乘相加法直接计算：

$$
\begin{array}{r}
\underline{1234} \quad x_2(n) \\
\times \quad \underline{1111} \quad x_1(n) \\
\hline
1234 \\
1234 \\
1234 \\
+ \quad 1234 \\
\hline
13610974
\end{array}
$$

由对位相乘相加法得到了一个序列 $\{1,3,6,10,9,7,4\}$，因为 4 点循环卷积的长度为 4，所以需要先将获得的序列分为两个部分 $\{1,3,6,10|9,7,4\}$，前半部分为保留部分，位数与所求循环移位序列长度 L 相同，余下的后 3 位为截断序列，并将截断序列与保留序列首位对齐相加。

$$x_1(n) ④ x_2(n) = \{10,10,10,10\}$$

8 点循环卷积的长度为 8，所得序列只有 7 位，则只要在序列 $\{1,3,6,10,9,7,4\}$ 后补一个 0 即可得到：

$$x_1(n) ⑧ x_2(n) = \{1,3,6,10,9,7,4,0\}$$

对比【例 2.6.1】和【例 2.6.2】可知，矩阵法和对位相乘相加法用于计算循环卷积所得的结果是相同的，同时也应注意到，由于 8 点循环卷积的长度大于线性卷积长度，所得结果与线性卷积和结果相同。

2.6.3 分段卷积

分段卷积是指当卷积和的两个序列中，有一个序列的长度远远大于另一个序列，则可将长度较大的序列进行分段，每段分别做卷积和后，再将结果相加的计算方法。

在 2.4 节介绍了卷积和运算，假设 $x_1(n)$ 的长度 N_1，$x_2(n)$ 的长度为 N_2，计算卷积和 $y(n) = x_1(n) * x_2(n)$ 时，$y(n)$ 的长度 $L = N_1 + N_2 - 1$，其长度一定会大于参加卷积和的任一序列长，且如果原序列的长度发生变化，卷积和的长度 L 也会相应改变。特别是处理序列长度很长且不具备周期性实时数据时，因无法提前确定计算的位数，在利用计算机辅助设计时，比如编程、数据存储时会带来很多不便。

数字信号处理是基于计算机的数值计算，而计算机数据存储与数值计算都是以字节为单位的，并且各种通信系统中数据处理的长度都由相关协议详细规定，卷积和结果为固定位数的循环卷积比卷积和更适用于计算机数值计算与处理。

根据系统对数据处理位数的要求，将所求序列截断成固定长度，利用固定长度的循环卷积分段计算其卷积和，再将各段连接起来得到其卷积和。这是循环卷积的一个重要应用。

采用循环卷积计算卷积和时，长度是关键问题。通常要考虑两个方面的问题，一是如何保证卷积和结果正确性问题，二是如何解决计算效率问题。

通过前面的分析可知，当循环卷积长度 $L < N_1 + N_2 - 1$ 时，循环卷积是卷积和序列的

重叠相加，其结果并不等于卷积和。为了保证循环卷积与卷积和的结果相同，循环卷积的长度至少应与卷积和的长度相同（而不是仅仅大于序列中长度较大的一个）。选择循环卷积的长度应为 $L \geqslant N_1 + N_2 - 1$，参加卷积和的两个序列都需要补 0 以达到长度 L。

当两个序列长度相差很大的时候，即 $N_2 \gg N_1$，需要对较短的序列补充很多零，长序列也必须全部输入计算机后才能进行运算，对计算机的存储容量要求很大，且计算时间也会根据计算长度而增加，导致计算延迟增大，很难适应实时性要求高的系统。比如通信系统中的语音信号传输，就是典型的输入序列长度大而要求传输时延很小的例子。另外，地震信号也是一种频率小周期长的信号，对于这类信号输入系统的数据处理，就可以采取将长序列分段的方法来解决。

设 $h(n)$ 是长度为 N 的有限长序列，$x(n)$ 为较长序列，将 $x(n)$ 均匀分段，每段长度为 M，利用循环卷积计算线性卷积的数学过程如下。

第一步：先将较长的序列分段

$$x(n) = \sum_{k=0}^{\infty} x(n) R_M(n - kM)$$

记 $x_k(n) = x(n) R_M(n - kM)$。

第二步：分段计算循环卷积并叠加得到卷积和 $y(n)$

$$y(n) = h(n) * x(n) = h(n) * \sum_{k=0}^{\infty} x_k(n)$$

$$= \sum_{k=0}^{\infty} h(n) * x_k(n) = \sum_{k=0}^{+\infty} y_k(n)$$

即：

$$y(n) = \sum_{k=0}^{\infty} y_k(n) ; \left[y_k(n) = h(n) ⓛ x_k(n) \right] \tag{2.6.4}$$

在计算过程中，如果循环卷积的长度 L 过大，会增加计算量，降低计算效率，但是如果 L 不够大，又会出现混叠，在实际计算时，采用重叠保留法和重叠相加法两种方法来实现最优参数设计。

（1）重叠保留法计算线性卷积

重叠保留法的原理是在分段时把每段序列 $x_k(n)$ 向前多取 $M-1$ 点数据，由于混叠这部分数据不正确，需要将其舍去，剩下 N 点符合卷积和的正确值的数据，将各段 $y_k(n)$ 合成即得到 $y(n)$。计算示意图如图 2-19 所示。

计算中舍去结果中 $M-1$ 个值（如图中×所示位置的数据），即：

$$y(n) = \sum_{k=0}^{+\infty} y_k(n)$$

其中：

$$y_k(n) = \begin{cases} y'_k(n) & kN \leqslant n \leqslant (k+1)N - 1 \\ 0 & \text{其他} \end{cases}$$

$$y'_k(n) = h(n) ⓛ x'_k(n) \tag{2.6.5}$$

计算所得的 $y(n)$ 长度与分段前的 $x(n)$ 长度相同。

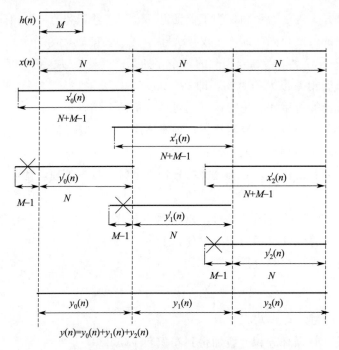

图 2-19　重叠保留法计算示意图

（2）重叠相加法计算线性卷积

重叠相加法的原理是在分段时在每段序列 $x_k(n)$ 后补 $M-1$ 个 0，即：

$$x(n) = \sum_{k=0}^{+\infty} x_k(n) \qquad (2.6.6)$$

其中：

$$x_k(n) = \begin{cases} x(n) & kN \leqslant n \leqslant (k+1)N-1 \\ 0 & \text{其他} \end{cases}$$

这样当 $h(n) \textcircled{L} x_k(n)$ 时，$y_k(n)$ 后半段有 $M-1$ 个零，与 $y_{k+1}(n)$ 相加时，重叠部分正好相加，保证了 $h(n) \textcircled{L} x_k(n) = h(n) * x_k(n)$，这样 $y(n)$ 的长度为原序列的长度加 $M-1$，最后 $M-1$ 个零可以舍去。求解示意图如图 2-20 所示。

图 2-20 表明 $y(n)$ 为分段卷积 $y_k(n)$ 叠加得到。由于每一分段卷积 $y_k(n)$ 的长度为 $N+M-1$，$y_k(n)$ 与 $y_{k+1}(n)$ 之间有 $M-1$ 个重叠，必须把重叠部分相加才能得到完整的序列。

【例 2.6.3】设长度 $M=2$ 的序列 $h(n)=\{\underline{1},2\}$，序列 $x(n)=\{\underline{1},1,1,1,1,1,1,1,1\}$，长度为 9，试用对位相乘相加法和重叠部分相加法计算卷积和 $y(n)=h(n)*x(n)$。

解：用对位相乘相加法直接计算：

$$\begin{array}{r} \underline{1}11111111 \qquad \cdots x(n) \\ \times \qquad \underline{1}2 \qquad \cdots h(n) \\ \hline 222222222 \\ - \underline{1}11111111 \\ \hline \underline{1}333333332 \end{array}$$

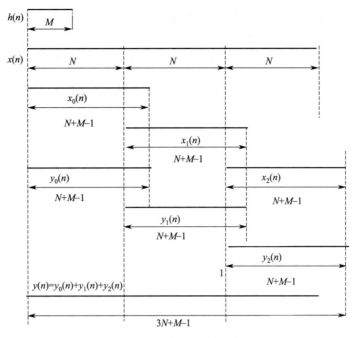

图 2-20　重叠相加法求解示意图

即 $y(n)=\{\underline{1},3,3,3,3,3,3,3,3,3,2\}$。

用重叠相加法：设 N 等于 3，分三段计算，则循环卷积长度为 $L=M+N-1=4$，重叠部分为 $M-1=1$，计算过程如下：

$$
\begin{array}{r}
1\,1\,1 \qquad \cdots x_0(n) \\
\times \quad \underline{1\,2} \qquad \cdots h(n) \\
\hline
1\,3\,3\,2
\end{array}
$$

$y_1(n)\quad 1\,3\,3\,2$

$y_2(n)\qquad\quad 1\,3\,3\,2$

$\underline{y_3(n)\qquad\qquad\quad 1\,3\,3\,2}$

$y(n)\quad 1\,3\,3\,3\,3\,3\,3\,3\,3\,2$

所得结果与对位相乘相加法一致，每个分段卷积算完后，叠加重叠点可得到输出结果的值，采用这种方法，每段的计算量变小，所需的存储容量也大大减少。

以上两种分段卷积的方法中，循环卷积长度 L 的取值有个最佳值，为了便于计算机计算，一般情况下，取 $L=2^r$（r 为正整数），见表 2-3。

表 2-3　分段卷积时 L 的最佳取值参考表

M	L	r	M	L	r
1～10	32	5	200～299	2048	11
11～19	64	6	300～599	4096	12
20～29	128	7	600～999	8192	13
30～49	256	8	1000～1999	16384	14
50～99	512	9	2000～3999	32786	15
100～199	1024	10			

【例 2.6.4】 利用 $h(n)$ 长度为 $M=50$ 的 FIR 滤波器对输入序列 $x(n)$ 进行滤波，要求采用分段的重叠保留法实现。分段序列 $x_k(n)$ 的长度 $N=100$，但相邻两段必须重叠 V 个点，即先将第 $k-1$ 段后的 V 个点为第 k 段的 N 个点组成连贯的 $M+V$ 个点的 $x'_k(n)$，然后计算 $x'_k(n)$ 与 $h(n)$ 的 L 点循环卷积，得到输出序列 $y'_k(n)$，最后从 $y'_k(n)$ 中取出 N 个点得到 $y_k(n)$。

① L 最少可以取多大？

② V 是多少？

③ $y'_m(n)$ 中哪些点取出来构成 $y_m(n)$？

解： 本题题干涉及的 FIR 滤波器，是本书后面的内容，但是从其表述中看，实际上并没有涉及 FIR 滤波器的设计，只是关注重叠保留法实现时一些序列长度选取的问题。根据重叠保留法的原理，分段时把每段序列 $x_k(n)$ 向前多取 $M-1$ 点数据，对应的就是本题中的 V，所以 $V=M-1=49$；$L=N+M-1=100+50-1=149$，这就是直接应用重叠保留法的数据确定的长度，所以：

$$y_k(n)=\begin{cases} y'_k(n) & 100k<n\leqslant100(k+1)-1 \\ 0 & \text{其他} \end{cases}$$

注意： 在不同教材中，参数使用的符号可能不同，所以在具体计算时要把握长度设置的本质。

第**3**章 离散时间系统时域分析

3.1 离散时间系统的定义

数字信号处理（Digital Signal Processing，DSP）是一种数值计算的系统，即用数值计算的方法实现信号处理。

离散时间系统的数学模型定义为变换（Transformation）或者运算符号（Operator），离散时间系统的表示如图 3-1 所示。若用输入输出特性来描述一个离散时间系统，可以表示为：

$$y(n) = T\{x(n)\}$$

式中，T 代表了由输入序列值计算输出序列值的某种规则或公式。以下是两个简单的运算关系的例子。

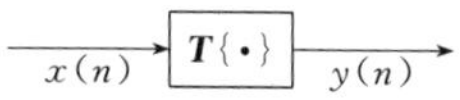

图 3-1 离散时间系统的表示

延迟器：$y(n) = x(n-n_0)$。输入信号 $x(n)$ 经过系统后产生了延迟，所以系统的功能为延迟，系统称为延迟器，这时运算 T 指的是延迟。

比例乘法器：$y(n) = ax(n)$。输入信号经过系统后乘以了一个比例常数，则运算 T 就是乘以常数 a。

简单的系统运算关系简单，复杂系统的运算关系也会相应地变得复杂。离散时间系统的分析就是要建立系统的数学模型，找到系统输入输出的运算关系，从而实现特定的数值计算。

3.2 离散线性时不变系统

离散时间系统根据各种不同的研究方法，可以有不同的分类，分类的原则与连续域是类似的。比较常见的分类有线性与非线性系统、时变与时不变系统、因果与非因果系统、稳定与非稳定系统等。

很多物理可实现系统都可以用线性时不变系统来表征。在某些工程应用场合的限定条件下，有些非线性时变系统也可以用线性时不变系统来近似，因此线性时不变系统的分析是最重要和最常用的。本节主要介绍线性与非线性系统、时变与时不变系统的定义，并总结线性时不变系统的一般数学表示及其分析方法。

3.2.1 线性系统和非线性系统

线性是指比例性和叠加性。系统输入输出之间满足线性叠加原理的系统称为线性系统。在一个系统中，若 $y(n) = T\{x(n)\}$，如果对于下列等式

$$ay(n) = T\{ax(n)\} \tag{3.2.1}$$

$$y(n) = T\{x_1(n) + x_2(n)\} = y_1(n) + y_2(n) \tag{3.2.2}$$

同时满足式(3.2.1)、式(3.2.2) 的系统为线性系统，不满足的系统为非线性系统。

其中，式(3.2.1)表示比例性，比例性也称为齐次性，在以下两种方式下，输出 $y(n)$ 相等，即 $T\{ax(n)\} = aT\{x(n)\}$，则系统满足比例性。

① 当输入序列为 $ax(n)$ 时，$y(n) = T\{ax(n)\}$。

② 令 $y(n) = aT\{x(n)\}$，即输出乘以比例常数 a。

式(3.2.2) 表示叠加性，即如果输入 $x(n)$ 分解为 $x_1(n)$ 和 $x_2(n)$，在以下两种输入方式下，输出 $y(n)$ 相同，满足 $y_1(n) + y_2(n) = T\{x_1(n) + x_2(n)\}$，系统为线性。

① $x_1(n)$ 和 $x_2(n)$ 分别输入系统产生的输出 $y_1(n)$ 和 $y_2(n)$，叠加得到 $y(n) = y_1(n) + y_2(n)$，这是输出叠加性的体现。

② $x_1(n)$ 和 $x_2(n)$ 先叠加再输入系统产生的输出 $y(n) = T\{x_1(n) + x_2(n)\}$，这是输入叠加性的体现。

线性系统也可以直接用下列公式给定：

$$y(n) = T\{ax_1(n) + bx_2(n)\} = ay_1(n) + by_2(n) \tag{3.2.3}$$

式中，a、b 为常数。

【例 3.2.1】已知系统的输入输出，证明 $y(n) = kx(n) + b$（k、b 是常数）所代表的系统是非线性系统。

证明：先证明是否满足比例性。

设 a 为比例常数，当输入为 $ax(n)$ 时，有：

$$T\{ax(n)\} = k[ax(n)] + b = akx(n) + b \tag{3.2.4}$$

而

$$y(n) = aT\{x(n)\} = a[kx(n) + b] = akx(n) + ab \tag{3.2.5}$$

显然式(3.2.4) $\neq$ 式(3.2.5)，系统不满足比例性，即该系统为非线性系统。

此处，用输入输出为同为一次的齐次性来判断也很方便，即左边输出 $y(n)$ 是一次方的，而输入具有两项，$kx(n) + b$ 可以理解为是关于 $x(n)$ 的一次方和零次方，因而不满足齐次性，即该系统为非线性系统。

【例 3.2.2】已知系统 $y(n) = \lg(|x(n)|)$，证明该系统为非线性系统。

证明：先证明是否满足比例性。

设 a 为比例常数，当输入为 $ax(n)$ 时，有：

$$T\{ax(n)\} = [\lg(|ax(n)|)] \tag{3.2.6}$$

而

$$y(n) = aT\{x(n)\} = a[\lg(|x(n)|)] \tag{3.2.7}$$

根据对数计算原理可知，式(3.2.6) $\neq$ 式(3.2.7)，系统不满足比例性，即可证明该系统为非线性系统。

【例 3.2.3】试判断系统 $y_c(n) = ax^2(n)$ 和 $y_d(n) = ax(n^2)$ 是否为线性系统。

解：先判断系统是否具有比例性。

设 k 为比例常数，当输入为 $kx(n)$ 时，对 $y_c(n)$ 有：

$$y_c(n) = \mathbf{T}\{kx(n)\} = a[kx(n)]^2 = ak^2x^2(n) \tag{3.2.8}$$

令

$$y_c(n) = k\mathbf{T}\{x(n)\} = k[ax^2(n)] = kax^2(n) \tag{3.2.9}$$

式 $(3.2.8) \neq$ 式 $(3.2.9)$，$y_c(n)$ 不满足比例性，是非线性系统。

对 $y_d(n)$ 有：

$$y_d(n) = \mathbf{T}\{kx(n)\} = a[kx(n^2)] = akx(n^2) \tag{3.2.10}$$

令

$$y_d(n) = k\mathbf{T}\{x(n)\} = k[ax(n^2)] = akx(n^2) \tag{3.2.11}$$

式 $(3.2.10) =$ 式 $(3.2.11)$，$y_d(n)$ 满足比例性，再判断其叠加性：

设输入分别为 $x_1(n)$、$x_2(n)$ 时，产生的输出为 $y_{d1}(n)$、$y_{d2}(n)$，即

$$y_{d1}(n) = T\{x_1(n)\} = ax_1(n^2)$$

$$y_{d2}(n) = T\{x_2(n)\} = ax_2(n^2)$$

则

$$y_d(n) = y_{d1}(n) + y_{d2}(n) = ax_1(n^2) + ax_2(n^2) \tag{3.2.12}$$

而当输入 $x_1(n)$、$x_2(n)$ 先叠加再输入系统，有：

$$y_d(n) = \mathbf{T}\{x_1(n) + x_2(n)\} = a[x_1(n^2) + x_2(n^2)] \tag{3.2.13}$$

式 $(3.2.12) =$ 式 $(3.2.13)$，$y_d(n)$ 满足叠加性，综上所述，$y_d(n) = ax(n^2)$ 同时满足比例性和叠加性，是线性系统。

通过以上三个例题可以总结出判断系统线性、非线性的一般步骤和方法。

比例性判断的计算步骤较简便，只要 $y(n)$ 和 $x(n)$ 都是齐次的，或者说同为一次幂，即可判断系统是否满足比例性，可以先判断比例性特性；不满足比例性则直接可以判定为非线性系统；若满足比例性，则再计算是否满足叠加性即可。

式（3.2.3）可以同时判断比例性和叠加性，具有数学公式的完整性特点。

3.2.2 时变和时不变系统

离散时不变系统是指其输入序列的移位或延迟将引起输出序列的移位或延迟，用数学定义可表示为：

若

$$y(n) = \mathbf{T}\{x(n)\}$$

则

$$y(n-n_0) = \mathbf{T}\{x(n-n_0)\} \tag{3.2.14}$$

与线性系统的判断类似，这个定义要分以下三步进行判断：

① 令 $y(n) = \mathbf{T}\{\cdot\}$ 中所有的 n 均延迟 n_0，得到 $y(n-n_0)$ 对应的方程；

② 仅 $x(n)$ 发生延迟，计算 $\mathbf{T}\{x(n-n_0)\}$ 得到的对应方程；

③ 比较步骤①计算的 $y(n-n_0)$ 是否与步骤②计算的 $\mathbf{T}\{x(n-n_0)\}$ 相等，相等则系统为时不变系统，反之为时变系统。

【例 3.2.4】试判断系统 $y_1(n) = x^2(n)$ 和 $y_2(n) = x(n^2)$ 是否为时不变系统。

解：先求 $y_1(n)$ 的时变性。

$$\because y_1(n-n_0) = x^2(n-n_0)$$

$$\mathbf{T}\{x(n-n_0)\} = x^2(n-n_0)$$

有 $y_1(n-n_0)=T\{x(n-n_0)\}$，即 $y_1(n)$ 为时不变系统。

再求 $y_2(n)$ 的时变性。

$$\because y_2(n-n_0)=x[(n-n_0)^2] \qquad (3.2.15)$$

$$T\{x(n-n_0)\}=x(n^2-n_0) \qquad (3.2.16)$$

式(3.2.15)≠式(3.2.16)，系统 $y_2(n)=x(n^2)$ 为时变系统。

注意：$x(n^2)$ 的自变量 n^2 是一个复合变量，相当于是关于宗量 m （$m=n^2$）的坐标系；移位是在宗量坐标系中进行的，所以当输入发生移位 n_0 时，应表示为 $m-n_0$，转换为原坐标系是 n^2-n_0。

时不变系统也称为非时变或移不变系统。当时不变系统的输出序列随输入序列的移位而做相同的移位时，输出序列满足序列移位的值不变性，即输出序列中每个样值大小和顺序均与未移位前的序列相同。

【例3.2.5】已知系统为 $y(n)=nx(n)$，判断其线性和时变性。

解：① 判断比例性：$T\{ax(n)\}=anx(n)$，$ay(n)=anx(n)$，相等，易知序列具有比例性。

② 判断叠加性：

$$y_1(n)=T\{x_1(n)\}=nx_1(n)$$

$$y_2(n)=T\{x_2(n)\}=nx_2(n)$$

叠加得到 $\quad y_1(n)+y_2(n)=nx_1(n)+nx_2(n)=n[x_1(n)+x_2(n)] \qquad (3.2.17)$

而输入叠加 $\quad T\{x_1(n)+x_2(n)\}=n[x_1(n)+x_2(n)] \qquad (3.2.18)$

式(3.2.17)＝式(3.2.18)，系统满足叠加性，综合之前的比例性可知系统为线性系统。

③ 判断时变性：$\quad\because y(n-n_0)=(n-n_0)x(n-n_0) \qquad (3.2.19)$

$$T\{x(n-n_0)\}=nx(n-n_0) \qquad (3.2.20)$$

式(3.2.19)≠式(3.2.20)，系统为时变性。

3.2.3 离散线性时不变系统的数学模型

（1）离散线性时不变系统的定义

同时具有线性和时不变性的系统称为线性时不变系统（Linear Time Invariant System，LTI 系统），离散的线性时不变系统也称为离散 LTI 系统，或者线性离散移不变系统（Linear Shift Invariant System，LSI 系统）。定义的核心是该离散系统既具有比例性、叠加性，又具有时不变性，即同时满足以下两式：

$$\begin{cases} y(n)=T\{ax_1(n)+bx_2(n)\}=ay_1(n)+by_2(n) & (3.2.21) \\ y(n-n_0)=T\{x(n-n_0)\} & (3.2.22) \end{cases}$$

【例3.2.6】已知系统输入输出关系为 $y(n)=x(n)+2x(n-1)+3x$
$(n-2)$，试证明该系统为离散线性时不变系统。

证明：① 证明比例性：$T\{ax(n)\}=a[x(n)+2x(n-1)+3x(n-2)]$；

$$ay(n)=a[x(n)+2x(n-1)+3x(n-2)]$$

两式相等，满足比例性。

注意：$x(n-n_0)$ 的样值大小和顺序与 $x(n)$ 完全相同，只是延迟了 n_0，所以 $x(n)$ 乘以一个常数，其所有的延迟都同时乘以一个常数，即满足比例性，从 $y(n)$、$x(n)$ 及 $x(n)$ 的各项延迟都是一次方，也可以快速判断其齐次性。

② 证明叠加性：

$$y_1(n) = \boldsymbol{T}\{x_1(n)\} = x_1(n) + 2x_1(n-1) + 3x_1(n-2)$$
$$y_2(n) = \boldsymbol{T}\{x_2(n)\} = x_2(n) + 2x_2(n-1) + 3x_2(n-2)$$

输出叠加得：

$$y_1(n) + y_2(n) = x_1(n) + 2x_1(n-1) + 3x_1(n-2) + x_2(n) + 2x_2(n-1) + 3x_2(n-2)$$
$$= x_1(n) + x_2(n) + 2[x_1(n-1) + x_2(n-1)] + 3[x_2(n-2) + x_1(n-2)]$$

输入叠加得：

$$\boldsymbol{T}\{x_1(n) + x_2(n)\} = x_1(n) + x_2(n) + 2[x_1(n-1) + x_2(n-1)] + 3[x_2(n-2) + x_1(n-2)]$$

可知输入叠加等于输出叠加，系统满足线性。

③ 证明时变性：

$$\because y(n-n_0) = x(n-n_0) + 2x(n-n_0-1) + 3x(n-n_0-2) \tag{3.2.23}$$
$$\boldsymbol{T}\{x(n-n_0)\} = x(n-n_0) + 2x(n-n_0-1) + 3x(n-n_0-2) \tag{3.2.24}$$

式(3.2.23)＝式(3.2.24)，系统为时不变系统。

所以该系统为离散线性时不变系统。

（2）离散线性时不变系统的数学模型

在连续系统中，系统内部的元件如电容、电感，其计算关系可以抽象为微分（或积分）、常数乘法和相加，数学模型是常微分方程；而在离散系统，基本运算单元是延迟器、常数乘法器和相加，数学模型是常系数差分方程。

一个 N 阶常系数差分方程可以表示为：

$$y(n) = \sum_{i=0}^{M} b_i x(n-i) - \sum_{i=1}^{N} a_i y(n-i) \tag{3.2.25}$$

或

$$\sum_{i=0}^{N} a_i y(n-i) = \sum_{i=0}^{M} b_i x(n-i) \tag{3.2.26}$$

差分方程也是一种关于系统的输入输出描述法的表示形式。式中 $x(n)$、$y(n)$ 分别表示输入和输出，a_i、b_i 都是常数，$x(n-i)$、$y(n-i)$ 都是一次方的，没有交叉项，所以称为常系数差分方程，在本书中差分方程即常系数差分方程的简称。

式(3.2.25) 表示 $y(n)$ 在某个时刻的值与输入及 $y(n)$ 在这个时刻之前的值的运算关系，称为递推形式差分方程，式(3.2.26) 输入输出分别在方程的两边，是表示输入输出关系的差分方程。

在数学的定义中，一般差分方程的阶数用 $y(n)$ 和 $x(n)$ 的阶数中较大的一个来决定，即差分方程的阶数是 $\max[M, N]$，但是实际系统的输出结构一般要比输入结构复杂，通常都是以 $y(n)$ 的阶数 N 作为差分方程的阶数。典型的差分方程结构形式及其阶数如下所示：

① $y(n)+ay(n-1)=x(n)$　一阶差分方程

② $y(n)+ay(n-1)+by(n-2)=3x(n)+x(n-1)$　二阶差分方程

③ $y(n)+y(n-2)=x(n)+x(n-1)$　二阶差分方程

以上各差分方程中，各序列的序号都是从 n 以递减的方式给出的，称为后向差分。如果给出的方程是以 $y(n)$、$y(n+1)$ 和 $x(n)$、$x(n+1)$ 等形式给出，称为前向差分。其形式为

$$\sum_{i=0}^{N} a_i y(n+i) = \sum_{i=0}^{M} b_i x(n+i) \tag{3.2.27}$$

（3）离散线性时不变系统的电路模型

在差分方程中存在三种基本运算：加法、常数乘法和延迟，这些运算都对应着相应的电路单元。图 3-2 表示离散时间系统结构的基本单元。

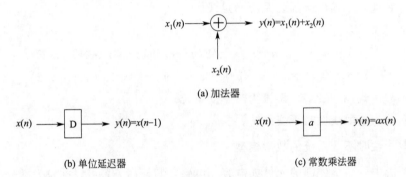

(a) 加法器

(b) 单位延迟器　　　　　　　　　　(c) 常数乘法器

图 3-2　离散时间系统结构的基本单元

由上述基本单元构成的电路模型可以用差分方程来描述。

扫码看视频

【例 3.2.7】已知离散时间系统的输入为 $x(n)$，输出为 $y(n)$，其电路的结构如图 3-3 所示，试写出其差分方程。

解：对图 3-3（a），由题干可知，系统的输入输出分别在加法器的两侧，其中加法器输出端 $y(n)$ 后接两个延迟器，则延迟器的输出分别为 $y(n-1)$、$y(n-2)$，列出加法器左右两边输入输出关系（注意线路箭头方向为信号传输方向，箭头出端标注该方向的权值）：

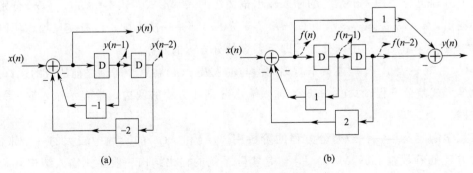

(a)　　　　　　　　　　　　　　　　(b)

图 3-3　【例 3.2.7】电路结构图

加法器左边：$x(n)-(-1)y(n-1)-(-2)y(n-2)=x(n)+y(n-1)+2y(n-2)$

加法器右边：$y(n)$

左右两边列写方程得到：$y(n)=x(n)+y(n-1)+2y(n-2)$

即为所求差分方程。

对图 3-3(b)，因为输出 $y(n)$ 与输入 $x(n)$ 不在同一个加法器的两端，所以需要设一个中间序列 $f(n)$，设 $f(n)$ 为第一个加法器的输出，则经过每个延迟器输出节点为 $f(n-1)$ 和 $f(n-2)$。分别对两个加法器列写输入输出方程。

第一个加法器：

$$x(n)-f(n-1)-2f(n-2)=f(n)$$

这个式子可以改写成关于 $x(n)$ 的递推形式：

$$x(n)=f(n)+f(n-1)+2f(n-2) \tag{3.2.28}$$

第二个加法器：

$$y(n)=f(n)-f(n-2) \tag{3.2.29}$$

为消去中间变量 $f(n)$，先求出 $y(n)$ 的移位序列：

$$y(n-1)=f(n-1)-f(n-3) \tag{3.2.30}$$

$$y(n-2)=f(n-2)-f(n-4) \tag{3.2.31}$$

对比式(3.2.29)～式(3.2.31) 及式(3.2.28) 中各项 $f(n)$ 及其移位序列，对 $y(n)$ 及其移位序列配置相应的系数，得到：

$$y(n)+y(n-1)+2y(n-2)=x(n)-x(n-2)$$

即为所求系统的差分方程。

3.2.4　差分方程的时域经典法

（1）差分方程的解法概述

已知输入序列 $x(n)$，求解输出序列 $y(n)$，称为解差分方程。求解常系数差分方程的方法一般有以下几种。

① 时域经典法　差分方程与微分方程相对应，所以常系数差分方程的时域经典法与常微分方程的时域经典法类似，都可以用系统的特征方程求解出特征根，然后分别求齐次解和特解，再代入边界条件求待定系数，【例 3.2.8】和【例 3.2.9】介绍经典法的一般解题过程。

② 递推法　递推法的原理是根据差分方程的起始条件，逐个代入方程中求解。这种方法手算虽然比较慢，但是概念简单，逐步实施，可以利用计算机求解。递推法的缺点是只能算出数值解，不能直接给出一个完整的解析式作为解答。从数学的角度来看，无法得到闭式解答是不完美的，不过对于现代计算机辅助数值计算来说恰到好处。

一般来说，一个 N 阶差分方程，需要有 N 个起始值，而且，递推的时刻与起始值的时刻有关，比如一个二阶差分方程如下：

$$y(n)+a_1y(n-1)+a_2y(n-2)=0$$

这是一个后向差分方程，如果已知起始条件 $y(-1)$ 和 $y(-2)$，则递推可以从 $y(0)$ 开始，将上式转换成递推形式并将 $n=0$ 代入可以得到：

$$y(0)=-a_1y(-1)-a_2y(-2)$$

可以很明显地看出，如果 $y(-1)$ 和 $y(-2)$ 缺少其中之一，$y(0)$ 就无法求出，而如果已知的是 $y(1)$ 和 $y(2)$，只能从 $y(3)$ 开始推导。这是后向差分方程的情况，因为后向就意味着从这两个起始时刻向后推。

如果差分方程是前向差分方程，即应该意味着向前推，就是推导这个时刻之前的值，比如对于前向差分方程：

$$y(n)+a_1y(n+1)+a_2y(n+2)=0$$

它的递推形式为：

$$y(n)=-a_1y(n+1)-a_2y(n+2)$$

已知 $y(-1)$ 和 $y(-2)$ 意味着可以递推出 $n=-3$ 的值，因为：

$$y(-3)=-a_1y(-2)-a_2y(-1)$$

如果要推出 $n=0$ 的值，需要已知的起始条件为 $y(1)$ 和 $y(2)$，

$$y(0)=-a_1y(1)-a_2y(2)$$

为区别于起始条件，$y(1)$ 和 $y(2)$ 称为差分方程 $y(n)+a_1y(n+1)+a_2y(n+2)=0$ 在 $n\geq0$ 范围内的初始条件（Initial Conditions），也叫边界条件。在不同的求解条件下，初始条件不同，解的结果也不同。这还仅仅是关于零输入响应的，引入输入激励后，边界条件的情况更复杂。这是递推法最烦琐易错的一个问题，后面会通过几个例题来深入说明。

③ 变换域法　类似于连续系统微分方程的拉普拉斯变换法，常系数差分方程的代数解用 z 变换求解可以很快得到方程的闭式解，是简便而有效的方法，将在下一章全面介绍。

④ 零输入响应和零状态响应解法　因为系统对初始状态和输入序列会产生不同的输出，可分为零输入响应和零状态响应，则可利用常系数差分方程的线性叠加性将两个输出响应相加得到全响应。

（2）差分方程的齐次解

令式（3.2.26）、式（3.2.27）方程右边等于零，得到的差分方程称为齐次差分方程。即：

$$\sum_{i=0}^{N}a_iy(n-i)=0 \text{ 或 } \sum_{i=0}^{N}a_iy(n+i)=0 \tag{3.2.32}$$

式（3.2.32）的解称为差分方程的齐次解。

设二阶差分法方程 $y(n)+a_1y(n-1)+a_2y(n-2)=0$，为求齐次解引入参数 λ，令 $y(k)=A\lambda^k$，代入差分方程并消去常数 A 即可得到：

$$\lambda^n+a_1\lambda^{n-1}+a_2\lambda^{n-2}=0$$

由于差分方程为 2 阶，令 $n=2$ 代入上式可得：

$$\lambda^2+a_1\lambda+a_2=0 \tag{3.2.33}$$

式（3.2.33）称为差分方程的特征方程。特征方程的一般形式是关于 λ 的正幂形式有理多项式，对于齐次差分方程，可以根据这个规律直接写出其特征方程。

解式（3.2.33）可得到特征方程的根，设方程具有两个不相等单实根 λ_1、λ_2，则写出齐次解为：

$$y_c(n) = C_1(\lambda_1)^n + C_2(\lambda_2)^n$$

式中，C_1、C_2 是待定系数，由边界条件决定。

若特征方程具有其他形式的根，可查表 3-1 找到对应的齐次解形式。

代入边界条件求出待定系数，即可求出差分方程的齐次解。

【例 3.2.8】 已知某离散线性时不变系统的齐次差分方程为：

$$y(n) + 0.4y(n-1) + 0.03y(n-2) = 0$$

初始条件 $y(1) = 1$，$y(2) = 0.7$，试求解方程的齐次解 $y_c(n)$。

解：差分方程的特征方程为：$\lambda^2 + 0.4\lambda + 0.03 = 0$

解得特征根为：$\lambda_1 = 0.1$，$\lambda_2 = 0.3$；为两个不相等实数根。

根据特征根可写出齐次解为：$y_c(n) = C_1(0.1)^n + C_2(0.3)^n$

差分方程齐次解的系数是由边界条件决定的，设 $n > 0$，边界条件正好是 $y(1)$、$y(2)$。将 $y(1) = 1$，$y(2) = 0.7$ 分别代入差分方程，得到一个差分方程组：

$$\begin{cases} y(1) = C_1(0.1)^1 + C_2(0.3)^1 = 1 \\ y(2) = C_1(0.1)^2 + C_2(0.3)^2 = 0.7 \end{cases}$$

联立方程解得待定系数为：$C_1 = -20$，$C_2 = 10$

所以方程的齐次解为：$y_c(n) = 10(0.3)^n - 20(0.1)^n \ (n > 0)$

注意：若设 $n < 0$，所需的边界条件为 $y(-1)$、$y(-2)$，解得的齐次解系数是不同的。对于差分方程而言，各种条件不同，都会带来解的不同结果，在处理时应注意区别。

（3）差分方程的特解

差分方程的特解是由激励函数 $x(n)$ 得到的。根据线性时不变系统的特性，系统对激励函数的响应与响应本身的形式有关，所以需要根据激励序列的形式查表 3-2 得到带有待定系数的特解函数式，将此特解函数代入方程后再求待定系数。

因为步骤总结起来比较烦琐，下面通过【例 3.2.9】说明如何求解差分方程的全解，包括求齐次解、求特解、最后得出完全响应。读者应关注求解过程中起始条件、边界条件的处理，在经典法中这些条件的错误使用往往会导致最终结果的错误，所以当求出最后的输出表达式时，还要注意验算题目所给的初始值是否与表达式计算的一致，检查起始条件与边界条件的应用，或者补充不完备的定义域。

【例 3.2.9】 某离散线性时不变系统的差分方程为：

$$y(n) - y(n-1) - 2y(n-2) = x(n) + 2x(n-2)$$

若输入 $x(n) = u(n)$，且 $y(-1) = 2$，$y(-2) = -0.5$，试求解方程的全解 $y(n)$。

解：常系数差分方程的解可分为齐次解和特解两个部分，先求齐次解，写出齐次差分方程：$y(n) - y(n-1) - 2y(n-2) = 0$

特征方程为：$\lambda^2 - \lambda - 2 = 0$

解得特征根为：$\lambda_1 = -1$，$\lambda_2 = 2$；是两个不相等实数根。

所以齐次解为：$y_c(n) = C_1(-1)^n + C_2(2)^n$

由于输入序列 $x(n) = u(n)$，方程的特解设为 $y_s(n) = D$（常数），此时方程右边输入

序列为

$$x(n)+2x(n-2)=u(n)-2u(n-2)$$

在不同时刻接入的激励序列不同，需要分别考虑：

① 当 $n<0$ 时，因为阶跃序列在 $n<0$ 时值为零，所以没有特解，只有齐次解，此时代入起始条件 $y(-1)=2$，$y(-2)=-0.5$，列方程组得：

$$\begin{cases} y(-1)=C_1(-1)^{-1}+C_2(2)^{-1}=2 \\ y(-2)=C_1(-1)^{-2}+C_2(2)^{-2}=-0.5 \end{cases}$$

联立方程解得待定系数为：$C_1=-1$，$C_2=2$

即 $n<0$ 时，$y_c(n)=-(-1)^n+2(2)^n=(-1)^{n+1}+(2)^{n+1}$

② 当 $n\geqslant 2$ 时，方程右边的两项阶跃序列都引入了，将此时特解代入差分方程，由于序列为常数是指序列中每个值都为相同的常数，可理解为 $y_s(n)=\{D,D,D,D,\cdots\}$，所以有 $y_s(n)=y_s(n-1)=y_s(n-2)=D$，则有：

$$D-D-2D=u(n)+2u(n-2)$$

解得 $D=-\dfrac{3}{2}$

即全解为：$y(n)=C_1(-1)^n+C_2(2)^n-\dfrac{3}{2}$，$n\geqslant 2$

为求全解中的待定系数，还需要进一步计算。

③ 题目所给的是起始条件，输入激励信号有 2 个时刻的延迟，全部接入的时刻为 $n=2$，所以全解应考虑 $n\geqslant 2$ 的边界条件，但是 $y(0)$、$y(1)$ 都还是激励信号未全部接入时的不完全响应值，不能作为边界条件，真正的全响应边界条件应该是 $y(2)$、$y(3)$。题干未给出这两个条件，要利用起始条件和差分方程递推出边界条件。将差分方程转换成递推形式得到：

$$y(n)=x(n)+2x(n-2)+y(n-1)+2y(n-2)$$
$$y(0)=u(n)+2u(-2)+y(-1)+2y(-2)=1+2\times 0+2+2\times(-0.5)=2$$
$$y(1)=u(1)+2u(-1)+y(0)+2y(-1)=1+2\times 0+2+2\times 2=7$$
$$y(2)=u(2)+2u(0)+y(1)+2y(0)=1+2\times 1+7+2\times 2=14$$
$$y(3)=u(3)+2u(1)+y(2)+2y(1)=1+2\times 1+14+2\times 7=31$$

代入 $y(n)=C_1(-1)^n+C_2(2)^n-\dfrac{3}{2}$ 所需的边界条件为 $y(2)=14$、$y(3)=31$，列式得：

$$\begin{cases} y(2)=C_1(-1)^2+C_2(2)^2-\dfrac{3}{2}=14 \\ y(3)=C_1(-1)^3+C_2(2)^3-\dfrac{3}{2}=31 \end{cases}$$

联立方程解得待定系数为：$C_1=-\dfrac{1}{2}$，$C_2=4$

即全解为：$y(n)=-\dfrac{1}{2}(-1)^n+4(2)^n-\dfrac{3}{2}$，$n\geqslant 2$

在上述结果中可代入已知起始条件验算从而确定结果的正确性。$y(0)$ 和 $y(1)$ 这两项的

值可以由 $y(n)$ 来表示，即可将定义域扩展，所以可得到 $n \geqslant 0$，表示如下：

$$y(n) = \left[-\frac{1}{2}(-1)^n + 4(2)^n - \frac{3}{2}\right] u(n)$$

所以差分方程在 $-\infty < n < \infty$ 范围内的 $y(n)$ 可表示为：

$$\begin{cases} y(n) = \left[(-1)^{n+1} + (2)^{n+1}\right] u(-1-n) \\ y(n) = \left[-\frac{1}{2}(-1)^n + 4(2)^n - \frac{3}{2}\right] u(n) \end{cases}$$

从以上解题过程可以看出，边界条件是解题的关键，因为激励信号情况比较复杂，要细心分析激励全部接入的时刻，只有稳定地接入了全部激励信号，才是真正的全响应的边界条件，根据实际情况判断需要的边界条件。任意起始条件都可以通过差分方程推出合适的边界条件，这是离散线性时不变系统的一个重要特性。

本例中不同区间加入不同激励信号的情况属于较复杂的一种，需要一点一点地递推，从计算的量来看，这比微分方程的时域经典解法还要烦琐〔微分方程经典解法一般只要解决 $y(0_-)$、$y(0_+)$ 的跳变问题〕，在第 4 章会给出本例的 z 变换法求解，对比就知道变换域法求解不仅简洁高效，而且更可靠。

时域经典法解差分方程时，齐次解和特解形式可按表 3-1、表 3-2 给出的形式预设其含待定系数的解析式。

表 3-1　不同特征根对应的齐次解

特征根 α	齐次解 $y_c(n)$
单实根	$C_1 \lambda^n$
二重实根	$C_{11} \lambda^n + C_{12} n \lambda^n$
r 重实根	$(C_{r-1} n^{r-1} + C_{r-2} n^{r-2} + \cdots + C_1 n + C_0) \lambda^n$
一对共轭复数根 $\lambda_{1,2} = a \pm bj = \rho e^{\pm j\beta}$	$\rho^n \left[A\cos(\beta n) + B\sin(\beta n)\right]$ 或 $A\rho^n \cos(\beta n - \theta)$

表 3-2　不同输入对应的特解

输入 $x(n)$	特解 $y_s(n)$	
$u(n)$	C	
a^n	Ca^n	当 $a \neq \lambda$ 时
	$(C_1 n + C_0) a^n$	当 $a = \lambda$，且 λ 为单实极点时
	$(C_2 n^2 + C_1 n + C_2) a^n$	当 $a = \lambda$，且 $\lambda e^{\pm j\beta}$ 为二重实根时
$\cos(\beta n)$ 或 $\sin(\beta n)$	$A\cos(\beta n) + B\sin(\beta n)$，当所有特征根均不等于 $e^{\pm j\beta}$ 时	

3.3　离散 LTI 系统的响应

差分方程是离散线性时不变系统的数学模型，具有线性和时不变性。利用线性叠加性将系统的输入按不同性质进行分解，然后根据它们不同的响应特性分别求解系统的输出，再将输出叠加求出全响应，这是系统时域分析的常用方法。在【例 3.2.8】中采用的经典法虽然将全解分解成齐次解和特解求解，也算叠加性的应用，但是在经典法中齐次解的待定系数需要边界条件与特解，有些点数的值不符合解析式表示还需要单独考虑，整个计算过程烦琐、易错且不易检查，所以经典法解差分方程并不常用。时域解差分方程更科学的分解方法是以 $n=0$ 作为节点，将输入直接分成零输入和零状态两种情况，利用起始状态（注意不是边界值）、输入序列分别对系统的激励信号作用求解零输入响应和零状态响应，从而得到全响应。按零输入和零状态分解的方法在变换域求解时也可以使用。

3.3.1　零输入响应

对于一个 N 阶离散线性时不变系统，在初始观察时刻（一般为 $n=0$ 时刻）之前，系统存在 N 起始状态，在观察时刻，由这些起始状态对系统产生的输出响应称为零输入响应。

零输入响应的求解步骤如下。

步骤一　根据零输入响应的定义，令差分方程右边输入为零，写出系统齐次差分方程；

步骤二　列特征方程，求特征根；

步骤三　写出含有待定系数的零输入响应一般表达式；

步骤四　根据零输入响应的定义，应考虑 $n \geqslant 0$ 为边界条件，即所需起始状态为 $y(-1)$、$y(-2)$、$\cdots$、$y(-N)$，代入递推方程可以求出待定系数，从而得到 $y_{zi}(n)$。

【例 3.3.1】设二阶离散 LTI 系统的差分方程为：
$$y(n)+3y(n-1)+2y(n-2)=x(n)$$
已知系统起始状态为 $y(-1)=0$、$y(-2)=0.5$，求系统的零输入响应 $y_{zi}(n)$。

解：将原差分方程改写成齐次差分方程：$y(n)+3y(n-1)+2y(n-2)=0$

特征方程为：$\lambda^2+3\lambda+2=0$

解得特征根为：$\lambda_1=-1$，$\lambda_2=-2$，为两个不相等实数根。

所以，零输入响应为：$y_{zi}(n)=C_1(-1)^n+C_2(-2)^n$

当 $n \geqslant 0$ 时，代入起始状态，有

$$\begin{cases} y(-1)=C_1(-1)^{-1}+C_2(-2)^{-1}=0 \\ y(-2)=C_1(-1)^{-2}+C_2(2)^{-2}=0.5 \end{cases}$$

联立方程解得待定系数为：$C_1=1$，$C_2=-2$

故系统的零输入响应为：$y_{zi}(n)=(-1)^n-2(-2)^n$，$n \geqslant 0$

【例 3.3.2】已知离散 LTI 系统的差分方程为：
$$y(n)+1.5y(n-1)-0.5y(n-3)=x(n)$$
系统起始状态为 $y(-1)=0.5$，$y(-2)=2$、$y(-3)=4$，求系统的零输入响应 $y_{zi}(n)$。

解：将原差分方程改写成齐次差分方程：$y(n)+1.5y(n-1)-0.5y(n-3)=0$

特征方程为：$\lambda^3+1.5\lambda^2-0.5=0 \rightarrow (\lambda-0.5)(\lambda+1)^2=0$

解得特征根为：$\lambda_1=0.5$，$\lambda_2=\lambda_3=-1$，其中 λ_1 为单实根，λ_2、λ_3 为两个相等实数根，即二重根（注意所设二重实根的响应形式，见表 3-1）。

所以零输入响应为：$y_{zi}(n)=C_1(0.5)^n+C_{21}(-1)^n+C_{22}n(-1)^n$

当 $n \geqslant 0$ 时，代入起始状态，有：

$$\begin{cases} y(-1) = C_1(0.5)^{-1} + C_{21}(-1)^{-1} + C_{22}(-1)(-1)^{-1} = 0.5 \\ y(-2) = C_1(0.5)^{-2} + C_{21}(-1)^{-2} + C_{22}(-2)(-1)^{-2} = 2 \\ y(-3) = C_1(0.5)^{-3} + C_{21}(-1)^{-3} + C_{22}(-3)(-1)^{-3} = 4 \end{cases}$$

联立方程解得待定系数为：

$$C_1 = \frac{17}{36}, C_2 = \frac{7}{9}, C_3 = \frac{1}{3}$$

故系统的零输入响应为：

$$y_{zi}(n) = \frac{17}{36}(0.5)^n + \frac{7}{9}(-1)^n + \frac{1}{3}n(-1)^n, \ n \geq 0$$

由以上两例可以看出，零输入响应主要与系统的起始状态有关，因为在实际应用中常以 $n=0$ 时刻作为系统初始时刻，所以起始状态也称为初始状态。

3.3.2 零状态响应和单位脉冲响应

（1）零状态响应的定义

零状态响应是指系统的 N 个起始状态 $y(-1) = y(-2) = \cdots = 0$，仅由输入序列 $x(n)$ 在 $n \geq 0$ 时激励系统产生的响应，记为 $y_{zs}(n)$。

（2）单位脉冲响应的定义

单位脉冲响应是指单位脉冲序列作用于系统所产生的零状态响应，用符号 $h(n)$ 表示。假设一个三阶离散 LTI 系统的差分方程为：

$$y(n) + ay(n-1) + by(n-3) = x(n)$$

其单位脉冲响应差分方程为：

$$h(n) + ah(n-1) + bh(n-3) = \delta(n) \tag{3.3.1}$$

从式（3.3.1）可以看出，$h(n)$ 是属于系统零状态响应的一种特殊类型的输出。不同结构的系统，其单位脉冲响应也是不同的，可以将系统单位脉冲响应作为表示系统固有特性的特殊输出。

（3）系统零状态响应与单位脉冲响应

利用 $h(n)$ 的特性，可以将离散时间系统表示为如图 3-4 所示关系。

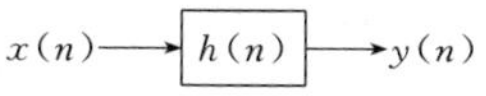

$$x(n) \longrightarrow \boxed{h(n)} \longrightarrow y(n)$$

图 3-4　离散时间系统与单位脉冲响应

与图 3-1 相比，可以看到，此处 $h(n)$ 对应系统的运算 $T\{\cdot\}$，且此时该运算可表示为：

$$h(n) = T\{x(n)\}\big|_{x(n) = \delta(n)} = T\{\delta(n)\} \tag{3.3.2}$$

$h(n)$ 作为线性时不变系统的输出，也具有时不变性，即：

$$h(n-m) = T\{\delta(n-m)\} \tag{3.3.3}$$

当系统输入一个任意序列 $x(n)$ 时，根据线性系统的叠加性，可以将 $x(n)$ 分解成一系列单位脉冲之和，即：

$$x(n) = \sum_{m=-\infty}^{+\infty} x(m)\delta(n-m)$$

则系统的零状态响应：

$$y_{zs}(n) = T\{x(n)\} = T\left\{\sum_{m=-\infty}^{+\infty} x(m)\delta(n-m)\right\}$$

$$= \sum_{m=-\infty}^{+\infty} x(m)T\{\delta(n-m)\}$$

由式（3.3.3）可将上式改写为：

$$y_{zs}(n) = \sum_{m=-\infty}^{+\infty} x(m)h(n-m) = x(n) * h(n)$$

式（3.3.3）表示，若离散 LTI 系统的单位脉冲响应为 $h(n)$，则序列输入系统的运算为卷积和运算，即：

$$y_{zs}(n) = x(n) * h(n) \tag{3.3.4}$$

【例 3.3.3】已知离散 LTI 系统的差分方程为 $y(n) - 0.5y(n-1) = x(n) + 0.5x(n-1)$，$n < 0$ 时，$h(n) = 0$，用递推法求其单位脉冲响应 $h(n)$。

解： 由单位脉冲响应的定义写出系统单位脉冲响应差分方程并将其改写成递推形式得：

$$h(n) = 0.5h(n-1) + \delta(n) + 0.5\delta(n-1)$$

因为 $n < 0$ 时，$h(n) = 0$，即 $h(-1) = 0$，所以从 $n = 0$ 开始求 $h(n)$ 的各个样值〔单位脉冲序列 $\delta(n)$ 的样值中，只有 $\delta(0) = 1$，其他样值均为零〕：

$h(0) = 0.5h(-1) + \delta(0) + 0.5\delta(-1) = 1$

$h(1) = 0.5h(0) + \delta(1) + 0.5\delta(0) = 0.5 \times 1 + 0 + 0.5 \times 1 = 1$

$h(2) = 0.5h(1) + \delta(2) + 0.5\delta(1) = 0.5 \times 1 + 0 + 0.5 \times 0 = 0.5$

$h(3) = 0.5h(2) + \delta(3) + 0.5\delta(2) = 0.5 \times 0.5 + 0 = (0.5)^2$

...

$h(n) = 0.5h(n-1) = 0.5 \times (0.5)^{n-2} = (0.5)^{n-1}$

$$\therefore h(n) = \begin{cases} 1 & n = 0 \\ (0.5)^{n-1} & n \geqslant 1 \end{cases}$$

也可以归纳表示为：$h(n) = \delta(n) + (0.5)^{n-1}u(n-1)$

注意：① 在本例中，由于 $h(n)$ 本身就是零状态响应，即 $h(-1) = 0$（N 阶差分方程具有 N 个初始状态值，也都是 0）。

② 归纳表示 $h(n) = \delta(n) + (0.5)^{n-1}u(n-1)$ 中，利用 $\delta(n)$ 表示 $n = 0$ 时为 1 的样值，用 $u(n-1)$ 表示 $n \geqslant 1$ 的取值范围，这样可以更简洁地表示一个序列的解析式。

③ 在 $h(n)$ 的各个样值推算中可以看出，从 $h(2)$ 开始，由输入 $x(n) = \delta(n)$ 产生的输出已经停止，后面所有的样值都只与 $h(n)$ 上一时刻的值有关，并且不断延续下去，所以这种类型的单位脉冲响应也叫无限脉冲响应（Infinite Impulse Response，IIR），也就是说即使输入已经停止，由于系统存在反馈，响应会不断延续下去。

【例 3.3.4】已知离散 LTI 系统的差分方程为：

$$y(n) = 2[x(n) + x(n-1) + x(n-2) + x(n-3)]$$

① 求出该滤波器的单位脉冲响应；

② 设输入序列为 $x(n)=\{\underline{1},1,1,1,1,1,2\}$，写出零状态响应 $y_{zs}(n)$ 序列的样值，并分析 $y(n)$ 连续零值从第几位开始。

解： ① 根据单位脉冲响应的定义，将差分方程改写成单位脉冲响应差分方程即为所求：

$$h(n)=2[\delta(n)+\delta(n-1)+\delta(n-2)+\delta(n-3)]$$

② 系统零状态响应为 $y_{zs}(n)=x(n)*h(n)$；由上式写出 $h(n)$ 的集合形式为：$h(n)=\{\underline{2},2,2,2\}$，两个序列均为有限长序列，为了使样值计算过程比较清晰，对卷积过程采用列表形式计算如下：

$x(m)$				1	1	1	1	1	1	2						
$h(m)$				2	2	2	2									
$h(-m)$	2	2	2	2												
$h(1-m)$		2	2	2	2											$y(0)=2$
$h(2-m)$			2	2	2	2										$y(1)=4$
$h(3-m)$				2	2	2	2									$y(2)=6$
$h(4-m)$					2	2	2	2								$y(3)=8$
$h(5-m)$						2	2	2	2							$y(4)=8$
$h(6-m)$							2	2	2	2						$y(5)=8$
$h(7-m)$								2	2	2	2					$y(6)=10$
$h(8-m)$									2	2	2	2				$y(7)=8$
										2	2	2	2			$y(8)=6$
											2	2	2	2		$y(9)=4$
												2	2	2	2	$y(10)=0$

由表格中最后一列可知，零状态响应

$$y_{zs}(n)=\{\underline{2},4,6,8,8,8,10,8,6,4\}$$

从 $n=10$ 开始系统输出响应为零。

注意：由于该系统中没有反馈，输入序列不断右移，与系统单位脉冲响应相乘，移出系统单位脉冲响应的范围，输出就会停止（全 0）。这种系统的单位脉冲响应是有限的，也称为有限脉冲响应（Finite Impulse Response，FIR）。

3.3.3　离散 LTI 系统的全响应

从系统输入的角度，离散 LTI 系统的全响应可以分解为零输入响应和零状态响应之和。前面介绍了离散 LTI 系统的零输入响应、单位脉冲响应以及利用卷积和求解系统的零状态响应的方法。下面举例说明如何利用零输入、零状态响应求解系统的全响应。

【例 3.3.5】 已知某离散线性时不变系统的差分方程为：

$$6y(n)-5y(n-1)+y(n-2)=x(n)$$

若初始状态为 $y(-1)=-11$，$y(-2)=-49$；激励 $x(n)=u(n)$。试求系统的零输入响应、单位脉冲响应、零状态响应和完全响应。

解： ① 求零输入响应。

差分方程的特征方程为：$6\lambda^2-5\lambda+1=0$

解得特征根为：$\lambda_1=\dfrac{1}{2}$，$\lambda_2=\dfrac{1}{3}$；为两个不相等实数根，所以零输入响应为：

$$y_{zi}(n) = C_1\left(\frac{1}{2}\right)^n + C_2\left(\frac{1}{3}\right)^n$$

当 $n \geq 0$ 时，代入初始状态，有：

$$\begin{cases} y(-1) = C_1\left(\frac{1}{2}\right)^{-1} + C_2\left(\frac{1}{3}\right)^{-1} = -11 \\ y(-2) = C_1\left(\frac{1}{2}\right)^{-2} + C_2\left(\frac{1}{3}\right)^{-2} = -49 \end{cases}$$

联立方程解得待定系数为：$C_1 = 8$，$C_2 = -9$

系统的零输入响应为：$y_{zi}(n) = 8\left(\frac{1}{2}\right)^n - 9\left(\frac{1}{3}\right)^n$，$n \geq 0$

② 求单位脉冲响应 $h(n)$。

将已知差分方程改写成单位脉冲响应差分方程并写成递推形式：

$$h(n) = \frac{1}{6}\delta(n) + \frac{5}{6}h(n-1) - \frac{1}{6}h(n-2)$$

$$\because h(-1) = h(-2) = 0$$

由于激励在 $n = 0$ 时刻接入，但是这个时刻接入的数据中有一项是 $h(-1)$ 并不能代表全响应的具体情况，所以实际求解 $h(n)$ 需要的边界条件为 $h(0)$ 和 $h(1)$，这相当于是 $n > 1$ 时的边界条件，需要用递推法求出这两个边界条件：

$$h(0) = \frac{1}{6}\delta(0) + \frac{5}{6}h(-1) - \frac{1}{6}h(-2) = \frac{1}{6} \times 1 + \frac{5}{6} \times 0 - \frac{1}{6} \times 0 = \frac{1}{6}$$

$$h(1) = \frac{1}{6}\delta(1) + \frac{5}{6}h(0) - \frac{1}{6}h(-1) = \frac{1}{6} \times 0 + \frac{5}{6} \times \frac{1}{6} - \frac{1}{6} \times 0 = \frac{5}{36}$$

由系统特征根写出系统单位脉冲响应的待定系数表达式为：

$$h(n) = \left[A\left(\frac{1}{2}\right)^n + B\left(\frac{1}{3}\right)^n\right]u(n)$$

代入边界条件，可求出待定系数：$A = \frac{1}{2}$，$B = -\frac{1}{3}$

$$\therefore h(n) = \left[\frac{1}{2}\left(\frac{1}{2}\right)^n - \frac{1}{3}\left(\frac{1}{3}\right)^n\right]，n > 1$$

将 $n = 0$、1 代入单位脉冲响应差分方程，递推结果与代入上式所得 $h(0)$、$h(1)$ 值相同，即有：

$$h(n) = \left[\frac{1}{2}\left(\frac{1}{2}\right)^n - \frac{1}{3}\left(\frac{1}{3}\right)^n\right]u(n)$$

③ 求零状态响应 $y_{zs}(n)$。

$$y_{zs}(n) = h(n) * x(n) = u(n) * \left\{\left[\frac{1}{2}\left(\frac{1}{2}\right)^n - \frac{1}{3}\left(\frac{1}{3}\right)^n\right]u(n)\right\}$$

这是属于基本序列的卷积和，查表 2-2 可知：

$$a^n u(n) * u(n) = \frac{1 - a^{n+1}}{1 - a}u(n)$$

所以得到：

$$y_{zs}(n) = \left[\frac{1}{2} - \left(\frac{1}{2}\right)^{n+1} + \frac{1}{2}\left(\frac{1}{3}\right)^{n+1}\right]u(n)$$

④ 求全响应。

$$y(n) = y_{zi}(n) + y_{zs}(n)$$
$$= \left[8\left(\frac{1}{2}\right)^n - 9\left(\frac{1}{3}\right)^n\right]u(n) + \left[\frac{1}{2} - \left(\frac{1}{2}\right)^{n+1} + \frac{1}{2}\left(\frac{1}{3}\right)^{n+1}\right]u(n)$$
$$= \left[\frac{1}{2} + \frac{15}{2}\left(\frac{1}{2}\right)^n - \frac{53}{6}\left(\frac{1}{3}\right)^n\right]u(n)$$

注意：本题中差分方程的初始状态是 $y(-1)$ 和 $y(-2)$，这是解差分方程所需要的初始状态，而 $h(n)$ 的边界条件是与全部激励信号接入的时刻有关的，比如本例中，激励信号只有一个 $\delta(n)$，所以考虑 $n>0$ 时边界条件如果选择 $h(0)$ 和 $h(-1)$，$h(-1)$ 是没有完全引入激励信号所得到的值，所以其边界条件应该是 $h(0)$ 和 $h(1)$ 才符合求解条件，但这个条件是 $n>1$ 的边界条件，因此求解出系数后还要验算是否可以用通式 $h(n) = \left[\frac{1}{2}\left(\frac{1}{2}\right)^n - \frac{1}{3}\left(\frac{1}{3}\right)^n\right]u(n)$。如果激励信号中还含有延迟，需要延迟多个时刻才能有完整激励信号，所以边界条件的时刻也要调整。此处特别容易出错，一定要验算以确保边界条件无误。

用经典法求解很容易因为边界条件的选择而带来结果的错误，过于烦琐，所以现在很少推荐使用这个方法进行深入计算。教师在设计这类题目时最好能谨慎地选择起始条件，要按照比较常规的理解来设置，否则会大大增加题目的难度。本例只是为了说明一种计算方法，实际解差分方程还是用 z 变换求解更简单。

3.3.4 复合系统的单位脉冲响应

由式(3.3.4) 可知，序列输入系统，输出零状态响应的运算符合卷积和运算规则，可以将卷积和的性质应用到物理系统中，对系统的单位脉冲响应进行分解与合成，分解后的单位脉冲响应称为子系统单位脉冲响应，子系统的单位脉冲响应按一定的方式可以组合成等效系统单位脉冲响应。

复合系统的组合形式有级联型、并联型和混联型三种。

子系统通过级联型、并联型组成复合系统的等效系统单位脉冲响应如图 3-5 所示。

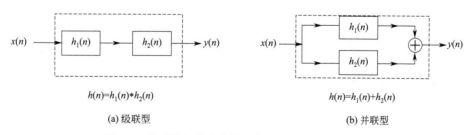

(a) 级联型   (b) 并联型

图 3-5　子系统组合成等效系统单位脉冲响应示意图

混联型是指在子系统复合形式中既有级联型又有并联型。需要说明的是，复合系统的等效系统单位脉冲响应是基于卷积和运算的，所以也遵循卷积和运算的性质，即子系统合成的运算满足卷积和的性质，在混联型系统中可以通过卷积和的交换律、结合律和分配律重新组合子系统，得到的等效系统单位脉冲响应不变。

【例 3.3.6】如图 3-6 所示，a、b 两个复合系统分别记为 $h_a(n)$、$h_b(n)$，它们的子系统单位脉冲响应分别为 $h_1(n)=\delta(n)$，$h_2(n)=\delta(n-1)$，分别求出两个系统的单位脉冲响应并解释其原因。

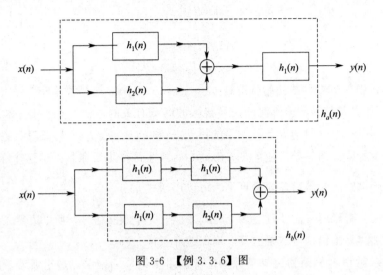

图 3-6 【例 3.3.6】图

解： 由图 3-6 中的结构可知：

$$h_a(n)=[h_1(n)+h_2(n)]*h_1(n)=[\delta(n)+\delta(n-1)]*\delta(n)=\delta(n)+\delta(n-1)$$

$$h_b(n)=h_1(n)*h_1(n)+h_1(n)*h_2(n)=\delta(n)+\delta(n-1)$$

两个子系统结构虽不相等，但是其最终解析式是相同的，这是因为卷积和满足结合律，即：

$$[h_1(n)+h_2(n)]*h_1(n)=h_1(n)*h_1(n)+h_1(n)*h_2(n)$$

由此可知，卷积的结合律、交换律及分配律可以应用于实际系统的构造中，并可根据定理对系统进行化简。

3.4 系统的因果性和稳定性

在输入输出描述方式下系统有一些主要特性，除了之前介绍的线性和时不变性外，还有两个性质——因果性和稳定性。下面分析系统因果性和稳定性的概念和判断方法。

3.4.1 因果系统和非因果系统

因果的字面解释是有因才有果。在信号分析中，系统是采用输入输出法来描述的，所以所谓的系统因果性是相对系统输入输出而言的。

（1）一般系统的因果性

因果系统的定义是如果每一个选取的初始时刻 N_0，输出序列在 $n=N_0$ 的值仅仅取决于在 $n \leqslant N_0$ 时的值，则该系统是因果的（Causality），否则系统是非因果的。

如果系统在 N_0 时刻的值还取决于这个时刻之后的输入序列值，在时间上违背了因果性，系统是无法实现的。

在离散时间中，关于现在时刻、过去时刻和将来时刻的关系如图 3-7 所示。

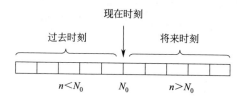

图 3-7　离散时间中现在时刻、过去时刻和将来时刻关系示意图

关于系统因果性的定义，用数学公式可以表示为：若对任意 n 值有

$$y(n) = T\{x(n-N_0)\}; N_0 \geqslant 0 \tag{3.4.1}$$

则该系统为因果系统，否则，系统为非因果的。

根据因果系统的定义，系统的输出时刻如果大于系统的输入时刻，则系统为非因果的。若以差分方程描述系统的输入输出特征，如果差分方程为后向差分形式，如 $y(n-2) - 5y(n-1) + 6y(n) = x(n-1)$，表示的系统是因果的；若为前向差分形式，则表示系统为非因果的，如 $y(n+2) = x(n)$，这样的差分方程就是明显的非因果系统〔可以假设 $n=1$，则有 $y(3) = x(1)$，即系统输出时刻大于输入时刻〕。

在真实时间变量的系统中，因果性是系统设计并可实现的一个关键性特征，特别是在连续域，信号与系统中常用到一个结论，即因果系统是物理可实现系统，反之，非因果系统就是不可实现的。这个结论在数字信号处理中就不是那么确定了。因为对于自变量不是时间而是一些以空间位置（如光学成像系统、图像处理系统等）或者存储空间的顺序作为自变量的系统，不仅非因果特性存在，而且也是可以实现的。比如现代数字信号处理系统中不需要在线实时进行的语音库、地球物理学和气象学、经济学中的股票市场分析等预测系统的数据等都是非因果系统的应用。

（2）离散 LTI 系统的因果性

对于离散线性时不变系统，因为其输入输出特性可以由单位脉冲响应 $h(n)$ 来描述，所以离散 LTI 系统因果性还应满足一个充分必要条件，即：

$$当 n < 0 时, h(n) = 0 \tag{3.4.2}$$

此定义从系统单位脉冲响应的概念上也很好理解，因为 $h(n)$ 是系统输入为 $\delta(n)$ 时的零状态响应，在 $n=0$ 以前，没有加入信号，所以是因果的。

【例 3.4.1】判断下列系统是否为因果系统。

① $y(n) = x(n) + x(n+1)$ 　　　　　② $y(n) = x(n-n_0)$

③ $y(n) = e^{x(n^2)}$

解： ① 由差分方程可以判断系统为线性的，将差分方程改写成单位脉冲响应形式得到：$h(n) = \delta(n) + \delta(n+1)$，令 $n=-1$（$n<0$），有 $h(-1) = \delta(-1) + \delta(0) = 1$，即不满足 $n<0$ 时，$h(n)=0$ 的条件，所以系统为非因果的。

注意：直接判断输入中有超前项 $x(n+1)$ 也可以得到正确答案。

② 由差分方程可以判断系统为线性的，将差分方程改写成单位脉冲响应形式得到：$h(n) = \delta(n - n_0)$，当 $n_0 > 0$，令 $n = -1$ $(n < 0)$，有 $h(-1) = \delta(-1 - n_0) = 0$，即满足 $n < 0$ 时，$h(n) = 0$ 的条件，所以系统为因果的；当 $n_0 < 0$，必存在一个 $n < 0$，使得 $h(-1) = \delta(0) = 1$，不能满足 $n < 0$ 时，$h(n) = 0$ 的条件，系统为非因果的。

③ 易判断该系统为非线性系统。令 $n = 2$，有 $y(2) = e^{x(4)}$，输出的时刻超前输入，所以系统为非因果系统。

3.4.2 稳定与不稳定系统

稳定性是系统的另一个重要性质。系统的稳定性分为一般系统的稳定性和离散 LTI 系统的稳定性。

（1）一般系统的稳定性

当系统的输入为有界激励信号，则输出也是有界的，这样的系统称为稳定系统，反之是不稳定系统。

【例 3.4.2】设系统的输入输出方程为 $y(n) = e^{x(n)}$，试分析系统的因果稳定性。

解： 由于该系统不是线性系统，根据一般系统因果性的定义，式中 $y(n)$ 与 $x(n)$ 的时间关系为相等，即假设输入为 $x(N_0)$，则输出为 $y(N_0)$，系统的输出时刻不大于系统输入时刻，所以系统是因果的。

假设系统的输入有界，设 M 为任意有限值，有 $|x(n)| < M$，对系统 $y(n) = e^{x(n)}$ 两边取对数得到 $\ln[y(n)] = x(n) \rightarrow |\ln[y(n)]| = |x(n)| < M$，由 $|\ln[y(n)]| < M$ 可得：

$$e^{-M} < y(n) < e^{M}$$

即输出为有界值，所以系统为稳定系统。

（2）离散 LTI 系统的稳定性

与因果性定义类似，线性时不变系统的系统稳定性还应满足以下充分必要条件：

$$\sum_{n=-\infty}^{+\infty} |h(n)| < \infty \qquad (3.4.3)$$

即 $h(n)$ 绝对可和。

【例 3.4.3】已知系统的单位脉冲响应 $h(n) = u(n)$，分析系统的因果稳定性。

解： 因为题干给出了单位脉冲响应，说明系统是线性时不变的，应用充分必要条件判断系统的因果稳定性。

判断因果性：

$\because h(n) = u(n)$，当 $n < 0$ 时，$u(n) = 0$，所以 $h(n) = 0$，系统是因果的；

判断稳定性，由式（3.4.3）得：

$$\sum_{n=-\infty}^{+\infty} |h(n)| = \sum_{n=-\infty}^{+\infty} |u(n)| = \sum_{n=0}^{+\infty} 1 = \infty$$

所以系统不稳定。

【例 3.4.4】设线性时不变系统的单位脉冲响应 $h(n) = a^n u(n)$，式中 a 为实常数，分析其因果性和稳定性。

解：∵$n<0$ 时，$u(n)=0$，∴$h(n)=a^n u(n)=0$，系统是因果的。

判断稳定性，由式(3.4.3)得：

$$\sum_{n=-\infty}^{+\infty} |h(n)| = \sum_{n=-\infty}^{+\infty} |a^n u(n)| = \sum_{n=0}^{+\infty} |a|^n$$

以上和式相当于等比数列求和，只有当公比 $|a|<1$ 时，可和，和为 $\dfrac{1}{1-|a|}$，系统稳定；

当 $|a|>1$，不满足可和条件，系统不可和，则系统不稳定。

由以上两例可以看出，如果已知系统的单位脉冲响应，通过计算单位脉冲响应的绝对值之和来判断系统的稳定性。对于一些较复杂差分方程，其单位脉冲差分方程也比较复杂，需要用递推法求出各个 $h(n)$ 的值再来求和，计算也是复杂的。第 4 章将介绍通过 z 变换求 $h(n)$ 的 z 域函数 $H(z)$，并通过分析 $H(z)$ 的极点位置与收敛域关系直接判断系统的稳定性。

第4章　离散时间信号与系统的变换域分析

信号与系统的分析方法有时域分析法和变换域分析法两种。在连续时间信号与系统中，变换域有拉普拉斯变换和傅里叶变换，在离散时间信号与系统中，变换域有 z 变换和序列傅里叶变换。本章内容主要介绍序列 z 变换和序列傅里叶变换的定义，并引入离散 LTI 系统的变换域分析方法。

4.1　序列的 z 变换

离散时间 LTI 系统的输入输出过程可以通过差分方程来描述。对于差分方程的求解，在计算机辅助下可以方便地用递推法来实现。但是递推法的一个缺点是只能获得离散的样值数据，这些数据之间的关联以及它们与系统性能的关系并不明显。如果要获得比较明确的数学解析式，需要用经典时域解法，而经典时域解法因受到诸多数学定义和条件等因素的限制，解法又过于烦琐。z 变换作为一种重要的数学工具，能够把离散系统的数学模型——差分方程转化为简单的代数方程，使其求解过程变得简便。

4.1.1　z 变换的定义

z 变换为离散时间信号和系统提供了一种表示方式，也提供了一种离散信号与系统分析的途径。z 变换在离散系统分析的地位与作用类似于连续系统的拉普拉斯变换。下面先从时域采样信号的拉普拉斯变换推导 z 变换的定义，建立起拉普拉斯平面与 z 平面之间的联系，从而获得 z 平面上零极点的意义。很多离散系统的特性分析原理就可以用类似连续域系统复频域（s 域）分析方法来研究。

（1）z 变换的定义

z 变换的定义可以通过采样信号的拉普拉斯变换推出。

扫码看视频

由式(2.1.2)可知采样信号的数学表示为

$$\hat{x}_a(t) = \sum_{n=-\infty}^{+\infty} x_a(nT_s)\delta(t-nT_s)$$

式中，$x_a(nT_s)$是采样信号$x_a(t)$的离散样值，是一个常数，所以其实只有$\delta(t-nT_s)$含有连续时间变量t，$\delta(t-nT_s)$拉普拉斯变换为e^{-snT_s}，采样信号的拉普拉斯变换为：

$$\hat{X}_a(s) = \sum_{n=-\infty}^{+\infty} x_a(nT_s)e^{-snT_s} \qquad (4.1.1)$$

令$z = e^{sT_s}$，式(4.1.1)可写成复变量z的函数式：

$$X(z) = \sum_{n=-\infty}^{+\infty} x(n)z^{-n} \qquad (4.1.2)$$

则式(4.1.2)为z变换的定义式，该定义表明序列z变换是复变量z^{-1}的幂级数。$z = e^{sT_s}$可用于将连续域系统函数$H(s)$转换成离散域系统函数$H(z)$。

（2）z平面

从拉普拉斯变换推出了z变换的定义，也意味着拉普拉斯变换的s平面与z变换的z平面具有相应的联系。由于$s = \sigma + j\omega$，复变量z可写成：

$$z = e^{(\sigma+j\omega)T_s} = e^{\sigma T_s}e^{j\omega T_s}$$

令$r = e^{\sigma T_s}$，则复变量z可以定义为：

$$z = re^{j\omega} \text{ 或 } z = \mathrm{Re}[z] + j\mathrm{Im}[z] \qquad (4.1.3)$$

其中，$z = re^{j\omega}$是z的极坐标形式表示，它的模$0 \leqslant r < \infty$，辐角ω是以弧度为单位的数字频率，所以z平面是以r为半径、夹角$-\pi \leqslant \omega < \pi$为主值的无穷个多圆周角。

$z = \mathrm{Re}[z] + j\mathrm{Im}[z]$是$z$的直角坐标形式。$\mathrm{Re}[z]$是$z$的实部，$\mathrm{Im}[z]$是$z$的虚部。

z平面示意图如图4-1所示。

z平面中，横轴、纵轴分别代表变量z的实部和虚部，虚线所示为一个半径为1的圆，对应于$|z| = 1$的围线，即模$r = 1$的z，可以看成一个绕单位圆旋转的向量，这些定义可以帮助我们理解z的复变量本质，这是不同于我们在初等数学中接触的实自变量的（这部分内容可参看第1章数学基础中关于复变函数的定义以进一步理解）。

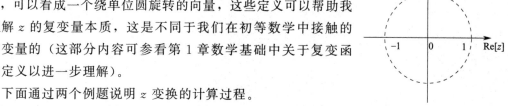

图 4-1　z平面示意图

下面通过两个例题说明z变换的计算过程。

【例 4.1.1】求序列$\delta(n)$的z变换。

解：根据式(4.1.2)，令$x(n) = \delta(n)$，有：

$$X(z) = \sum_{n=-\infty}^{+\infty} x(n)z^{-n} = \sum_{n=-\infty}^{+\infty} \delta(n)z^{-n}$$
$$= \sum_{n=-\infty}^{+\infty} \delta(n) = 1$$

习惯上，可以用"↔"表示z变换的两个变量域，比如简记为：$\delta(n) \leftrightarrow 1$，↔左边是时域序列，右边是$z$域函数，↔连接的是一对$z$变换对，也可以调换时域和$z$域的方向。单位脉冲序列比较特殊，只有一个样值，因此在求解时不用考虑幂级数求解的条件。

【例 4.1.2】 求阶跃序列 $u(n)$ 的 z 变换，讨论 z 的取值范围并在 z 平面画出其示意图。

解： 根据式(4.1.2)，令 $x(n)=u(n)$，有：

$$X(z) = \sum_{n=-\infty}^{+\infty} u(n)z^{-n}$$

$$= \sum_{n=0}^{+\infty} z^{-n} = 1 + z^{-1} + z^{-2} + \cdots$$

上式中的幂级数在计算中相当于一个有限级数，即是公比为 z^{-1} 的等比数列无穷项和，考虑等比数列求和对公比的要求，只有当 $|z^{-1}|<1$ 时，级数收敛，可和，应用等比数列无穷项和公式可得：

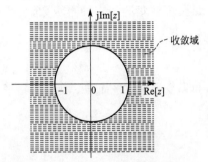

$$X(z) = \frac{1}{1-z^{-1}}$$

$\because |z^{-1}|<1$，解绝对值不等式可得 z 的取值范围为：$|z|>1$。

由于 z 为复数，$|z|$ 即 z 的模，所以 $|z|>1$ 可以表示为在 z 平面模大于 1 的区域。画出 z 平面示意图如图 4-2 所示，图中阴影部分表示 z 的取值范围，是 z 平面单位圆外的区域。

图 4-2 【例 4.1.2】收敛域示意图

一些常用序列的 z 变换可参考表 4-1。

表 4-1　常用序列的 z 变换

序号	离散时间序列	z 变换	收敛域
1	$\delta(n)$	1	整个 z 平面
2	$u(n)$	$\dfrac{1}{1-z^{-1}} = \dfrac{z}{z-1}$	$|z|>1$
3	$a^n u(n)$	$\dfrac{1}{1-az^{-1}} = \dfrac{z}{z-a}$	$|z|>|a|$
4	$e^{an} u(n)$	$\dfrac{1}{1-e^a z^{-1}} = \dfrac{z}{z-e^a}$	$|z|>|e^a|$
5	$-a^n u(-n-1)$	$\dfrac{1}{1-az^{-1}} = \dfrac{z}{z-a}$	$|z|<|a|$
6	$nu(n)$	$\dfrac{z^{-1}}{(1-z^{-1})^2} = \dfrac{z}{(z-1)^2}$	$|z|>1$
7	$na^n u(n)$	$\dfrac{az^{-1}}{(1-az^{-1})^2} = \dfrac{az}{(z-a)^2}$	$|z|>|a|$
8	$\dfrac{(n+1)\cdots(n+m)}{m!}a^n u(n)$	$\dfrac{z^{m+1}}{(z-a)^{m+1}}$	$|z|>|a|$
9	$e^{j\omega_0 n} u(n)$	$\dfrac{1}{1-e^{j\omega_0}z^{-1}}$	$|z|>1$
10	$\sin(\omega_0 n)u(n)$	$\dfrac{z^{-1}\sin\omega_0}{1-2z^{-1}\cos\omega_0 + z^{-2}}$	$|z|>1$
11	$\cos(\omega_0 n)u(n)$	$\dfrac{1-z^{-1}\cos\omega_0}{1-2z^{-1}\cos\omega_0 + z^{-2}}$	$|z|>1$

4.1.2　z 变换的收敛域

通过【例 4.1.2】可以看到，复变量 z 的取值范围（定义域）实际由该幂级数收敛性决定，所以在 z 变换中讨论 z 的定义域称为 z 的收敛域。

z 变换收敛域的确定方法有时域和 z 域两种方法。

（1）z 变换收敛域的时域确定法

在时域确定 z 变换收敛域的方法可以借助幂级数收敛域定义来确定。下面两个例子演示了利用级数求和原理求解收敛域的方法，有助于理解收敛域的概念以及序列类型对收敛域的影响。但是更简便的确定 z 变换收敛域方法还是利用 z 域的极点来确定。

【例 4.1.3】已知序列 $x(n)=a^n u(n)$，式中，a 为实常数，$u(n)$ 为单位阶跃序列，求 $x(n)$ 的 z 变换，并确定其收敛域。

解：根据式(4.1.2)，令 $x(n)=a^n u(n)$，有：

$$X(z) = \sum_{n=-\infty}^{+\infty} a^n u(n) z^{-n} = \sum_{n=0}^{+\infty} a^n z^{-n} = \sum_{n=0}^{+\infty} (az^{-1})^n$$
$$= 1 + az^{-1} + (az^{-1})^2 + \cdots$$

显然这个幂级数可以当作一个公比为 az^{-1} 的等比数列无穷项和，当 $|az^{-1}| < 1$ 时，有：

$$X(z) = \frac{1}{1-az^{-1}}$$

收敛域由 $|az^{-1}| < 1$ 确定：

∵ $|az^{-1}| < 1$

∴ 解绝对值不等式可得：$|z| > |a|$

【例 4.1.4】已知序列 $x(n)=-a^n u(-n-1)$，式中，a 为实常数，

$$u(-n-1) = \begin{cases} 1 & n \leqslant -1 \\ 0 & n \geqslant 0 \end{cases}$$

求 $x(n)$ 的 z 变换，并确定其收敛域。

解：根据式(4.1.2)，令 $x(n)=-a^n u(-n-1)$，有：

$$X(z) = \sum_{n=-\infty}^{+\infty} [-a^n u(-n-1)] z^{-n} = -\sum_{n=-\infty}^{-1} a^n z^{-n}$$

由于等比数列求和是初等代数，其求和范围总是从 $0 \sim +\infty$ 的，所以为了应用该公式求解，令 $m=-n$，将求和公式进行变量代换：

$$-\sum_{n=-\infty}^{-1} (az^{-1})^n \xrightarrow{m=-n} -\sum_{m=1}^{+\infty} (az^{-1})^{-m} = -\sum_{m=1}^{+\infty} (a^{-1}z)^m$$
$$= -[a^{-1}z + (a^{-1}z)^2 + \cdots]$$

这是一个公比为 $a^{-1}z$、首项为 $a^{-1}z$ 的等比数列，所以：

$$X(z) = -\frac{a^{-1}z}{1-a^{-1}z} = \frac{z}{z-a}$$

通项 $(a^{-1}z)^m$ 的收敛域由公比 $|a^{-1}z| < 1$ 确定，解绝对值不等式，可得：$|z| < |a|$。

以上两个例子，对应的序列和 z 变换简记如下：

$$a^n u(n) \leftrightarrow \frac{1}{1-az^{-1}}, |z|>|a| \tag{4.1.4}$$

$$-a^n u(-n-1) \leftrightarrow \frac{z}{z-a}, |z|<|a| \tag{4.1.5}$$

如果仅按有理多项式的规律分析两个序列的 z 变换解析式，会发现实际上有：

$$\frac{1}{1-az^{-1}} = \frac{z}{z-a}$$

也就是说，这两个序列具有相同的 z 变换解析式，它们的区别体现在收敛域上。z 变换的解析式与收敛域同时决定一个唯一的序列。

那么，$a^n u(n)$ 与 $-a^n u(-n-1)$ 两个序列的区别是什么呢？忽略后者的负号，它们的明显区别在于与 a^n 相乘阶跃序列的形式。在前面我们学习过，阶跃序列可以用来表示序列的时间变量 n 的取值范围，其中 $u(n)$ 表示序列 a^n 的 $n \geqslant 0$，$u(-n-1)$ 表示序列 a^n 的 $n < 0$。也就是说，a^n 的 z 变换在 $n \geqslant 0$ 时，收敛域为 $|z|>|a|$，而在 $n < 0$ 时，收敛域为 $|z|<|a|$。

基于这两个序列的时域定义域不同而带来的 z 变换收敛域的不同，将在 4.1.3 节序列特性对 z 变换收敛域的影响中做进一步分析。

（2）z 变换收敛域的 z 域确定法

从表 4-1 可知，常用信号的 z 变换都是关于复变量 z 的确定函数，在处理这类公式时，可以忽略 z 的复数性质，仅当成一个关于自变量 z 的有理式来处理，即 z 变换的一般表达式可以表示为：

$$X(z) = \frac{B(z)}{A(z)} \tag{4.1.6}$$

式中，$B(z)$、$A(z)$ 均为关于 z 的有理多项式，可以用多项式的加减乘除以及分式化简。

根据有理分式的特点，做以下定义：

设方程 $B(z)=0$，分子等于零则分式 $X(z)=0$，那么方程 $P(z)=0$ 的根称为 $X(z)$ 的零点；其中单根称为单零点，二重根称为二重零点，二重及以上重根可以统称为重零点；实数根称为实零点，复数根称为复数零点，以此类推。

同理，设方程 $A(z)=0$，分母等于零则分式 $X(z) \rightarrow \infty$，则方程 $Q(z)=0$ 的根称为 $X(z)$ 的极点；和零点类似，根据根的类型分为单极点和重极点、实极点和复数极点等。

在 z 平面上，可以根据零极点的位置画出零极点图，一般，零点用"○"表示，极点用"×"表示。

若分母 $A(z)$ 可以分解成单项式的乘积，可写成如下形式：

$$A(z) = \prod_{r=1}^{N} (z-p_r) = 0 \tag{4.1.7}$$

表示 $X(z)$ 有 N 个极点 p_r，$X(z)$ 的收敛域可由极点来确定。

【例 4.1.5】已知序列 $x(n) = [1.4(0.4)^n - 0.4(-0.6)^n]u(n)$，求序列的 z 变换及其

收敛域，在 z 平面上用"×"表示极点，画出收敛域与极点示意图。

解： 根据式(4.1.2)，令 $x(n) = \left[1.4(0.4)^n - 0.4(-0.6)^n\right]u(n)$

$$X(z) = \sum_{n=-\infty}^{+\infty}\left[1.4(0.4)^n - 0.4(-0.6)^n\right]u(n)z^{-n}$$

$$= 1.4\sum_{n=0}^{+\infty}(0.4)^n z^{-n} - 0.4\sum_{n=0}^{+\infty}(-0.6)^n z^{-n}$$

上式分为两项来讨论其 z 变换。

对于第一项，其 z 变换及收敛域为：

$$1.4\sum_{n=0}^{+\infty}(0.4)^n z^{-n} = \frac{1.4}{1-0.4z^{-1}},\ |z| > |0.4| \tag{4.1.8}$$

对于第二项，其 z 变换及收敛域为：

$$-0.4\sum_{n=0}^{+\infty}(-0.6)^n z^{-n} = \frac{-0.4}{1-(-0.6z^{-1})},\ |z| > |0.6| \tag{4.1.9}$$

序列的 z 变换应为两式相加，即式(4.1.8)＋式(4.1.9)，但是两式的收敛域不同，用解绝对值不等式的方法，求得两个收敛域的解为 $|z| > |0.6|$，所以序列的 z 变换为：

$$X(z) = \frac{1.4}{1-0.4z^{-1}} - \frac{0.4}{1-(-0.6z^{-1})} = \frac{1+z^{-1}}{1+0.2z^{-1}-0.24z^{-2}},\ |z| > |0.6| \tag{4.1.10}$$

从式(4.1.10)的分母可以求出有两个极点 $p_1 = 0.4$，$p_2 = -0.6$，在 z 平面画出两个极点及极点围成的圆，可以看出，收敛域大于绝对值大的极点。极点和收敛域示意图如图 4-3 所示，图中，"×"表示极点，虚线表示以极点为半径围成的圆，阴影部分表示收敛域。

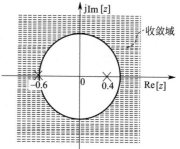

图 4-3 【例 4.1.5】极点和
收敛域示意图

（3）单边 z 变换

从上述内容可以看出，当序列特性为单边特性时，其 z 变换及收敛域都相对简单。在实际系统分析中，这种单边特性也是比较明显的。所以在离散信号处理中定义单边 z 变换为：

$$X(z) = \sum_{n=0}^{+\infty}x(n)z^{-n} \tag{4.1.11}$$

单边 z 变换中的和只包含 $n \geqslant 0$ 的部分，有时也可以认为 $x(n)u(n)$ 的双边 z 变换等于其单边 z 变换，由此可知单边 z 变换的收敛域是一个 z 平面圆周的外侧。但是若序列发生左移或右移时，单边 z 变换和双边 z 变换就会有一定的差别，具体分析请查看 4.1.4 节。

4.1.3　序列定义域对 z 变换收敛域的影响

根据式(4.1.2)，变换 $X(z)$ 是关于复变量 z^{-1} 的幂级数。由幂级数的性质可知，有些序列在 $n \in (-\infty, +\infty)$ 中没有单调收敛性，幂级数不收敛，无法求级数的和。比如实指数

序列 2^n，只有在 $n \in (-\infty, 0)$ 中收敛，另一半区域 $n \in (0, +\infty)$ 则是不收敛的。为了研究 z 变换和序列特性之间的关系，将任意无限长序列 $x(n)$ 分为左边序列、右边序列、有限长序列和任意序列，来讨论四种不同定义域的情况，并利用阶跃序列及其移位来辅助其表示。

（1）不同定义域序列的表示

设任意无限长序列 $x(n)$ 在 $n \in (-\infty, +\infty)$ 范围内为非零序列，则可将其分为以下四种情况。

① 右边序列是指序列的有效值全部处于右边平面（包括 $n = 0$）序列。

右边序列表示为：

$$x(n)u(n) = \begin{cases} 0 & n \leqslant -1 \\ x(n) & n \geqslant 0 \end{cases} \tag{4.1.12}$$

右边序列符合真实时间的现实性，故也称为因果信号或因果序列。

② 左边序列是指序列有效值全部处于左半平面的序列。

左边序列表示为：

$$x(n)u(-n-1) = \begin{cases} x(n) & n \leqslant -1 \\ 0 & n \geqslant 0 \end{cases} \tag{4.1.13}$$

左边序列的自变量 n 的增长趋势与现实相反，因此也称为非因果序列或反因果序列。

③ 有限长序列是指长度为有限值的序列。

有限长序列表示为：

$$x(n) = \begin{cases} 0 & \text{其他} \\ x(n) & N_1 < n < N_2 \end{cases} \tag{4.1.14}$$

$|N_1| < |N_2|$，为整数。若令 $N = |N_2| - |N_1| + 1$，有限长序列也可以表示为 $x_N(n)$。

④ 任意序列（双边序列）。

任意无限长序列 $x(n)$ 由于 $n \in (-\infty, +\infty)$，可定义为双边序列，即两半平面都有序列的有效值。双边序列可以分解成左边序列和右边序列相加，即：

$$x(n) = x(n)u(-n-1) + x(n)u(n) \tag{4.1.15}$$

注意：有限长序列和双边序列在 $n < 0$ 时都存在样值，属于非因果序列。

本书对序列的四种定义域情况分类的目的是方便确定 z 变换收敛域，因此与部分教材的定义不尽相同，读者可根据教材的定义自行理解。

四种不同定义域序列的示意图如图 4-4 所示。

（2）不同情况序列的 z 变换收敛域

按上述定义，【例 4.1.5】中讨论的序列属于右边序列，其 z 变换收敛域为 $|z|$ 大于模最大的极点，记为 $|z| > \max[|p_r|]$。

同理可以推出左边序列的 z 变换收敛域为 $|z|$ 小于模最小的极点，即 $|z| < \min[|p_l|]$。

对于双边序列，可分解为左边序列与右边序列之和。设左边序列的最小极点为 $\min[|p_l|]$，右边序列的最大极点为 $\max[|p_r|]$，则收敛域为 $\max[|p_r|] < |z| < \min[|p_r|]$，当 $\min[|p_l|] < \max[|p_r|]$ 时，z 变换不存在。

对于有限长序列，其 z 变换是有限项求和，根据 N_1、N_2 具体取值的不同，收敛域要

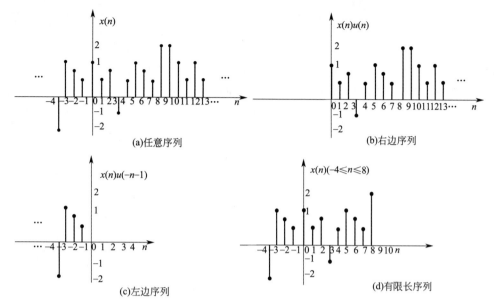

图 4-4 四种情况的序列示意图

判断是否包括 $z=0$ 和 $z=+\infty$，收敛域与 N_1、N_2 关系具体如下：

$N_1<0$，$N_2\leqslant0$ 时，$0\leqslant|z|<+\infty$；

$N_1<0$，$N_2>0$ 时，$0<|z|<+\infty$；

$N_1\geqslant0$，$N_2>0$ 时，$0<|z|\leqslant+\infty$。

特别地，单位脉冲序列 z 变换的收敛域是整个 z 平面。

如果序列由有限长序列和左边序列或者右边序列构成，则收敛域由其中的左边序列或右边序列决定。

在 z 平面中，$|z|$ 可以表示为一个圆周，因此右边序列的收敛域是在 z 平面一个圆周以外的区域，左边序列则是圆周以内区域，双边序列是在两个圆周围成的环形内，圆周的半径由 $X(z)$ 的极点决定。

z 变换收敛域与序列不同情况的关系在 z 反变换中尤为重要，所以这部分例题在 4.1.5节 z 反变换中需要应用，详见【例 4.1.13】～【例 4.1.16】。

【例 4.1.6】求双边序列 $x(n)=a^{|n|}$ 的 z 变换，并确定其收敛域，式中，a 为实数。

解： 当 $n<0$ 时，$x(n)=a^{|n|}=a^{-n}$；当 $n\geqslant0$ 时，$x(n)=a^{|n|}=a^n$，用序列与阶跃序列及其移位表示定义域 n 的取值范围，将所求序列分解为左边序列和右边序列如下：

扫码看视频

$$x(n)=a^{-n}u(-n-1)+a^nu(n)$$

查表 4-1 可得两项的 z 变换分别为：

$$a^{-n}u(-n-1)\leftrightarrow-\frac{1}{1-a^{-1}z^{-1}},|z|<|a^{-1}|$$

$$a^n u(n) \leftrightarrow -\frac{1}{1-az^{-1}}, |z| > |a|$$

$$\therefore X(z) = \frac{1}{1-az^{-1}} - \frac{1}{1-a^{-1}z^{-1}} = \frac{(a^2-1)z^{-1}}{a-(a^2+1)z^{-1}+z^{-2}}$$

通过解两个序列的收敛域不等式求 $X(z)$，即：

$$\begin{cases} |z| < |a^{-1}| \\ |z| > |a| \end{cases}$$

该不等式组只有在 $|a| < 1$ 时，才有公共解，收敛域为 $|a| < |z| < |a^{-1}|$。

当 $|a| > 1$ 时，无公共解，收敛域不存在，则序列无 z 变换。

收敛域示意图如图 4-5 所示。

图 4-5 是根据 $|a| < 1$ 的约束条件，选取 $a = \frac{1}{2}$，相应地，$a^{-1} = 2$ 粗略画出的示意图。从图中可以看出，双边序列的 z 变换收敛域是一个环形区域。

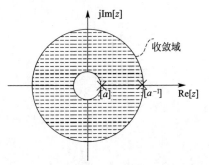

图 4-5 【例 4.1.6】收敛域示意图

4.1.4 z 变换的基本性质与定理

z 变换的性质总结了离散时间序列基本运算时 z 变换的规律，在 z 变换应用中具有重要作用，z 变换性质与定理总结如下。

（1）z 变换的存在性

对于在收敛域内 $x(n)$ 一致收敛的序列，存在 z 变换；若对于指定的收敛域，$x(n)$ 不收敛，或者说 $x(n)$ 一致收敛的收敛域不存在，则序列的 z 变换不存在。

（2）线性性质

设序列 $x(n)$、$f(n)$ 的 z 变换分别为 $X(z)$、$F(z)$，且 $X(z)$ 中模最小的极点为 $|p_{X\min}|$，最大的极点为 $|p_{X\max}|$，$F(z)$ 中模最小的极点为 $|p_{F\min}|$，最大的极点为 $|p_{F\max}|$：

$$x(n) \leftrightarrow X(z), |z| < |p_{X\min}| \ \text{或} \ |z| > |p_{X\max}|$$

$$f(n) \leftrightarrow F(z), |z| < |p_{F\min}| \ \text{或} \ |z| > |p_{F\max}|$$

［其中，$x(n)$、$f(n)$ 为左边序列时取 < 项，右边序列时取 > 项，$x(n)$、$f(n)$ 相对独立，为表述简洁，后面其他性质设定时收敛域不再重复说明。］

则序列 $y(n) = ax(n) + bf(n)$ 的 z 变换为：

$$Y(z) \leftrightarrow aX(z) + bF(z) \tag{4.1.16}$$

式（4.1.16）的收敛域是 $X(z)$、$F(z)$ 收敛域的公共区域。当公共区域不存在时，z 变换不存在。若线性组合产生了极点的变化，收敛域会发生改变，具体情况根据求解收敛域的不等式组的解获得。

线性性质是 z 变换分析离散 LTI 系统的常用性质，它表示序列线性运算（加权和叠加）后 z 变换也发生线性变化，【例 4.1.5】利用线性性质求解会更简单（见【例 4.1.7】）。

（3）序列移位性质

1）一般序列双边 z 变换的移位特性

设 $x(n)\leftrightarrow X(z)$，则：

$$x(n-N_0)\leftrightarrow z^{-N_0}X(z) \qquad (4.1.17)$$

扫码看视频

证明： 根据式（4.1.2）z 变换的定义，为求 $x(n-N_0)$ 的 z 变换，令 $m=n-N_0$ 得：

$$\sum_{n=-\infty}^{+\infty}x(n-N_0)z^{-n}\xrightarrow{m=n-N_0}\sum_{m=-\infty}^{+\infty}x(m)z^{-(m+N_0)}$$

$$=\sum_{m=-\infty}^{+\infty}[x(m)z^{-m}]z^{-N_0}=z^{-N_0}X(z)$$

式（4.1.17）中，当 $N_0>0$ 时，序列是右移，也称延时；当 $N_0<0$ 时，序列是左移，也称超前。无论延时或超前，该移位性质都适用。移位后极点不发生改变，收敛域与原序列相同。对于单边序列，由于移位后如果和原点的关系发生改变，收敛域中是否包含 $z=0$ 和 $z=+\infty$ 需要具体判断。对于右边序列右移，左边序列左移，移位后与原点的关系不发生改变，收敛域不变。

2）序列移位的单边 z 变换性质

由式（4.1.11）定义的单边 z 变换和只包含 $n\geqslant0$ 的部分，也可以认为是 $x(n)u(n)$ 的双边 z 变换（$n<0$ 是序列全为零）。但是在求差分方程的零输入响应和零状态响应时，由于只能对 $n\geqslant0$ 部分处理，移到 $n<0$ 的序列样值就会被舍去（双边 z 变换这部分样值是保留的），所以单边 z 变换涉及的序列移位比双边 z 变换复杂。下面是关于序列左移右移时单边 z 变换的公式。

① 序列 $x(n)$ 右移 N_0 位的单边 z 变换　由单边 z 变换公式，序列 $x(n-N_0)$ 的单边 z 变换为：

$$\because\sum_{n=0}^{+\infty}x(n-N_0)z^{-n}\xrightarrow{m=n-N_0}\sum_{m=-N_0}^{+\infty}x(m)z^{-(m+N_0)}$$

$$=z^{-N_0}\left\{\sum_{m=-N_0}^{-1}[x(m)z^{-m}]+\sum_{m=0}^{+\infty}[x(m)z^{-m}]\right\}$$

$$=z^{-N_0}\sum_{m=-N_0}^{-1}[x(m)z^{-m}]+z^{-N_0}X(z)$$

$N_0\geqslant1$ 时，上式中第一个和式可展开得到序列右移 N_0 的单边 z 变换公式为：

$$x(n-N_0)\leftrightarrow z^{-N_0}X(z)+[x(-N_0)+x(-N_0+1)z^{-1}+\cdots+x(-1)z^{-1-N_0}]$$

$$(4.1.18)$$

② 序列 $x(n)$ 左移 M_0 位的单边 z 变换　由单边 z 变换公式，序列 $x(n+M_0)$ 的单边 z 变换为：

$$\sum_{n=0}^{+\infty}x(n+M_0)z^{-n}\xrightarrow{m=n+M_0}\sum_{m=M_0}^{+\infty}x(m)z^{-(m-M_0)}$$

$$=z^{M_0}\left\{\sum_{m=0}^{+\infty}[x(m)z^{-m}]-\sum_{m=0}^{M_0-1}[x(m)z^{-m}]\right\}$$

$$=z^{M_0}X(z)-z^{M_0}\sum_{m=0}^{M_0-1}\left[x(m)z^{-m}\right]$$

$M_0 \geqslant 1$ 时，上式中第一个和式可展开得到序列左移 M_0 的单边 z 变换公式为：

$$x(n+M_0) \leftrightarrow \{z^{M_0}X(z)-\left[x(0)z^{M_0}+x(1)z^{M_0-1}+\cdots+x(M_0-1)\right] \quad (4.1.19)$$

读者可以通过对比式(4.1.17)~式(4.1.19)，总结单边 z 变换与双边 z 变换移位性质的不同。由于在离散时间因果系统分析中，是适用单边 z 变换各种性质的，因此在第 4.1.6 节 z 变换解差分方程时使用的是式(4.1.18) 和式(4.1.19) 的结论。

（4）z 域尺度变换（序列乘以指数序列）

设 $x(n) \leftrightarrow X(z)$，则：

$$a^n x(n) \leftrightarrow X\left(\frac{z}{a}\right) \quad (4.1.20)$$

证明：由式(4.1.2) z 变换的定义，令被求序列为 $y(n)=a^n x(n)$，代入公式得：

$$Y(z)=\sum_{n=-\infty}^{+\infty}a^n x(n)z^{-n}$$

$$=\sum_{n=-\infty}^{+\infty}\left[x(n)\left(\frac{z}{a}\right)^{-n}\right]=X\left(\frac{z}{a}\right)$$

对比 z 变换公式可发现，上式中 $-n$ 次方的底数为 $\frac{z}{a}$，与原公式中的 z 相对应，因此得出所求序列 z 变换与原 z 变换的关系。

z 域尺度变换特性，在时域上体现为序列乘以指数序列，因此也可称之为序列乘以指数序列的 z 变换。

（5）z 域微分性质（序列乘以 n）

设 $x(n) \leftrightarrow X(z)$，则 $y(n)=nx(n)$ 的 z 变换为：

$$Y(z)=-z\frac{\mathrm{d}X(z)}{\mathrm{d}z}$$

此性质可简记如下：

$$nx(n) \leftrightarrow -z\frac{\mathrm{d}X(z)}{\mathrm{d}z} \quad (4.1.21)$$

证明：由式(4.1.2) z 变换的定义，对等式两边同时微分得：

$$\frac{\mathrm{d}}{\mathrm{d}z}\left[X(z)\right]=\frac{\mathrm{d}}{\mathrm{d}z}\left[\sum_{n=-\infty}^{+\infty}x(n)z^{-n}\right]=\sum_{n=-\infty}^{+\infty}x(n)\left[\frac{\mathrm{d}}{\mathrm{d}z}z^{-n}\right]$$

$$=\sum_{n=-\infty}^{+\infty}x(n)\left[-nz^{-n-1}\right]=-z^{-1}\sum_{n=-\infty}^{+\infty}\left[nx(n)\right]z^{-n}$$

整理等式两边多项式可得：

$$\sum_{n=-\infty}^{+\infty}\left[nx(n)\right]z^{-n}=-z\frac{\mathrm{d}}{\mathrm{d}z}\left[X(z)\right] \quad (4.1.22)$$

而当 $y(n)=nx(n)$ 时，其 z 变换为：

$$Y(z)=\sum_{n=-\infty}^{+\infty}\left[nx(n)\right]z^{-n} \quad (4.1.23)$$

对比式(4.1.22)和式(4.1.23)，即可得到 $Y(z) = -z \dfrac{\mathrm{d}}{\mathrm{d}z}[X(z)]$，则性质得证。

序列在时域乘以 n，在 z 域则是对 $X(z)$ 微分的相关运算，因此也称为 z 域微分特性，当然，这不是纯粹的微分，在计算时要注意除了对 $X(z)$ 微分外，还要乘以 $-z$。

（6）序列卷积定理

设序列 $x(n)$、$h(n)$ 的 z 变换分别为 $X(z)$、$H(z)$，则序列 $y(n) = x(n) * h(n)$ 的 z 变换为：$Y(z) = X(z)H(z)$。

该性质可简记为：

$$x(n) * h(n) \leftrightarrow X(z)Y(z) \tag{4.1.24}$$

证明：由式(4.1.2) z 变换的定义，令被求序列为 $y(n) = x(n) * h(n)$，代入上式：

$$
\begin{aligned}
Y(z) &= \sum_{n=-\infty}^{+\infty} [x(n) * h(n)] z^{-n} \\
&= \sum_{n=-\infty}^{+\infty} \left[\sum_{m=-\infty}^{+\infty} x(m)h(n-m) \right] z^{-n} \\
&= \sum_{m=-\infty}^{+\infty} x(m) \left[\sum_{n=-\infty}^{+\infty} h(n-m) z^{-n} \right]
\end{aligned}
$$

上式中，$\displaystyle\sum_{n=-\infty}^{+\infty} h(n-m) z^{-n} = H(z) z^{-m}$，是将 m 作为序列 $h(n)$ 的移位，利用移位特性做此转换，得到：

$$Y(z) = \left[\sum_{m=-\infty}^{+\infty} x(m) z^{-m} \right] H(z) = X(z)H(z)$$

则定理得证。

需要说明的是，由于在计算有理多项式 $X(z)H(z)$ 时可能会发生零点、极点对消，$Y(z)$ 的收敛域可能改变，因表述起来比较烦琐，此处不做数学解析式定义，在具体计算过程中应注意利用不等式解计算新的收敛域。

在第 2 章我们已经知道，离散 LTI 系统的输出是输入序列与系统单位脉冲响应的卷积和运算，时域卷积和计算量大，且不易得到输出序列的数学解析式，应用 z 变换的时域卷积定理，将时域卷积和转换到 z 域进行有理多项式合并、化简等代数处理，可以大大简化计算过程。

（7）初值定理

设序列 $x(n)$ 为右边序列，其 z 变换为 $X(z)$，则其时域初值定理为：

$$x(0) = \lim_{z \to \infty} X(z) \tag{4.1.25}$$

证明：由于 $x(n)$ 为右边序列，即当 $n < 0$ 时，$x(n) = 0$，z 变换定义中求和下限为零，即：

$$X(z) = \sum_{n=0}^{+\infty} x(n) z^{-n} = x(0) + x(1)z^{-1} + x(2)z^{-2} + \cdots$$

上式等式两边取极限得：

$$\lim_{z \to \infty} X(z) = \lim_{z \to \infty} \left[x(0) + x(1)z^{-1} + x(2)z^{-2} + \cdots \right] = x(0)$$

则定理得证。

（8）终值定理

设序列 $x(n)$ 为右边序列，其 z 变换为 $X(z)$。$X(z)$ 的极点具有以下特征：全部极点处于单位圆内（在单位圆上最多有一个一阶极点），则时域终值定理为：

$$\lim_{n \to \infty} x(n) = \lim_{z \to 1} \left[(z-1)X(z) \right] \tag{4.1.26}$$

证明： 由式（4.1.2）z 变换的定义可知 $x(n)$ 的 z 变换为：

$$X(z) = \sum_{n=-\infty}^{+\infty} x(n)z^{-n} \tag{4.1.27}$$

再由移位特性写出 $x(n+1)$ 的 z 变换为：

$$x(n+1) \leftrightarrow zX(z) = \sum_{n=-\infty}^{+\infty} x(n+1)z^{-n} \tag{4.1.28}$$

取 z 域表达式并将式（4.1.28）－式（4.1.27）得：

$$(z-1)X(z) = \sum_{n=-\infty}^{+\infty} x(n+1)z^{-n} - \sum_{n=-\infty}^{+\infty} x(n)z^{-n} \tag{4.1.29}$$

式（4.1.29）中，$x(n)$ 为右边序列，即当 $n < 0$ 时，$x(n) = 0$，而 $x(n+1)$ 是 $x(n)$ 左移移位，即当 $n < -1$ 时，$x(n+1) = 0$，将等式右边求和的上下限分别按非零有效值起始位修改，并写成 $n \to \infty$ 极限形式：

$$\lim_{n \to \infty} \left[\sum_{m=-1}^{n} x(m+1)z^{-m} - \sum_{m=0}^{n} x(m)z^{-m} \right]$$

$$= \lim_{n \to \infty} \left[x(0) + x(1)z^{-1} + \cdots + x(n)z^{-n} + x(n+1)z^{-(n+1)} - x(0) - x(1)z^{-1} - \cdots - x(n)z^{-n} \right]$$

$$= \lim_{n \to \infty} \left[x(n+1)z^{-(n+1)} \right] = \lim_{n \to \infty} \left[x(n)z^{-n} \right]$$

则式（4.1.27）可简化为：$(z-1)X(z) = \lim_{n \to \infty} \left[x(n)z^{-n} \right]$ \hfill (4.1.30)

因为 $(z-1)X(z)$ 没有 $z=1$ 的极点，式（4.1.30）两边对 $z=1$ 取极限：

$$\lim_{z \to 1}(z-1)X(z) = \lim_{z \to 1} \left\{ \lim_{n \to \infty} \left[x(n)z^{-n} \right] \right\}$$

$$\therefore \lim_{z \to 1}(z-1)X(z) = \lim_{n \to \infty} \left[x(n)z^{-n} \right]$$

所以，定理得证。

初值定理和终值定理可以在只有 z 域表达式 $X(z)$ 的情况下，直接通过对 z 的不同极限取值求出序列的初值 $x(0)$ 和终值 $x(-\infty)$。

注意：在以上性质中，除了初值定理和终值定理是将时域和 z 域用等号连接之外，其余性质都是 z 变换对的形式，即是用双箭头表示经过 z 变换得到的。

z 变换 $X(z)$ 作为复变量函数，还有一些与复变量有关的性质，这些性质引入计算会导致复杂度增加，因此在实际应用中并不多见，在此不做推导。作为求解离散系统的工具，主要用到其可以将时域递推关系的差分方程转换成 z 域关于 z 的有理分式，进行通分、约分、化简等计算。z 变换的性质如表 4-2 所示，供读者查阅。

表 4-2　z 变换的性质

名称		时域 (n)	$x(n) \leftrightarrow X(z)$	z 域 (z)
定义		$x(n) = \dfrac{1}{2\pi j}\oint X(z)z^{n-1}\mathrm{d}z$		$X(z) = \displaystyle\sum_{n=-\infty}^{+\infty} x(n)z^{-n}$
线性		$ax(n) + bf(n)$		$aX(z) + bF(z)$
移位	双边	$x(n \pm N_0)$		$z^{\pm N_0}X(z)$
	单边	$x(n - N_0), N_0 > 0, n > 0$		$z^{-N_0}X(z) + z^{-N_0}\displaystyle\sum_{m=-N_0}^{-1}\left[x(m)z^{-m}\right]$
		$x(n + M_0), M_0 > 0, n > 0$		$z^{M_0}X(z) - z^{M_0}\displaystyle\sum_{m=0}^{M_0-1}\left[x(m)z^{-m}\right]$
尺度变换		$a^n x(n)$		$X\left(\dfrac{z}{a}\right)$
序列乘以 n		$nx(n)$		$-z\dfrac{\mathrm{d}X(z)}{\mathrm{d}z}$
卷积定理		$x(n) * h(n)$		$X(z)Y(z)$
序列反折		$x(-n)$		$X(z^{-1})$
部分和		$\displaystyle\sum_{m=-\infty}^{n} x(m)$		$\dfrac{z}{z-1}X(z)$
共轭		$x^*(n)$		$X^*(z^*)$
实部		$\mathrm{Re}[x(n)]$		$\dfrac{1}{2}[X(z) + X^*(z^*)]$
虚部		$\mathrm{Im}[x(n)]$		$\dfrac{1}{2}[X(z) - X^*(z^*)]$
初值定理		$x(0) = \lim\limits_{z \to \infty} X(z)$；$X(z)$ 为真分式，$x(n)$ 是右边序列		
终值定理		$x(\infty) = \lim\limits_{z \to 1}[(z-1)X(z)]$；全部极点处于单位圆内（在单位圆上最多有一个一阶极点）		

注意：在应用性质时，$X(z)$ 的收敛域也会发生相应的变化，必须根据具体情况讨论，表中不做结论性描述。

序列 z 变换除了直接用定义求解外，利用表 4-1 常用序列的 z 变换及表 4-2 z 变换的性质，可以求解任意序列的 z 变换。

【例 4.1.7】 已知序列 $x(n) = \left[1.4(0.4)^n - 0.4(-0.6)^n\right]u(n)$，利用线性性质求序列的 z 变换及其收敛域。

解： 将序列 $x(n)$ 分解成两个部分 $x(n) = x_1(n) - x_2(n)$

其中：$x_1(n) = 1.4(0.4)^n u(n), x_2(n) = 0.4(-0.6)^n u(n)$

序列由表 4-1 中公式 $a^n u(n) \leftrightarrow \dfrac{1}{1-az^{-1}}$ 可知：

$$(0.4)^n u(n) \leftrightarrow \dfrac{1}{1-0.4z^{-1}} = X_1(z), |z| > 0.4$$

$$(-0.6)^n u(n) \leftrightarrow \dfrac{1}{1+0.6z^{-1}} = X_2(z), |z| > 0.6$$

由线性性质可得：

$$X(z) = 1.4X_1(z) - 0.4X_2(z) = \dfrac{1.4}{1-0.4z^{-1}} - \dfrac{0.4}{1+0.6z^{-1}}$$

$$= \frac{1 + z^{-1}}{1 + 0.2 z^{-1} - 0.24 z^{-2}}$$

解不等式组

$$\begin{cases} |z| > 0.4 \\ |z| > 0.6 \end{cases}$$

确定收敛域为：$|z| > 0.6$。

利用线性特性求解避开了对幂级数的处理，更加简洁明了。

【例 4.1.8】 用尺度变换特性求序列 $x(n) = a^n u(n)$ 的 z 变换。

解： 因为要应用尺度特性，在表 4-1 中查到阶跃序列 $u(n)$ 的 z 变换对，为了计算简便，选择正幂形式的解析式，即：

$$u(n) \leftrightarrow \frac{z}{z-1}, |z| > 1$$

应用序列乘以指数序列性质式(4.1.20)，有：

$$a^n u(n) \leftrightarrow \frac{\dfrac{z}{a}}{\dfrac{z}{a} - 1} = \frac{z}{z-a}$$

原序列 z 变换的收敛域为 $|z| > 1$，应用尺度变换，令 z 为 $\dfrac{z}{a}$，得到：

$$\left| \frac{z}{a} \right| > 1 \rightarrow |z| > |a|$$

这与直接用定义求解得到的 z 变换是完全相同的。

【例 4.1.9】 利用 z 变换的 z 域微分特性求 $nu(n)$ 和 $n^2 u(n)$ 的 z 变换。

解： 选择变换对

$$u(n) \leftrightarrow \frac{z}{z-1}, |z| > 1$$

应用序列乘以 n 的性质，$\leftrightarrow$ 左边对时域做乘以 n 的运算，右边则是做微分运算，得到：

$$nu(n) \leftrightarrow -z \frac{\mathrm{d}}{\mathrm{d}z} \left[\frac{z}{z-1} \right] = \frac{z}{(z-1)^2}$$

即

$$nu(n) \leftrightarrow \frac{z}{(z-1)^2}$$

又因为 $n^2 u(n) = n[nu(n)]$，对上式再应用一次性质得：

$$n^2 u(n) \leftrightarrow -z \frac{\mathrm{d}}{\mathrm{d}z} \left[\frac{z}{(z-1)^2} \right] = \frac{z^2 + z}{(z-1)^3}$$

【例 4.1.10】 已知序列 $x(n) = |n-3| u(n)$，求序列的单边 z 变换。

解： 因为本例中只要求序列的单边 z 变换，所以只考虑 $n \geq 0$。$x(n)$ 可写成：

$$x(n) = |n-3| u(n) = \begin{cases} (3-n) u(n), 0 \leq n < 3 \\ (n-3) u(n-3), n \geq 3 \end{cases}$$

当 $0 \leqslant n < 3$ 时，实际上 $n = 0, 1, 2$，只有三项，原式 $= (3-n)u(n)$，其 z 变换为：

$$X_1(z) = \sum_{n=0}^{2} x(n)z^{-n} = 3 + 2z^{-1} + z^{-2}, |z| > 0$$

当 $n \geqslant 3$ 时，序列为 $x(n) = (n-3)u(n-3)$，注意此处用 $u(n-3)$ 替代了 $u(n)$，是两个定义域交集的一种表示方法。这是一个时域乘以 n 然后移位的序列，可以用这两个性质求解。由【例 4.1.10】可知，

$$nu(n) \leftrightarrow \frac{z}{(z-1)^2}$$

应用移位性质有：

$$(n-3)u(n-3) \leftrightarrow \frac{z}{(z-1)^2} z^{-3} = \frac{1}{(z-1)^2 z^2}, |z| > 1$$

则序列的 z 变换为：

$$X(z) = 3 + 2z^{-1} + z^{-2} + \frac{1}{(z-1)^2 z^2}, |z| > 1$$

【例 4.1.11】设 $x(n) = a^n u(n)$，$|a| < 1$，用卷积定理求

$$y(n) = \sum_{m=0}^{n} x(m)$$

的 z 变换。

解： 由式 (2.4.10) 知，题干中 $y(n)$ 实际上是一个累加和，即可根据累加和定义改写得到：

$$y(n) = \sum_{m=0}^{n} x(m) = \sum_{m=-\infty}^{+\infty} x(m)u(n-m) = x(n) * u(n)$$

由表 4-1 知：

$$a^n u(n) \leftrightarrow \frac{z}{z-a} = X(z), |z| > |a|$$

$$u(n) \leftrightarrow \frac{z}{z-1}, |z| > 1$$

$$\therefore Y(z) = \frac{z}{z-a} \frac{z}{z-1} = \frac{z^2}{z^2 - (a+1)z + a}, |z| > 1$$

【例 4.1.12】若已知序列 $y(n) = \left(\frac{1}{16}\right)^n u(n)$，试确定两个不同序列

$x(n)$，每个序列都有其 z 变换 $X(z)$，且满足：

① $Y(z^2) = \dfrac{1}{2}[X(z) + X(-z)]$；

② 在 z 平面内，$X(z)$ 仅有一个极点和一个零点。

扫码看视频

解： 根据 $y(n)$ 的解析式可知，这是一个单边实指数序列，查表 4-1 可知其 z 变换为：

$$Y(z) = \frac{z}{z-a} = \frac{z}{z - \dfrac{1}{16}}, |z| > \frac{1}{16}$$

则有：

$$Y(z^2) = \frac{z^2}{z^2 - \frac{1}{16}} = \frac{1}{2}\left(\frac{z}{z - \frac{1}{4}} + \frac{z}{z + \frac{1}{4}}\right)$$

令:

$$X_1(z) = \frac{z}{z - \frac{1}{4}}, \, |z| > \frac{1}{4}$$

$X_1(z)$ 有一个零点 0，一个极点 $\frac{1}{4}$，正好满足题设条件②，且

$$\frac{1}{2}\left[X_1(z) + X_1(-z)\right] = \frac{1}{4}\left(\frac{z}{z - \frac{1}{4}} + \frac{-z}{-z + \frac{1}{4}}\right) = \frac{z^2}{z^2 - \frac{1}{16}} = Y(z^2)$$

所以也满足条件①，所以 $X_1(z)$ 是满足题设条件的一个序列的 z 变换，$X_1(z)$ 反变换得到：

$$x_1(n) = \left(\frac{1}{4}\right)^n u(n)$$

同理可知，令 $x_2(n) = \left(-\frac{1}{4}\right)^n u(n)$ 也满足题设的两个条件。

所以 $x_1(n) = \left(\frac{1}{4}\right)^n u(n)$ 和 $x_2(n) = \left(-\frac{1}{4}\right)^n u(n)$ 为所求两个序列。

4.1.5　z 反变换

已知序列的 z 变换 $X(z)$ 及其收敛域，求原序列 $x(n)$ 的过程称为 z 反变换，也可以称为逆 z 变换。由式(4.1.2) z 变换的定义：

$$X(z) = \sum_{n=-\infty}^{+\infty} x(n) z^{-n}$$

上式中，$x(n)$ 相当于幂级数的系数，即求 $x(n)$ 需要用到围线积分的定义，根据复变函数理论和柯西公式，在 $X(z)$ 的收敛域内有 z 反变换公式如下：

$$x(n) = \frac{1}{2\pi j} \oint_c X(z) z^{n-1} dz \tag{4.1.31}$$

式中，积分为围线积分，是复变函数的一种积分应用。z 反变换的围线选择如图 4-6 所示。

求解 z 反变换的方法可以利用 z 变换的性质，观察 $X(z)$ 中典型序列及其各种运算后的有理多项式形式特点进而求解，也可以利用复变函数中的留数定理求解（留数法）；因为复变函数求解时对于阶数较高的情况求解比较麻烦，还可以采用部分分式展开法、幂级数法（长除法）等。不同的应用场合采用的方法不同。以下主要介绍留数法、部分分式展开法和幂级数展开法的规则，然后通过例题介绍各种方法的解题思路和步骤，其他的方法，如公式法、利用 z 变换对表中的公式联合 z 变换性质求解等，在实际计算中可以根据经验灵活运用。

（1）留数法解 z 变换

留数法的原理是围线积分中的留数定理。在实际应用中，当序列是右边序列时，积分路径 c 是 $X(z)$ 收敛域中一条包含原点的逆时针方向的闭合围线，如图 4-6 所示，而 $X(z)$ 的

收敛域 $|z| > R_+$ [R_+ 指 $X(z)$ 模最大的极点的模]，则此围线包围了 $X(z)$ 的所有极点（在数学课本上称为奇点），这样就可以借助复变函数的留数定理，将式(4.1.31) 的积分表示为围线 c 内所有包含 $X(z)z^{-n}$ 的各极点的留数之和，即设 $X(z)$ 有 k 个极点，有：

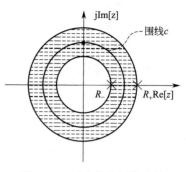

图 4-6　z 反变换的围线选择

$$x(n) = \frac{1}{2\pi j} \oint_c X(z) z^{n-1} \mathrm{d}z = \{ \sum_k \mathrm{Res}[X(z)z^{n-1}]_{z=p_k} \}$$

(4.1.32)

如果 $z = p_k$ 是一重极点，则：

$$\mathrm{Res}[X(z)z^{n-1}]_{z=p_k} = (z - p_k)[X(z)z^{n-1}]\big|_{z=p_k}$$

(4.1.33)

若 $z = p_k$ 是 N 重极点，则：

$$\mathrm{Res}[X(z)z^{n-1}]_{z=p_k} = \frac{1}{(N-1)!} \frac{\mathrm{d}^{N-1}}{\mathrm{d}z^{N-1}} \{(z - p_k)^N [X(z)z^{n-1}]\}\big|_{z=p_k} \quad (4.1.34)$$

式(4.1.34) 表明，当 $X(z)$ 有 N 重极点（即分母有 N 个相等重根）时，需要求 $N-1$ 次导，计算比较麻烦。

（2）部分分式展开法

一般来说，如果是实指数序列、阶跃序列等基本序列的 z 变换，在 $X(z)$ 中就会具有 $\dfrac{z}{z-1}$ 或者 $\dfrac{z}{z-a}$ 为主体的一阶有理多项式形式，先用部分分式展开法将复杂的高阶多项式分解为一阶最简分式之和，再利用基本 z 变换对求解各项对应的 z 反变换，并利用线性特性叠加，即可将较明显的 z 变换式反变换得到 $x(n)$。

部分分式展开法的步骤如下：

① 令 $X_1(z) = \dfrac{X(z)}{z}$，将 $X_1(z)$ 部分分式展开（这样可以保证展开后分子有一个 z）。

② 设 $X_1(z)$ 的分母可以因式分解为 $(z - p_2)(z - p_2) \cdots$，则根据有理分式部分分式展开法，可以将 $X_1(z)$ 分解成分母为单次因式相加的形式。分解和求系数的公式可参见 1.4.4 节。

③ 部分分式展开法常用公式可参考表 4-1。

（3）幂级数展开法

z 变换的定义式就是一个幂级数表达式，其中序列值 $x(n)$ 是 z^{-n} 的系数。因此，如果 $X(z)$ 是下列形式的幂级数：

$$X(z) = \sum_{n=-\infty}^{+\infty} x(n) z^{-n}$$

将和式展开得到：

$$X(z) = \cdots + x(-2)z^2 + x(-1)z + x(0) + x(1)z^{-1} + x(2)z^{-2} + \cdots \quad (4.1.35)$$

从式(4.1.35) 可知，$x(-2)$、$x(-1)$ …… 可看成幂级数的系数，则可通过求 z^{-1} 的

相应幂级数系数来确定序列的值。这种方法可能没有提供近似的解的闭合表达式，但是对于 $X(z)$ 较复杂的有限长序列非常有用，特别是构造系统差分方程时会比其他形式明显。

z 反变换的幂级数表示法可以在已知 $X(z)$ 的有理分式的情况下，用长除法获得。

【例 4.1.13】已知序列 $X(z)$ 如下，求其反变换 $x(n)$。

$$X(z) = \frac{1 - \frac{1}{3}z^{-1}}{1 + z^{-1} - 2z^{-2}}, |z| > 2$$

解：解法一，采用留数法求解。

先求留数式 $X(z)z^{n-1}$，一般将分子分母同时乘以 z^2，将其转换成关于 z 的正幂形式较好化简。

$$X(z)z^{n-1} = \frac{z^2 - \frac{1}{3}z}{z^2 + z - 2}z^{n-1} = \frac{z - \frac{1}{3}}{z^2 + z - 2}z^n \qquad (4.1.36)$$

式(4.1.36) 中，当 $n \geq 0$ 时，分母可以分解成 $(z-1)(z+2)$ 两个因式，所以有两个极点 $p_1 = 1$，$p_2 = -2$，分别求出两个极点的留数：

$$\mathrm{Res}[X(z)z^{n-1}]_{z=p_1} = (z-1)\left[\frac{z - \frac{1}{3}}{z^2 + z - 2}z^n\right]\Bigg|_{z=1} = \frac{2}{9}$$

$$\mathrm{Res}[X(z)z^{n-1}]_{z=p_2} = (z+2)\left[\frac{z - \frac{1}{3}}{z^2 + z - 2}z^n\right]\Bigg|_{z=-2} = \frac{7}{9}(-2)^n$$

将两个留数相加即可得到所求序列为：

$$x(n) = \left[\frac{2}{9} + \frac{7}{9}(-2)^n\right]u(n)$$

上式中，用乘以 $u(n)$ 表示之前讨论的定义域 $n \geq 0$。

解法二，用部分分式展开法求解，令：

$$X_1(z) = \frac{X(z)}{z} = \frac{z - \frac{1}{3}}{z^2 + z - 2}$$

对 $X_1(z)$ 部分分式展开：

$$X_1(z) = \frac{z - \frac{1}{3}}{(z-1)(z+2)} = \frac{K_1}{z-1} + \frac{K_2}{z+2}$$

由式(1.4.6) 部分分式展开系数公式求出两个系数的值（因此处自变量为 z，用 z 替换原公式中的 x），得：

$$K_1 = (z - p_1)X_1(z)\big|_{z=p_1} = (z-1)\frac{z - \frac{1}{3}}{(z-1)(z+2)}\Bigg|_{z=1} = \frac{2}{9}$$

$$K_2 = (z - p_2)X_1(z)\big|_{z=p_2} = (z+2)\frac{z - \frac{1}{3}}{(z-1)(z+2)}\Bigg|_{z=-2} = \frac{7}{9}$$

所以：

$$X_1(z) = \frac{\frac{2}{9}}{z-1} + \frac{\frac{7}{9}}{z+2}$$

由于之前设 $X_1(z) = \dfrac{X(z)}{z}$，此时需还原出 $X(z)$：

$$X(z) = zX_1(z) = \frac{\frac{2}{9}z}{z-1} + \frac{\frac{7}{9}z}{z+2}$$

上述两项都是基本的 z 变换对，应用公式 $a^n u(n) \leftrightarrow \dfrac{z}{z-a}$，$u(n) \leftrightarrow \dfrac{z}{z-1}$ 容易求得：

$$x(n) = \left[\frac{2}{9} + \frac{7}{9}(-2)^n\right]u(n)$$

注意：本例演示了两种方法求解的过程，读者可以通过对比理解两种解法的不同之处，以便在平时解题时能够根据实际需要选择合适的解题方法。一般来说，极点是根式或复数，部分分式展开的系数公式复杂，不如留数法简洁，宜采用留数法；如果 $X(z)$ 的分子直接就可以提取一个 z 作为因子，用留数法也是方便的，但是若分子无法提取 z 或者出现了 z^{-1} 或 z^{-2} 等负幂次高的形式，就要讨论 z^{-1} 或 z^{-2} 带来的 $z=0$ 的极点甚至重极点对项数 n 取值范围的影响，又会变得非常麻烦，就应选择部分分式展开法直接求系数。这些具体的算法问题可以在求解时根据具体情况选择。

【例 4.1.14】已知序列的 z 变换 $X(z) = \dfrac{-3z}{2z^2-5z+2}$，求当 $x(n)$ 分别为右边序列、左边序列和双边序列三种情况下对应的序列。

解：令 $X(z)$ 的分母 $2z^2-5z+2 = 0 \rightarrow (2z-1)(z-2) = 0$，即有两个极点 $p_1 = \dfrac{1}{2}$，$p_2 = 2$，令：

$$X_1(z) = \frac{X(z)}{z} = \frac{-3}{2z^2-5z+2}$$

对 $X_1(z)$ 进行部分分式展开：

$$X_1(z) = \frac{K_1}{2z-1} + \frac{K_2}{z-2}$$

$$K_1 = (z-p_1)X_1(z)\big|_{z=p_1} = (2z-1)\frac{-3}{(2z-1)(z-2)}\bigg|_{z=\frac{1}{2}} = 2$$

$$K_2 = (z-p_2)X_1(z)\big|_{z=p_2} = (z-2)\frac{-3}{(2z-1)(z-2)}\bigg|_{z=2} = -1$$

即：

$$X_1(z) = \frac{2}{2z-1} + \frac{-1}{z-2}$$

则：

$$X(z) = zX_1(z) = \frac{z}{z-\frac{1}{2}} - \frac{z}{z-2}$$

当序列为右边序列时，收敛域为 $|z| > 2$，应用公式 $a^n u(n) \leftrightarrow \dfrac{z}{z-a}$ 求得：

$$x(n) = \left[\left(\frac{1}{2}\right)^n - (2)^n\right] u(n)$$

当序列为左边序列时，收敛域为 $|z| < \frac{1}{2}$，应用公式 $-a^n u(-n-1) \leftrightarrow \frac{z}{z-a}$ 求得：

$$x(n) = \left[-\left(\frac{1}{2}\right)^n + (2)^n\right] u(-n-1)$$

当序列为双边序列时，收敛域为 $\frac{1}{2} < |z| < 2$。对于极点 2，收敛域是 $|z| < 2$，对应的是左边序列，应用公式 $-a^n u(-n-1) \leftrightarrow \frac{z}{z-a}$；而对于极点 $\frac{1}{2}$，收敛域是 $|z| > \frac{1}{2}$，对应的是右边序列，应用公式 $a^n u(n) \leftrightarrow \frac{z}{z-a}$。所以其反变换为：

$$x(n) = \left(\frac{1}{2}\right)^n u(n) + 2^n u(-n-1)$$

注意：本例也有在题干中直接给出不同收敛域，需要判断序列类型的情况，其本质都是一样的。这也体现了 z 变换 $X(z)$ 必须同时注明收敛域，才能唯一一对应一个序列的特点。

【例 4.1.15】利用部分分式展开法求 $X(z) = \dfrac{z^3 - 8z}{(z-4)^3}$，$|z| > 4$ 的逆变换 $x(n)$。

解：$X(z)$ 具有多重极点的逆变换过程相对复杂，其基本方法还是先分解，令：

扫码看视频

$$X_1(z) = \frac{X(z)}{z} = \frac{z^2 - 8}{(z-4)^3}$$

对 $X_1(z)$ 进行部分分式展开：

$$X_1(z) = \frac{K_{11}}{(z-4)^3} + \frac{K_{12}}{(z-4)^2} + \frac{K_{13}}{z-4}$$

[求系数公式见式(1.4.8)~式(1.4.10)]

$$K_{21} = (z-p)^3 X_1(z)\big|_{z=p} = (z-4)^3 \frac{z^2-8}{(z-4)^3}\bigg|_{z=4} = (z^2-8)\big|_{z=4} = 8$$

$$K_{22} = \frac{\mathrm{d}}{\mathrm{d}z}\left[(z-p)^3 X_1(z)\right]\big|_{z=p} = \frac{\mathrm{d}}{\mathrm{d}z}(z^2-8)\big|_{z=4} = 2z\big|_{z=4} = 8$$

$$K_{23} = \frac{1}{2} \times \frac{\mathrm{d}^2}{\mathrm{d}z^2}\left[(z-p)^3 X_1(z)\right]\big|_{z=p} = \frac{1}{2}\frac{\mathrm{d}}{\mathrm{d}z}(2z)\big|_{z=4} = 1$$

即：

$$X_1(z) = \frac{8}{(z-4)^3} + \frac{8}{(z-4)^2} + \frac{1}{z-4}$$

则：

$$X(z) = zX_1(z) = \frac{8z}{(z-4)^3} + \frac{8z}{(z-4)^2} + \frac{z}{z-4}$$

在表 4-1 中，序号 3、7 对应的是后两项反变换所对应的公式，即 $a^n u(n) \leftrightarrow \dfrac{z}{z-a}$；

$na^n u(n) \leftrightarrow \dfrac{az}{(z-a)^2}$；由第 8 个公式推出 z 域对应公式与时域的变换对为：

$$\frac{z^3}{(z-a)^3} \leftrightarrow \frac{(n+1)(n+2)}{2} a^n u(n) \tag{4.1.37}$$

所求 z 域表达式 $X_1(z)$ 通过有理分式运算可得到：

$$X_1(z) = \frac{8z}{(z-4)^3} = 8\frac{z^3}{(z-4)^3} z^{-2}$$

相当于式 (4.1.37) 的序列 $\dfrac{(n+1)(n+2)}{2} a^n u(n)$ 移位 2 位并乘以比例系数 8 得到，即：

$$x_1(n) = 8\frac{(n+1-2)(n-2+2)}{2} 4^{n-2} u(n-2) = \frac{n(n-1)}{2} 4^n u(n)$$

则 $x(n)$ 为三项的序列之和，即：

$$x(n) = \frac{n(n-1)}{2} 4^n u(n) + 8n4^n u(n) + 4^n u(n)$$

$$= \frac{1}{4}(n^2+7n+4)4^n u(n) = (n^2+7n+4)4^{n-1} u(n)$$

$x(n) = (n^2+7n+4)4^{n-1} u(n)$ 为所求。

注意：一般来说，一、二重极点的分解会比较简单，也比较常见，但是三重极点的分解直接按公式和步骤分解就相对麻烦。

【例 4.1.16】利用幂级数展开法，求下列 $X(z)$ 的反变换。

① $X(z) = \dfrac{z}{2z^2-3z+1}$，$|z| < \dfrac{1}{2}$ ② $X(z) = \dfrac{z}{2z^2-3z+1}$，$|z| > 1$

解：观察题干要求，两个 $X(z)$ 表达式相同，易知 $X(z)$ 有两个极点为 $p_1 = \dfrac{1}{2}$，$p_2 = 1$，不同收敛域意味着对应序列的定义域情况不同，分别求解如下：

① 因为收敛域是 $|z| < \dfrac{1}{2}$，对应的序列是左边序列，因此在做长除法时，应得到关于 z 的升幂形式，需按以下形式长除：

$$
\begin{array}{r}
z+3z^2+7z^3+15z^5+\cdots \\
1-3z+2z^2 \overline{)\ z \qquad\qquad\qquad\qquad} \\
-)\ \underline{z-3z^2+2z^3} \\
3z^2-2z^3 \\
-)\ \underline{3z^2-9z^3+6z^4} \\
7z^3-6z^4 \\
-)\ \underline{7z^3-21z^4+14z^5} \\
15z^4-14z^5\cdots
\end{array}
$$

所以有 $X(z) = z+3z^2+7z^3+15z^5+\cdots$

由定义式可知，序列的集合形式可表示为 $x(n) = \{\cdots 15,7,3,1,\underline{0}\}$。因为是左边序列，

序列有效值是从 $n<0$ 即 $n\leqslant-1$ 项开始的，$n=0$ 对应的值为零。

② 收敛域是 $|z|>1$，对应的序列是右边序列，因此在做长除法时，应得到关于 z 的降幂形式，所以按以下形式长除：

$$2z^2-3z+1 \overline{\smash{\big)}\, z} \qquad \frac{1}{2}z^{-1}+\frac{3}{4}z^{-2}+\frac{7}{8}z^{-3}+\cdots$$

$$-)\ z-\frac{3}{2}+\frac{1}{2}z^{-1}$$
$$\overline{\qquad \frac{3}{2}-\frac{1}{2}z^{-1}\qquad}$$
$$-)\ \frac{3}{2}-\frac{9}{4}z^{-1}+\frac{3}{4}z^{-2}$$
$$\overline{\qquad \frac{7}{4}z^{-1}-\frac{3}{4}z^{-2}\qquad}$$
$$-)\ \frac{7}{4}z^{-1}-\frac{21}{8}z^{-2}\ \frac{7}{8}z^{-3}$$
$$\cdots$$

所以有 $X(z)=\dfrac{1}{2}z^{-1}+\dfrac{3}{4}z^{-2}+\dfrac{7}{8}z^{-3}+\cdots$

由定义式可知，序列的集合形式可表示为 $x(n)=\left\{\underline{0},\dfrac{1}{2},\dfrac{3}{4},\dfrac{7}{8},\cdots\right\}$。因为是右边序列，序列有效值是从 $n\geqslant0$ 开始的。本例若采用部分分式展开法可以得到 $x(n)$ 的解析式，读者可以自行尝试。

4.1.6 z 变换解差分方程

在第 3 章介绍了解差分方程的两种方法：递推法和经典法，本节介绍第三种方法，即 z 变换法。这种方法先用 z 变换将差分方程转变成代数方程，利用代数方程的加减乘除运算使化简过程更简单。

由于在离散 LTI 系统中，实际系统通常都是物理可实现的，即从 $n\geqslant0$ 开始时间不断增加，所以输入序列一定是右边序列，而输出则是一种带有左边有限个初始状态的右序列。也由于这样的现实，应用 z 变换解差分方程只适用单边 z 变换。

差分方程有前向差分和后向差分两种形式，在单边 z 变换时需要分别用右边序列左移和右边序列右移性质的公式。

应用单边 z 变换可以将系统的初始状态自然地包含在 z 域函数方程中，可以分别求解零输入、零状态响应，也可以一次求出全响应。

本节主要研究差分方程的 z 变换解。根据差分方程的结构，有以下两种情形。

① 设离散 LTI 系统的输入输出方程由常系数差分方程描述为：

$$\sum_{i=0}^{N}a_iy(n-i)=\sum_{i=0}^{M}b_ix(n-i)$$

该方程是向右移序的差分方程，称为后向差分方程。设式中 a_i、b_i 均为实常数，$x(n)$ 在 $n=0$ 时刻接入系统 $[x(-1)=x(-2)=\cdots=0$，系统初值状态为 $y(-1)$，$y(-2)$，$\cdots$，$y(-N)]$，则令 z 变换对：$x(n)\leftrightarrow X(z)$，$y(n)\leftrightarrow Y(z)$，根据单边 z 变换右边序列右移公式，即：

$$y(n-i)\leftrightarrow z^{-i}Y(z)+y(-i)+y(-i+1)z^{-1}+\cdots+y(-1)z^{-1-i}$$

以 $i=1$、2、3 为例，在解差分方程中常见的 z 变换公式为：

$$\begin{cases} y(n-1)\leftrightarrow z^{-1}Y(z)+y(-1) \\ y(n-2)\leftrightarrow z^{-2}Y(z)+y(-2)+y(-1)z^{-1} \\ y(n-3)\leftrightarrow z^{-3}Y(z)+y(-3)+y(-2)z^{-1}+y(-1)z^{-2} \end{cases} \tag{4.1.38}$$

而 $x(-1)=x(-2)=\cdots=0$，所以有：

$$\begin{cases} x(n-1)\leftrightarrow z^{-1}X(z) \\ x(n-2)\leftrightarrow z^{-2}X(z) \\ x(n-3)\leftrightarrow z^{-3}X(z) \end{cases} \tag{4.1.39}$$

② 设离散 LTI 系统的输入输出方程由常系数差分方程描述为：

$$\sum_{i=0}^{N}a_i y(n+i)=\sum_{i=0}^{M}b_i x(n+i)$$

该方程为向左移序的差分方程，称为前向差分方程。根据单边 z 变换右边序列左移公式：

$$y(n+i)\leftrightarrow z^i Y(z)-z^i[y(i-1)+y(i-2)z^{-1}+\cdots+y(0)z^{-i+1}]$$

以 $i=1$、2、3 为例，在解差分方程中常见的 z 变换公式为：

$$\begin{cases} y(n+1)\leftrightarrow zY(z)-zy(0) \\ y(n+2)\leftrightarrow z^2 Y(z)-zy(1)-z^2 y(0) \\ y(n+3)\leftrightarrow z^3 Y(z)-zy(2)-z^2 y(1)-z^3 y(0) \end{cases} \tag{4.1.40}$$

【例 4.1.17】 若描述离散 LTI 系统的差分方程为：

$$y(n)-y(n-1)-2y(n-2)=x(n)+2x(n-2)$$

已知 $y(-1)=2$，$y(-2)=-\dfrac{1}{2}$，$x(n)=u(n)$，利用 z 变换法求解系统的全响应 $y(n)$。

扫码看视频

解： 令 $x(n)\leftrightarrow X(z)$，$y(n)\leftrightarrow Y(z)$，差分方程两边 z 变换得：

$$Y(z)-[z^{-1}Y(z)+y(-1)]-2[z^{-2}Y(z)+y(-2)+y(-1)z^{-1}]=X(z)+2z^{-2}X(z)$$

整理得：

$$(1-z^{-1}-2z^{-2})Y(z)-(1+2z^{-1})y(-1)-2y(-2)=(1+2z^{-2})X(z)$$

可见经过 z 变换，差分方程变为代数方程，除了 $Y(z)$，其他都是已知的，代入已知条件，包括 $X(z)=\dfrac{z}{z-1}$，将 $Y(z)$ 保留在等式的左边，得到：

$$Y(z)=\frac{z^2+4z}{z^2-z-2}+\frac{z^2+2}{z^2-z-2}\times\frac{z}{z-1}$$

$$= \frac{z(2z^2 - 3z - 2)}{(z-2)(z+1)(z-1)}$$

令 $Y_1(z) = \frac{Y(z)}{z} = \frac{(2z^2 - 3z - 2)}{(z-2)(z+1)(z-1)}$，有三个极点 $p_1 = 2$，$p_2 = -1$，$p_3 = 1$，对 $Y_1(z)$ 部分分式展开：

$$Y_1(z) = \frac{K_1}{(z-2)} + \frac{K_2}{(z+1)} + \frac{K_3}{(z-1)}$$

$$K_1 = (z - p_1)Y_1(z)\big|_{z=p_1} = (z-2)\frac{(2z^2 - 3z - 2)}{(z-2)(z+1)(z-1)}\bigg|_{z=2} = 4$$

$$K_2 = (z - p_2)Y_1(z)\big|_{z=p_2} = (z+1)\frac{(2z^2 - 3z - 2)}{(z-2)(z+1)(z-1)}\bigg|_{z=-1} = -\frac{1}{2}$$

$$K_3 = (z - p_3)Y_1(z)\big|_{z=p_3} = (z-1)\frac{(2z^2 - 3z - 2)}{(z-2)(z+1)(z-1)}\bigg|_{z=1} = -\frac{3}{2}$$

还原 $Y(z)$ 代入系数得到：

$$Y(z) = \frac{4z}{(z-2)} + \frac{-\frac{1}{2}z}{(z+1)} + \frac{-\frac{3}{2}z}{(z-1)}$$

z 反变换得：

$$y(n) = \left[4(2)^n - \frac{1}{2}(-1)^n - \frac{3}{2}\right]u(n)$$

注意：① 在求解过程中，将所得有理分式化简成最简形式，再部分分式展开，可以将全响应直接求出。

② 【例 3.2.9】用时域法求解相同的差分方程，对比可以发现时域经典法和变换域法解差分方程的不同之处。首先是边界条件的应用，利用 z 变换求解时需要的 n 个初始状态，始终是从 $n < 0$ 开始依次为 $y(-1), y(-2), \cdots$，与时域求解时齐次解的边界条件相同，不需要再讨论特解的边界条件，这是变换域求解差分方程一个很大的优点，不仅计算简单了，准确性也大大提高。其次，由于 z 变换法应用的是单边 z 变换，即只能求解 $n \geqslant 0$ 时的输出，而经典法则可以将 $n < 0$ 部分的输出求解出来。这是数学应用于工程的一个特点，它往往只需要在一个限定的定义域中应用，若考虑全部定义域范围，则可能是不完备的。

【例 4.1.18】已知离散 LTI 系统的差分方程为：

$$y(n+2) - 3y(n+1) + 2y(n) = x(n)$$

已知 $y(0) = y(1) = 1$，$x(n) = u(n)$，利用 z 变换法求：

① 系统的零输入响应 $y_{zi}(n)$ 和零状态响应 $y_{zs}(n)$；

② 系统的全响应 $y(n)$。

解：① 由零输入响应的定义可知系统零输入响应方程为：

$$y_{zi}(n+2) - 3y_{zi}(n+1) + 2y_{zi}(n) = 0$$

该方程为前向差分方程，利用单边 z 变换公式及右边序列左移性质将上式 z 变换得：

$$z^2 Y_{zi}(z) - zy_{zi}(1) - z^2 y_{zi}(0) - 3z[Y_{zi}(z) - y_{zi}(0)] + 2Y_{zi}(z) = 0$$

整理并代入已知条件得：

$$(z^2 - 3z + 2)Y_{zi}(z) + z(-1 - z + 3) = 0$$

$$Y_{zi}(z) = \frac{z - 2}{z^2 - 3z + 2} = \frac{z}{z - 1}$$

由于 $Y_{zi}(z) = \frac{1}{z - 1} = \frac{z}{z - 1}z^{-1}$，由 z 变换对 $\frac{z}{z - 1} \leftrightarrow u(n)$ 及移位特性 $y(n-1) \leftrightarrow Y(z)$ z^{-1} 得到零输入响应为：

$$y_{zi}(n) = u(n)$$

② 根据零状态响应的定义，此时初始状态为零，输入序列的 z 变换为 $u(n) \leftrightarrow \frac{z}{z - 1}$，对题干的差分方程两边 z 变换得：

$$z^2 Y_{zs}(z) - 3z Y_{zs}(z) + 2 Y_{zs}(z) = \frac{z}{z - 1}$$

整理得：

$$Y_{zs}(z) = \frac{z}{(z - 2)(z - 1)^2}$$

令 $Y_{1zs}(z) = \frac{Y_{zs}(z)}{z} = \frac{1}{(z - 2)(z - 1)^2}$，有 3 个极点，其中 $p_1 = 2$，另两个极点是二重极点，$p_{21} = p_{22} = 1$，对 $Y_{1zs}(z)$ 部分分式展开：

$$Y_1(z) = \frac{K_1}{(z - 2)} + \frac{K_{21}}{(z - 1)^2} + \frac{K_{22}}{z - 1}$$

利用求系数公式求出待定系数：

$$K_1 = (z - 2)\frac{1}{(z - 2)(z - 1)^2}\bigg|_{z=2} = 1$$

$$K_{21} = (z - 1)^2 \frac{1}{(z - 2)(z - 1)^2}\bigg|_{z=1} = \frac{1}{(z - 2)}\bigg|_{z=1} = -1$$

K_{22} 的求法可参考部分分式展开二重极点系数的求解，即对 $\frac{1}{(z - 2)}$ 求一次导代入 $z = 1$ 求得，也可以用简便算法计算，即将 K_1、K_{21} 代入部分分式并与原式一起列等式：

$$\frac{1}{(z - 2)(z - 1)^2} = \frac{1}{z - 2} + \frac{-1}{(z - 1)^2} + \frac{K_{22}}{z - 1}$$

令 $z = 0$，得到方程：

$$-\frac{1}{2} = -\frac{1}{2} - 1 - K_{22}$$

可快速解出 $K_{22} = -1$。

代入系数并还原 $Y_{zs}(z)$：

$$Y_{zs}(z) = z Y_{1zs}(z) = \frac{z}{(z - 2)} - \frac{z}{(z - 1)^2} - \frac{z}{z - 1}$$

z 反变换得到零状态响应为：

$$y_{zs}(n) = 2^n u(n) - nu(n) - u(n)$$

所以系统的全响应为：

$$y(n) = y_{zi}(n) + y_{zs}(n) = u(n) + 2^n u(n) - nu(n) - u(n)$$

$$\therefore y(n) = 2^n u(n) - nu(n)$$

注意：本题在求解过程中，由于输入序列 z 变换的一个极点与差分方程的极点相同，在输出时产生了二重极点，这种情况在解差分方程时很常见，需要注意。另外，化简最后的序列表达式时利用了 $u(n) - u(n-1) = \delta(n)$，从序列的自变量范围上看，表示在 $n = 0$ 时，$y(0) = 1$，从 $n = 1$ 开始，序列由 $2^n u(n) - nu(n)$ 决定，也可以表示成：

$$y(n) = \begin{cases} 1, & n = 0 \\ 2^n - n, & n \geqslant 1 \end{cases}$$

【例 4.1.19】 离散 LTI 因果系统用下面差分方程描述：

$$y(n) = 0.9y(n-1) + x(n) + 0.9x(n-1)$$

① 求系统函数 $H(z)$ 及单位脉冲响应 $h(n)$；

② 设输入为 $x(n) = (0.9)^n u(n)$，求输出 $y(n)$。

解： ① 将差分方程整理得到：

$$y(n) - 0.9y(n-1) = x(n) + 0.9x(n-1)$$

方程两边 z 变换得：

$$Y(z) - 0.9z^{-1}Y(z) = X(z) + 0.9z^{-1}X(z)$$

求得：

$$H(z) = \frac{Y(z)}{X(z)} = \frac{1 + 0.9z^{-1}}{1 - 0.9z^{-1}}$$

将 $H(z)$ 分子分母同时乘以 z 并化简成真分式得到：

$$H(z) = \frac{z + 0.9}{z - 0.9} = 1 + \frac{1.8}{z - 0.9}$$

z 反变换得：

$$h(n) = \delta(n) + 1.8(0.9)^{n-1}u(n-1) = 1.8(0.9)^n u(n) - 0.8\delta(n)$$

② 设输入为 $x(n) = (0.9)^n u(n)$，其 z 变换为 $X(z) = \dfrac{z}{z - 0.9}$，则输出 $Y(z)$ 为：

$$Y(z) = X(z)H(z) = \frac{z}{z - 0.9} \times \frac{z + 0.9}{z - 0.9} = \frac{z(z + 0.9)}{(z - 0.9)^2}$$

令 $Y_1(z) = \dfrac{Y(z)}{z} = \dfrac{z + 0.9}{(z - 0.9)^2}$，有一个二重极点 $p = 0.9$，对 $Y_1(z)$ 部分分式展开：

$$Y_1(z) = \frac{K_{11}}{(z - 0.9)^2} + \frac{K_{12}}{z - 0.9}$$

[求系数公式见式(1.4.8)、式(1.4.9)]

$$K_{11} = (z - p)^2 Y_1(z) \big|_{z=p} = (z - 0.9)^2 \frac{z + 0.9}{(z - 0.9)^2} \bigg|_{z=0.9} = (z + 0.9) \big|_{z=0.9} = 1.8$$

$$K_{12} = \frac{\mathrm{d}}{\mathrm{d}z}\left[(z - p)^2 Y_1(z)\right] \big|_{z=p} = \frac{\mathrm{d}}{\mathrm{d}z}(z + 0.9) \big|_{z=0.9} = [1] \big|_{z=0.9} = 1$$

还原 $Y(z)$ 代入系数得：

$$Y(z) = \frac{1.8z}{(z-0.9)^2} + \frac{z}{z-0.9}$$

所以反变换得：

$$y(n) = 2n(0.9)^n u(n) + (0.9)^n u(n)$$

注意：本题中由于输入序列 z 变换的极点与系统单位脉冲响应的极点相同，所以输出出现了二重极点，则只要按重极点的处理方法进行计算即可。

4.2 离散时间序列的傅里叶变换

离散时间傅里叶分析是离散信号与系统分析的基础，是分析序列频谱特性的主要方法，包含非周期序列的傅里叶变换和周期序列的傅里叶级数两部分内容。本节主要介绍序列的傅里叶变换。周期序列的傅里叶级数在第 7 章介绍。

4.2.1 离散时间序列傅里叶变换（DTFT）的定义

在序列 z 变换中定义了复变量 $z = r\mathrm{e}^{\mathrm{j}\omega}$，即 z 有模 r 和辐角 ω 两个变量，令 $r=1$ 可以得到一般离散序列 $x(n)$ 的傅里叶变换的定义如下：

$$X(\mathrm{e}^{\mathrm{j}\omega}) = \sum_{n=-\infty}^{+\infty} x(n)\,\mathrm{e}^{-\mathrm{j}\omega n} \tag{4.2.1}$$

式中，$X(\mathrm{e}^{\mathrm{j}\omega})$ 为序列 $x(n)$ 的傅里叶变换，其英文缩写是 DTFT（Discrete-Time Fourier Transform）。

DTFT 存在的充分必要条件是 $x(n)$ 满足绝对可和条件，即：

$$\sum_{n=-\infty}^{+\infty} |x(n)| < +\infty \tag{4.2.2}$$

下面通过求解实指数序列的傅里叶变换来讨论满足序列傅里叶变换条件的问题。

【例 4.2.1】求单边实指数序列 $x(n) = a^n u(n)$，$0 < a < 1$ 的傅里叶变换 DTFT。

解：

$$X(\mathrm{e}^{\mathrm{j}\omega}) = \sum_{n=-\infty}^{+\infty} a^n u(n)\,\mathrm{e}^{-\mathrm{j}\omega n} = \sum_{n=0}^{+\infty} a^n \mathrm{e}^{-\mathrm{j}\omega n}$$
$$= \sum_{n=0}^{+\infty} (a\,\mathrm{e}^{-\mathrm{j}\omega})^n$$

扫码看视频

上式可看成公比为 $a\mathrm{e}^{-\mathrm{j}\omega}$ 的等比数列求和，只有当 $|a\mathrm{e}^{-\mathrm{j}\omega}| < 1$ 时，序列可和，其和即序列 $x(n) = a^n u(n)$ 的傅里叶变换：

$$X(\mathrm{e}^{\mathrm{j}\omega}) = \frac{1}{1 - a\mathrm{e}^{-\mathrm{j}\omega}}$$

可将序列 $a^n u(n)$ 的傅里叶变换简记为：

$$a^n u(n) \leftrightarrow \frac{1}{1-a\mathrm{e}^{-\mathrm{j}\omega}} \qquad (4.2.3)$$

在分析求和满足公比条件时，用到了 $|a\mathrm{e}^{-\mathrm{j}\omega}|<1$ 的结论。由于 $\mathrm{e}^{-\mathrm{j}\omega}$ 是模为 1 的复数，所以由公比推出的是 $|a\mathrm{e}^{-\mathrm{j}\omega}|=|a|<1$，并不是关于自变量 ω 的取值范围的定义，而是对序列的底数 a 的限制条件，即要求序列 $a^n u(n)$ 满足式(4.2.2)（序列绝对可和）条件，则傅里叶变换存在。

式(4.2.1) 定义的序列傅里叶变换是关于 $z=\mathrm{e}^{\mathrm{j}\omega}$ 的 z 变换，但是不能无条件地假设序列 $x(n)$ 的傅里叶变换是用 $\mathrm{e}^{\mathrm{j}\omega}$ 取代 z 的 z 变换，即 $x(n)$ 必须满足式(4.2.2) 才能使用该代换。相对来说，用周期序列傅里叶级数的定义来推导序列傅里叶变换公式更具有数学的完备性。这部分内容将在第 7 章介绍。

【例 4.2.2】求序列 $\delta(n)$ 的傅里叶变换 DTFT。

解：由式(4.2.1) 得：

$$X(\mathrm{e}^{\mathrm{j}\omega}) = \sum_{n=-\infty}^{+\infty} \delta(n)\mathrm{e}^{-\mathrm{j}\omega n} = 1$$

可将序列 $\delta(n)$ 的傅里叶变换简记为：

$$\delta(n) \leftrightarrow 1 \qquad (4.2.4)$$

因为单位脉冲序列只有一个样值，即它是绝对可和的 $\left[\sum\limits_{n=-\infty}^{+\infty} \delta(n)=1\right]$，所以 $\delta(n)$ 的傅里叶变换与 z 变换相同。

【例 4.2.3】设 $x(n)$ 为矩形序列

$$x(n) = R_N(n)$$

① 求 $x(n)$ 的傅里叶变换 DTFT；

② 令 $N=4$，分别画出 $R_4(n)$ 的幅频特性和相频特性图。

解：① 由式(4.2.1) 可得：

$$
\begin{aligned}
X(\mathrm{e}^{\mathrm{j}\omega}) &= \sum_{n=-\infty}^{+\infty} R_N(n)\mathrm{e}^{-\mathrm{j}\omega n} \\
&= \sum_{n=0}^{N-1} \mathrm{e}^{-\mathrm{j}\omega n} = \frac{1-\mathrm{e}^{-\mathrm{j}\omega N}}{1-\mathrm{e}^{-\mathrm{j}\omega}} \\
&= \mathrm{e}^{-\mathrm{j}(N-1)\frac{\omega}{2}} \frac{\sin\dfrac{\omega N}{2}}{\sin\dfrac{\omega}{2}}
\end{aligned}
$$

根据上式，可将矩形序列的傅里叶变换简记为：

$$R_N(n) \leftrightarrow \mathrm{e}^{-\mathrm{j}(N-1)\frac{\omega}{2}} \frac{\sin\dfrac{\omega N}{2}}{\sin\dfrac{\omega}{2}} \qquad (4.2.5)$$

因为 $R_N(n)$ 的傅里叶变换表示式较复杂，可以用 $W_R(\mathrm{e}^{\mathrm{j}\omega})$ 来表示，W 是窗 Window 的简写，R 表示矩形。在窗函数法设计滤波器中，常将矩形序列 $R_N(n)$ 称为矩形窗。

② 观察式(4.2.5)可知，这是一个指数形式的复数，其幅频特性（模）和相频特性（辐角）为：

$$|X(\mathrm{e}^{\mathrm{j}\omega})| = \frac{\sin\dfrac{\omega N}{2}}{\sin\dfrac{\omega}{2}}$$

$$\varphi(\omega) = -\frac{N-1}{2}\omega$$

所以当 $N=4$ 时，有：

$$|X(\mathrm{e}^{\mathrm{j}\omega})| = \frac{\sin(2\omega)}{\sin\dfrac{\omega}{2}} \tag{4.2.6}$$

$$\varphi(\omega) = -\frac{3}{2}\omega \tag{4.2.7}$$

根据式(4.2.6)和式(4.2.7)画出序列 $R_4(n)$ 的幅频特性、相频特性如图 4-7 所示。

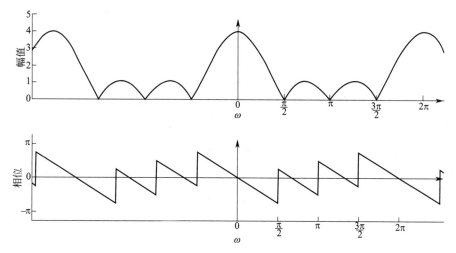

图 4-7　序列 $R_4(n)$ 的幅频特性和相频特性

【例 4.2.4】 求下列序列的傅里叶变换。

① $x_1(n) = \delta(n-n_0)$ 　　② $x_2(n) = 3$，$|n| \leqslant 3$

③ $x_3(n) = |a|^n u(n+2)$，$|a| < 1$ 　④ $x_4(n) = a^n \cos(\omega_1 n) u(n)$，$0 < a < 1$

解： ① 代入公式得：

$$X_1(\mathrm{e}^{\mathrm{j}\omega}) = \sum_{n=-\infty}^{+\infty} \delta(n-n_0)\mathrm{e}^{-\mathrm{j}\omega n} \xrightarrow{\diamondsuit m=n-n_0} \sum_{m=-\infty}^{+\infty} \delta(m)\mathrm{e}^{-\mathrm{j}\omega(m+n_0)} = \mathrm{e}^{-\mathrm{j}\omega n_0}$$

② 代入公式得：

$$X_2(\mathrm{e}^{\mathrm{j}\omega}) = \sum_{n=-\infty}^{+\infty} x_2(n)\mathrm{e}^{-\mathrm{j}\omega n} = \sum_{n=-3}^{3} 3\mathrm{e}^{-\mathrm{j}\omega n}$$

$$= 3(\mathrm{e}^{\mathrm{j}\omega3} + \mathrm{e}^{\mathrm{j}\omega2} + \mathrm{e}^{\mathrm{j}\omega} + 1 + \mathrm{e}^{-\mathrm{j}\omega} + \mathrm{e}^{-2\mathrm{j}\omega} + \mathrm{e}^{-\mathrm{j}\omega3})$$

由欧拉公式 $\cos\theta = \dfrac{1}{2}(\mathrm{e}^{-\theta} + \mathrm{e}^{\theta})$ 得：

$$X_2(e^{j\omega}) = 3 + 6\cos\omega + 6\cos(2\omega) + 6\cos(3\omega)$$

③ 代入公式得：

$$X_3(e^{j\omega}) = \sum_{n=-\infty}^{+\infty} x_3(n) e^{-j\omega n} = \sum_{n=-\infty}^{+\infty} [\,|a|^n u(n+2)\,] e^{-j\omega n}$$

$$= \sum_{n=-2}^{+\infty} [\,|a|^n\,] e^{-j\omega n} = \frac{|a|^{-2} e^{j2\omega}}{1 - |a| e^{-j\omega}}$$

④ 代入公式得：

$$X_4(e^{j\omega}) = \sum_{n=-\infty}^{+\infty} x_4(n) e^{-j\omega n} = \sum_{n=-\infty}^{+\infty} a^n \cos(\omega_1 n) u(n) e^{-j\omega n}$$

$$= \sum_{n=0}^{+\infty} a^n \frac{e^{j\omega_1 n} + e^{-j\omega_1 n}}{2} e^{-j\omega n}$$

$$= \frac{1}{2} \Big[\sum_{n=0}^{+\infty} a^n e^{-j(\omega-\omega_1)n} + \sum_{n=0}^{+\infty} a^n e^{-j(\omega+\omega_1)n} \Big]$$

$$= \frac{1}{2} \Big[\frac{1}{1 - a e^{-j(\omega-\omega_1)}} + \frac{1}{1 - a e^{-j(\omega+\omega_1)}} \Big]$$

$$= \frac{1 - a e^{-j\omega} \cos\omega_1}{1 - 2a e^{-j\omega} \cos\omega_1 + a^2 e^{-2j\omega}}$$

由本例可看到求解傅里叶变换的一般方法，主要还是利用幂级数求和，由于自变量是虚指数函数$e^{j\omega}$，对于虚指数函数的复数特性以及欧拉公式的各种形式都要进一步了解。

数字信号处理中，常用的序列如$u(n)$、$x(n)$等于常数等序列不满足绝对可和条件，无法直接用傅里叶变换公式直接求其傅里叶变换，需要用性质来求解。表 4-3 给出包括这些序列在内的常见序列傅里叶变换，在大多数计算中都可以直接使用。

表 4-3　常见序列傅里叶变换

序号	序列	序列傅里叶变换（DTFT）
1	$\delta(n)$	1
2	$a^n u(n), 0 < a < 1$	$\dfrac{1}{1 - a e^{-j\omega}}$
3	$R_N(n)$	$e^{-j(N-1)\frac{\omega}{2}} \dfrac{\sin\frac{\omega N}{2}}{\sin\frac{\omega}{2}}$
4	$u(n)$	$\dfrac{1}{1 - a e^{-j\omega}} + \sum_{k=-\infty}^{+\infty} \pi\delta(\omega - 2\pi k)$
5	$x(n) = 1 = \{\cdots, 1, \underline{1}, 1, 1, \cdots\}$	$2\pi \sum_{k=-\infty}^{+\infty} \delta(\omega - 2\pi k)$
6	$e^{j\omega_0 n}, \dfrac{2\pi}{\omega_0}$ 为整数, $\omega_0 \in [-\pi, \pi]$	$2\pi \sum_{k=-\infty}^{+\infty} \delta(\omega - \omega_0 - 2\pi k)$
7	$\cos(\omega_0 n), \dfrac{2\pi}{\omega_0}$ 为整数, $\omega_0 \in [-\pi, \pi]$	$\pi \sum_{l=-\infty}^{+\infty} [\delta(\omega - \omega_0 - 2\pi l) + \delta(\omega + \omega_0 - 2\pi l)]$
8	$\sin(\omega_0 n), \dfrac{2\pi}{\omega_0}$ 为整数, $\omega_0 \in [-\pi, \pi]$	$-j\pi \sum_{l=-\infty}^{+\infty} [\delta(\omega - \omega_0 - 2\pi l) - \delta(\omega + \omega_0 - 2\pi l)]$
9	$\dfrac{\omega_c}{\pi} \mathrm{Sa}(\omega_c n)$	$G_{2\omega_c}(e^{j\omega}) = \begin{cases} 1 & |\omega| < \omega_c \\ 0 & \omega_c < |\omega| < \pi \end{cases}$

4.2.2 离散时间序列傅里叶变换 (DTFT)的性质

在序列傅里叶变换的性质中，有部分基本性质和定理是与 z 变换性质类似的，可以参考 z 变换性质的证明方法证明这些性质。另外，由于 z 变换应用中，常常将自变量 z 作为一个有理变量进行有理式的计算，忽略了其复数特性。但是在序列傅里叶变换中，复变量 $e^{j\omega}$ 的复数特性带来了很多与复数相关的对称性，是分析序列频谱的重要内容，同时也是第 5 章离散傅里叶变换的理论基础，因此这部分特性需要加以详细介绍。

（1）基本特性

1）周期性

由于 $X(e^{j\omega})$ 是以虚指数函数 $e^{j\omega}$ 为自变量的，虚指数函数具有周期性，即 $e^{j\omega} = e^{j(\omega+2k\pi)}$，所以对于序列傅里叶变换公式有：

$$X(e^{j\omega}) = \sum_{n=-\infty}^{+\infty} x(n) e^{-j\omega n} = \sum_{n=-\infty}^{+\infty} x(n) e^{-j(\omega+2k\pi)n} \tag{4.2.8}$$

上式表明，$X(e^{j\omega})$ 的波形以 $\omega = 2\pi$ 的整数倍为周期重复，所以在对序列做频谱分析时，一般只需要得到 $\omega \in [0, 2\pi]$ 范围内的频谱波形即可。

2）线性

设序列的傅里叶变换分别为 $x_1(n) \leftrightarrow X_1(e^{j\omega})$，$x_2(n) \leftrightarrow X_2(e^{j\omega})$，则：

$$ax_1(n) + bx_2(n) \leftrightarrow aX_1(e^{j\omega}) + bX_2(e^{j\omega}) \tag{4.2.9}$$

式中，a、b 为常数，可根据式（4.2.1）z 变换线性特性证明来证明。和 z 变换一样，序列傅里叶变换也具有线性特性，时域序列的比例相乘和线性叠加在频域的变换也有相同的运算关系。

3）尺度变换特性

$$a^n x(n) \leftrightarrow X\left(\frac{1}{a} e^{j\omega}\right) \tag{4.2.10}$$

4）序列移位

$$x(n - N_0) \leftrightarrow e^{-j\omega N_0} X(e^{j\omega}) \tag{4.2.11}$$

5）频移特性（序列乘以虚指数序列）

$$e^{j\omega_0 n} x(n) \leftrightarrow X(e^{j(\omega-\omega_0)}) \tag{4.2.12}$$

6）时域卷积

$$x_1(n) * x_2(n) \leftrightarrow X_1(e^{j\omega}) X_2(e^{j\omega}) \tag{4.2.13}$$

（2）对称特性

1）序列反折

设序列 $x(n) \leftrightarrow X(e^{j\omega})$，则有：

$$x(-n) \leftrightarrow X(e^{-j\omega}) \tag{4.2.14}$$

证明：令 $y(n) = x(-n)$，代入式（4.2.1）得：

$$Y(e^{j\omega}) = \sum_{n=-\infty}^{+\infty} x(-n) e^{j\omega n} \xrightarrow{\text{令} m = -n} \sum_{m=+\infty}^{-\infty} x(m) e^{-j\omega m}$$

$$= \sum_{m=+\infty}^{-\infty} x(m)(e^{-j\omega})^m = X(e^{-j\omega})$$

即 $Y(e^{j\omega}) = X(e^{-j\omega})$，则 $x(-n) \leftrightarrow X(e^{-j\omega})$ 得证。

这个特性体现了序列在时域反折，其频域的频率也发生反折。而由于 $e^{j\omega}$ 与 $e^{-j\omega}$ 是一对共轭复数，也表示在频域自变量发生了共轭变化。

2）复序列的共轭对称性

设序列 $x(n)$ 为复序列，其傅里叶变换为 $x(n) \leftrightarrow X(e^{j\omega})$，则：

$$x^*(n) \leftrightarrow X^*(e^{-j\omega}) \tag{4.2.15}$$

$$x^*(-n) \leftrightarrow X^*(e^{j\omega}) \tag{4.2.16}$$

证明：设 $y_1(n) = x^*(n)$，$y_2(n) = x^*(-n)$，分别代入式（4.2.1）得：

$$Y_1(e^{j\omega}) = \sum_{n=-\infty}^{+\infty} x^*(n)e^{j\omega n} = \sum_{n=-\infty}^{+\infty} [x(n)e^{-j\omega n}]^* = \sum_{n=-\infty}^{+\infty} [x(n)(e^{-j\omega})^n]^* = X^*(e^{-j\omega})$$

$$Y_2(e^{j\omega}) = \sum_{n=-\infty}^{+\infty} x^*(-n)e^{j\omega n} = \sum_{n=-\infty}^{+\infty} [x(-n)e^{-j\omega n}]^* \xrightarrow{\diamondsuit m=-n} \sum_{m=\infty}^{-\infty} [x(m)(e^{j\omega})^n]^* = X^*(e^{j\omega})$$

注意：在证明中用到了 $(e^{j\omega})^* = e^{-j\omega}$，虚指数函数实际上就是指数形式中代表辐角的部分，其共轭就是它的指数取反，同样的，$(e^{-j\omega})^* = e^{j\omega}$，这是在频谱函数化简时常用的一个规律。

3）共轭对称序列与共轭反对称序列的傅里叶变换

① 共轭对称序列　与一般复序列定义不同，共轭对称序列是指序列具有以下对称性的序列：

$$x_e(n) = x_e^*(-n) \tag{4.2.17}$$

其中，$\mathrm{Re}[x_e(n)] = \mathrm{Re}[x_e(-n)]$，而 $\mathrm{Im}[x_e(n)] = -\mathrm{Im}[x_e(-n)]$。

即共轭对称序列 $x_e(n)$ 的实部是偶对称，虚部是奇对称的序列。

② 共轭反对称序列　共轭反对称序列具有以下特性：

$$x_o(n) = -x_o^*(-n) \tag{4.2.18}$$

其中，$\mathrm{Re}[x_o(n)] = -\mathrm{Re}[x_o(-n)]$，而 $\mathrm{Im}[x_o(n)] = \mathrm{Im}[x_o(-n)]$。

即共轭反对称序列的实部为奇对称，虚部为偶对称。

若任意序列 $x(n) = x_e(n) + x_o(n)$，则：

$$X(e^{j\omega}) = X_e(e^{j\omega}) + X_o(e^{j\omega}) \tag{4.2.19}$$

并由共轭对称序列和共轭反对称序列的实部虚部奇偶虚实性可得：

$$X_e(e^{j\omega}) = \frac{1}{2}[X(e^{j\omega}) + X^*(e^{j\omega})] \tag{4.2.20}$$

$$X_o(e^{j\omega}) = \frac{1}{2}[X(e^{j\omega}) - X^*(e^{j\omega})] \tag{4.2.21}$$

$$x(n) = \mathrm{Re}[x(n)] + j\mathrm{Im}[x(n)] \Rightarrow \begin{cases} \mathrm{Re}[x(n)] \leftrightarrow X_e(e^{j\omega}) \\ j\mathrm{Im}[x(n)] \leftrightarrow X_o(e^{j\omega}) \end{cases} \tag{4.2.22}$$

$$x(n)=x_e(n)+x_o(n)\Rightarrow\begin{cases}x_e(n)\leftrightarrow\mathrm{Re}[X_e(\mathrm{e}^{\mathrm{j}\omega})]\\x_o(n)\leftrightarrow\mathrm{jIm}[X_o(\mathrm{e}^{\mathrm{j}\omega})]\end{cases}\qquad(4.2.23)$$

特别地，如果 $x(n)$ 为实序列，$x(n)=x^*(n)$，则 $x(n)=x_e(n)+x_o(n)$ 相当于将序列分解成奇偶分量之和，利用函数的各种对称性可以方便地求得其傅里叶变换。序列傅里叶变换的性质如表 4-4 所示。

表 4-4 序列傅里叶变换的性质

名称		时域(n)	$x(n)\leftrightarrow X(\mathrm{e}^{\mathrm{j}\omega})$　　　　　频域($\mathrm{e}^{\mathrm{j}\omega}$)
定义		$x(n)=\dfrac{1}{2\pi}\displaystyle\int_{-\pi}^{\pi}X(\mathrm{e}^{\mathrm{j}\omega})\mathrm{e}^{\mathrm{j}\omega n}\mathrm{d}\omega$	$X(\mathrm{e}^{\mathrm{j}\omega})=\displaystyle\sum_{n=-\infty}^{+\infty}x(n)\mathrm{e}^{-\mathrm{j}\omega n}$
一般特性	线性	$ax_1(n)+bx_2(n)$	$aX_1(\mathrm{e}^{\mathrm{j}\omega})+bX_2(\mathrm{e}^{\mathrm{j}\omega})$
	移位特性	$x(n-n_0)$	$\mathrm{e}^{-\mathrm{j}\omega n_0}X(\mathrm{e}^{\mathrm{j}\omega})$
	频移特性	$\mathrm{e}^{\mathrm{j}\omega_0 n}x(n)$	$X(\mathrm{e}^{\mathrm{j}(\omega-\omega_0)})$
	时域卷积定理	$x_1(n)*x_2(n)$	$X_1(\mathrm{e}^{\mathrm{j}\omega})X_2(\mathrm{e}^{\mathrm{j}\omega})$
	时域相乘	$x_1(n)x_2(n)$	$\dfrac{1}{2\pi}\displaystyle\int_{-\pi}^{\pi}X_1(\mathrm{e}^{\mathrm{j}\theta})X_1(\mathrm{e}^{\mathrm{j}(\omega-\theta)})\mathrm{d}\theta$
	序列反折	$x(-n)$	$X(\mathrm{e}^{-\mathrm{j}\omega})$
	序列共轭	$x^*(n)$	$X^*(\mathrm{e}^{-\mathrm{j}\omega})$
	线性加权(频域微分)	$nx(n)$	$\mathrm{j}\dfrac{\mathrm{d}}{\mathrm{d}\omega}X(\mathrm{e}^{-\mathrm{j}\omega})$
	累加和	$\displaystyle\sum_{m=-\infty}^{n}x(m)$	$\pi X(0)\delta(\omega)+\dfrac{1}{1-\mathrm{e}^{-\mathrm{j}\omega}}X(\mathrm{e}^{\mathrm{j}\omega})$
	能量定理	$\displaystyle\sum_{n=-\infty}^{+\infty}|x(n)|^2$	$\dfrac{1}{2\pi}\displaystyle\int_{-\pi}^{\pi}|X(\mathrm{e}^{\mathrm{j}\omega})|^2\mathrm{d}\omega$
对称特性	奇偶虚实	$\mathrm{Re}[x(n)]+\mathrm{jIm}[x(n)]$	$\begin{cases}\mathrm{Re}[x(n)]\leftrightarrow X_e(\mathrm{e}^{\mathrm{j}\omega})\\\mathrm{jIm}[x(n)]\leftrightarrow X_o(\mathrm{e}^{\mathrm{j}\omega})\end{cases}$
		$x_e(n)+x_o(n)$	$\begin{cases}x_e(n)\leftrightarrow\mathrm{Re}[X_e(\mathrm{e}^{\mathrm{j}\omega})]\\x_o(n)\leftrightarrow\mathrm{jIm}[X_o(\mathrm{e}^{\mathrm{j}\omega})]\end{cases}$

4.2.3 离散时间序列傅里叶反变换

对序列傅里叶变换公式

$$X(\mathrm{e}^{\mathrm{j}\omega})=\sum_{n=-\infty}^{+\infty}x(n)\mathrm{e}^{-\mathrm{j}\omega n}$$

两边同时乘以 $\mathrm{e}^{\mathrm{j}\omega m}$ 并取区间 $[-\pi,\pi]$ 积分得：

$$\int_{-\pi}^{\pi}X(\mathrm{e}^{\mathrm{j}\omega})\mathrm{e}^{\mathrm{j}\omega m}\mathrm{d}\omega=\int_{-\pi}^{\pi}\Big[\sum_{n=-\infty}^{+\infty}x(n)\mathrm{e}^{-\mathrm{j}\omega n}\Big]\mathrm{e}^{\mathrm{j}\omega m}\mathrm{d}\omega$$

由于等号右边和式求和变量 n 和序列 $x(n)$ 都不含积分变量 ω，根据级数理论，可将求和移到积分外，得到：

$$\int_{-\pi}^{\pi}X(\mathrm{e}^{\mathrm{j}\omega})\mathrm{e}^{\mathrm{j}\omega m}\mathrm{d}\omega=\sum_{n=-\infty}^{+\infty}x(n)\int_{-\pi}^{\pi}\mathrm{e}^{-\mathrm{j}\omega(n-m)}\mathrm{d}\omega\qquad(4.2.24)$$

又因为：

$$\int_{-\pi}^{\pi} e^{-j\omega(n-m)} d\omega = \begin{cases} 2\pi(n=m) \\ 0(n \neq m) \end{cases} = 2\pi\delta(n-m)$$

则式（4.2.24）可写成：

$$\int_{-\pi}^{\pi} X(e^{j\omega}) e^{j\omega m} d\omega = 2\pi \sum_{n=-\infty}^{+\infty} x(n)\delta(n-m) = 2\pi x(m) * \delta(m) = 2\pi x(m)$$

将 m 换成 n，并在等式两边同时除以 2π，可得傅里叶反变换公式为：

$$x(n) = \frac{1}{2\pi} \int_{-\pi}^{\pi} X(e^{j\omega}) e^{j\omega n} d\omega \qquad (4.2.25)$$

从式（4.2.25）可以看出，$X(e^{j\omega})$ 虽然是离散序列的傅里叶变换，但它的自身具有连续函数的特性，即 $d\omega$ 是频率的无穷小量，所以序列的傅里叶反变换定义是用积分计算而不是正变换中用到的求和运算。

傅里叶反变换可以根据已知序列的频谱函数还原出原序列，其计算方法主要利用定义计算，也可以利用傅里叶变换对性质及基本傅里叶变换对转换。

【例 4.2.5】已知序列的傅里叶变换如下，求原序列 $x(n)$。

$$X(e^{j\omega}) = \begin{cases} 1 & |\omega| < \omega_c \\ 0 & \omega_c < |\omega| < \pi \end{cases}$$

解：当 $n \neq 0$ 时，由序列傅里叶反变换公式得：

$$x(n) = \frac{1}{2\pi} \int_{-\pi}^{\pi} X(e^{j\omega}) e^{j\omega n} d\omega = \frac{1}{2\pi} \int_{-\omega_c}^{\omega_c} e^{j\omega n} d\omega$$

$$= \frac{1}{2\pi} \frac{1}{jn} e^{j\omega n} \Big|_{-\omega_c}^{\omega_c} = \frac{1}{2\pi} \frac{e^{j\omega_c n} - e^{-j\omega_c n}}{jn}$$

由欧拉公式 $\sin\theta = \frac{1}{2j}(e^\theta - e^{-\theta})$ 化简得到：

$$x(n) = \frac{\sin(\omega_c n)}{\pi n} = \frac{\omega_c}{\pi} \mathrm{Sa}(\omega_c n)$$

按照连续信号与系统的表达习惯，可令：

$$G_{2\omega_c}(e^{j\omega}) = \begin{cases} 1 & |\omega| < \omega_c \\ 0 & \omega_c < |\omega| < \pi \end{cases}$$

则时域的采样序列与频域窗函数（门函数）的傅里叶变换对可表示为：

$$\frac{\omega_c}{\pi} \mathrm{Sa}(\omega_c n) \leftrightarrow G_{2\omega_c}(e^{j\omega}) \qquad (4.2.26)$$

【例 4.2.6】用卷积定理确定下式的傅里叶反变换 $x(n)$。

$$X(e^{j\omega}) = \frac{1}{(1 - a e^{-j\omega})^2}$$

解：原式可写成：

$$X(e^{j\omega}) = \frac{1}{1 - a e^{-j\omega}} \times \frac{1}{1 - a e^{-j\omega}}$$

基本傅里叶变换对 $a^n u(n) \leftrightarrow \dfrac{1}{1 - a e^{-j\omega}}$ 及卷积定理 $x_1(n) * x_2(n) \leftrightarrow X_1(e^{j\omega}) X_2(e^{j\omega})$，

令 $X_1(e^{j\omega}) = X_2(e^{j\omega}) = \dfrac{1}{1-a\,e^{-j\omega}}$，$X(e^{j\omega}) = X_1(e^{j\omega})X_2(e^{j\omega})$，则：

$$x(n) = x_1(n) * x_2(n) = a^n u(n) * a^n u(n)$$

查表 2-2 得：

$$x(n) = (n+1)a^n u(n)$$

【例 4.2.7】 已知序列的傅里叶变换为：

$$X(e^{j\omega}) = \sum_{r=-\infty}^{+\infty} 2\pi\delta(\omega - \omega_0 + 2\pi r)$$

其中 $-\pi < \omega_0 < \pi$，求该频谱对应的序列。

解： 由于已知的频谱是由间隔为 ω_0 的频域冲激函数组成，虽然 r 的取值是无穷的，但是傅里叶变换反公式的积分范围只有 $[-\pi, \pi]$，代入傅里叶反变换公式得：

$$x(n) = \frac{1}{2\pi}\int_{-\pi}^{\pi} X(e^{j\omega})\,e^{j\omega n}\,d\omega = \frac{1}{2\pi}\int_{-\pi}^{\pi} 2\pi\delta(\omega - \omega_0)\,e^{j\omega n}\,d\omega$$

$$= \int_{-\pi}^{\pi} \delta(\omega - \omega_0)\,e^{j\omega_0 n}\,d\omega = e^{j\omega_0 n}$$

即所求的反变换为 $x(n) = e^{j\omega_0 n}$。

注意：本例中因为 $\omega_0 \in [-\pi, \pi]$，有 $\int_{-\pi}^{\pi}\delta(\omega - \omega_0)d\omega = 1$，是单位冲激函数的定义在频域的应用，关于冲激函数的定义可在《信号与系统》相关教材中查阅。

4.2.4　序列傅里叶变换与连续非周期信号傅里叶变换的关系

序列傅里叶变换 $X(e^{j\omega})$ 的自变量是一个复变量，是关于数字频率 ω 的函数。第 2 章通过介绍采样信号的数学过程、正弦序列的周期等内容，阐述了关于数字频率与连续信号的采样频率之间的关系。本节将通过序列傅里叶变换与连续非周期信号傅里叶变换的关系，介绍各种频率之间的关系及转换，这对于数字信号处理实际应用是非常重要的。

（1）关于频率的一些定义

① 频率 f：频率的物理解释是物质在单位时间内完成周期性变化的次数，常用 f 表示。其计算公式是 $f = \dfrac{1}{T}$，T 是指完成一个周期性变化所需要的时间，称为周期，单位是秒（s）；频率 f 的单位是 1/s，物理单位名为赫兹（Hz）。

② 角频率 Ω：角频率也是描述物体振动快慢的物理量，与振动系统的固有频率有关，常用符号 ω 或 Ω 表示，在数学定义中习惯用 ω。但是在数字信号处理中，为了与数字频率相区别，一般用 Ω 表示。用角频率表示单位时间内变化的相角弧度值，在国际单位制中，角频率 Ω 的单位是弧度每秒（rad/s）。

频率和角频率都属于连续时间信号的范畴，也称为模拟频率和模拟角频率。

③ 数字频率 ω：在数字信号处理中的数字频率，一般是指在对任意频率为 f_m（角频率为 $\Omega_m = 2\pi f_m$）的正弦型信号 $x_a(t) = A\sin(2\pi f_m t)$，以采样频率 f_s 采样后得到采样序列

$A\sin\left(2\pi\dfrac{f_m}{f_s}n\right)$，其中，$f_m$ 是连续时间信号的频率，称为模拟频率；$2\pi\dfrac{f_m}{f_s}$ 为数字频率，数字频率用 ω 表示。

采样序列对应的某个确定的数字频率 $\omega_0=2\pi\dfrac{f_0}{f_s}$，是与连续时间信号（模拟信号）的频率 f_0 与采样频率 f_s 的比值乘以 2π 得到的，所以数字频率 ω_0 是一种相对频率，其量纲为角度，单位是弧度。与角度一样，ω_0 也是以 2π 为周期的。

当然，数字频率 ω 虽然没有频率的单位，但是它表示序列在采样间隔 T_s 内正弦信号的角度，它的另一个转换公式为 $\omega=\Omega T_s$，也可以表示信号相对变化的一种快慢程度，仍具有类似频率的概念。

（2）采样信号的傅里叶变换

在信号与系统中，定义时域连续非周期信号的傅里叶变换公式为：

$$X(\Omega)=\int_{-\infty}^{+\infty}x(t)\mathrm{e}^{-\mathrm{j}\Omega t}\,\mathrm{d}t$$

一个理想采样信号是由时域信号 $x_a(t)$ 与理想采样脉冲 $p(t)$ 相乘得到的（见第 2 章 2.1.1 节），即：

$$\hat{x}_a(t)=x_a(t)p(t)$$

令 $\hat{x}_a(t)$ 的傅里叶变换为 $\hat{X}_a(\Omega)$，$x_a(t)$ 的傅里叶变换为 $X_a(\Omega)$，$p(t)$ 的傅里叶变换为 $P(\omega)$，由连续时间非周期信号傅里叶变换的频域卷积定理，有：

$$\hat{X}_a(\Omega)=\frac{1}{2\pi}X_a(\Omega)*P(\Omega) \tag{4.2.27}$$

因为 $p(t)=\displaystyle\sum_{n=-\infty}^{+\infty}\delta(t-nT_s)$，是一个时域周期为 T_s 的周期冲激串，其傅里叶变换也是一个周期冲激串，当然是频域的（这个结论在《信号与系统》相关教材中周期信号的傅里叶变换有推导，此处省略），即：

$$P(\Omega)=\frac{2\pi}{T_s}\sum_{k=-\infty}^{+\infty}\delta(\Omega-k\Omega_s)$$

上式代入式（4.2.27）得：

$$\hat{X}_a(\Omega)=\frac{1}{2\pi}X_a(\Omega)*\frac{2\pi}{T_s}\sum_{k=-\infty}^{+\infty}\delta(\Omega-k\Omega_s)$$

式中，Ω_s 是采样角频率，$\Omega_s=\dfrac{2\pi}{T_s}=2\pi f_s$，则由冲激函数的卷积特性可得：

$$\hat{X}_a(\Omega)=\frac{1}{T_s}\sum_{k=-\infty}^{+\infty}X_a(\Omega-k\Omega_s) \tag{4.2.28}$$

式（4.2.28）表明采样信号的傅里叶变换是由原时域连续非周期信号的频谱 $X_a(\Omega)$ 以 Ω_s 为周期，周期延拓得到。

注意：这里的周期延拓是频域的延拓，是以频率 Ω_s 为间隔频谱函数不断重复，这类似频谱搬移，只不过搬移的次数比普通频移要多，也称为频域的周期延拓。

原信号频谱与采样信号频谱示意图如图 4-8 所示。

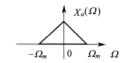

(a)原时域连续非周期信号的频谱

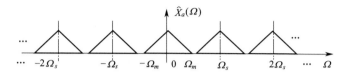

(b)采样信号的频谱

图 4-8　原信号频谱与采样信号频谱示意图

（3）采样定理的频域分析

第 2 章从时域角度提出的采样定理，仅是通过时域定性分析得到的。要得到定量的数据关系，需要通过采样后序列的傅里叶变换与原时域函数频谱之间的关系来分析。

由图 4-8（a）可知，一个时域连续非周期信号的傅里叶变换具有带限特性，即 $|\Omega|<\Omega_m$，其中正频率部分只有 Ω_m，称为信号的带宽。当它以采样频率 Ω_s 为周期，进行周期延拓时，其实也就相当于搬移到了 $k\Omega_s$ 为中心频率的位置，此时，负半周频谱也就体现出来了。在图 4-8（b）中可以看到，如果 $\Omega_s \geqslant 2\Omega_m$，则每个频谱之间不会重叠；如果 $\Omega_s < 2\Omega_m$，则如图 4-9 所示，频谱之间就会出现重叠，这种情况称为混叠失真。

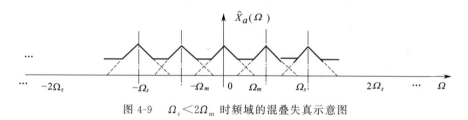

图 4-9　$\Omega_s < 2\Omega_m$ 时频域的混叠失真示意图

由于对采样信号的恢复一般是通过低通滤波器实现的，所以当频谱之间出现混叠失真后就不能完整恢复其波形。

采样定理的角频率形式也可以转换成频率形式，即采样定理也可以表述为 $f_s \geqslant 2f_m$，这是工程应用中采样定理的更一般形式，相应地，将采样频率 $2f_m$ 称为奈奎斯特频率。

（4）离散时间序列的傅里叶变换与连续非周期信号傅里叶变换的关系

离散序列和连续信号是两类不同的信号，其傅里叶变换也不同。

根据以上介绍的角频率与数字频率的区别，可知序列傅里叶变换 $X(e^{j\omega})$ 是与数字频率相关的频域函数，而连续非周期信号傅里叶变换 $X(\Omega)$ 是以模拟角频率 Ω 为自变量的频域函数，这是两者本质上的不同。

如果时域离散序列是从连续时间信号采样得到的，它们之间就会存在一定的联系。下面推导一下这个关系。

由式（2.1.2）可知，采样信号的时域表示为：

$$\hat{x}_a(t) = \sum_{n=-\infty}^{+\infty} x_a(nT_s)\delta(t - nT_s)$$

直接对采样信号傅里叶变换得：

$$\hat{X}_a(\Omega) = \int_{-\infty}^{+\infty}\left[\sum_{n=-\infty}^{+\infty} x_a(nT_s)\delta(t - nT_s)\right] e^{-j\Omega t}\, dt$$

$$= \sum_{n=-\infty}^{+\infty} x_a(nT_s)\int_{-\infty}^{+\infty}\left[\delta(t - nT_s)\, e^{-j\Omega t}\, dt\right]$$

$$= \sum_{n=-\infty}^{+\infty} x_a(nT_s)\, e^{-j\Omega nT_s}\left[\int_{-\infty}^{+\infty}\delta(t - nT_s)\, dt\right]$$

$$= \sum_{n=-\infty}^{+\infty} x_a(nT_s)\, e^{-j\Omega nT_s}$$

所以采样信号的傅里叶变换为：

$$\hat{X}_a(\Omega) = \sum_{n=-\infty}^{+\infty} x_a(nT_s)\, e^{-j\Omega nT_s} \tag{4.2.29}$$

令上式中 $x(n) = x_a(nT_s)$，$\omega = \Omega T_s$，得到：

$$\hat{X}_a(\Omega) = \sum_{n=-\infty}^{+\infty} x(n)\, e^{-j\omega n}$$

对比序列傅里叶变换公式：

$$X(e^{j\omega}) = \sum_{n=-\infty}^{+\infty} x(n)\, e^{-j\omega n}$$

可知序列傅里叶变换和采样信号傅里叶变换是等效的，即：

$$X(e^{j\omega}) = \hat{X}_a(\Omega) \tag{4.2.30}$$

由式（4.2.26）和式（4.2.28），可进一步总结连续时间信号离散化得到的采样序列与原始时域非周期信号的频谱之间的关系为：

$$X(e^{j\omega}) = \frac{1}{T_s}\sum_{k=-\infty}^{+\infty} X_a(\Omega - k\Omega_s) \tag{4.2.31}$$

在式（4.2.31）中，等号左右两边频率的定义是不同的，一边是数字频率为自变量，另一边则是模拟频率为自变量，这个等式说明了序列傅里叶变换与连续时间非周期信号之间的关系。

如果将频率轴进行尺度变换，即令 $\omega = \Omega T_s$ 作为频率尺度变换，相当于 $X(e^{j\omega})$ 是 $X_a(\Omega)$ 尺度变换的结果，则归一化后 $X_a(\Omega)$ 的参数由模拟角频率 Ω 转换到了数字频率 ω，但是其他的频移量则需要进行尺度计算，即下式中的 $\dfrac{2\pi k}{T_s}$ 和 $2\pi k f_s$ 就是频率轴尺度变换对频移的影响。归一化后采样所得序列 $x(n)$ 的傅里叶变换与原信号的关系为：

$$X(e^{j\omega}) = \frac{1}{T_s}\sum_{k=-\infty}^{+\infty} X_a\left(\omega - \frac{2\pi k}{T_s}\right) \tag{4.2.32}$$

或以采样频率为参数，上式改写成：

$$X(e^{j\omega}) = f_s\sum_{k=-\infty}^{+\infty} X_a(\omega - 2\pi k f_s) \tag{4.2.33}$$

式(4.2.33)中直接使用 Hz 为单位的模拟频率作为自变量，在实际系统分析中更为常用。

注意：对比 $\hat{X}_a(\Omega)$ 和 $X(e^{j\omega})$ 可知，在模拟频率转换成数字频率时，采样频率 f_s 具有重要的作用，即在 $\hat{X}_a(\Omega)$ 不变的情况下，选择不同的采样频率，数字频率就会不同。

【例 4.2.8】已知 $x_a(t)=2\cos(2\pi f_0 t)$，式中 $f_0=100\text{Hz}$，以采样频率 $f_s=400\text{Hz}$ 对其采样，得到采样信号 $\hat{x}_a(t)$ 和时域离散序列 $x(n)$，试完成下列各题：

① 求 $x_a(t)$ 的傅里叶变换 $X_a(\Omega)$；

② 求 $\hat{x}_a(t)$ 和 $x(n)$ 的傅里叶变换。

解： 时域余弦信号的傅里叶变换对为：

$$\cos(\Omega_0 t) \leftrightarrow \pi[\delta(\Omega+\Omega_0)+\delta(\Omega-\Omega_0)]$$

已知条件中，$\Omega_0=2\pi f_0=200\pi$，所以：

$$X_a(\Omega)=\pi[\delta(\Omega+200\pi)+\delta(\Omega-200\pi)]$$

根据式(4.2.28)，$\hat{X}_a(\Omega)=\dfrac{1}{T_s}\displaystyle\sum_{k=-\infty}^{+\infty}X_a(\Omega-k\Omega_s)$

由于采样频率 $f_s=400\text{Hz}$，$\Omega_s=2\pi f_s=800\pi(\text{rad/s})$，$\dfrac{1}{T_s}=f_s=400\text{Hz}$，将参数代入公式得：

$$\hat{X}_a(\Omega)=400\sum_{k=-\infty}^{+\infty}\pi[\delta(\Omega+200\pi-800\pi k)+\delta(\Omega-200\pi-800\pi k)]$$

同样，由式(4.2.33)得到序列 $x(n)$ 的傅里叶变换为：

$$X(e^{j\omega})=f_s\sum_{k=-\infty}^{+\infty}X_a(\omega-2\pi k f_s)$$

$$=400\sum_{k=-\infty}^{+\infty}\pi[\delta(\omega+0.5\pi-2\pi k)+\delta(\omega-0.5\pi-2\pi k)]$$

注意：本题所涉及的傅里叶变换有三种不同类型，分别是连续时间非周期、周期和离散序列傅里叶变换。在上式中可以看到，除了频率周期变为 $2\pi k$ 之外，由余弦的模拟频率 Ω_0 带来的频移也进行了相应的尺度变换，这部分频移实际上可以直接利用数字频率的定义来求得，即由 $\omega_0=2\pi\dfrac{f_m}{f_s}=2\pi\dfrac{100}{400}=0.5\pi$ 得到。

【例 4.2.9】对 $x(t)=0.8\cos(2\pi t)+1.1\cos(5\pi t)$ 进行理想采样，采样间隔 $T=0.25\text{s}$，得到 $\hat{x}(t)$，再让 $\hat{x}(t)$ 通过频谱为 $G(\Omega)$ 的理想低通滤波器，$G(\Omega)$ 用下式表示。

$$G(\Omega)=\begin{cases}0.25 & |\Omega|\leqslant 4\pi \\ 0 & |\Omega|>4\pi\end{cases}$$

① 写出 $\hat{x}(t)$ 的表达式；

② 求理想低通滤波器的输出 $y(t)$。

解： ① 由式(2.1.2)可知，采样信号的时域表示为：

$$\hat{x}(t)=\sum_{n=-\infty}^{+\infty}x(nT_s)\delta(t-nT_s)$$

$$= \sum_{n=-\infty}^{+\infty} \left[\cos(2\pi nT) + \cos(5\pi T)\right]\delta(t-nT)$$

$$= \sum_{n=-\infty}^{+\infty} \left[\cos(2\pi n \times 0.25) + \cos(5\pi n \times 0.25)\right]\delta(t-0.25n)$$

$$= \sum_{n=-\infty}^{+\infty} \left[\cos(0.5\pi n) + \cos(1.25\pi n)\right]\delta(t-0.25n)$$

② 因为本题给出的都是模拟频率，实际系统也是处理模拟频率的，所以只需要对已知频率进行计算（不需要使用上式中的数字频率）。已知理想低通滤波器的频谱，而采样信号的频谱是原信号频谱以采样频率为中心的周期延拓。

令 $x(t) = 0.8\cos(2\pi t) + 1.1\cos(5\pi t) = x_1(t) + x_2(t)$，各频谱示意图如图 4-10 所示。

图 4-10(a) 分别为 $X_1(\Omega)$ 和 $X_2(\Omega)$ 的频谱，为一对频域的冲激函数。

图 4-10(b) 为 $\hat{x}(t)$ 的频谱 $\hat{X}(\Omega)$，可以看到，由于 $X_1(\Omega)$ 和 $X_2(\Omega)$ 分别以 $k\Omega_s$ 为中心重复波形，所以出现了更多频率对应的频域冲激函数。

图 4-10(c) 为低通滤波器 $G(\Omega)$ 的频谱。

将 $\hat{x}(t)$ 输入低通滤波器，时域卷积、频域相乘，即输出信号的频谱为：

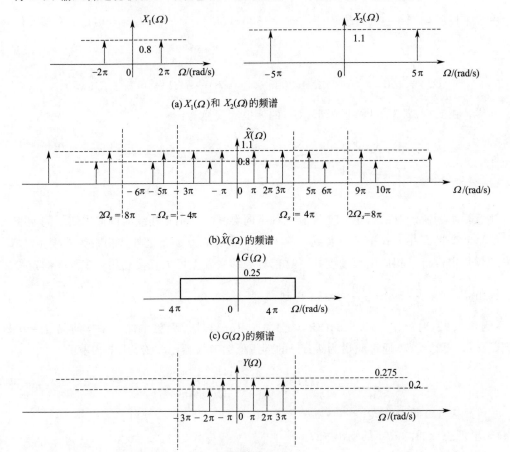

(a) $X_1(\Omega)$ 和 $X_2(\Omega)$ 的频谱

(b) $\hat{X}(\Omega)$ 的频谱

(c) $G(\Omega)$ 的频谱

(d) $Y(\Omega)$ 的频谱

图 4-10 【例 4.2.9】图

$$Y(\Omega) = \hat{X}(\Omega)G(\Omega)$$

相乘后得到 $Y(\Omega)$ 的波形如图 4-10（d）所示，$|\Omega| > 4\pi$ 的频谱全部变为 0，只留下 $|\Omega| \leqslant 4\pi$ 范围内的频域冲激函数。其中，频率 $\pm 2\pi$ 处的一对频谱与 $X_1(\Omega)$ 的频谱相同，$\pm \pi$ 的一对频谱则是由 $X_2(\Omega \pm 4\pi)$ 得到的，另一对 $\pm 3\pi$ 由 $X_2(\Omega \pm 8\pi)$ 得到，因为采样频率小于 $x_2(t)$ 的频率 5π（采样频率本应大于 10π），所以是欠采样，出现了混叠失真，而 $\pm \pi$、$\pm 3\pi$ 是混叠失真产生的新频率。由此也可以写出 $y(t)$ 的时域函数为：

$$y(t) = 0.25 \times 0.8\cos(2\pi t) + 0.25 \times 1.1\cos(\pi t) + 0.25 \times 1.1\cos(3\pi t)$$
$$= 0.2\cos(2\pi t) + 0.275\cos(\pi t) + 0.275\cos(3\pi t)$$

4.3　系统函数与系统性能

系统函数不仅能用于分析系统响应特性，也能按给定的要求通过系统函数得到系统的结构和参数，完成系统综合任务。因此，研究系统函数特性在系统分析中有重要意义。

本节在讨论系统函数定义、零极点分布与时域特性、z 域、频域特性的基础上，分析系统性能有关的因素，让读者对系统分析有更深入的理解，同时也为学习数字信号处理系统设计打下基础。

4.3.1　系统函数与系统零极点图

（1）系统函数的定义

第 3 章介绍了单位脉冲响应是指单位脉冲序列作用于系统所产生的零状态响应，用符号 $h(n)$ 表示。因为不同结构的系统其单位脉冲响应也是不同的，可以将系统单位脉冲响应作为表示系统固有特性的特殊输出。由式（3.3.4）可知，系统的零状态响应

$$y_{zs}(n) = x(n) * h(n)$$

习惯上在系统初始状态为零或仅研究系统单位脉冲响应时，将 $y_{zs}(n)$ 用 $y(n)$ 表示（这很容易引起初学者的混淆），上式两边 z 变换，并利用时域卷积定理，有：

$$Y(z) = X(z)H(z) \rightarrow H(z) = \frac{Y(z)}{X(z)} \tag{4.3.1}$$

定义 $H(z)$ 为系统函数。从定义看，它等于输出和输入的 z 变换之比，当然它同时也是单位脉冲响应 $h(n)$ 的 z 变换。由于 $h(n)$ 属于零状态响应，在分析和计算系统函数时不需要考虑初始状态。

（2）系统的零极点图

由定义可知，系统函数是以 z 为自变量的有理分式，即 $H(z) = \dfrac{Y(z)}{X(z)}$，则 $H(z)$ 的零点和极点称为系统的零极点，在 z 平面绘制系统函数的零极点位置图称为系统零极点图。

对于一个关于 z 的有理分式 $H(z)$，设它的零点和极点分别为 z_i 和 p_i，$H(z)$ 可以表示为零点极点最简因式乘积的形式（以一阶零极点为例）：

$$H(z) = \frac{Y(z)}{X(z)} = K \frac{(z-z_1)(z-z_2)\cdots(z-z_M)}{(z-p_1)(z-p_2)\cdots(z-p_N)} \qquad (4.3.2)$$

上式表示系统有 M 个零点和 N 个极点。在 z 平面绘制零极点图时，用"×"表示极点，"○"表示零点。

【例 4.3.1】 已知一线性时不变因果系统的系统函数为 $H(z) = \dfrac{z(z-1)(z-0.3)}{(z+0.5)(z^2+2z+2)(z-2)}$，求系统的零极点并在 z 平面画出零极点图。

解： 令分子 $z(z-1)(z-0.3)=0$，可得零点为 $z_1=0$，$z_2=1$，$z_3=0.3$。

令分母 $(z+0.5)(z^2+2z+2)(z-2)=0$，解得极点为：$p_1=-0.5$，$p_2=-1+j$，$p_3=-1-j$，$p_4=2$，在 z 平面画出零极点图如图 4-11 所示。

注意：本例中的零点和极点均为一阶零点和一阶极点。

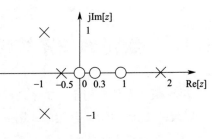

图 4-11 【例 4.3.1】零极点图

【例 4.3.2】 一个离散时间 LTI 系统输入为 $x(n)=u(n)$，输出 $y(n)=2\left(\dfrac{1}{3}\right)^n u(n)$。

① 用 z 变换法求出系统函数，画出系统零极点图及收敛域示意图；

② 求系统单位脉冲响应 $h(n)$。

解： ① 用 z 变换求系统单位脉冲响应，先求 $x(n)$、$y(n)$ 的 z 变换：

$$X(z) = \frac{z}{z-1}, |z|>1$$

$$Y(z) = 2\frac{z}{z-\dfrac{1}{3}}, |z|>\frac{1}{3}$$

$$\therefore H(z) = \frac{Y(z)}{X(z)} = \frac{2(z-1)}{z-\dfrac{1}{3}}, |z|>\frac{1}{3}$$

系统函数零点 $z_1=1$，极点 $p_1=\dfrac{1}{3}$，收敛域为 $|z|>\dfrac{1}{3}$，画出零极点图及收敛域示意图如图 4-12 所示。

② 用部分分式展开法求 $h(n)$。令

$$H_1(z) = \frac{H(z)}{z} = \frac{2(z-1)}{z\left(z-\dfrac{1}{3}\right)} = \frac{K_1}{z} + \frac{K_2}{z-\dfrac{1}{3}}$$

利用求系数公式求出待定系数：

$$K_1 = z\frac{2(z-1)}{z\left(z-\dfrac{1}{3}\right)}\Bigg|_{z=0} = 6$$

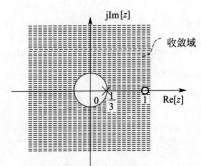

图 4-12 【例 4.3.2】零极点图及收敛域示意图

$$K_2 = \left. (z - \frac{1}{3}) \frac{2(z-1)}{z(z-\frac{1}{3})} \right|_{z=\frac{1}{3}} = -4$$

$$H(z) = 6 - \frac{4z}{z - \frac{1}{3}}$$

应用 z 变换基本公式可求出：

$$h(n) = 6\delta(n) - 4\left(\frac{1}{3}\right)^n u(n)$$

【例 4.3.3】 已知二阶离散系统的初始条件为 $y_{zi}(0) = 2$，$y_{zi}(1) = 1$。当输入为 $x(n) = u(n)$ 时，响应为 $y(n) = \left[\frac{1}{2} + 4(2)^n - \frac{5}{2}(3)^n\right] u(n)$，求系统的差分方程及系统单位脉冲响应。

解： 因为 $y(n)$ 是系统对输入序列 $x(n)$ 的响应，这部分响应包含了零状态响应和零输入响应；而求差分方程和系统单位脉冲响应只与零状态响应有关，所以要先求出零输入响应，才能通过全响应找到零状态响应的表达式。

① 求系统的零输入响应：首先根据输入的特性来判断零输入响应的基本形式。先对 $y(n)$ 进行 z 变换得到：

$$Y(z) = \frac{\frac{1}{2}z}{z-1} + \frac{4z}{z-2} - \frac{\frac{5}{2}z}{z-3}$$

观察 $Y(z)$ 中有一个极点 $p = 1$ 与输入 $x(n) = u(n)$ 的 z 变换 $u(n) \leftrightarrow \frac{z}{z-1}$ 的极点相同，且没有出现重极点，所以可以判断 $Y(z)$ 分母中 $(z-1)$ 项完全由激励提供，则零输入响应只包含两个极点，即具备 $\frac{Az}{z-2}$ 和 $\frac{Bz}{z-3}$ 项，系数待定。为利用时域的初始条件，可根据这两个有理分式形式设零输入响应的形式为：$y_{zi}(n) = C_1(2)^n + C_2(3)^n$。

当 $n \geq 0$ 时，代入初始状态，有：

$$\begin{cases} y_{zi}(0) = C_1(2)^0 + C_2(3)^0 = C_1 + C_2 = 2 \\ y_{zi}(1) = C_1(2)^1 + C_2(3)^1 = 2C_1 + 3C_2 = 1 \end{cases}$$

联立方程解得待定系数为：$C_1 = 5$，$C_2 = -3$

故系统的零输入响应为：$y_{zi}(n) = \left[5(2)^n - 3(3)^n\right] u(n)$

② 由式（3.3.4）可知全响应 $y(n) = y_{zi}(n) + y_{zs}(n)$，则系统零状态响应为：

$$y_{zs}(n) = y(n) - y_{zi}(n) = \left[\frac{1}{2} + 4(2)^n - \frac{5}{2}(3)^n\right] u(n) - \left[5(2)^n - 3(3)^n\right] u(n)$$

即：

$$y_{zs}(n) = \left[\frac{1}{2} - (2)^n + \frac{1}{2}(3)^n\right] u(n)$$

对 $y_{zs}(n)$ 进行 z 变换得：

$$Y_{zs}(z) = \frac{\frac{1}{2}z}{z-1} - \frac{z}{z-2} + \frac{\frac{1}{2}z}{z-3} = \frac{z}{(z-1)(z-2)(z-3)}$$

令 $Y_{zs}(z)$ 为 $Y(z)$，由系统函数的定义，$Y(z) = H(z)X(z)$，$X(z) = \dfrac{z}{z-1}$。

$$H(z) = \frac{Y(z)}{X(z)} = \frac{1}{(z-2)(z-3)} = \frac{1}{z^2 - 5z + 6}$$

整理上式得到：

$$Y(z)(z^2 - 5z + 6) = X(z)$$

故系统的差分方程为：$y(n+2) - 5y(n+1) + 6y(n) = x(n)$

这样求出的差分方程是前向差分形式，若将 $H(z)$ 分子分母同时乘以 z^{-2}，可得：

$$H(z) = \frac{Y(z)}{X(z)} = \frac{z^{-2}}{1 - 5z^{-1} + 6z^{-2}}$$

可得到关于输入输出的 z 域方程为：

$$(1 - 5z^{-1} + 6z^{-2})Y(z) = z^{-2}X(z)$$

则系统的差分方程为：$y(n) - 5y(n-1) + 6y(n-2) = x(n-2)$

这就得到后向差分形式的差分方程。

③ 求单位脉冲响应。

$$\because H(z) = \frac{1}{(z-2)(z-3)} = \frac{1}{z-2} - \frac{1}{z-3} = \frac{z}{z-2}z^{-1} - \frac{z}{z-3}z^{-1}$$

应用线性和时移特性直接对 $H(z)$ 进行 z 反变换得：

$$h(n) = [(2)^{n-1} - (3)^{n-1}]u(n-1)$$

注意：① 本题中，因为初始状态是 $y_{zi}(0)$，$y_{zi}(1)$，由式（4.1.6）可知应该对应一个前向差分方程，所以在对 $H(z)$ 的有理分式化简时，取正幂的升幂形式。同理，如果已知的是 $y_{zi}(-1)$，$y_{zi}(-2)$，对应的是后向差分，则应该将 $H(z)$ 化简成负幂的降幂形式。

② 从两个差分方程结果可以看出，对有理分式的算法不同，得到的差分方程形式也不同，但是差分方程的特征方程并没有发生改变，其特征值及响应的形式都是相同的。这也是数学抽象的结果。

4.3.2 系统函数的极点与系统的因果稳定性

系统的因果稳定性是系统的重要特性。第 3 章从时域的角度给出了系统因果性和稳定性的定义，特别是离散 LTI 系统的因果稳定性，要求系统的单位脉冲响应 $h(n)$ 同时满足以下充分必要条件，则该离散 LTI 系统是因果稳定系统。

$$\begin{cases} h(n) = h_1(n)u(n) & ① \\ \sum\limits_{n=-\infty}^{+\infty} |h(n)| < \infty & ② \end{cases} \qquad (4.3.3)$$

其中，①式是系统因果性条件，可以看出 $h(n)$ 是一个右边序列。与当 $n < 0$ 时 $h(n) = 0$ 的意思相同。②式是系统稳定性条件，表示 $h(n)$ 绝对可和。

同时满足两个条件的离散 LTI 系统称为因果稳定系统。

如果以差分方程形式给出了系统的输入输出关系描述，可以通过 z 变换法方便地得到系统的系统函数 $H(z)$，这也意味着通过对系统函数极点分布的特性来分析系统的因果稳定性。

（1）系统因果性与极点分布

由式（4.3.3）中①式可知，因果系统要求 $h(n)$ 为右边序列，对于 $H(z)$ 而言，如果 $H(z)$ 有 k 个极点，其中模最大的极点记为 $\max[|p_r|]$，则 z 变换收敛域为 $|z|>\max[|p_r|]$，在 z 平面是一个以 $\max[|p_r|]$ 为半径的圆，记 $\max[|p_r|]=R_+$，定义 R_+ 为收敛半径，则因果系统的系统函数的收敛域应为以 R_+ 为半径的圆外，记为 $|z|>R_+$。

由于 R_+ 是模最大的极点的模，所有极点应在以 R_+ 为半径的圆内。

由此系统因果性的极点分布特性及收敛域特点可总结为：收敛域在 R_+ 为半径的圆外，所有极点在圆内（收敛域外）。

因果稳定系统极点、收敛域、单位圆关系如图 4-13 所示。

极点与收敛域关系如图 4-13（a）所示。

（2）系统稳定性的 z 域定义

系统稳定性的时域条件 $\sum\limits_{n=-\infty}^{+\infty}|h(n)|<\infty$ 及单边 z 变换定义，有

$$
\begin{cases}
H(z)=\sum\limits_{n=0}^{+\infty}h(n)z^{-n} & |z|>R_+ \quad ① \\
\sum\limits_{n=-\infty}^{+\infty}|h(n)|<\infty & ②
\end{cases}
\tag{4.3.4}
$$

直接由式（4.3.4）推导系统稳定性的 z 域特性比较复杂。可以假设 $h(n)=a^n u(n)$，因为是右边序列，在【例 3.4.4】讨论过只有当公比 $|a|<1$ 时，可和，和为 $\dfrac{1}{1-|a|}$，系统稳定；而由于 $h(n)$ 的 z 变换为 $H(z)=\dfrac{z}{z-a}$，$|a|<1$ 即指以 $|a|$ 为半径的圆周小于以 1 为半径的单位圆。也就是说，如果系统稳定，其收敛半径必小于 1。如果该序列是左边序列，则稳定性结论刚好相反，即收敛半径必须大于 1。所以，对于任意系统的稳定性可总结为收敛域包含单位圆，收敛域与单位圆的关系如图 4-13（b）所示。

（3）因果稳定系统的 z 域特性

若要同时满足因果稳定性的 z 域特性，单位圆必须在收敛半径围成的圆外区域内。

【例 4.3.4】研究一个离散 LTI 系统，其输入 $x(n)$ 与输出 $y(n)$ 满足下列差分方程：

$$
y(n)-y(n-1)-\frac{3}{4}y(n-2)=x(n-1)
$$

① 求该系统的系统函数 $H(z)$，并画出零极点图；

② 求系统的单位脉冲响应 $h(n)$ 的三种可能的选择；

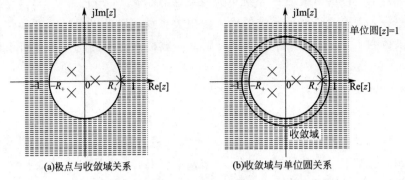

(a)极点与收敛域关系　　　　(b)收敛域与单位圆关系

图 4-13　因果稳定系统极点、收敛域、单位圆关系

③ 对每一种 $h(n)$ 讨论系统是否稳定，是否因果；

④ 写出系统输入输出的前向差分方程形式，并说明此时该系统是否属于因果系统。

解： ① 对差分方程两边 z 变换得（求系统函数初始状态为零）：

$$Y(z) - z^{-1}Y(z) - \frac{3}{4}z^{-2}Y(z) = z^{-1}X(z)$$

等式两边多项式整理得：

$$\frac{Y(z)}{X(z)} = \frac{z^{-1}}{1 - z^{-1} - 0.75z^{-2}}$$

根据系统函数的定义可知：

$$H(z) = \frac{Y(z)}{X(z)} = \frac{z^{-1}}{1 - z^{-1} - 0.75z^{-2}} \tag{4.3.5}$$

分子分母同时乘以 z^2 得：

$$H(z) = \frac{z}{z^2 - z - 0.75} \tag{4.3.6}$$

令分母多项式 $z^2 - z - 0.75 = 0 \rightarrow \left(z - \frac{3}{2}\right)\left(z + \frac{1}{2}\right) = 0$，解出两个实根 $p_1 = \frac{3}{2}$，$p_2 = -\frac{1}{2}$，即为系统的极点。

令分子多项式 $z = 0$，即为系统的零点。

所以系统有两个单实极点和一个零点，系统零极点图如图 4-14 所示。

② 对系统函数进行 z 反变换，用部分分式展开法求 $h(n)$。令

$$H_1(z) = \frac{H(z)}{z} = \frac{1}{\left(z - \frac{3}{2}\right)\left(z + \frac{1}{2}\right)} = \frac{K_1}{z - \frac{3}{2}} + \frac{K_2}{z + \frac{1}{2}}$$

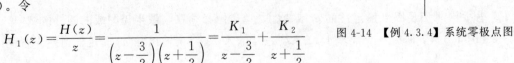

图 4-14　【例 4.3.4】系统零极点图

利用求系数公式求出待定系数：

$$K_1 = \left(z - \frac{3}{2}\right) \frac{1}{\left(z - \frac{3}{2}\right)\left(z + \frac{1}{2}\right)}\Bigg|_{z=\frac{3}{2}} = \frac{1}{2}$$

$$K_2 = (z + \frac{1}{2}) \frac{1}{\left(z - \frac{3}{2}\right)\left(z + \frac{1}{2}\right)}\Bigg|_{z=-\frac{1}{2}} = -\frac{1}{2}$$

$$\therefore H(z) = \frac{\frac{1}{2}z}{z - \frac{3}{2}} + \frac{-\frac{1}{2}z}{z + \frac{1}{2}}$$

a. 当收敛域为 $|z| > \frac{3}{2}$ 时，序列为右边序列：

$$h_1(n) = \frac{1}{2}\left(\frac{3}{2}\right)^n u(n) - \frac{1}{2}\left(-\frac{1}{2}\right)^n u(n) = \frac{1}{2}\left[\left(\frac{3}{2}\right)^n - \left(-\frac{1}{2}\right)^n\right]u(n)$$

b. 当收敛域为 $|z| < \frac{1}{2}$ 时，序列为左边序列：

$$h_2(n) = -\frac{1}{2}\left(\frac{3}{2}\right)^n u(-n-1) + \frac{1}{2}\left(-\frac{1}{2}\right)^n u(-n-1) = \frac{1}{2}\left[-\left(\frac{3}{2}\right)^n + \left(-\frac{1}{2}\right)^n\right]u(-n-1)$$

c. 当收敛域为 $\frac{1}{2} < |z| < \frac{3}{2}$ 时，为双边序列，其中 $|z| < \frac{3}{2}$ 是左边序列的收敛域形式，所以极点 $\frac{3}{2}$ 对应的是左边序列，$|z| > \frac{1}{2}$ 是右边序列的收敛域形式，所以极点 $\frac{1}{2}$ 对应的是右边序列：

$$h_3(n) = -\frac{1}{2}\left(\frac{3}{2}\right)^n u(-n-1) - \frac{1}{2}\left(-\frac{1}{2}\right)^n u(n)$$

③ 当 $h(n) = h_1(n)$ 时，系统是因果的，但是收敛域不包含单位圆，因此系统不稳定，如图 4-15(a) 所示。

当 $h(n) = h_2(n)$ 时，系统是非因果的，收敛域不包含单位圆，因此系统不稳定，如图 4-15(b) 所示。

当 $h(n) = h_3(n)$ 时，系统是非因果的，但是收敛域包含单位圆，因此系统稳定，如图 4-15(c) 所示。三种不同情况的收敛域示意图如图 4-15 所示。

④ 第①问中式(4.3.5)是直接由后向差分方程得到的，而经过有理分式化简运算得到的式(4.3.6)是正幂次形式，以式(4.3.6)为系统函数还原差分方程得到：

$$H(z) = \frac{Y(z)}{X(z)} = \frac{z}{z^2 - z - 0.75}$$

$$\rightarrow (z^2 - z - 0.75)Y(z) = zX(z) \tag{4.3.7}$$

式(4.3.7)两边 z 反变换得：

$$y(n+2) - y(n+1) - \frac{3}{4}y(n) = x(n+1) \tag{4.3.8}$$

式(4.3.8)是一个前向差分方程。前向差分方程的当前值与输入的将来值有关，也就是说，它的时间是需要往前追溯的，与时间变量的实际发展方向相反，所以由式(4.3.8)表示的系统是非因果系统。

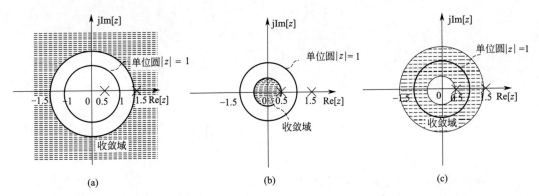

图 4-15 【例 4.3.4】三种不同情况的收敛域示意图

系统因果性在真实时间变量的系统中是一个关键特性。在实际信号处理中，特别是对应一个实际设备时，延迟是可以由延迟器来实现的。由多级延迟器构成的系统差分方程就是后向差分形式，所以对于一个后向差分结构的系统一般可以认为是因果的。在用 z 变换解差分方程时，特别是求解系统函数时，可以直接用右边序列的收敛域结论来讨论其单位脉冲响应 $h(n)$ 和系统函数 $H(z)$，即认为其收敛域在收敛半径 R_+ 之外的区域。

系统函数的有理分式习惯上采用负幂次的降幂形式，以便对应后向差分方程；但是在用部分分式展开和留数法计算零极点和一些参数时，需要转换成正幂次的升幂形式才能用初等代数中的有理分式计算规则来计算，这些变换在数学抽象的定义上是存在的，不影响计算结果。

在【例 4.3.3】中，如果题干中指明所求为因果系统，则应选择后向差分形式的差分方程才符合题意。

4.3.3 系统的频率响应函数

（1）系统频率响应函数的定义

与 z 变换分析类似，如果对系统单位脉冲响应 $h(n)$ 做傅里叶变换，得到频谱函数 $H(e^{j\omega})$，称为系统的频率响应函数，简称系统频响。系统频响可以用下列公式计算：

$$H(e^{j\omega}) = \sum_{n=-\infty}^{+\infty} h(n) e^{-j\omega n} \tag{4.3.9}$$

由于 $H(e^{j\omega})$ 为复数，也可以将其写成指数形式，即 $H(e^{j\omega}) = |H(e^{j\omega})| e^{j\varphi(\omega)}$，模 $|H(e^{j\omega})|$ 称为离散 LTI 系统的幅频特性函数，$\varphi(\omega)$ 称为相频特性函数。

（2）系统频率响应函数与系统函数的关系

在离散 LTI 系统中，如果系统为因果稳定系统，系统频率响应函数与系统函数的关系为：

$$H(e^{j\omega}) = H(z)\big|_{z=e^{j\omega}} \tag{4.3.10}$$

如果已知系统函数，可以利用上式分析系统的频响特性。

当已知离散 LTI 系统的差分方程时，可以由 z 变换求解差分方程的系统函数，再利用式(4.3.10) 求系统的频响。这是变换域分析系统频响的典型应用。

【例 4.3.5】一个因果的离散 LTI 系统，其系统函数为 $H(z)=\dfrac{1-a^{-1}z^{-1}}{1-az^{-1}}$，其中 a 为实数。

① a 值在哪些范围内才能使系统稳定？

② 假设 $0<a<1$，画出零极点图，并用阴影线注明收敛域。

③ 证明这个系统是全通系统，即其频率特性的幅度为一常数。

解：① 将 $H(z)$ 分子分母同时乘以 z 得到：

$$H(z)=\frac{z-a^{-1}}{z-a}$$

令分子 $z-a^{-1}=0$，解得系统有一个零点为 $z=a^{-1}$，令分母 $z-a=0$，得到系统有一个极点 $p=a$。因为系统是因果的，其收敛域为 $|z|>|a|$，为使系统稳定，收敛域应包含单位圆，就可以得到 $|a|$ 的取值范围 $|a|<1$，因为 a 同时也是系统的极点，这也可以理解为对极点的模的约束，即稳定系统的极点的模 $|p_r|<1$，这就是所谓的收敛域包含单位圆。在图 4-16 中，可以看到收敛域、收敛半径和单位圆之间的关系。

② 根据上述结论，当 $0<a<1$ 时，画出零极点图及收敛域示意图如图 4-16 所示。

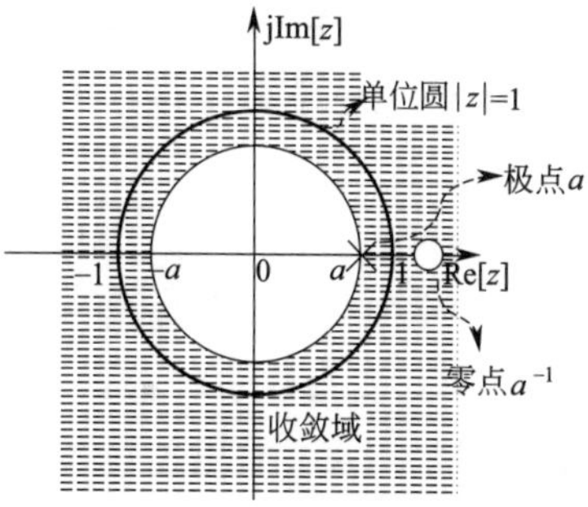

③ 在 $0<a<1$ 时系统是因果稳定的，则由式(4.3.10) $H(\mathrm{e}^{\mathrm{j}\omega})=H(z)\big|_{z=\mathrm{e}^{\mathrm{j}\omega}}$ 可知，系统频率响应函数为

$$H(\mathrm{e}^{\mathrm{j}\omega})=H(z)\Big|_{z=\mathrm{e}^{\mathrm{j}\omega}}=\frac{1-a^{-1}z^{-1}}{1-az^{-1}}\Big|_{z=\mathrm{e}^{\mathrm{j}\omega}}=\frac{1-a^{-1}\mathrm{e}^{-\mathrm{j}\omega}}{1-a\mathrm{e}^{-\mathrm{j}\omega}}$$

图 4-16　当 $0<a<1$ 时零极点及收敛域示意图

为求频率响应的幅度，可先求 $H(\mathrm{e}^{\mathrm{j}\omega})$ 的模平方函数：

$$
\begin{aligned}
|H(\mathrm{e}^{\mathrm{j}\omega})|^2 &= \frac{1-a^{-1}\mathrm{e}^{-\mathrm{j}\omega}}{1-a\mathrm{e}^{-\mathrm{j}\omega}}\left(\frac{1-a^{-1}\mathrm{e}^{-\mathrm{j}\omega}}{1-a\mathrm{e}^{-\mathrm{j}\omega}}\right)^* \\
&= \frac{[1-a^{-1}(\cos\omega-\mathrm{j}\sin\omega)][1-a^{-1}(\cos\omega-\mathrm{j}\sin\omega)]^*}{[1-a(\cos\omega-\mathrm{j}\sin\omega)][1-a(\cos\omega-\mathrm{j}\sin\omega)]^*} \\
&= \frac{[1-a^{-1}\cos\omega]^2+(a^{-1}\sin\omega)^2}{[1-a\cos\omega]^2+(a\sin\omega)^2} \\
&= \frac{1+a^{-2}-2a^{-1}\cos\omega}{1+a^2-2a\cos\omega} \\
&= \frac{a^{-2}(a^2+1-2a\cos\omega)}{1+a^2-2a\cos\omega}=a^{-2}
\end{aligned}
$$

即 $|H(\mathrm{e}^{\mathrm{j}\omega})|^2=a^{-2}\to|H(\mathrm{e}^{\mathrm{j}\omega})|=a^{-1}$。所以当频谱成分为任意频率范围的信号通过系统传输时，幅度乘以 a^{-1}，相位不变，这种系统称为全通系统。

注意：① 因为这是一个形式比较复杂的复数，为求 $|H(\mathrm{e}^{\mathrm{j}\omega})|$，先求模平方函数

$|H(\mathrm{e}^{\mathrm{j}\omega})|^2$。这种方法利用了复数的计算特性，即对于 $z=a+b\mathrm{j}$，有 $|z|^2=z\cdot z^*=a^2+b^2$，计算公式见式(1.2.17)。在滤波器设计中，常用模平方函数来求解系统幅频特性的对数函数，再通过对数将平方变为倍乘，最后用对数幅度特性来表示滤波器的幅频特性，是工程师前辈们对复数的一种有效处理方法之一。本题如果用下式求解会更简单，读者可以自行计算一下。

$$|H(\mathrm{e}^{\mathrm{j}\omega})|^2=H(z)H(z^{-1})\Big|_{z=\mathrm{e}^{\mathrm{j}\omega}}=\left(\frac{1-a^{-1}z^{-1}}{1-az^{-1}}\right)\left(\frac{1-a^{-1}z}{1-az}\right)\Bigg|_{z=\mathrm{e}^{\mathrm{j}\omega}}$$

② $\mathrm{e}^{-\mathrm{j}\omega}=\cos\omega-\mathrm{j}\sin\omega$ 则是应用欧拉公式将复数展开为三角形式，并用应用公式 $z\cdot z^*=a^2+b^2$ 以便将其实部虚部分开表示。这些"复变函数"中的一些基本原理应用为工程中处理复数提供了理论基础。

（3）离散 LTI 因果稳定系统的频响特性

设离散 LTI 系统是因果稳定的，且初始状态为零，其单位脉冲响应为 $h(n)$，频响为 $H(\mathrm{e}^{\mathrm{j}\omega})=|H(\mathrm{e}^{\mathrm{j}\omega})|\mathrm{e}^{\mathrm{j}\varphi(\omega)}$。当输入序列为 $x(n)$ 时，其输出序列为 $y(n)=x(n)*h(n)$。实际系统输入序列的类型有有限长序列、单边实指数序列、单频虚指数序列和正弦型序列等，下面分析输入 $x(n)$ 通过系统时的输出及其特性。

① 有限长序列。在数字信号处理中，很多由语音采样信号、图像数据等得到的序列，其样值个数是有限的，序列的闭合表示形式不易求得，一般以序列集合形式表示，并可直接将样值存储。

当输入 $x(n)$ 为任意有限长序列时，如果其样值大小无法用闭合解析式表示，宜采用直接求卷积和的方法求其输出 $y(n)$，即计算 $y(n)=x(n)*h(n)$ 的值。

② 单边实指数序列 $a^n u(n)$。连续域电路系统具有指数衰减特性的信号，通过采样转换到数字域沿用了一些电路输入输出规律，$a^n u(n)$ 可理解为单边实指数函数的采样信号，是离散 LTI 系统中常见的输入序列。

当输入序列为 $x(n)=a^n u(n)$ 时，其傅里叶变换为 $X(\mathrm{e}^{\mathrm{j}\omega})=\dfrac{1}{1-a\mathrm{e}^{-\mathrm{j}\omega}}$，则根据卷积定理，有：

$$Y(\mathrm{e}^{\mathrm{j}\omega})=X(\mathrm{e}^{\mathrm{j}\omega})H(\mathrm{e}^{\mathrm{j}\omega})=\frac{1}{1-a\mathrm{e}^{-\mathrm{j}\omega}}H(\mathrm{e}^{\mathrm{j}\omega}) \qquad (4.3.11)$$

若输入为多个单边实指数序列相加，如 $x(n)=[a_1^n+a_2^n+\cdots]u(n)$，其傅里叶变换为：

$$X(\mathrm{e}^{\mathrm{j}\omega})=\frac{1}{1-a_1\mathrm{e}^{-\mathrm{j}\omega}}+\frac{1}{1-a_2\mathrm{e}^{-\mathrm{j}\omega}}+\cdots$$

输出序列的傅里叶变换为：

$$Y(\mathrm{e}^{\mathrm{j}\omega})=\left[\frac{1}{1-a_1\mathrm{e}^{-\mathrm{j}\omega}}+\frac{1}{1-a_2\mathrm{e}^{-\mathrm{j}\omega}}+\cdots\right]H(\mathrm{e}^{\mathrm{j}\omega}) \qquad (4.3.12)$$

将上式转换成 z 变换形式，即：

$$Y(z)=\left[\frac{1}{1-a_1z^{-1}}+\frac{1}{1-a_2z^{-1}}+\cdots\right]H(z)$$

可以看到，系统输入为单边实指数序列时，除了每个实指数序列提供的极点 a_1、a_2 … 外，还会增加系统自身的极点，如果输入序列对应的极点与系统的极点相同，就会使得输出含有重极点，可能引起系统稳定性的变化。

③ 单频为 ω_0 的虚指数序列 $\mathrm{e}^{\mathrm{j}\omega_0 n}$ 在傅里叶变换中体现为频移因子，即 $x(n)\mathrm{e}^{\mathrm{j}\omega_0 n} \leftrightarrow X(\mathrm{e}^{\mathrm{j}(\omega-\omega_0)})$，并且由欧拉公式 $\mathrm{e}^{\mathrm{j}\omega_0 n} = \dfrac{1}{2}(\cos\omega_0 n + \mathrm{j}\sin\omega_0 n)$ 与正弦余弦序列相联系。虚指数序列中的重要参数是数字频率 ω_0。

当输入为单频虚指数序列 $\mathrm{e}^{\mathrm{j}\omega_0 n}$ 时，即 $x(n) = \mathrm{e}^{\mathrm{j}\omega_0 n}$，则输出为：

$$y(n) = x(n) * h(n)$$

上式两边同时求傅里叶变换得到：

$$Y(\mathrm{e}^{\mathrm{j}\omega}) = X(\mathrm{e}^{\mathrm{j}\omega})H(\mathrm{e}^{\mathrm{j}\omega})$$

为求 $Y(\mathrm{e}^{\mathrm{j}\omega})$，先求 $X(\mathrm{e}^{\mathrm{j}\omega})$，查表 4-3 知，$\mathrm{e}^{\mathrm{j}\omega_0 n}$ 的序列傅里叶变换为：

$$\mathrm{e}^{\mathrm{j}\omega_0 n} \leftrightarrow 2\pi \sum_{k=-\infty}^{+\infty} \delta(\omega - \omega_0 - 2\pi k)$$

所以输出 $y(n)$ 的傅里叶变换 $Y(\mathrm{e}^{\mathrm{j}\omega})$ 由下式确定：

$$
\begin{aligned}
Y(\mathrm{e}^{\mathrm{j}\omega}) &= \pi\Big[\sum_{k=-\infty}^{+\infty} \delta(\omega - \omega_0 - 2\pi k)\Big]H(\mathrm{e}^{\mathrm{j}\omega}) \\
&= \pi\Big[\sum_{k=-\infty}^{+\infty} H(\mathrm{e}^{\mathrm{j}\omega_0})\delta(\omega - \omega_0 - 2\pi k)\Big]
\end{aligned}
$$

其中，$2\pi k$ 表示数字频率的周期，实际计算时取其主值 ω_0 即可。$H(\mathrm{e}^{\mathrm{j}\omega_0})$ 是 $H(\mathrm{e}^{\mathrm{j}\omega})$ 在 $\omega = \omega_0$ 时的一个值，可当成求和的常数，提取到和式外，最后得到输出的频谱为：

$$Y(\mathrm{e}^{\mathrm{j}\omega}) = H(\mathrm{e}^{\mathrm{j}\omega_0})\Big[\pi \sum_{k=-\infty}^{+\infty} \delta(\omega - \omega_0 - 2\pi k)\Big] \tag{4.3.13}$$

显然，式(4.3.13)中的方括号内仍保持着 $\mathrm{e}^{\mathrm{j}\omega_0 n}$ 的傅里叶变换形式，将其反变换得到：

$$y(n) = H(\mathrm{e}^{\mathrm{j}\omega_0})\mathrm{e}^{\mathrm{j}\omega_0 n}$$

又因为 $H(\mathrm{e}^{\mathrm{j}\omega_0}) = |H(\mathrm{e}^{\mathrm{j}\omega_0})|\mathrm{e}^{\mathrm{j}\varphi(\omega_0)}$，上式改写成：

$$y(n) = |H(\mathrm{e}^{\mathrm{j}\omega_0})|\mathrm{e}^{\mathrm{j}\varphi(\omega_0)}\mathrm{e}^{\mathrm{j}\omega_0 n} = |H(\mathrm{e}^{\mathrm{j}\omega_0})|\mathrm{e}^{\mathrm{j}[\omega_0 n + \varphi(\omega_0)]} \tag{4.3.14}$$

对比输入 $x(n) = \mathrm{e}^{\mathrm{j}\omega_0 n}$ 和输出 $y(n)$ 的形式可知，单频为 ω_0 的虚指数序列 $\mathrm{e}^{\mathrm{j}\omega_0 n}$ 通过系统后，输出仍是 ω_0 的虚指数序列，其幅度加权（乘以）$|H(\mathrm{e}^{\mathrm{j}\omega_0})|$，相位移位 $\varphi(\omega_0)$。

④ 正弦型序列包括正弦序列和余弦正弦，是指周期正弦或余弦信号的采样信号。正弦型序列的重要参数是数字频率 ω_0，根据数字频率的定义，ω_0 的取值范围是 $[-\pi, \pi]$ 或 $[0, 2\pi]$。

下面以 $\cos(\omega_0 n)$ 为例推导余弦序列通过系统输出的一般规律，对于正弦序列 $\sin(\omega_0 n)$ 同样满足该结论。

设 $x(n) = \cos(\omega_0 n)$，用欧拉公式将输入序列分解为 $x(n) = \dfrac{1}{2}(\mathrm{e}^{\mathrm{j}\omega_0 n} + \mathrm{e}^{-\mathrm{j}\omega_0 n})$，由式

（4.3.14）可得：

$$y(n) = \frac{1}{2}\{|H(e^{j\omega_0})|e^{j[\omega_0 n + \varphi(\omega_0)]} + |H(e^{-j\omega_0})|e^{j[-\omega_0 n + \varphi(-\omega_0)]}\}$$

由傅里叶变换的共轭特性知，$h^*(n) \leftrightarrow H^*(e^{-j\omega})$，当 $h(n)$ 为实序列时，有 $h^*(n) = h(n)$，它们的傅里叶变换也相等，即 $H^*(e^{-j\omega}) = H(e^{j\omega})$，根据复数的特性，上式中频响函数的模和辐角的关系为：

$$\begin{cases} |H(e^{j\omega_0})| = |H(e^{-j\omega_0})| \\ \varphi(-\omega_0) = -\varphi(\omega_0) \end{cases}$$

则有：

$$y(n) = \frac{1}{2}|H(e^{j\omega_0})|\{e^{j[\omega_0 n + \varphi(\omega_0)]} + e^{-j[\omega_0 n + \varphi(\omega_0)]}\}$$

$$y(n) = |H(e^{j\omega_0})|\cos[\omega_0 n + \varphi(\omega_0)] \tag{4.3.15}$$

式（4.3.15）表明，当单频正弦型信号通过离散 LTI 系统时，其输出为同频正（余）弦序列，仅在幅度加权（乘以）$|H(e^{j\omega_0})|$，相位移位 $\varphi(\omega_0)$，与单频虚指数序列的结论相同。

【例 4.3.6】 线性因果系统用下面的差分方程描述：

$$y(n) = 0.9y(n-1) + x(n)$$

① 求系统函数 $H(z)$ 及单位脉冲响应 $h(n)$；

② 求系统频响函数 $H(e^{j\omega})$；

③ 设输入为 $x(n) = e^{j\omega_0 n}$，$\omega_0 = \frac{\pi}{3}$，求输出 $y(n)$。

解： ① 将差分方程整理得到：

$$y(n) - 0.9y(n-1) = x(n)$$

方程两边 z 变换得：

$$Y(z) - 0.9z^{-1}Y(z) = X(z)$$

求得：

$$H(z) = \frac{Y(z)}{X(z)} = \frac{1}{1-0.9z^{-1}}$$

z 反变换得：

$$h(n) = (0.9)^n u(n)$$

② 因为系统为因果稳定系统，即收敛域包含单位圆，所以极点 0.9 在单位圆内，则系统频率响应函数与系统函数的关系为：

$$H(e^{j\omega}) = H(z)\Big|_{z=e^{j\omega}} = \frac{1}{1-0.9e^{-j\omega}}$$

③ 输入为 $x(n) = e^{j\omega_0 n}$，根据系统对单频信号的响应特性，输出为：

$$y(n) = |H(e^{j\omega_0})|e^{j[\omega_0 n + \varphi(\omega_0)]}$$

其中，

$$|H(e^{j\omega_0})| = \left|\frac{1}{1-0.9e^{-j\omega_0}}\right| = \left|\frac{1}{1-0.9\cos\omega_0 + j0.9\sin\omega_0}\right|$$

$$= \frac{1}{\sqrt{(1-0.9\cos\omega_0)^2 + (0.9\sin\omega_0)^2}} = \frac{1}{\sqrt{1.81-1.8\cos\omega_0}}$$

$$\varphi(\omega_0) = -\arctan\left[\frac{0.9\sin\omega_0}{1-0.9\cos\omega_0}\right].$$

当 $\omega_0 = \dfrac{\pi}{3}$ 时,

$$|H(e^{j\frac{\pi}{3}})| = \frac{1}{\sqrt{1.81-1.8\cos\dfrac{\pi}{3}}} = \frac{1}{\sqrt{0.91}} \approx 1.048$$

$$\varphi\left(\frac{\pi}{3}\right) = -\arctan\left[\frac{0.9\sin\dfrac{\pi}{3}}{1-0.9\cos\dfrac{\pi}{3}}\right] \approx -0.3\pi$$

$$\therefore y(n) = |H(e^{j\omega_0})| e^{j[\omega_0 n + \varphi(\omega_0)]} \xrightarrow{\omega_0 = \frac{\pi}{3}} y(n) = 1.048e^{j[\frac{\pi}{3}n - 0.3\pi]}$$

【例 4.3.7】 一个离散 LTI 系统由 $h_1(n) = \delta(n)$, $h_2(n) = \dfrac{1}{3}\delta(n-1)$, $h_3(n) = \dfrac{1}{3}\delta(n-2)$ 三个子系统级联而成,其频率特性记为 $H(e^{j\omega}) = |H(e^{j\omega})| e^{j\varphi(\omega)}$。

① 求系统频响 $H(e^{j\omega})$、幅频特性 $|H(e^{j\omega})|$ 及相频特性 $\varphi(\omega)$;

② 若 $\omega_0 = \dfrac{\pi}{4}$,求频响的幅频特性、相频特性函数值 $|H(e^{j\frac{\pi}{4}})|$、$\varphi\left(\dfrac{\pi}{4}\right)$;

③ 当输入为 $x_1(n) = R_4(n)$ 时,求系统输出 $y_1(n)$;

④ 当输入为 $x_2(n) = A\cos\left(\dfrac{\pi}{4}n + \dfrac{\pi}{2}\right)$ 时,求系统输出 $y_2(n)$ 的幅频和相频特性函数 $|Y_2(e^{j\omega})|$、$\varphi_2(\omega)$。

解: ① 由于系统是由三个子系统级联而成的复合系统,写出复合系统的单位脉冲响应为:

$$h(n) = h_1(n) * h_2(n) * h_3(n) = \delta(n) * \frac{1}{3}\delta(n-1) * \frac{1}{3}\delta(n-2) = \frac{1}{9}\delta(n-3)$$

则系统频响为:

$$H(e^{j\omega}) = \frac{1}{9}e^{-j3\omega}$$

上式的这种表示实际上是复数的指数表示形式,所以易知:幅频特性 $|H(e^{j\omega})| = \dfrac{1}{9}$,相频特性 $\varphi(\omega) = -3\omega$。

② 若 $\omega_0 = \dfrac{\pi}{4}$,则有 $|H(e^{j\frac{\pi}{4}})| = \dfrac{1}{9}$,$\varphi\left(\dfrac{\pi}{4}\right) = -3 \times \dfrac{\pi}{4} = -\dfrac{3}{4}\pi$。

③ 当输入为 $x_1(n) = R_4(n)$,由于 $h(n) = \dfrac{1}{9}\delta(n-3)$ 是一个简单的单位脉冲序列,可以直接用序列卷积和求解,即 $y_1(n) = x_1(n) * h(n) = R_4(n) * \dfrac{1}{9}\delta(n-3) = \dfrac{1}{9}R_4(n-3)$。

④ 当输入为 $x_2(n) = A\cos\left(\dfrac{\pi}{4}n + \dfrac{\pi}{2}\right)$，这是一个数字频率为 $\omega_0 = \dfrac{\pi}{4}$ 的单频信号，则由系统对单频序列的频响特性公式可知：

$$y_2(n) = A \mid H(\mathrm{e}^{\mathrm{j}\omega_0}) \mid \cos\left(\omega_0 n + \frac{\pi}{2} - 3\omega_0\right)$$

代入步骤②计算出来的模和相位，可得

$$y_2(n) = A \times \frac{1}{9}\cos\left(\frac{\pi}{4}n + \frac{\pi}{2} - \frac{3}{4}\pi\right) = \frac{A}{9}\cos\left(\frac{\pi}{4}n - \frac{1}{4}\pi\right)$$

【例 4.3.8】已知离散 LTI 系统为因果稳定系统，其频率响应函数 $H(\mathrm{e}^{\mathrm{j}\omega})$ 如图 4-17(a) 所示，输入序列 $x(n) = \dfrac{2}{3}\mathrm{Sa}\left(\dfrac{2}{3}\pi n\right)(-1)^n$，求输出 $y(n)$。

解：由图 4-17(a) 可以写出系统的频响为：$H(\mathrm{e}^{\mathrm{j}\omega}) = \mid H(\mathrm{e}^{\mathrm{j}\omega}) \mid \mathrm{e}^{\mathrm{j}\varphi(\omega)} = G_{\frac{4}{3}\pi}(\mathrm{e}^{\mathrm{j}\omega})\mathrm{e}^{-\mathrm{j}\omega}$

因为 $-1 = \mathrm{e}^{\mathrm{j}\pi}$，将 $x(n)$ 改写为：

$$x(n) = \frac{2}{3}\mathrm{Sa}\left(\frac{2}{3}\pi n\right)(-1)^n = \frac{2}{3}\mathrm{Sa}\left(\frac{2}{3}\pi n\right)\mathrm{e}^{\mathrm{j}\pi n}$$

令 $x_1(n) = \dfrac{2}{3}\mathrm{Sa}\left(\dfrac{2}{3}\pi n\right)$，则 $x(n) = x_1(n)\mathrm{e}^{\mathrm{j}\pi n}$

由公式 $\dfrac{\omega_c}{\pi}\mathrm{Sa}(\omega_c n) \leftrightarrow G_{2\omega_c}(\mathrm{e}^{\mathrm{j}\omega})$

$$\because \frac{2}{3}\mathrm{Sa}\left(\frac{2}{3}\pi n\right) \leftrightarrow G_{\frac{4}{3}\pi}(\mathrm{e}^{\mathrm{j}\omega}) \quad 即 X_1(\mathrm{e}^{\mathrm{j}\omega}) = G_{\frac{4}{3}\pi}(\mathrm{e}^{\mathrm{j}\omega})$$

再由傅里叶变换的频移特性 $x(n)\mathrm{e}^{\mathrm{j}\omega_0 n} \leftrightarrow X_1(\mathrm{e}^{\mathrm{j}(\omega-\omega_0)})$，并令 $\omega_0 = \pi$ 得：

$$X(\mathrm{e}^{\mathrm{j}\omega}) = X_1(\mathrm{e}^{\mathrm{j}(\omega-\pi)}) = G_{\frac{4}{3}\pi}(\mathrm{e}^{\mathrm{j}(\omega-\pi)})$$

又因为：

$$Y(\mathrm{e}^{\mathrm{j}\omega}) = X(\mathrm{e}^{\mathrm{j}\omega})H(\mathrm{e}^{\mathrm{j}\omega})$$

画出 $X(\mathrm{e}^{\mathrm{j}\omega})$ 的频谱，由于 $\mid X(\mathrm{e}^{\mathrm{j}\omega}) \mid$ 是以 2π 为周期的，所以在 ω 的负半轴也出现了一个对应的波形，正好在 $-\pi \sim \pi$ 范围内，所以 $\mid Y(\mathrm{e}^{\mathrm{j}\omega}) \mid$ 是两个频域门函数相乘，在图 4-17 (b) 中画出门函数相乘后，非零值组成的图形还是两个门宽较小的门函数，门宽为 $\dfrac{1}{3}\pi$，门的中心频率为 $\pm\dfrac{\pi}{2}$，则结合题设给出的关于 $H(\mathrm{e}^{\mathrm{j}\omega})$ 的相频特性函数，可以写出输出的频谱为：

$$Y(\mathrm{e}^{\mathrm{j}\omega}) = \begin{cases} \mathrm{e}^{-\mathrm{j}\omega} & \dfrac{\pi}{3} \leqslant \mid\omega\mid \leqslant \dfrac{2}{3}\pi \\ 0 & 0 \leqslant \mid\omega\mid \leqslant \dfrac{1}{3}\pi, \dfrac{2\pi}{3} < \mid\omega\mid \leqslant \pi \end{cases}$$

直接用反变换公式求解，得：

$$y(n) = \frac{1}{2\pi}\int_{-\pi}^{\pi} Y(\mathrm{e}^{\mathrm{j}\omega})\mathrm{e}^{\mathrm{j}\omega n}\mathrm{d}\omega$$

$$= \frac{1}{2\pi}\Big[\int_{-\frac{2\pi}{3}}^{-\frac{\pi}{3}} e^{-j\omega} e^{j\omega n}\,d\omega + \int_{\frac{\pi}{3}}^{\frac{2\pi}{3}} e^{-j\omega} e^{j\omega n}\,d\omega\Big]$$

当 $n=1$ 时，

$$y(n) = \frac{1}{2\pi}\Big[\int_{-\frac{2\pi}{3}}^{-\frac{\pi}{3}} d\omega + \int_{\frac{\pi}{3}}^{\frac{2\pi}{3}} d\omega\Big] = \frac{1}{2\pi}\Big[-\frac{1}{3}+\frac{2}{3}+\frac{2}{3}-\frac{1}{3}\Big]\pi = \frac{1}{3}$$

当 $n\neq1$ 时，

$$y(n) = \frac{1}{2\pi j(n-1)}\Big[e^{j\omega(n-1)}\Big|_{-\frac{2}{3}\pi}^{-\frac{\pi}{3}} + e^{j\omega(n-1)}\Big|_{\frac{1}{3}\pi}^{\frac{2}{3}\pi}\Big]$$

$$= \frac{\sin\Big[\dfrac{2}{3}\pi(n-1)\Big] - \sin\Big[\dfrac{1}{3}\pi(n-1)\Big]}{\pi(n-1)}$$

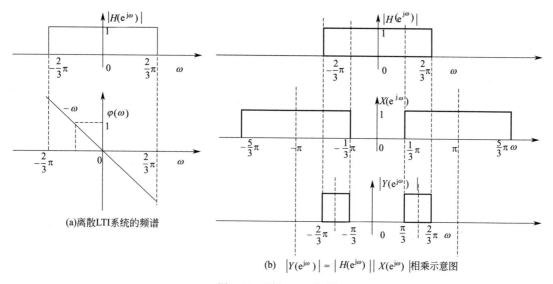

图 4-17 【例 4.3.8】图

注意：① 本题的系统频响 $H(e^{j\omega})$ 是分别用 $|H(e^{j\omega})|$ 和 $\varphi(\omega)$ 来表示的，需要利用频响指数形式表示法来表示。

② 由于 $X(e^{j\omega})$ 是一个门函数，计算出来没有附加相频特性，即可认为它的 $\varphi(\omega)=0$。但是由于 $X(e^{j\omega})$ 是关于 2π 不断重复的，所以尽管直接计算 $X(e^{j\omega})$ 只是右移，但是实际上在 $-\pi\sim0$ 还有一个对称的波形，这是在实际计算中很容易忽略的问题。

③ $Y(e^{j\omega})$ 的幅频特性是两个门函数，如果用门函数的傅里叶变换对求解会使表达式变得越来越复杂，所以本题利用波形的非零值为 1 这个特点，直接用图解法求系统输出的频响 $Y(e^{j\omega})$，再用序列傅里叶反变换求解。事实上，序列傅里叶反变换并不难求，因为公式是定积分而不是无穷积分。

4.3.4 离散 LTI 系统频响的几何确定法

由式(4.3.10)可知，对于一个因果稳定的离散 LTI 系统，系统频率响应函数与系统函数的关系为 $H(e^{j\omega})=H(z)\big|_{z=e^{j\omega}}$，这也说明，系统函数 $H(z)$ 的极点与系统频响有直接关系。

一个线性时不变因果系统，其 $H(z)$ 的极点均在单位圆内，那么它在单位圆上（$|z|=1$）也收敛，根据式(4.3.2)的极点零点形式，分子分母同时乘以 z^N，将式子改写成如下形式：

$$H(z)=\frac{Y(z)}{X(z)}=Kz^{N-M}\frac{(1-a_1z^{-1})(1-a_2z^{-1})\cdots(1-a_Mz^{-1})}{(1-p_1z^{-1})(1-p_2z^{-1})\cdots(1-p_Nz^{-1})},N\geqslant M\ (4.3.16)$$

K 为不等于零的常数，则由 $H(\mathrm{e}^{\mathrm{j}\omega})=H(z)\big|_{z=\mathrm{e}^{\mathrm{j}\omega}}$ 可得：

$$H(\mathrm{e}^{\mathrm{j}\omega})=K\mathrm{e}^{\mathrm{j}\omega(N-M)}\frac{(1-a_1\mathrm{e}^{-\mathrm{j}\omega})(1-a_2\mathrm{e}^{-\mathrm{j}\omega})\cdots(1-a_M\mathrm{e}^{-\mathrm{j}\omega})}{(1-p_1\mathrm{e}^{-\mathrm{j}\omega})(1-p_2\mathrm{e}^{-\mathrm{j}\omega})\cdots(1-p_N\mathrm{e}^{-\mathrm{j}\omega})}\qquad(4.3.17)$$

$$\begin{aligned}|H(\mathrm{e}^{\mathrm{j}\omega})|&=\left|K\mathrm{e}^{\mathrm{j}\omega(N-M)}\frac{(1-a_1\mathrm{e}^{-\mathrm{j}\omega})(1-a_2\mathrm{e}^{-\mathrm{j}\omega})\cdots(1-a_M\mathrm{e}^{-\mathrm{j}\omega})}{(1-p_1\mathrm{e}^{-\mathrm{j}\omega})(1-p_2\mathrm{e}^{-\mathrm{j}\omega})\cdots(1-p_N\mathrm{e}^{-\mathrm{j}\omega})}\right|\\&=|K\mathrm{e}^{\mathrm{j}\omega(N-M)}|\frac{|1-a_1\mathrm{e}^{-\mathrm{j}\omega}||1-a_2\mathrm{e}^{-\mathrm{j}\omega}|\cdots|1-a_M\mathrm{e}^{-\mathrm{j}\omega}|}{|1-p_1\mathrm{e}^{-\mathrm{j}\omega}||1-p_2\mathrm{e}^{-\mathrm{j}\omega}|\cdots|1-p_N\mathrm{e}^{-\mathrm{j}\omega}|}\end{aligned}$$

$$(4.3.18)$$

如果在 z 平面用矢量表示分子分母中的任一项如 $|1-a_1\mathrm{e}^{-\mathrm{j}\omega}|$，可以表示为 z 平面两个点之间的距离，其中，1 表示 $|z|=1$ 的点，这样的点在单位圆上有无穷多个，称为单位圆上的动点，它们移动时相对横坐标轴 $\mathrm{Re}(z)$ 正方向的夹角 ω 是连续的。假设系统有 M 个零点和 N 个极点，则分子表示每个零点单位圆上的动点的距离之积，分母则是每个极点到单位圆上的动点的距离之积。

根据这个原理，系统频响的几何确定法可以表示为：

$$|H(\mathrm{e}^{\mathrm{j}\omega})|=K\frac{\text{所有零点到单位圆上的动点的距离之积}}{\text{所有极点到单位圆上的动点的距离之积}}\qquad(4.3.19)$$

K 是不等于零的常数。幅频响应特性实际上应用了复数的向量表示法，同理可以知道，系统的相频响应特性为：

$$\varphi(\omega)=\arg[K]+\omega(N-M)+\sum_{r=1}^{M}\alpha_r-\sum_{r=1}^{N}\beta_r\qquad(4.3.20)$$

式中，$\arg[K]$ 由 $K(K\neq0)$ 的符号决定，有两种可能，当 $K>0$，$\arg[K]=0$，当 $K<0$，$\arg[K]=\pi$；$\omega(N-M)$ 是式(4.3.13)中 $\mathrm{e}^{\mathrm{j}\omega(N-M)}$ 的辐角，这是原点处的零点贡献的一个线性相移量，也称为线性相移分量；$\sum_{r=1}^{M}\alpha_r$ 是所有零点到单位圆上的动点的辐角之和；$\sum_{r=1}^{N}\beta_r$ 表示所有极点到单位圆上的动点的辐角之和。

当系统零极点较多时，采用几何法也不容易计算出系统的频响，可以采用计算机辅助设计来实现。一阶、二阶系统频响的几何法表示原理如图 4-18 所示。

图 4-18(a) 中，动点是在单位圆上逆时针移动的点，它的模 $r=1$，转动到任意一点时，与实轴 $\mathrm{Re}[z]$ 之间的角度为 ω，这个动点表示 $z=\mathrm{e}^{\mathrm{j}\omega}$，即频响 $H(\mathrm{e}^{\mathrm{j}\omega})$ 的自变量 $\mathrm{e}^{\mathrm{j}\omega}$，这其实也表示这 z 平面单位圆上的 z 变换就是序列的傅里叶变换。

图 4-18(b) 是一个一阶系统零极点及其与动点的向量关系的示意图。大圆为单位圆，是动点运动的轨迹，小圈表示零点，×表示极点。零点到单位圆上动点的向量模为 r_z，辐角为 α，极点到单位圆上动点的向量模为 r_p，辐角为 β，简便起见，令其系统函数的系数 $K=1$，

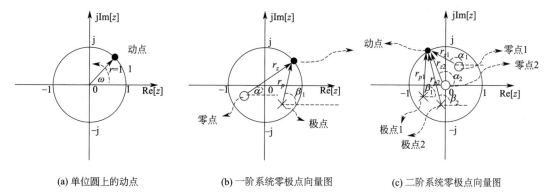

(a) 单位圆上的动点   (b) 一阶系统零极点向量图   (c) 二阶系统零极点向量图

图 4-18   系统频响几何表示法原理示意图

则式(4.3.20) 中，$\arg[K]=0$；并令分子分母同为一阶，即 $N=M=1$，则 $\omega(N-M)=0$。则根据式(4.3.19)、式(4.3.20) 可写出图中动点（设此时动点转到角度 $\omega=\omega_1$）对应的幅频特性和相频特性函数为：

$$\left|H(\mathrm{e}^{\mathrm{j}\omega_1})\right|=\frac{r_z}{r_p},\varphi(\omega_1)=\alpha-\beta \tag{4.3.21}$$

不断改变动点的位置，可以得到 $\omega\in[0,2\pi]$ 各点对应的幅频特性函数值和相频特性函数值，即可在横坐标自变量为 ω 的坐标系中画出幅频特性曲线和相频特性曲线。

图 4-18(c) 是一个二阶系统，有两个零点和两个极点，同样令 $K=1$，$N=M$，则由式(4.3.19)、式(4.3.20) 可写出图中动点（设 $\omega=\omega_1$）对应系统的幅频响应和相频特性函数为：

$$\left|H(\mathrm{e}^{\mathrm{j}\omega_1})\right|=\frac{r_{z1}r_{z2}}{r_{p1}r_{p2}},\varphi(\omega_1)=\alpha_1+\alpha_2-\beta_1-\beta_2 \tag{4.3.22}$$

按照式(4.3.19) 和式(4.3.20)，已知系统零极点分布的情况下，可以确定零极点位置对系统特性的影响，以下是几种零极点与系统频响特性关系的总结。

① 原点处的零点 $z=a_i=0$，到单位圆的距离总是保持为 1 ［如图 4-18(c) 中的零点 2，模 $r_{z2}\equiv1$］，所以对幅频特性 $|H(\mathrm{e}^{\mathrm{j}\omega})|$ 没有影响，但是对辐角 $\varphi(\omega)$ 有一个线性相移分量 $\omega(N-M)$。

② 单位圆附近的零点，当它接近动点时距离很小，$r_z\approx0$，远离动点时距离很大，$r_z\approx2$，这样的零点对幅频特性 $|H(\mathrm{e}^{\mathrm{j}\omega})|$ 的波谷的位置和深度有明显影响，零点越靠近单位圆，波谷就越深，若零点在单位圆上，则 $r_z=0$，幅频特性 $|H(\mathrm{e}^{\mathrm{j}\omega})|$ 会出现零值。

③ 与零点的作用相反，单位圆附近的极点决定幅频特性的波峰，极点越接近单位圆，波峰越尖锐。但极点不能在单位圆上，因为此时系统处于临界稳定状态（会造成单位圆不在收敛域内），不应采用。

【例 4.3.9】设一阶系统的差分方程为 $y(n)-\dfrac{1}{2}y(n-1)=x(n)$。

① 求系统函数 $H(z)$；

② 求系统零点极点并画出系统函数零极点分布图；

③ 利用几何法粗略画出系统幅频响应曲线。

解： ① 差分方程两边 z 变换得：

$$Y(z) - 0.5z^{-1}Y(z) = X(z)$$

$$H(z) = \frac{Y(z)}{X(z)} = \frac{1}{1 - 0.5z^{-1}}$$

分子分母同时乘以 z，得到：

$$H(z) = \frac{z}{z - 0.5}$$

② 由 $H(z)$ 的分子分母多项式可求出系统的零点为 0，极点为 0.5，零极点图如图 4-19 (a) 所示。

③ 令 $z = e^{j\omega}$，则系统频响为：

$$H(e^{j\omega}) = \frac{1}{1 - 0.5e^{-j\omega}}$$

根据几何法的原理，先画出零极点和动点关系如图 4-19（b）所示，由式（4.3.21）可知，其中 $|H(e^{j\omega_1})| = \dfrac{r_z}{r_p}$。

分别取动点的 ω 为 0、$\dfrac{\pi}{4}$、$\dfrac{\pi}{2}$、π，求出的 $|H(e^{j\omega})|$ 特殊值，在横坐标为 ω 的坐标系上描点连线，并根据对称性画出 $\pi \sim 2\pi$ 部分波形，即可得到 $|H(e^{j\omega})|$ 波形如图 4-19(c) 所示。特殊角对应的 $|H(e^{j\omega})|$ 值如表 4-5 所示。

表 4-5　特殊角对应的 $|H(e^{j\omega})|$ 值

ω	0	$\dfrac{\pi}{4}$	$\dfrac{\pi}{2}$	π	$\dfrac{3\pi}{2}$	$\dfrac{7\pi}{4}$	2π
r_z	1	1	1	1	1	1	1
r_p	$\dfrac{1}{2}$	0.728	1.118	1.5	1.118	0.728	$\dfrac{1}{2}$
$|H(e^{j\omega})|$	2	1.377	0.894	0.667	0.894	1.377	2

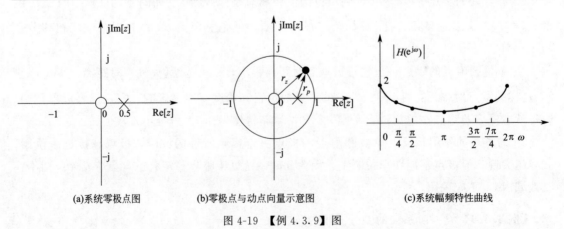

(a)系统零极点图　　　(b)零极点与动点向量示意图　　　(c)系统幅频特性曲线

图 4-19　【例 4.3.9】图

注意：这种取 ω 特殊值计算对应 $|H(e^{j\omega})|$ 的值，然后通过描点连线画出其波形的方法可以扩展到用计算机辅助计算更多点的值，便可获得更精确的波形。这正是离散傅里叶变换 DFT 的基本思想。

第2部分
进阶知识

进阶部分主要讲述离散傅里叶变换 DFT、快速傅里叶变换 FFT 以及四种傅里叶变换的比较。

数字信号处理是一门新兴的学科,其数学理论也是新兴的。为了让其具有数学上的完美性,有很多基于离散理论的定义、定理以及定理的推导、证明,使得数字信号处理的数学理论变得特别高深。但是就像对于证明1+1=2这样的数学问题一样,数学工作者可能需要数百年才能证明其正确性;作为工程技术人员,不管证明该结论的数学进程如何,几百年来都心安理得地直接用其结果,这应该就是工程应用的一种极简思想。

真正的数字信号处理理论和应用应该在这个部分,所以将 DFT、 FFT 两部分内容放在进阶部分,它不仅意味着数字信号处理这门学科的进阶,也意味着对数学基础理论作为工程应用桥梁理解的进阶。本章总结了大量例题并结合常见 DFT 应用来说明数字信号处理的理论,以达到应用能力进阶的目的。例题一般都是以较少的有限数值的计算为例,推广到无限可能会显得有一定的局限性或不完美,但是希望读者能够从这些规律中总结更高效的计算机算法以完成更多大数值量的精确计算。

最后,为了数学逻辑的严密性,本部分还包含了傅里叶分析的内容。这部分内容没有对其数学理论做深入的分析,只是作为 DFT、 FFT 的理论支撑。

第5章 离散傅里叶变换 DFT

傅里叶变换是数字信号处理中序列频谱分析的重要方法。无论是连续还是离散时间傅里叶变换，利用其正反变换公式，能够求出一些满足条件的确定信号的时间函数或序列的频域表示，或者由频域函数反求出它们的时域信号，实际上很多信号并不能用确定的函数表示出来；另外，序列的频谱 $X(e^{j\omega})$ 是关于 ω 的复值周期连续函数，需要无限个数值才能用数学定义精确的闭合解析式表示出来。由于这些原因，尽管傅里叶方法在理论上发挥了巨大作用，但其在直接应用于实际系统方面，长期以来还是受到相当的限制。

离散傅里叶变换 DFT（Discrete Fourier Transform）用有限长序列有效表示傅里叶变换的方法，突破了傅里叶变换函数求解和计算的困难与限制，为傅里叶方法广泛和方便地实际应用打开了大门。许多数值计算软件在进行傅里叶变换时，都采用了离散傅里叶变换 DFT 或者基于 DFT 的快速算法快速傅里叶变换 FFT 来实现。直接将 DFT 应用在数字信号处理器中实现 OFDM（Orthogonal Frequency Division Multiplexing，正交频分复用）在第四代移动通信系统物理层标准中的广泛应用，更是将 DFT 应用推向了高潮。可以说，离散傅里叶变换 DFT 使得时域离散系统的研究与应用在许多方面取代了传统的连续时间信号与系统分析，在各种信号处理中都起到了核心作用。

5.1 离散傅里叶变换

离散傅里叶变换 DFT 的技术背景主要是满足计算机处理的需要。利用计算机计算有两个需要，一个是计算范围缩小，即频谱计算长度有限化，另一个是将连续频谱离散化。这两个问题可以通过将任意序列定义为有限长序列及对 z 变换 z 域抽样得到。

5.1.1 离散傅里叶变换 DFT 的定义

（1）DFT 的定义

假设任意序列 $x(n)$ 为有限长序列的长度为 $N(N>0)$，$0 \leqslant n \leqslant N-1$，即

$$x(n) = \begin{cases} x(n) & 0 \leqslant n \leqslant N-1 \\ 0 & \text{其他} \end{cases}$$

则 $x(n)$ 的单边 z 变换为:

$$X(z) = \sum_{n=0}^{+\infty} x(n) z^{-n} = \sum_{n=0}^{N-1} x(n) z^{-n} \tag{5.1.1}$$

根据有限长序列的 z 变换性质, 收敛域为 $z \neq 0$ 的整个 z 平面, 可以满足收敛域包含单位圆的条件。那么在 z 平面的单位圆上, 有 $z = \mathrm{e}^{\mathrm{j}\omega}$, 即单位圆上的 z 变换等于序列的傅里叶变换, 即 $X(\mathrm{e}^{\mathrm{j}\omega}) = X(z)\big|_{z=\mathrm{e}^{\mathrm{j}\omega}}$。

求序列傅里叶变换 $X(\mathrm{e}^{\mathrm{j}\omega})$ 是分析序列频谱特性的唯一途径。在第 4 章的序列傅里叶变换中我们已经知道, $X(\mathrm{e}^{\mathrm{j}\omega})$ 是以虚指数函数 $\mathrm{e}^{\mathrm{j}\omega}$ 为自变量、以 $\omega = 2\pi$ 的整数倍为周期重复, 在对序列做频谱分析时一般只需要得到 $\omega \in [0, 2\pi]$ 范围内的频谱波形即可 [见式(4.2.9)]。基于这个原理, 为了均匀地描绘 $\omega \in [0, 2\pi]$ 范围内 $X(\mathrm{e}^{\mathrm{j}\omega})$ 的波形, 可以将 z 平面上的单位圆圆周 N 等分, 各等分点的频率为 $\omega_k = \left(\dfrac{2\pi}{N}\right)k$ ($0 \leqslant k \leqslant N-1$), ω_k 是 2π 范围内以 $\dfrac{2\pi}{N}$ 等间隔抽样点的频率, 序列傅里叶变换 $X(\mathrm{e}^{\mathrm{j}\omega})$ 变成离散频点对应 k 个 $X(\mathrm{e}^{\mathrm{j}\omega_k})$, 用 $X(k)$ 表示每个 $X(\mathrm{e}^{\mathrm{j}\omega_k})$ 的值, 可得到:

$$X(k) = X(\mathrm{e}^{\mathrm{j}\omega_k}) = \sum_{n=0}^{N-1} x(n) \mathrm{e}^{-\mathrm{j}\omega_k n} = \sum_{n=0}^{N-1} x(n) \mathrm{e}^{-\mathrm{j}\frac{2\pi}{N}kn}$$

$X(k)$ 称为有限长序列 $x(n)$ 的离散傅里叶变换, 可用 $X(k) = \mathrm{DFT}[x(n)]$ 表示。

上式中, 需要计算虚指数序列 $\mathrm{e}^{-\mathrm{j}\frac{2\pi}{N}kn}$, 为了方便公式的表示, 引入了符号 W_N, 称为旋转因子, 即有 $W_N^{nk} = \mathrm{e}^{-\mathrm{j}\frac{2\pi}{N}kn}$, 综上, 可得到离散傅里叶变换 DFT 的定义为:

$$X(k) = \mathrm{DFT}[x(n)] = \sum_{n=0}^{N-1} x(n) W_N^{nk}, \quad 0 \leqslant k \leqslant N-1 \tag{5.1.2}$$

式中, N 为离散傅里叶变换的变换区间。通常可以将变换区间为 N 的 DFT 称为 N 点 DFT。根据 DFT 定义式的计算规则, 也可用矩阵形式来表示:

$$\boldsymbol{X} = \boldsymbol{W_N}\boldsymbol{x} \tag{5.1.3}$$

上式中,

$$\boldsymbol{X} = \begin{bmatrix} X(0) \\ X(1) \\ \vdots \\ X(N-1) \end{bmatrix}, \boldsymbol{x} = \begin{bmatrix} x(0) \\ x(1) \\ \vdots \\ x(N-1) \end{bmatrix}$$

$$\boldsymbol{W_N} = \begin{bmatrix} 1 & 1 & 1 & \cdots & 1 \\ 1 & W_N^1 & W_N^2 & \cdots & W_N^{N-1} \\ 1 & W_N^2 & W_N^4 & \cdots & W_N^{2(N-1)} \\ \vdots & \vdots & \vdots & \vdots & \vdots \\ 1 & W_N^{N-1} & W_N^{2(N-1)} & \cdots & W_N^{(N-1)(N-1)} \end{bmatrix}$$

$N \times N$ 矩阵 $\boldsymbol{W_N}$ 称为 DFT 矩阵。$\boldsymbol{W_N}$ 是对称矩阵，即有 $\boldsymbol{W_N} = [\boldsymbol{W_N}]^T$。

若已知序列的离散傅里叶变换 $X(k)$，即已知序列的离散频谱，可以通过离散傅里叶反变换（Inverse Discrete Fourier Transform，IDFT）求对应的时域序列 $x(n)$，公式如下：

$$x_N(n) = \text{IDFT}[X(k)] = \frac{1}{N}\sum_{k=0}^{N-1} X(k)W_N^{-nk}, 0 \leqslant n \leqslant N-1 \qquad (5.1.4)$$

注意：仅当离散傅里叶变换的变换区间与序列长度同为 N 时，$x_N(n) = x(n)$。

同理，IDFT 用矩阵表示为：

$$\boldsymbol{x} = \frac{1}{N}\boldsymbol{W_N^*}\boldsymbol{X} = \boldsymbol{W_N^{-1}}\boldsymbol{X} \qquad (5.1.5)$$

其中，$\boldsymbol{W_N^{-1}} = \frac{1}{N}\boldsymbol{W_N^*}$ 称为 IDFT 矩阵。

（2）离散傅里叶变换的物理意义

对于一个长度为 N 的有限长序列 $x(n)$，其傅里叶变换 $X(e^{j\omega})$，以 $R_4(n)$ 为例，由式（4.2.8）得到其傅里叶变换为：

$$R_4(n) \leftrightarrow e^{-j\frac{3\omega}{2}}\frac{\sin(2\omega)}{\sin\frac{\omega}{2}}$$

作出 $X(e^{j\omega})$ 的幅频特性函数 $|X(e^{j\omega})|$ 如图 5-1 所示。

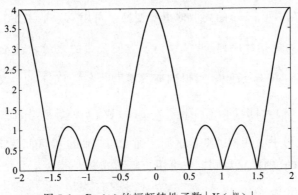

图 5-1　$R_4(n)$ 的幅频特性函数 $|X(e^{j\omega})|$

序列的傅里叶变换是关于 ω 的连续函数，图 5-1 作出了 $\omega \in [-2\pi, 2\pi]$ 之间的波形，很明显看出幅频特性函数曲线 $|X(e^{j\omega})|$ 是以 2π 为间隔出现的（还可以观察到波形关于 π 偶对称的特性，这在后续一些分析中也是一个有用的规律），即傅里叶变换 $|X(e^{j\omega})|$ 是频率 ω 的周期函数，周期是 $2k\pi$。$X(e^{j\omega})$ 的相位谱 $\varphi(\omega)$ 也具有相同的周期。

由于数字频率是一种相对频率，可以理解为它是在单位圆上转动，所以即使出现大于 2π 的范围，也可以通过周期函数的定义，将其转换成 $[0, 2\pi]$ 或者 $[-\pi, \pi]$ 的一个范围内来。这里要重点理解所谓的频域周期性是指间隔一定的频率，频谱的波形重复，与时间变量中定义的周期 T 不是同一个概念，用数学中对抽象函数的周期性定义来理解比较合适。

在图 5-2 中，取幅度谱 $|X(e^{j\omega})|$ 一个周期（0～2π）的波形进行抽样。

从图 5-2 中可以看出，频域抽样实质上是频谱的离散化。时域采样信号在时域离散化了，

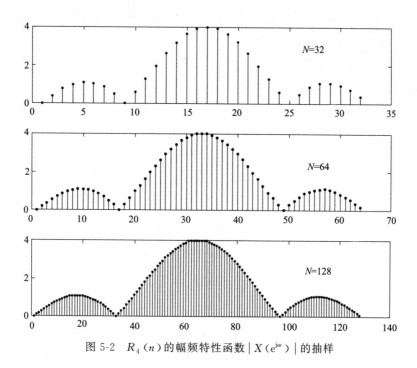

图 5-2 $R_4(n)$ 的幅频特性函数 $|X(e^{j\omega})|$ 的抽样

但是其频谱不仅仍然是连续的，还出现了周期延拓（见第4章）；与时域采样信号不同的是，频谱离散化的结果是抽样点之间的频率被漏掉了，无法再恢复。这是 DFT 的一种固有误差。因为抽样点之间的频谱是看不到的，就好像从 N 个栅栏缝隙中观看频谱的情况，仅得到 N 个缝隙中看到的频谱，因此这种现象称为栅栏效应。改善这种现象的一个方法是增加 DFT 变换区间的长度，增加 DFT 的点数，使得频域抽样间隔变小，更多被漏掉的频率成分被检测到。对比图 5-2 中的三种抽样点数可以看出，当 DFT 的点数 $N=128$ 时的栅栏效应相比 $N=32$ 就有明显改善。当然，得到这样的改善需要增加 DFT 的长度，会提高计算的复杂性。

注意：频域离散化和时域离散化的本质区别可以简单总结为时域采样频域可恢复，频域抽样频域不可恢复。为了体现这种区别，本书中对时域离散化用"采样"一词，而频域离散化用"抽样"一词。虽然这两个词的解释很接近，但是可尽量避免引起表述上和理解上的混淆。

（3）离散傅里叶变换的特点

由离散傅里叶变换的正、反变换公式可以看出，DFT 具有以下特点：

① 由于公式中求和的项数为 N 项，即计算的最大长度为 N。求若和项中的 $x(n)$ 长度为 M，会出现三种情况：

a. 当 $M=N$ 时，直接代入公式求解；

b. 当 $M<N$ 时，序列 $x(n)$ 补零成为长度为 N 的序列，再代入公式求解；

c. 当 $M>N$ 时，序列 $x(n)$ 先按 N 点循环移位得到 $x((n))_N$，再取主值 $x((n))_N R_N(n)$，然后代入公式中求解。这部分内容的原理将在频域抽样定理部分详细说明。

② DFT 只适用于有限长序列。由于 DFT 具有隐含周期性，可以理解为一定要对 $x(n)$ 进行周期化处理，若 $x(n)$ 无限长，变成周期序列后各周期必然混叠，造成信号的混叠失真。因此实际处理时一定先将待处理的序列进行截断处理，使之成为有限长序列。反而言

之，如果设计好一个确定长度为 N 点的 DFT 算法，在应用这个算法时，对序列 $x(n)$ 长度的处理就会非常重要。这部分内容详见 5.2 节。

③ DFT 的正、反变换的数学运算非常相似，无论硬件还是软件实现都比较容易。

④ 本书关于 DFT 的定义是通过 z 变换的抽样得到的，与许多教材的引入方式不同，笔者认为这样引入离散傅里叶变换 DFT 定义更容易理解其物理意义，至于完备的数学定义及数学推导将在第 7 章傅里叶分析中进行解释。

由周期序列傅里叶级数导出的离散傅里叶变换（DFT）、反变换（IDFT）定义为：

$$X(k) = \mathrm{DFT}[x(n)] = \left[\sum_{n=0}^{N-1} x(n) W_N^{nk}\right] R_N(k) \tag{5.1.6}$$

$$x_N(n) = \mathrm{IDFT}[X(k)] = \left[\frac{1}{N}\sum_{k=0}^{N-1} X(k) W_N^{-nk}\right] R_N(n) \tag{5.1.7}$$

式(5.1.6)、式(5.1.7) 用 $R_N(k)$、$R_N(n)$ 取代了式(5.1.2) 和式(5.1.4) 中关于 k、n 取值范围的定义，本质上是一样的，但是这样可以更好地体现以下关系：即离散傅里叶变换的离散频谱 $X(k)$ 与傅里叶级数系数谱 $\widetilde{X}(k)$ 有取主值的运算关系，而周期序列的傅里叶级数系数谱序列 $\widetilde{X}(k)$ 也是一个与时域序列周期相同的周期序列。在定理和公式证明推导时常用这对公式来表述，理论性更完备。本书所采用的推导方法在其他教材中一般会在离散傅里叶变换与 z 变换关系中表述。在实际计算中，采用式(5.1.2)～式(5.1.5) 得到的结果更直观，更便于书写和计算，同时也体现了工程应用的极简思想。

5.1.2　旋转因子

上节我们提到，为了使 DFT 变换的公式表达更简洁，引入了旋转因子 W_N。

W_N 是 $\mathrm{e}^{-\mathrm{j}\frac{2\pi}{N}}$ 的简写形式，W 的下标 N 表示对 z 平面单位圆的等分数。旋转因子常见的、可用于计算的表示形式为 $W_N^r = \mathrm{e}^{-\mathrm{j}\frac{2\pi}{N}r}$，上标 r 是整数，可以是整型变量，也可以是常数。

旋转因子的运算实际上与虚指数函数相同。作为离散傅里叶变换 DFT 的计算基础，旋转因子起着重要作用。本节主要介绍旋转因子的性质以及相应的计算规则、计算方法。

（1）旋转因子 W_N 的性质

旋转因子的数学本质是离散域的虚指数序列，它的性质与虚指数序列 $\mathrm{e}^{-\mathrm{j}\theta}$ 的性质相同，具体内容总结如下。

① 周期性　若 $W_N = \mathrm{e}^{-\mathrm{j}\frac{2\pi}{N}}$，且序列存在周期 N（$N \neq 0$），则：

$$W_N^r = W_N^{r+iN} (i=0, \pm 1, \pm 2 \cdots) \tag{5.1.8}$$

进一步地，在 DFT 和 IDFT 公式中出现的 W_N^{nk} 的周期性可表示为：

$$W_N^{nk} = W_N^{(n+iN)k} = W_N^{n(k+iN)} \tag{5.1.9}$$

即无论对 n（时域）还是 k（频域），W_N^{nk} 都具备周期性。利用旋转因子的周期特性可以在 W_N^r 的上标 r 数值很大时，将其减小到 $0 \sim N$ 的范围内，从而使计算简单。

② 对称性

$$W_N^{-r} = W_N^{N-r} \qquad (5.1.10)$$

同样，在 DFT 和 IDFT 公式中出现的 W_N^{nk} 的对称性可表示为：

$$W_N^{-nk} = W_N^{(N-n)k} = W_N^{n(N-k)} \qquad (5.1.11)$$

③ 正交性

$$\sum_{r=0}^{N-1} W_N^{n(r-m)} = \begin{cases} N & r=m \\ 0 & r \neq m \end{cases} \qquad (5.1.12)$$

周期性、对称性、正交性是导出 DFT 以及 FFT（快速傅里叶变换）算法的关键，后面有许多推导用到了这些性质。

（2）旋转因子的计算

1）旋转因子的直角坐标计算法

旋转因子 $W_N^r = \mathrm{e}^{-\mathrm{j}\frac{2\pi}{N}r}$，根据欧拉公式 $\mathrm{e}^{\mathrm{j}\theta} = \cos\theta + \mathrm{j}\sin\theta$ 可将旋转因子转换成直角坐标形式。

当 $N=2$ 时，$r=0,1$，有两个旋转因子值，分别为：

$$W_2^0 = \mathrm{e}^{-\mathrm{j}\frac{2\pi}{2} \times 0} = \cos(0) + \mathrm{j}\sin(0) = 1;$$

$$W_2^1 = \mathrm{e}^{-\mathrm{j}\frac{2\pi}{2} \times 1} = \cos(-\pi) + \mathrm{j}\sin(-\pi) = -1$$

当 $N=4$ 时，$r=0,1,2,3$，有四个旋转因子值，分别为：

$$W_4^0 = \mathrm{e}^{-\mathrm{j}\frac{2\pi}{4} \times 0} = \cos(0) + \mathrm{j}\sin(0) = 1;$$

$$W_4^1 = \mathrm{e}^{-\mathrm{j}\frac{2\pi}{4} \times 1} = \cos\left(-\frac{\pi}{2}\right) + \mathrm{j}\sin\left(-\frac{\pi}{2}\right) = -\mathrm{j};$$

$$W_4^2 = \mathrm{e}^{-\mathrm{j}\frac{2\pi}{4} \times 2} = \cos(-\pi) + \mathrm{j}\sin(-\pi) = -1;$$

$$W_4^3 = \mathrm{e}^{-\mathrm{j}\frac{2\pi}{4} \times 3} = \cos\left(-\frac{3\pi}{2}\right) + \mathrm{j}\sin\left(-\frac{3\pi}{2}\right) = \mathrm{j}$$

2）旋转因子的几何计算法

旋转因子可以理解成 $\omega \in [0, 2\pi]$ 上均匀取值，将 z 平面单位圆等分为 N 份，频率间隔为 $\omega_0 = \dfrac{2\pi}{N}$。单位圆上 N 个点对应旋转因子即对应 N 个旋转因子的值。图 5-3 表示 $N=6$ 和 $N=8$ 两种情况 N 个旋转因子的值。

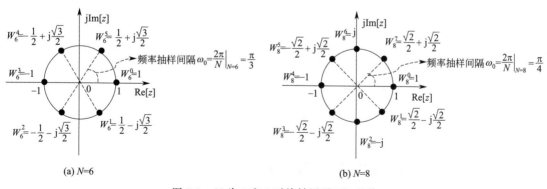

(a) N=6　　　　　　　　　　　(b) N=8

图 5-3　N 为 6 和 8 时旋转因子 W_N^r 的值

由图 5-3 不仅可以较清楚地看出旋转因子在单位圆上等间隔取值的情况，还可以看到当 W_N^r 中 $r \geqslant N$ 时，根据旋转因子的周期性，有 $W_N^r = W_N^{r-iN}$，如，$W_8^8 = W_8^{16} = W_8^0$。

3）旋转因子的可约性

旋转因子 W_N^r 中，W 的上标 r，对应的是以 e 为底的虚指数函数的指数的分子上 $-j2\pi$ 的系数；W 的下标是等分数 N，对应的是指数的分母。因此，旋转因子的上标下标可以直接通过约分来化简。常见的化简应用有：

① $W_N^r = W_{N/r}^1$，W_N^r 化简后会改变旋转因子中与 DFT 长度有关的参数 N（旋转因子的等分数 N 就是 DFT 的变换区间长度，或者说 DFT 的点数），在构造不同长度序列并求其 DFT 时会有重要作用，通过该式可将 N 点 DFT 转换为 N/r 点 DFT，讨论序列分解成较短序列；反之，也可以讨论用较短的序列合成较长序列，分析它们的 DFT 关系或求解相关序列的 DFT。

② $W_N^{\frac{N}{2}} = -1$、$W_N^0 = 1$，这两个结论在化简 DFT 计算公式时非常有用，如 $W_8^4 = e^{-j\frac{2\pi}{8} \times 4} = e^{-j\frac{2\pi}{2} \times 1} = W_2^1 = -1$。

4）旋转因子的四则运算

旋转因子可以看成一个模为 1、辐角变化的复数，因此涉及旋转因子的乘除计算满足复数运算规则。

① 旋转因子的乘法和除法规则

乘法：

$$W_N^r W_N^m = e^{-j\frac{2\pi}{N}r} e^{-j\frac{2\pi}{N}m} = e^{-j\frac{2\pi}{N}(r+m)} = W_N^{r+m} \tag{5.1.13}$$

除法：

$$\frac{W_N^r}{W_N^m} = \frac{e^{-j\frac{2\pi}{N}r}}{e^{-j\frac{2\pi}{N}m}} = e^{-j\frac{2\pi}{N}(r-m)} = W_N^{r-m} \tag{5.1.14}$$

即同底数 N 的旋转因子相乘、相除等于上标相加减。

② 旋转因子的加减法规则　加法和减法规则需要通过欧拉公式转换成三角形后进行复数加减：

例如：$W_N^r + W_N^m = \cos\left(\frac{2\pi}{N}r\right) - j\sin\left(\frac{2\pi}{N}r\right) + \cos\left(\frac{2\pi}{N}m\right) - j\sin\left(\frac{2\pi}{N}m\right)$

$$= \left[\cos\left(\frac{2\pi}{N}r\right) + \cos\left(\frac{2\pi}{N}m\right)\right] - j\left[\sin\left(\frac{2\pi}{N}r\right) + \sin\left(\frac{2\pi}{N}m\right)\right]$$

然后通过三角函数公式进一步化简。

在实际计算中不必转换成虚指数序列形式，可以直接用旋转因子符号进行四则运算。

第 1 章表 1-1 列出的常用 $e^{j\theta}$ 对应的直角坐标形式复数，也适用于旋转因子计算，可供计算时查找。

5.1.3　离散傅里叶变换的隐含周期性

在 DFT 变换中，序列 $x(n)$ 和离散谱序列 $X(k)$ 的长度都是 N，但是由于旋转因子

W_N^r 具有周期性，满足 $W_N^r = W_N^{r+iN}$，因此由式(5.1.2)定义的 $X(k)$ 具有隐含周期性，也就是

$$X(k+rN) = \sum_{n=0}^{N-1} x(n) W_N^{(k+rN)n} = \sum_{n=0}^{N-1} x(n) W_N^{kn} = X(k)$$

可以写成

$$X(k+rN) = X(k) \tag{5.1.15}$$

将序列谱序列 $X(k)$ 扩展到 $-\infty < k < +\infty$，即可得到 $X(k)$ 的周期延拓 $X((k))_N$。理解了 DFT 的隐含周期性，就等于把握了 DFT 变换的灵魂。

【**例 5.1.1**】已知序列 $x(n) = a^n$，$0 \leqslant n \leqslant N-1$。

① 求其离散傅里叶变换 $X(k)$；

② 若 $y(n) = x((n))_N$，求 $Y(k)$。

解：① 由 DFT 变换的公式有：

$$X(k) = \sum_{n=0}^{N-1} x(n) W_N^{kn} = \sum_{n=0}^{N-1} a^n W_N^{kn}$$
$$= \sum_{n=0}^{N-1} (a W_N^k)^n = \frac{1-(a W_N^k)^N}{1-a W_N^k} = \frac{1-a^N}{1-a W_N^k}, k=0,1,2,\cdots,N-1$$

② 由式(2.5.1)周期延拓的定义有：

$$y(n) = x((n))_N = \sum_{r=-\infty}^{+\infty} x(n+rN)$$

代入 DFT 变换公式得：

$$Y(k) = \sum_{n=0}^{N-1} y(n) W_N^{kn} = \sum_{n=0}^{N-1} \left[\sum_{r=-\infty}^{+\infty} x(n+rN) \right] W_N^{kn}$$

令上式中 $n+rN = m$，替换得到（由 DFT 变换定义，m 的变换区间为 N 不变）：

$$Y(k) = \sum_{m=0}^{N-1} \left[\sum_{r=-\infty}^{+\infty} x(m) \right] W_N^{k(m-rN)} = \sum_{r=-\infty}^{+\infty} \left[\sum_{m=0}^{N-1} x(m) W_N^{k(m-rN)} \right]$$
$$= \sum_{r=-\infty}^{+\infty} \left[\sum_{m=0}^{N-1} x(m) W_N^{km} W_N^{-krN} \right] = \sum_{m=0}^{N-1} x(m) W_N^{km} = X(k)$$

上式表明，序列按其长度 N 周期延拓的 DFT 变换与其未延拓时的变换相同。当然，这是序列周期延拓的周期与序列长度完全相同时的结果，也可以理解成离散傅里叶变换 DFT 的本质就是将序列周期延拓取主值的计算。

注意：① $W_N^{-krN} = W_1^{-kr} = \mathrm{e}^{\mathrm{j}2\pi kr} = 1$，这个等式在化简 DFT 变换时很常用。

② 当 W_N^{-krN} 化简为 1 后，r 这个变量就不存在了，所以针对它的求和就可以消去了，从而得到化简。

③ 因为 $x(n) = x((n))_N R_n(n)$，也可以理解为 DFT 变换定义中隐含了对 $x(n)$ 周期延拓取主值的计算，这个问题可以在第 7 章的周期序列傅里叶级数中得到数学解释。

5.1.4 离散傅里叶变换的性质

DFT 变换的性质主要与其隐含周期性有关，下面讨论 DFT 变换的一些主要性质，在讨

论中，需要对序列长度和 DFT 变换区间长度进行定义，如定理题设未对序列说明其长度，默认序列 $x(n)$ 长度为 N，其 N 点 DFT 为 $X(k)$。

（1）线性性质

设序列 $x_1(n)$、$x_2(n)$ 为有限长序列，长度分别为 N_1、N_2，且 $\text{DFT}[x_1(n)] = X_1(k)$、$\text{DFT}[x_2(n)] = X_2(k)$，若 $y(n) = ax_1(n) + bx_2(n)$，$N \geqslant \max[N_1, N_2]$，则 $y(n)$ 的 N 点 DFT 为：

$$\text{DFT}[y(n)] = Y(k) = aX_1(k) + bX_2(k), 0 \leqslant k \leqslant N-1 \tag{5.1.16}$$

线性特性表明序列叠加、比例增长时，其离散谱序列 $X(k)$ 也进行相同的线性运算。

（2）时域循环移位定理

设 $x(n)$ 是长度为 N 的有限长序列，$x(n)$ 的 N 点 DFT 记为 $\text{DFT}[x(n)] = X(k)$，$x(n)$ 左移 m 位（$m > 0$）的 N 点循环移位序列为 $x((n+m))_N$，令 $x((n+m))_N$ 的主值序列为 $y(n) = x((n+m))_N R_N(n)$，则 $y(n)$ 的 N 点 DFT 为：

$$\text{DFT}[x((n+m))_N] = Y(k) = W_N^{-km} X(k) \tag{5.1.17}$$

该定理表示序列循环移位，其保持原 $X(k)$ 顺序不变，但是每个值要乘以一个因时移产生的旋转因子 W_N^{-km}，m 表示序列的位移量，是整型常数。

【例 5.1.2】 已知某序列 $x(n)$ 的离散傅里叶变换为 $X(k) = \{\underline{1}, 2, 3, 4, 5, 4, 3, 2\}$，求 $x(n)$ 循环左移位 4 位后序列的离散傅里叶变换 8 点 DFT 的解析式及集合形式。

解： 因已知 $x(n)$ 的 8 点 DFT 序列，令 $x_1(n) = ((x+4))_8$，根据 DFT 的时域循环移位定理，有：

$$X_1(k) = W_N^{-km} X(k) = W_8^{-4k} X(k) = W_2^{-k} X(k)$$

即当 $k = 0$ 时，$X_1(0) = X(0)$

当 $k = 2i (i = 1, 2, 3)$ 时，$X_1(k) = W_2^{-2i} X(k) = X(k)$

当 $k = 2i+1 (i = 1, 2, 3)$ 时，$X_1(k) = W_2^{-(2i+1)} X(k) = -X(k)$

即对于已知的 $X(k)$，序号为偶数位 $k = 0, 2, 4, 6$ 的 $X(k)$ 不变，序号为奇数位 $k = 1, 3, 5$ 的 $X(k)$ 取反。

$$\therefore X_1(k) = \{\underline{1}, -2, 3, -4, 5, -4, 3, -2\}$$

注意：旋转因子的计算过程 $W_2^{-2i} = e^{j\frac{2\pi}{2}2i} = e^{j2\pi i} = 1$；$W_2^{-(2i+1)} = e^{j\frac{2\pi}{2}(2i+1)} = e^{j\pi} = -1$ 应用了旋转因子的可约性。

（3）频域循环移位定理

设 $x(n)$ 是长度为 N 的有限长序列，$x(n)$ 的 N 点 DFT 记为 $\text{DFT}[x(n)] = X(k)$，则 $W_N^{ln} x(n)$ 的 N 点 DFT 为：

$$\text{DFT}[W_N^{ln} x(n)] = X((k+l))_N R_N(k) \tag{5.1.18}$$

上式表明，DFT 序列 $X(k)$ 左移 l 位循环移位取主值相当于是频域序列的一种频移操作，其结果相当于时域序列 $x(n)$ 乘以 W_N^{ln}。由旋转因子的定义，$W_N^{ln} = e^{-j\frac{2\pi l}{N}n}$，复指数函数 $e^{-j\frac{2\pi l}{N}n}$ 对应的是辐角为 $-\frac{2\pi l}{N}n$ 的复数，$x(n)e^{-j\frac{2\pi l}{N}n}$ 是指序列 $x(n)$ 的辐角发生 $-\frac{2\pi l}{N}n$ 的变

化，即如果时域序列相位发生变化，离散频谱 $X(k)$ 会发生频域的移位。

【例 5.1.3】 求序列 $y(n)=\cos\left(\dfrac{2\pi q}{N}n\right)$ 的 N 点 DFT（$q\geqslant1$ 为整数，$0\leqslant n\leqslant N-1$）。

解： 用欧拉公式将余弦序列分解得到：

$$y(n)=\cos\left(\frac{2\pi q}{N}n\right)=\frac{1}{2}(\mathrm{e}^{\mathrm{j}\frac{2\pi}{N}qn}+\mathrm{e}^{-\mathrm{j}\frac{2\pi}{N}qn})=\frac{1}{2}(W_N^{-qn}+W_N^{qn})$$

令 $x(n)=1$，$0\leqslant n\leqslant N-1$，则有：

$$X(k)=\begin{cases}N & k=0 \\ 0 & k=1,2\cdots,N-1\end{cases}$$

所以，$Y(k)=\mathrm{DFT}\left[\dfrac{1}{2}(W_N^{-qn}+W_N^{qn})x(n)\right]=\begin{cases}\dfrac{N}{2} & k=q,\ N-q \\ 0 & \text{其他}\end{cases}$

上式也可以表示为：$Y(k)=\dfrac{N}{2}[\delta(k-q)+\delta(k-N+q)]$

注意：① 当 $W_N^{qn}x(n)\rightarrow Y(k+q)$ 是左移 q，根据循环移位的原理，这个序号在零之前，所以将其循环移位到主值区间对应的序号应为 $N-q$，移出的样值补在序列的最后。这是 DFT 隐含周期性的应用。

② $X(k)$ 是在 $k=0$ 时出现的非零值 N，而 $Y(k)$ 出现非零值的位置是 q 和 $N-q$，由于 $Y(k)$ 的变换区间为 N，即以 N 为间隔，所以 $Y(k+q)=Y(k-N+q)$。

③ 因为 DFT 是对频率的等间隔抽样，每个 k 值对应一个频率，在 $k=q$ 出现非零值，说明频率偏移了 $q\dfrac{2\pi}{N}$，同理，另一个非零值出现的频率为 $(N-q)\dfrac{2\pi}{N}$。

④ 同理，还可以推出长度为 N 的 $\sin\left(\dfrac{2\pi q}{N}n\right)$ 的 N 点 DFT 为：

$$\mathrm{DFT}\left[\sin\left(\frac{2\pi q}{N}n\right)\right]=\frac{N}{2\mathrm{j}}[\delta(k-q)-\delta(k-N+q)]$$

设 $q=1$，$N=8$，画出 $y(n)=\cos\left(\dfrac{2\pi q}{N}n\right)$ 的 8 点 DFT 波形如图 5-4 所示。

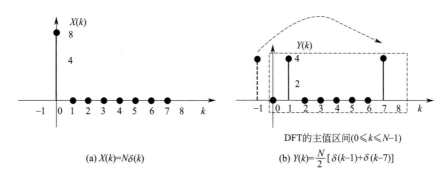

图 5-4 用频移定理求余弦序列的 DFT

注意：① 图 5-4(b) 中 $k=-1$ 的谱线经过循环移位进入主值区间，对应 $k=7$ 的样值。
② 对于正弦余弦序列，从频谱的角度看，应该是两个关于 y 轴对称的谱线，由此也可

以理解为在 DFT 的主值区间内，样值是关于 $\dfrac{N-1}{2}$ 对称的。

③ 序列 $\sin\left(\dfrac{2\pi q}{N}n\right)$ 和 $\cos\left(\dfrac{2\pi q}{N}n\right)$ 的 DFT 可总结为：

$$\mathrm{DFT}\left[\sin\left(\frac{2\pi q}{N}n\right)\right]=\frac{N}{2\mathrm{j}}\left[\delta(k-q)-\delta(k-N+q)\right] \tag{5.1.19}$$

$$\mathrm{DFT}\left[\cos\left(\frac{2\pi q}{N}n\right)\right]=\frac{N}{2}\left[\delta(k-q)+\delta(k-N+q)\right] \tag{5.1.20}$$

注意：此处 N、q 必须为整数，才能应用这个公式得到两根独立的谱线，如果不满足这个关系，正弦余弦序列 DFT 变换的更一般的计算公式见【例 5.1.19】。这也意味着，若要精确求出频谱值，序列长度必须是周期的整数倍。这个结论在 DFT 谱分析应用中是很重要的。

（4）时域循环卷积定理

设序列 $x_1(n)$、$x_2(n)$ 为有限长序列，长度分别为 N_1、N_2，且 $\mathrm{DFT}[x_1(n)]=X_1(k)$、$\mathrm{DFT}[x_2(n)]=X_2(k)$，$L\geqslant\max[N_1,\ N_2]$，则 $x_1(n)$、$x_2(n)$ 的 L 点循环卷积 $y(n)=x_1(n)\,ⓛ\,x_2(n)$ 的 N 点 DFT 为

$$Y(k)=\mathrm{DFT}[y(n)]=\mathrm{DFT}[x_1(n)\,ⓛ\,x_2(n)]=X_1(k)X_2(k),0\leqslant k\leqslant L-1$$
$$\tag{5.1.21}$$

时域循环卷积定理也可以称为 DFT 的时域卷积特性或圆周卷积特性。其规律可以总结为时域卷积频域相乘，即如果已知两个序列的 L 点 DFT，则由这两个序列卷积得到的新序列的 DFT 变换是这两个序列 DFT 的乘积。

【例 5.1.4】已知两个长度为 N 的序列 $x_1(n)$、$x_2(n)$ 表示如下，求它们的 N 点循环卷积。

$$x_1(n)=\cos\left(\frac{2\pi}{N}n\right),x_2(n)=\sin\left(\frac{2\pi}{N}n\right)$$

解：由式(5.1.19)、式(5.1.20)，观察已知条件可知 $q=1$，则：

$$X_1(k)=\mathrm{DFT}\left[\cos\left(\frac{2\pi}{N}n\right)\right]=\frac{N}{2}\left[\delta(k-1)+\delta(k-7)\right]$$

$$X_2(k)=\mathrm{DFT}\left[\sin\left(\frac{2\pi}{N}n\right)\right]=\frac{N}{2\mathrm{j}}\left[\delta(k-1)-\delta(k-7)\right]$$

由循环卷积定理知，$Y(k)=\mathrm{DFT}[x_1(n)\,Ⓝ\,x_2(n)]=X_1(k)X_2(k)$

$$\therefore Y(k)=\frac{N}{2}\left[\delta(k-1)+\delta(k-7)\right]\times\frac{N}{2\mathrm{j}}\left[\delta(k-1)-\delta(k-7)\right]$$

$$=\frac{N^2}{4\mathrm{j}}\left[\delta(k-1)-\delta(k-7)\right]$$

观察上式，系数该式 $\dfrac{N^2}{4\mathrm{j}}=\dfrac{N}{2}\dfrac{N}{2\mathrm{j}}$，$q=1$，对比式（5.1.20）可知所求输出：

$$y(n)=\frac{N}{2}\sin\left(\frac{2\pi}{N}n\right)$$

（5）$X(k)$ 的共轭对称性

离散傅里叶变换 DFT 是计算机计算信号频谱的理论基础，在实际中由信号采样得到的序列一般都是实序列，但是其频谱具有复数性质，利用 DFT 的对称性，可以减少 DFT 的计算量。

设 $x(n)$ 是长度为 N 的有限长实序列，且 N 点 DFT$[x(n)]=X(k)$，则 $X(k)$ 满足如下特性。

① $X(k)$ 共轭对称，即：

$$X(k)=X^*(N-k),0\leqslant k\leqslant N-1 \tag{5.1.22}$$

值得说明的是，当 $k=0$ 时，应为 $X^*(N-0)=X(N)$，按定义 $X(k)$ 只有 N 个值，即 $0\leqslant k\leqslant N-1$，而 $X(N)$ 已超出主值区间，但一般习惯于认为 $X(k)$ 是分布在 N 等分的圆周上，它的末点就是它的起始点，即 $X(N)=X(0)$，因此仍采用习惯表示式 $X(k)=X^*(N-k)$。

② 若 $x(n)$ 是实偶对称序列，即 $x(n)=x(N-n)$，则 $X(k)$ 实偶对称，即：

$$X(k)=X(N-k),0\leqslant k\leqslant N-1 \tag{5.1.23}$$

③ 若 $x(n)$ 是实奇对称序列，即 $x(n)=-x(N-n)$，则 $X(k)$ 纯虚奇对称，即：

$$X(k)=-X(N-k),0\leqslant k\leqslant N-1 \tag{5.1.24}$$

如果从序列 $x(n)$ 及其频谱的数学特性来分析，它们都具有复数特性，因此其对称性还可以推广出以下结论。

① $x(n)$ 为复数，且 $x(n)=\text{Re}[x(n)]+j\text{Im}[x(n)]$，则实部虚部的 N 点 DFT 为：

$$\text{DFT}\{\text{Re}[x(n)]\}=\frac{1}{2}[X(k)+X^*(N-k)] \tag{5.1.25}$$

$$\text{DFT}\{j\text{Im}[x(n)]\}=\frac{1}{2}[X(k)-X^*(N-k)] \tag{5.1.26}$$

其中：$\frac{1}{2}[X(k)+X^*(N-k)]=X_{ep}(k)$ 称为共轭对称分量，$\frac{1}{2}[X(k)-X^*(N-k)]=X_{op}(k)$ 称为共轭反对称分量。

② $x(n)$ 为复数，且 $x(n)=x_{op}(n)+x_{ep}(n)$，则 $x_{op}(n)+x_{ep}(n)$ 的 N 点 DFT 为：

$$X_{ep}(k)=\text{DFT}[x_{ep}(n)]=\text{Re}[X(k)] \tag{5.1.27}$$

$$X_{op}(k)=\text{DFT}[x_{op}(n)]=j\text{Im}[X(k)] \tag{5.1.28}$$

其中：$\frac{1}{2}[x(n)+x^*(N-n)]=x_{ep}(n)$ 称为序列 $x(n)$ 共轭对称分量，$\frac{1}{2}[x(n)-x^*(N-n)]=x_{op}(n)$ 称为序列 $x(n)$ 共轭反对称分量。则由上式可知，序列共轭对称分量的 DFT 为序列 DFT 的实部，序列共轭反对称分量的 DFT 对应的是序列 DFT 的虚部。

这些结论中，实际上只需要重点理解式（5.1.22）的定义，其他的结论是式（5.1.22）在各种设定下的二级结论。

【例 5.1.5】已知实序列 $x(n)$ 的 8 点 DFT 中前 5 点是：

$$\{0.25,0.125-j0.3018,0,0.125-j0.3018,0\}$$

求该 DFT 其余点的值。

解： 由于序列 $x(n)$ 为实序列，由式(5.1.20)计算其余部分值：

$$X(7) = X^*(8-7) = [0.125 - j0.3018]^* = 0.125 + j0.3018$$

$$X(6) = X^*(8-6) = 0$$

$$X(5) = X^*(8-5) = [0.125 - j0.3018]^* = 0.125 + j0.3018$$

由这个结论也可以看出，对于实序列，DFT的实部是偶对称的，虚部是奇对称的。

（6）帕斯维尔定理（能量定理）

$$\sum_{n=0}^{N-1} |x(n)|^2 = \frac{1}{N} \sum_{k=0}^{N-1} |X(k)|^2 \tag{5.1.29}$$

证明： 由 DFT 和 IDFT 公式：

$$X(k) = \sum_{n=0}^{N-1} x(n) W_N^{nk}$$

$$x(n) = \frac{1}{N} \sum_{k=0}^{N-1} X(k) W_N^{-nk}$$

可求出：

$$\sum_{n=0}^{N-1} |x(n)|^2 = \sum_{n=0}^{N-1} x(n) x^*(n) = \sum_{n=0}^{N-1} x(n) \left[\frac{1}{N} \sum_{k=0}^{N-1} X(k) W_N^{-nk} \right]^*$$

$$= \frac{1}{N} \sum_{k=0}^{N-1} [X(k)]^* \left[\sum_{n=0}^{N-1} x(n) W_N^{nk} \right]$$

$$= \frac{1}{N} \sum_{k=0}^{N-1} [X(k)]^* X(k) = \frac{1}{N} \sum_{k=0}^{N-1} |X(k)|^2$$

序列是由 N 个样值组成的，序列的离散谱 $X(k)$ 也是长度为 N 的序列，这个定理既能说明求解序列能量可以分别通过时域 $x(n)$ 和频域 $X(k)$ 求解，同时也说明，时域频域能量是相等的。

【例 5.1.6】 已知序列 $x(n) = 2 + 2\cos\dfrac{\pi n}{4} + \cos\dfrac{\pi n}{2} + \dfrac{1}{2}\cos\dfrac{3\pi n}{4}$，$0 \leqslant n \leqslant 7$。

① 求序列的 8 点 DFT；

② 计算信号的功率。

解： 因为题设要求 8 点 DFT，即 $N=8$，将 $x(n)$ 改写成以下形式：

$$x(n) = 2 + 2\cos\frac{2\pi}{8}n + \cos\frac{2\pi}{8}2n + \frac{1}{2}\cos\frac{2\pi}{8}3n$$

则根据式(5.1.20)，$\text{DFT}\left[\cos\left(\dfrac{2\pi q}{N}n\right)\right] = \dfrac{N}{2}[\delta(k-q) + \delta(k-N+q)]$

观察 $x(n)$ 中的余弦项（第一项可以看成是 $q=0$ 的余弦），可知 q 值分别为 0，1，2，3，及 $N=8$，可直接写出其 DFT 为：

$X(k) = 8[\delta(k) + \delta(k-8)] + 8[\delta(k-1) + \delta(k-7)] + 4[\delta(k-2) + \delta(k-6)] + 2[\delta(k-3) + \delta(k-5)]$

$\quad = \{16, 8, 4, 2, 0, 2, 4, 8\}$

根据能量定理，$x(n)$ 的能量为：

$$E = \frac{1}{N} \sum_{k=0}^{N-1} |X(k)|^2 = \frac{1}{8} \sum_{k=0}^{7} |X(k)|^2$$

$$= \frac{1}{8} \left[16^2 + 2(8^2 + 4^2 + 2^2) \right] = 53$$

注意：在本题中，时域是由余弦序列组合而成的，利用三角函数可以化简合并但是求解比较麻烦，而转换到频域求解就比较简单。

（7）序列周期延拓的 DFT

序列周期延拓是指有限长序列按照一定的周期延拓。延拓后的离散傅里叶变换也会发生有规律的变化。

若已知序列 $x(n)$ 长度为 N，且 $N=2^M$，$x(n)$ 的 N 点 DFT 记为 $X(k)$。

令 $y(n) = x((n))_N R_{rN}(n)$，$0 \leq n \leq rN-1$，$y(n)$ 是由 $x(n)$ 周期延拓 $r-1$ 次得到的［即 $x(n)$ 重复 r 次］，设 $y(n)$ 的 rN 点 DFT 为 $Y(k)$，则 $Y(k)$ 与 $X(k)$ 的关系推导如下：

$$Y(k) = \sum_{n=0}^{rN-1} y(n) W_{rN}^{nk} = \sum_{n=0}^{rN-1} x((n))_N R_{rN}(n) W_{rN}^{nk}$$

$$= \sum_{n=0}^{rN-1} x((n))_N W_{rN}^{nk}$$

令 $n = m + lN$，其中 $l = 0, 1, 2, \cdots, r-1$；$m = 0, 1, 2, \cdots, N-1$，则由周期延拓的定义有：

$$Y(k) = \sum_{l=0}^{r-1} \sum_{m=0}^{N-1} x((m+lN))_N W_{rN}^{(m+lN)k}$$

$$= \sum_{l=0}^{r-1} \left[\sum_{m=0}^{N-1} x(m) W_{rN}^{mk} \right] W_{rN}^{lNk}$$

$$= X\left(\frac{k}{r}\right) \sum_{l=0}^{r-1} W_r^{lk}$$

由于：

$$\sum_{l=0}^{r-1} W_r^{lk} = \begin{cases} r & \dfrac{k}{r} = \text{整数} \\ 0 & \dfrac{k}{r} \neq \text{整数} \end{cases}$$

所以：

$$Y(k) = \begin{cases} rX\left(\dfrac{k}{r}\right) & \dfrac{k}{r} = \text{整数} \\ 0 & \dfrac{k}{r} \neq \text{整数} \end{cases} \tag{5.1.30}$$

即长度为 N 的序列以周期 N 周期延拓 $r-1$ 次（一共重复 r 次），其 DFT 变换为原序列 DFT 插值并乘以重复次数。

【例 5.1.7】 已知实序列 $x(n)$ 是长度 $N=8$ 的序列，其 8 点 DFT 为：

$$X_8(k) = \{\underline{0.9}, 0.5, 0.3, 0.2, 0.1, 0.2, 0.3, 0.5\}$$

设序列 $y(n) = x((n))_8 R_{16}(n)$，求 $y(n)$ 的 16 点 DFT $Y(k)$。

解： $\because x((n))_8R_{16}(n)$ 是以 8 为周期延拓取 16 点，则根据式（5.1.30），重复次数为 $r=2$。当 $\dfrac{k}{r}=$ 整数，即 $k=0$，2，4，6 时，$Y(k)=2X\left(\dfrac{k}{r}\right)$；当 $k=1$，3，5，7 时，$Y(k)=0$。

所以有 $Y(k)=\{\underline{1.8}, 0, 1, 0, 0.6, 0, 0.4, 0, 0.2, 0, 0.6, 0, 1, 0\}$。

【例 5.1.8】 已知 $x(n)=(0.6)^n u(n)$，$0\leqslant n\leqslant 7$。若 $X(k)=\mathrm{DFT}[x(n)]$，$0\leqslant k\leqslant 7$，令 $h(n)=x((n))_8R_{32}(n)$，求 $h(n)$ 的 32 点 DFT，并画出 $|X(k)|$ 和 $|H(k)|$ 的波形图。

解： $x(n)$ 的 8 点 DFT 为：

$$X(k)=\sum_{n=0}^{N-1}x(n)W_N^{nk}=\sum_{n=0}^{7}(0.6)^n W_8^{nk}$$

$$=\frac{1-(0.6)^8 W_8^{8k}}{1-0.6W_8^k}=\frac{1-(0.6)^8}{1-0.6W_8^k}$$

根据式（5.1.30），延拓次数为 $r=4$，所以，当 $\dfrac{k}{r}=$ 整数，即 $k=0$，4，8，12，16，20，24，28 时，$Y(k)=4X\left(\dfrac{k}{r}\right)$，当 k 为其他值时，$Y(k)=0$，即：

$$Y(0)=4X(0)=4\times 2.458=9.832$$

$$Y(4)=4X(1)=4\times\frac{1-(0.6)^8}{1-0.6W_8^1}=\frac{3.9328}{1-0.6\left(\frac{\sqrt{2}}{2}-\mathrm{j}\frac{\sqrt{2}}{2}\right)}$$

$$Y(8)=4X(2)=4\times\frac{1-(0.6)^8}{1-0.6W_8^2}\qquad Y(12)=4X(3)=4\times\frac{1-(0.6)^8}{1-0.6W_8^3}$$

$$Y(16)=4X(4)=4\times\frac{1-(0.6)^8}{1-0.6W_8^4}\qquad Y(20)=4X(5)=4\times\frac{1-(0.6)^8}{1-0.6W_8^5}$$

$$Y(24)=4X(6)=4\times\frac{1-(0.6)^8}{1-0.6W_8^6}\qquad Y(28)=4X(7)=4\times\frac{1-(0.6)^8}{1-0.6W_8^7}$$

涉及复数运算计算较复杂，此处略去具体计算结果，W_8^k 的值可在图 5-3 上查到。$|X(k)|$ 和 $|H(k)|$ 的波形如图 5-5 所示。

（8）序列插值的 DFT

序列插值是指在原序列的两个样值之间补入一定数量的零值，这也会使序列的长度发生变化。假设 $x(n)$ 是 N 点有限长序列，$X(k)=\mathrm{DFT}[x(n)]$，现将 $x(n)$ 每两点之间补进 $r-1$ 个零，得到 rN 点的有限长序列：

$$y(n)=\begin{cases}x\left(\dfrac{n}{r}\right) & n=ir, i=0,1,2\cdots\\ 0 & \text{其他}\end{cases}$$

则 $y(n)$ 的 rN 点 DFT 变换 $Y(k)$ 为：

$$Y(k)=\sum_{n=0}^{rN-1}y(n)W_{rN}^{nk}=\sum_{n=0}^{rN-1}x\left(\frac{n}{r}\right)W_{rN}^{nk}$$

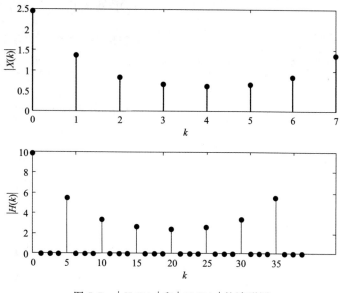

图 5-5　$|X(k)|$ 和 $|H(k)|$ 的波形图

令 $m=\dfrac{n}{r}$，有 $n=rm$，$rN=M$，上式变为：

$$Y(k)=\sum_{m=0}^{M-1}x(m)W_M^{rmk}=\sum_{m=0}^{M-1}x(m)W_{\frac{M}{r}}^{mk}$$

在上式中，几何级数和的范围是（0，$M-1$），其中 $M=rN$；而 $W_{\frac{M}{r}}^{mk}$ 的下标显示 DFT 的长度为 $\dfrac{M}{r}$，即 N，这也意味着可以将 $0\sim M$ 分成 r 个（$0\sim N-1$）范围的分段，然后分别进行 N 点 DFT，将和式的范围分解，并令每个式子中的变量为 n，得到：

$$Y(k)=\sum_{n=0}^{N-1}x(n)W_N^{nk}+\sum_{n=N}^{2N-1}x(n)W_N^{nk}+\cdots+\sum_{n=N}^{rN-1}x(n)W_N^{nk}$$
$$=X(k)+X(k-N)+\cdots+X(k-rN)=X((k))_N,0\leqslant k\leqslant rN-1$$

$$(5.1.31)$$

即 $Y(k)$ 是 $X(k)$ 以 N 为周期的 r 次的周期延拓。

这个规律可以总结为：序列 $x(n)$ 插值，其离散谱序列 $X(k)$ 周期延拓。

注意：关于旋转因子 W_M^{rmk} 的化简，根据旋转因子的可约性，可以通过同时乘以或除以不为零的整数来处理分子分母值。若要求得有关 $X(k)$ 抽取的结果，对变量的组合如下：

$$Y(k)=\sum_{m=0}^{M-1}x(m)W_M^{rmk}=\sum_{m=0}^{M-1}x(m)W_M^{(rk)m}=X(rk)$$

这是旋转因子上标利用乘法交换律得到因变量的变化（从 $k\rightarrow rk$）。

而如果要得到 $\dfrac{M}{r}$ 点 DFT 的结果，则字母的处理为：

$$Y(k)=\sum_{m=0}^{M-1}x(m)W_M^{rmk}=\sum_{m=0}^{M-1}x(m)W_{\frac{M}{r}}^{mk}$$

即将上标小标同时除以 r，使得下标变成 $\dfrac{M}{r}$，因为下标对应的是 DFT 变换区间的长度，则达到了表示 DFT 变换长度改变的目的。这是证明、推导题中常用的处理技巧。

【例 5.1.9】 已知序列 $x(n)$ 的 6 点 DFT 为 $X(k)=\{\underline{0},1-\mathrm{j}\sqrt{3},0,1,0,1+\mathrm{j}\sqrt{3}\}$，求 $x\left(\dfrac{n}{3}\right)$ 的 18 点 DFT。

解：因为 $x\left(\dfrac{n}{3}\right)$ 是 $x(n)$ 插值得到的，$r=3$，所以令 $y(n)=x\left(\dfrac{n}{3}\right)$，则根据式 (5.1.31)，$Y(k)$ 是 $X(k)$ 周期延拓 $r-1=2$ 次得到，所以：

$$Y(k)=\{\underline{0},1-\mathrm{j}\sqrt{3},0,1,0,1+\mathrm{j}\sqrt{3},0,1-\mathrm{j}\sqrt{3},0,1,0,1+\mathrm{j}\sqrt{3},0,1-\mathrm{j}\sqrt{3},0,1,0,1+\mathrm{j}\sqrt{3}\}$$

（9）时域序列相乘的 DFT 变换

若 $x(n)$、$y(n)$ 都是长度为 N 的序列，$X(k)$ 和 $Y(k)$ 分别是它们的 N 点 DFT。若存在一个长度为 N 的序列 $w(n)=x(n)y(n)$，其 N 点 DFT $W(k)$ 为：

$$
\begin{aligned}
W(k) &= \sum_{n=0}^{N-1} w(n) W_N^{nk} = \sum_{n=0}^{N-1} x(n) y(n) W_N^{nk} \\
&= \sum_{n=0}^{N-1} x(n) \left[\frac{1}{N} \sum_{l=0}^{N-1} Y(l) W_N^{-nl} \right] W_N^{nk} \\
&= \frac{1}{N} \sum_{l=0}^{N-1} Y(l) \sum_{n=0}^{N-1} x(n) W_N^{n(k-l)} \\
&= \frac{1}{N} \sum_{l=0}^{N-1} Y(l) X((k-l))_N
\end{aligned}
$$

上式级数部分与序列 N 点循环卷积公式对比：

$$y(n)=\left[\sum_{m=0}^{N-1} h(m) x((n-m))_N\right] R_N(n)$$

虽然所用的字母不同，但是结构是一样的，所以 $\displaystyle\sum_{l=0}^{N-1} Y(l) X((k-l))_N$ 可以看成是 $X(k)$ 和 $Y(k)$ 的 N 点循环卷积，表示取主值 $R_N(n)$ 没有出现，但是 DFT 中 k 的取值范围 $0 \leqslant k \leqslant N-1$，与乘以 $R_N(n)$ 具有相同的意义，所以有：

$$W(k)=\frac{1}{N} \sum_{l=0}^{N-1} Y(l) X((k-l))_N = \frac{1}{N}\left[X(k) \mathbin{\Ⓝ} Y(k)\right], 0 \leqslant k \leqslant N-1 \quad (5.1.32)$$

则这个结果表示，时域序列相乘，其频域是两个序列 DFT 的循环卷积再除以 N。

注意：在推导过程中，由于 $\displaystyle\sum_{n=0}^{N-1} x(n) W_N^{n(k-l)}$ 直接按公式很容易得到结果为 $X(k-l)$，但是由于该结果是由 DFT 定义得到的，且含有移位运算，实际上隐含了 DFT 的循环移位特性，因此正确的表示是：

$$\sum_{n=0}^{N-1} x(n) W_N^{n(k-l)} = X((k-l))_N R_N(k) \quad (5.1.33)$$

即该移位是循环移位，这也是 DFT 隐含周期性的具体表现。

5.1.5 DFT 的计算

（1）直接计算 DFT

直接计算 DFT 是根据 DFT 计算公式，将 $x(n)$ 各个样值分别与对应的 W_N^{nk} 相乘并相加计算，求得 $X(k)$ 在 $k=0 \sim N-1$ 的各点值，此时 $x(n)$ 和 $X(k)$ 都表现为离散的值，它们的物理意义是不同的，$x(n)$ 表示时域，而 $X(k)$ 则表示 $x(n)$ 的频谱 $X(\mathrm{e}^{\mathrm{j}\omega})$ 离散化的频谱值。

【例 5.1.10】已知序列 $x(n)=\delta(n)$，求序列的 N 点 DFT，并用集合表示法写出 4 点 DFT 的 $X(k)$。

解：将 $x(n)=\delta(n)$ 代入 DFT 计算公式：

$$X(k)=\mathrm{DFT}[x(n)]=\sum_{n=0}^{N-1}x(n)W_N^{nk}$$

$$=\sum_{n=0}^{N-1}\delta(n)W_N^{nk}=\sum_{n=0}^{N-1}\delta(n)=1, 0\leqslant k\leqslant N-1$$

当 N 等于 4 时，$X(k)$ 的 k 值为 $0\leqslant k\leqslant 3$，所以 $X(k)$ 中的元素一共有 4 项，值都是 1，则 $X(k)$ 的集合形式为：$X(k)=\{1, 1, 1, 1\}$。

【例 5.1.11】已知序列 $x(n)=\{1, 1, 0, 0\}$，长度为 N 等于 4，求 $x(n)$ 的 4 点离散谱 $X(k)$，分别用直角坐标形式和指数形式表示。

解：由 DFT 计算公式代入参数 $N=4$ 得到：

$$X(k)=\mathrm{DFT}[x(n)]=\sum_{n=0}^{N-1}x(n)W_N^{nk}=\sum_{n=0}^{3}x(n)W_4^{nk}=W_4^0+W_4^k$$

$$X(0)=W_4^0+W_4^0=2$$

$$X(1)=W_4^0+W_4^1=1-\mathrm{j}=\sqrt{2}\,\mathrm{e}^{-\mathrm{j}\frac{\pi}{4}}$$

$$X(2)=W_4^0+W_4^2=1-1=0$$

$$X(3)=W_4^0+W_4^3=1+\mathrm{j}=\sqrt{2}\,\mathrm{e}^{\mathrm{j}\frac{\pi}{4}}$$

即：$X(k)=\{2, 1-\mathrm{j}, 0, 1+\mathrm{j}\}=\{2, \sqrt{2}\,\mathrm{e}^{-\mathrm{j}\frac{\pi}{4}}, 0, \sqrt{2}\,\mathrm{e}^{\mathrm{j}\frac{\pi}{4}}\}$

注意：若应用 $X(k)$ 的共轭对称性，计算出 $X(1)$，可直接用共轭对称性将 $X(3)$ 写出来，减少旋转因子及加法运算。

【例 5.1.12】已知序列 $x(n)=\{\underline{5}, 5, 5, 3, 3, 3\}$，求其 6 点 DFT 序列 $X(k)$ 各个值。

解：由

$$X(k)=\sum_{n=0}^{N-1}x(n)W_N^{nk}=5+5W_6^k+5W_6^{2k}+3W_6^{3k}+3W_6^{4k}+3W_6^{5k}$$

$$X(0)=5+5+5+3+3+3=24$$

$$X(1)=5+5W_6^1+5W_6^2+3W_6^3+3W_6^4+3W_6^5=2+2W_6^1+2W_6^2$$

$$=2\left(1+\frac{1}{2}-\mathrm{j}\frac{\sqrt{3}}{2}-\frac{1}{2}-\mathrm{j}\frac{\sqrt{3}}{2}\right)=2-\mathrm{j}2\sqrt{3}$$

$$X(2)=5+5W_6^2+5W_6^4+3W_6^6+3W_6^8+3W_6^{10}=5+5W_6^2+5W_6^4+3+3W_6^2+3W_6^4$$

$$= 8 + 8W_6^2 + 8W_6^4 = 8\left(1 - \frac{1}{2} - j\frac{\sqrt{3}}{2} - \frac{1}{2} + j\frac{\sqrt{3}}{2}\right) = 0$$

$$X(3) = 5 + 5W_6^3 + 5W_6^6 + 3W_6^9 + 3W_6^{12} + 3W_6^{15} = 5 + 5W_6^3 + 5 + 3W_6^3 + 3 + 3W_6^3$$

$$= 13 + 11W_6^3 = 13 - 11 = 2$$

$$X(4) = 5 + 5W_6^4 + 5W_6^8 + 3W_6^{12} + 3W_6^{16} + 3W_6^{20} = 5 + 5W_6^4 + 5W_6^2 + 3 + 3W_6^4 + 3W_6^2$$

$$= 8 + 8W_6^2 + 8W_6^4 = 8\left(1 - \frac{1}{2} - j\frac{\sqrt{3}}{2} - \frac{1}{2} + j\frac{\sqrt{3}}{2}\right) = 0$$

$$X(5) = 5 + 5W_6^5 + 5W_6^{10} + 3W_6^{15} + 3W_6^{20} + 3W_6^{25} = 5 + 5W_6^5 + 5W_6^4 + 3W_6^3 + 3W_6^2 + 3W_6^1$$

$$= 2 + 2W_6^5 + 2W_6^4 = 2\left(1 + \frac{1}{2} + j\frac{\sqrt{3}}{2} - \frac{1}{2} + j\frac{\sqrt{3}}{2}\right) = 2 + j2\sqrt{3}$$

注意：在本例中详细写出了频谱序列各点的计算过程，从中可以很清楚地感受到所作复数乘法和加法的次数，DFT 的运算量问题也是需要实际考虑的。由于单位圆等分 6 点角度刚好是特殊角，可以利用特殊角三角函数将每个值直接求出；若单位圆所分点数不是特殊角，则手算更加困难。

【例 5.1.13】 用矩阵运算形式求序列 $x(n) = \{\underline{0}, 1, 2, 3\}$ 的 4 点 DFT。

解： 根据式 (5.1.3)，用矩阵形式来表示 DFT，即 $\boldsymbol{X} = \boldsymbol{W}_N \boldsymbol{x}$

4 点 DFT 矩阵 $\boldsymbol{W}_4$ 可表示为：

$$\boldsymbol{W}_4 = \begin{bmatrix} 1 & 1 & 1 & 1 \\ 1 & -j & -1 & j \\ 1 & -1 & 1 & -1 \\ 1 & j & -1 & -j \end{bmatrix}$$

则 4 点 DFT 为：

$$\begin{bmatrix} X(0) \\ X(1) \\ X(2) \\ X(3) \end{bmatrix} = \begin{bmatrix} 1 & 1 & 1 & 1 \\ 1 & -j & -1 & j \\ 1 & -1 & 1 & -1 \\ 1 & j & -1 & -j \end{bmatrix} \begin{bmatrix} x(0) \\ x(1) \\ x(2) \\ x(3) \end{bmatrix} = \begin{bmatrix} 1 & 1 & 1 & 1 \\ 1 & -j & -1 & j \\ 1 & -1 & 1 & -1 \\ 1 & j & -1 & -j \end{bmatrix} \begin{bmatrix} 0 \\ 1 \\ 2 \\ 3 \end{bmatrix} = \begin{bmatrix} 6 \\ -2+2j \\ -2 \\ -2-2j \end{bmatrix}$$

注意：从本例可以看出，采用矩阵法计算更加简洁。在数值计算软件中通常都是利用矩阵来计算的。

【例 5.1.14】 已知序列 $x(n) = R_4(n)$。

① 求序列的 4 点 DFT 和 8 点 DFT，并写出 4 点 DFT 序列 $X(k)$ 的集合形式；

② 求序列的 8 点 DFT 的解析式；

③ 画出 $R_4(n)$ 的 8 点 DFT 幅频相频特性波形。

扫码看视频

解： ① 求 4 点 DFT：将 $x(n) = R_4(n)$ 代入 DFT 计算公式：

$$X(k) = \mathrm{DFT}[x(n)] = \sum_{n=0}^{N-1} x(n) W_N^{nk} = \sum_{n=0}^{N-1} R_4(n) W_N^{nk} = \sum_{n=0}^{3} W_4^{nk}$$

由式 (5.1.12) 旋转因子的正交性可知：

$$X(k) = \begin{cases} 4 & k=0 \\ 0 & k=1,2,3 \end{cases}$$

$X(k)$ 的集合形式表示为：$X(k) = \{\underline{4}, 0, 0, 0\}$

引入 DFT 域的单位脉冲序列，还可以将 $X(k)$ 表示为 $X(k) = 4\delta(k)$，$0 \leqslant k \leqslant 3$。

② 求 8 点 DFT：将 $x(n) = R_4(n)$ 代入 DFT 计算公式：

$$X(k) = \mathrm{DFT}[x(n)] = \sum_{n=0}^{N-1} x(n) W_N^{nk} = \sum_{n=0}^{N-1} R_4(n) W_N^{nk} = \sum_{n=0}^{3} W_8^{nk}$$

$$= \sum_{n=0}^{3} \mathrm{e}^{-\mathrm{j}\frac{2}{8}\pi nk} = \begin{cases} 4 & k=0 \\ \dfrac{1-W_8^{4k}}{1-W_8^{k}} = \dfrac{1-\mathrm{e}^{-\mathrm{j}\pi k}}{1-\mathrm{e}^{-\mathrm{j}\frac{\pi}{4}k}} = \dfrac{\sin\left(\dfrac{\pi}{2}k\right)}{\sin\left(\dfrac{\pi}{8}k\right)} \mathrm{e}^{-\mathrm{j}\frac{3}{8}\pi k} & 0 < k \leqslant 7 \end{cases}$$

$0 < k \leqslant 7$ 对应的解析式是复数的指数形式，$\left| \dfrac{\sin\left(\dfrac{\pi}{2}k\right)}{\sin\left(\dfrac{\pi}{8}k\right)} \right|$ 是模，$-\dfrac{3}{8}\pi k$ 是辐角。

③ $R_4(n)$ 的 8 点 DFT 幅频相频特性波形如图 5-6 所示。

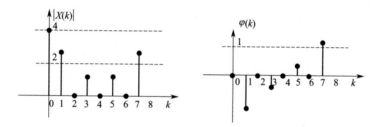

图 5-6 $R_4(n)$ 的 8 点 DFT 幅频相频特性波形

$R_4(n)$ 的 8 点 DFT 相当于是在序列后补 4 个零得到的，对比 4 点 DFT 和 8 点 DFT 的波形可以看出，$k=0$，2，4，6 的值正好与 4 点 DFT 变换的离散谱序列相同。

【例 5.1.15】已知 $x(n)$ 是一个 4 点实序列，其 4 点 DFT 记为 $X_1(k)$，8 点 DFT 记为 $X_2(k)$。如果 $|X_2(k)| = \{\underline{2}, 1.84, 1.41, 0.77, 0, 0.77, 1.41, 1.84\}$，求 $|X_1(k)|$。

解： 由于序列 $x(n)$ 是 4 点序列，则其 8 点 DFT 是时域序列补 4 个零得到的。

序列补零可以增加频谱的抽样点数，相当于在原 $X_1(k)$ 中插入了一些谱值。插入谱值的大小与序列的傅里叶变换 $X(\mathrm{e}^{\mathrm{j}\omega})$ 具体波形有关。虽然题干中没有关于 $x(n)$ 的具体信息，但是由于插值是在原有频谱抽样值之间插入的，即 8 点 DFT 一定是在 4 点 DFT 的基础上每隔一点插一个值得到的，所以可知，$|X_1(k)| = \{\underline{2}, 1.41, 0, 1.41\}$。

注意：这类题目一般会出现在填空选择题中，不需要严密的推导过程，主要考察对 DFT 物理意义的理解，并且，如果已知 4 点的 $X_1(k)$ 的四个值，是无法直接得到 $|X_2(k)|$ 的值的。

（2）频域抽样法求 DFT（定义法）

由 DFT 变换的物理意义可知，$X(k)$ 是序列 $x(n)$ 的 z 变换 $X(z)$ 在 z 平面单位圆上等间隔抽样得到的，根据序列 z 变换与序列傅里叶变换关系可知，由序列傅里叶变换 $X(e^{j\omega})$ 也可以得到离散谱序列 $X(k)$，公式如下：

$$X(k) = X(z) \Big|_{z=e^{j\frac{2\pi}{N}k}} = X(e^{j\omega}) \Big|_{\omega=\frac{2\pi}{N}k} \tag{5.1.34}$$

公式法求解可以利用第 4 章介绍的求序列 z 变换、序列傅里叶变换的方法利用公式（5.1.34）直接进行转换。

【例 5.1.16】设 $x(n) = R_5(n)$，求：

① 序列 $x(n)$ 的傅里叶变换 $X(e^{j\omega})$、$|X(e^{j\omega})|$、$\varphi(\omega)$；

② 计算 $x(n)$ 的 5 点 DFT；

③ 计算 $x(n)$ 的 10 点 DFT。

解： ① 应用序列傅里叶变换公式有：

$$X(e^{j\omega}) = \sum_{n=-\infty}^{+\infty} x(n) e^{-j\omega n} = \sum_{n=0}^{4} e^{-j\omega n} = \frac{1-e^{-j5\omega}}{1-e^{-j\omega}}$$

$$= \frac{e^{-j\frac{5}{2}\omega}(e^{j\frac{5}{2}\omega} - e^{-j\frac{5}{2}\omega})}{e^{-j\frac{1}{2}\omega}(e^{j\frac{1}{2}\omega} - e^{-j\frac{1}{2}\omega})} = e^{-j2\omega} \frac{\sin\left(\frac{5}{2}\omega\right)}{\sin\left(\frac{1}{2}\omega\right)}$$

其中幅频特性函数和相频特性函数分别为：

$$|X(e^{j\omega})| = \frac{\sin\left(\frac{5}{2}\omega\right)}{\sin\left(\frac{1}{2}\omega\right)}$$

$$\varphi(\omega) = -2\omega$$

② 计算 5 点 DFT：在已知 $X(e^{j\omega})$ 时，可以通过式（5.1.7）求解：

$$X(k) = X(e^{j\omega}) \Big|_{\omega=\frac{2\pi}{N}k} = \sum_{n=0}^{4} e^{-j\frac{2\pi}{5}kn}$$

$$= \begin{cases} 5 & k=0 \tag{5.1.35} \\ \dfrac{1-e^{-j5\frac{2\pi}{5}kn}}{1-e^{-j\frac{2\pi}{5}kn}} = 0 & k=1,2,3,4 \tag{5.1.36} \end{cases}$$

注意：式（5.1.35），因为当 $k=0$ 时，$\dfrac{1-e^{-j5\omega}}{1-e^{-j\omega}}$ 是 $\dfrac{0}{0}$ 型结构，讨论结果比较麻烦，可以直接在求和中代入 $k=0$，得到 5 个 1 相加，所以结果是 5；

式（5.1.36）中，因为 $e^{-j5\frac{2\pi}{5}kn} = e^{-j2\pi kn} = 1$（$kn$ 为整数），所以分子等于零。

③ 计算 10 点 DFT，因为序列长度比 DFT 变换的变换区间小，需要在 $x(n)$ 后补 5 个零，得到序列：

$$x(n) = \begin{cases} 1 & 0 \leqslant k \leqslant 4 \\ 0 & 5 \leqslant k \leqslant 9 \end{cases}$$

代入 $N=10$ 得：

$$X(k) = X(e^{j\omega})\Big|_{\omega=\frac{2\pi}{N}k} = \sum_{n=0}^{4} e^{-j\frac{2\pi}{10}kn}$$

$$= \begin{cases} 5 & k=0 \\ e^{-j\frac{2\pi}{5}k}\dfrac{\sin\left(\dfrac{\pi k}{2}\right)}{\sin\left(\dfrac{\pi k}{10}\right)} & 1 \leqslant k \leqslant 9 \end{cases}$$

序列补零后，有效值没有改变，因此 $k=0$，直流项 $\omega_k = 0$ 的最大值不变，式中 $\sin\left(\dfrac{\pi k}{2}\right)$ 在 $\dfrac{\pi k}{2} = \pi$、2π 时，即 $k=2$，4，6，8 时，出现零点；$k=1$，3，5，7 时是序列傅里叶变换 $X(e^{j\omega})$ 在 ω_1、ω_3、ω_5、ω_7 时的值，这是【例 5.1.16】在不同点数 DFT 时的表现。

（3）性质法求 DFT

5.2 节介绍了 DFT 变换的性质，在已知一些序列的 $X(k)$ 时，可以利用性质求解相关序列的离散谱序列。这可以理解为对已知序列做一些时域运算得到新序列，新序列的 DFT 与原序列的 DFT 有一定的联系。这些联系不但可以降低 DFT 计算的复杂度，还可以启发我们设计更简便的算法以提高计算效率，降低设备的复杂性和成本。

【例 5.1.17】已知序列 $x(n) = \delta(n)$ 的 4 点 DFT 为 $X(k) = 1$，求 $y(n) = \delta(n-n_0)$ 的 4 点 DFT。

解：由序列傅里叶变换公式得：

$$Y(k) = \text{DFT}[y(n)] = \sum_{n=0}^{3} \delta(n-n_0) W_N^{nk}$$

令 $m = n-n_0$，上式变化为：

$$Y(k) = \sum_{m=-n_0}^{3-n_0} \delta(m) W_N^{(m+n_0)k} = W_N^{n_0 k}\sum_{m=-n_0}^{3-n_0} \delta(m) W_N^{mk} = W_N^{n_0 k}$$

由本题可见，$\text{DFT}[\delta(n)] = 1$，$\text{DFT}[\delta(n-n_0)] = W_N^{n_0 k}$，是时域循环移位定理的应用。这对公式在 IDFT（DFT 反变换）中更常用。

【例 5.1.18】设 $x(n) = 3\delta(n) + 2\delta(n-2) + 4\delta(n-3)$。

① 求 $x(n)$ 的 4 点 DFT；

② 若 $y(n)$ 是 $x(n)$ 与 $h(n) = \delta(n) + 5\delta(n-1) + 4\delta(n-3)$ 的 4 点循环卷积，求 $y(n)$ 及其 4 点 DFT。

解：① 将 $x(n)$ 由单位脉冲序列移位加权和形式表示为集合形式得：$x(n) = \{\underline{3}, 0, 2, 4\}$；由 DFT 的定义得：

$$X(k) = \sum_{n=0}^{N-1} x(n) W_N^{nk} = \sum_{n=0}^{3} x(n) W_4^{nk} = 3W_4^0 + 2W_4^{2k} + 4W_4^{3k} = 3 + 2W_4^{2k} + 4W_4^{3k}$$

注意：可以对比一下 $x(n)$ 和 $X(k)$，它们的项数是相同的，每项的系数也相同，时域的移位正好对应着频域 W_N^{nk} 中上标 k 的系数。如 $2\delta(n-2)$ 对应 $2W_4^{2k}$，这是对【例 5.1.6】结论的一个应用，这个规律在 FIR 滤波器设计中将发挥作用。

② 将 $h(n)$ 由单位脉冲序列移位加权和形式表示为集合形式得：$h(n) = \{\underline{1}, 5, 0, 4\}$；

由 DFT 的定义得：

$$H(k) = \sum_{n=0}^{N-1} h(n) W_N^{nk} = \sum_{n=0}^{3} h(n) W_4^{nk} = 1 + 5W_4^k + 4W_4^{3k}$$

应用卷积定理得：$Y(k) = X(k)H(k) = (3 + 2W_4^{2k} + 4W_4^{3k})(1 + 5W_4^k + 4W_4^{3k})$

$$Y(k) = 3 + 2W_4^{2k} + 4W_4^{3k} + 15W_4^k + 10W_4^{3k} + 20W_4^{4k} + 12W_4^{3k} + 8W_4^{5k} + 16W_4^{6k}$$

此处可利用旋转因子的周期性 $W_4^{4k} = W_4^0 = 1$，$W_4^{5k} = W_4^k$，$W_4^{6k} = W_4^{2k}$ 化简各项并合并同类项得：

$$Y(k) = 3 + 2W_4^{2k} + 4W_4^{3k} + 15W_4^k + 10W_4^{3k} + 20 + 12W_4^{3k} + 8W_4^k + 16W_4^{2k}$$

$$\therefore Y(k) = 23 + 23W_4^k + 18W_4^{2k} + 26W_4^{3k}$$

$y(n)$ 的求解有两种方法，直接对上式进行 DFT 的反变换 IDFT，利用

$$\text{DFT}[\delta(n - n_0)] = W_N^{n_0 k}$$

可以直接得到反变换公式为 $\text{IDFT}[W_N^{n_0 k}] = \delta(n - n_0)$，则有：

$$y(n) = 23\delta(n) + 23\delta(n-1) + 18\delta(n-2) + 26\delta(n-3)$$

本题也可以直接用循环卷积来求解，即 $y(n) = x(n) ④ h(n) = \{\underline{23}, 23, 18, 26\}$ 求解。具体解法请参阅 2.6.2 节循环卷积部分。

【例 5.1.19】 计算下列序列的 N 点 DFT。

① $x(n) = e^{j\omega_0 n} R_N(n)$ ② $y(n) = \cos(\omega_0 n) R_N(n)$

③ $h(n) = \sin(\omega_0 n) R_N(n)$

解： ①

$$X(k) = \sum_{n=0}^{N-1} x(n) W_N^{nk} = \sum_{n=0}^{N-1} e^{j\omega_0 n} R_N(n) W_N^{nk} = \sum_{n=0}^{N-1} e^{j\omega_0 n} e^{-j\frac{2\pi}{N}nk} = \sum_{n=0}^{N-1} e^{-j\left(\frac{2\pi}{N}k - \omega_0\right)n}$$

$$= \frac{1 - e^{-j\left(\frac{2\pi}{N}k - \omega_0\right)N}}{1 - e^{-j\left(\frac{2\pi}{N}k - \omega_0\right)}} = \frac{e^{-j\left(\frac{2\pi}{N}k - \omega_0\right)\frac{N}{2}}\left[e^{j\left(\frac{2\pi}{N}k - \omega_0\right)\frac{N}{2}} - e^{-j\left(\frac{2\pi}{N}k - \omega_0\right)\frac{N}{2}}\right]}{e^{-j\left(\frac{2\pi}{N}k - \omega_0\right)\frac{1}{2}}\left[e^{j\left(\frac{2\pi}{N}k - \omega_0\right)\frac{1}{2}} - e^{-j\left(\frac{2\pi}{N}k - \omega_0\right)\frac{1}{2}}\right]}$$

$$= e^{-j\frac{N-1}{2}\left(\frac{2\pi}{N}k - \omega_0\right)} \frac{\sin\left[\left(\frac{2\pi k}{N} - \omega_0\right)\frac{N}{2}\right]}{\sin\left[\frac{1}{2}\left(\frac{2\pi k}{N} - \omega_0\right)\right]} \quad k = 0, 1, 2 \cdots, N-1$$

考虑虚指数序列的周期性，有 $e^{-j\left(\frac{2\pi}{N}k - \omega_0\right)N} = e^{-j(2\pi k - \omega_0 N)} = e^{-j\omega_0 N}$，$e^{-j\left(\frac{2\pi}{N}k - \omega_0\right)} = e^{j\omega_0} e^{-j\frac{2\pi}{N}k} = e^{j\omega_0} W_N^k$，也可以将 $X(k)$ 化简为：

$$X(k) = \frac{1 - e^{-j\omega_0 N}}{1 - e^{-j\left(\frac{2\pi}{N}k - \omega_0\right)}} = \frac{1 - e^{-j\omega_0 N}}{1 - e^{j\omega_0} W_N^k}, k = 0, 1, 2, \cdots, N-1$$

② 将 $y(n)$ 用欧拉公式展开得到：

$$y(n) = \cos(\omega_0 n) R_N(n) = \frac{1}{2}(e^{j\omega_0 n} + e^{-j\omega_0 n}) R_N(n)$$

由上题结论可知，

$$\mathrm{DFT}[\mathrm{e}^{\mathrm{j}\omega_0 n}R_N(n)]=\frac{1-\mathrm{e}^{-\mathrm{j}\omega_0 N}}{1-\mathrm{e}^{\mathrm{j}\omega_0}W_N^k}$$

当 $\omega_0=-\omega_0$ 时，有：

$$\mathrm{DFT}[\mathrm{e}^{-\mathrm{j}\omega_0 n}R_N(n)]=\frac{1-\mathrm{e}^{\mathrm{j}\omega_0 N}}{1-\mathrm{e}^{-\mathrm{j}\omega_0}W_N^k}$$

$$\therefore Y(k)=\frac{1}{2}\left[\frac{1-\mathrm{e}^{-\mathrm{j}\omega_0 N}}{1-\mathrm{e}^{\mathrm{j}\omega_0}W_N^k}+\frac{1-\mathrm{e}^{\mathrm{j}\omega_0 N}}{1-\mathrm{e}^{-\mathrm{j}\omega_0}W_N^k}\right]$$

③ 同样将 $h(n)$ 用欧拉公式展开得到：

$$h(n)=\sin(\omega_0 n)R_N(n)=\frac{1}{2\mathrm{j}}(\mathrm{e}^{\mathrm{j}\omega_0 n}-\mathrm{e}^{-\mathrm{j}\omega_0 n})R_N(n)$$

$$\therefore H(k)=\frac{1}{2\mathrm{j}}\left(\frac{1-\mathrm{e}^{-\mathrm{j}\omega_0 N}}{1-\mathrm{e}^{\mathrm{j}\omega_0}W_N^k}-\frac{1-\mathrm{e}^{\mathrm{j}\omega_0 N}}{1-\mathrm{e}^{-\mathrm{j}\omega_0}W_N^k}\right)$$

$Y(k)$、$H(k)$ 化简比较复杂，可以看成是一般单频序列的 DFT。如果 $\omega_0=\dfrac{2\pi}{N}q$，即序列为周期序列，且变换区间的点数 N 是序列周期整数倍时，可用式（5.1.19）和式（5.1.20）求解。

5.2　离散傅里叶反变换 IDFT 与频域抽样理论

序列 $x(n)$ 通过离散傅里叶变换得到离散谱序列 $X(k)$，$X(k)$ 从理论上讲也能够通过离散傅里叶反变换将原序列还原。本节主要讨论离散傅里叶反变换 IDFT 的算法、IDFT 是否能正确逼近原序列频谱、利用 DFT 算法实现高效 IDFT 的原理等内容。

5.2.1　IDFT 的计算方法

由于离散傅里叶变换是固定变换长度的计算，不同长度的处理会带来序列还原的不同情况。假设原序列为 $x(n)$，反变换序列 $x_N(n)=\mathrm{IDFT}[X(k)]$，可分以下几种情况进行 IDFT 计算。

（1）反变换序列 $x_N(n)$ 与原序列 $x(n)$ 长度相等情况下的 IDFT

原序列 $x(n)$ 的长度与 DFT 变换的长度均为 N 时，反变换与正变换的运算步骤基本是相同的，所以当已知 $X(k)$ 时，代入公式用直接计算的方法即可求解已知频谱的原序列。下面介绍的两个例题是结合 DFT 的性质求解 IDFT 的解题方法。

【例 5.2.1】已知序列 $x(n)=2\delta(n)+\delta(n-1)+\delta(n-3)$ 的 5 点 DFT 为 $X(k)$，求 $Y(k)=X^2(k)$ 的 IDFT。

解：序列用集合形式表示为：$x(n)=\{\underline{2},1,0,1\}$，代入 DFT 公式得：

$$X(k)=\sum_{n=0}^{4}x(n)W_5^{nk}=2+W_5^k+W_5^{3k}$$

则 $X^2(k)=(2+W_5^k+W_5^{3k})^2=4+W_5^{2k}+W_5^{6k}+4W_5^k+4W_5^{3k}+2W_5^{4k}$

$$=4+5W_5^k+W_5^{2k}+4W_5^{3k}+2W_5^{4k}$$

$$\therefore y(n)=4\delta(n)+5\delta(n-1)+\delta(n-2)+4\delta(n-3)+2\delta(n-4)$$

【例 5.2.2】已知一个有限长序列 $x(n)=\delta(n)+2\delta(n-5)$。

① 求它的 10 点 DFT；

② 已知序列 $y(n)$ 的 10 点傅里叶变换为 $Y(k)=W_{10}^{2k}X(k)$，求序列 $y(n)$；

③ 已知序列 $m(n)$ 的 10 点离散傅里叶变换为 $M(k)=X(k)Y(k)$，求序列 $m(n)$。

解： ①
$$X(k)=\sum_{n=0}^{9}x(n)W_{10}^{nk}=\sum_{n=0}^{9}\left[\delta(n)+2\delta(n-5)\right]W_{10}^{nk}$$

$$=1+2W_{10}^{5k}=1+2W_2^k$$

$$\therefore x(n)=1+2(-1)^k,k=0,1,2,\cdots,9$$

② 式(5.1.15) 循环移位定理 $\text{DFT}\left[x((n+m))_N\right]=W_N^{-km}X(k)$，注意这时给出的是序列循环左移的公式，右移的符号与左移旋转因子上标的符号是相反的。题干已知 $Y(k)=W_{10}^{2k}X(k)$，对应时域 $y(n)$ 是 $x((n-2))_{10}$，即 $x(n)$ 循环右移 2 位得到，所以有：

$$y(n)=\delta(n-2)+2\delta(n-7)$$

③ 对上式做 DFT 得到 $Y(k)=W_{10}^{2k}+2W_{10}^{7k}$，则：

$$M(k)=X(k)Y(k)=(W_{10}^{2k}+2W_{10}^{7k})(1+2W_{10}^{5k})$$

$$=W_{10}^{2k}+2W_{10}^{7k}+2W_{10}^{7k}+4W_{10}^{12k}$$

$$=W_{10}^{2k}+2W_{10}^{7k}+2W_{10}^{7k}+4W_{10}^{2k}$$

$$=5W_{10}^{2k}+4W_{10}^{7k}$$

$$\therefore y(n)=5\delta(n-2)+4\delta(n-7)$$

由于 $y(n)$ 的序列长度为 10，所以写出其集合形式为 $y(n)=\{0,0,5,0,0,0,0,4,0,0\}$。

注意：① 本题中 DFT 的变换区间是 10，$y(n)$ 的两个点都没有超出变换区间，所以就直接得到 $y(n)$ 的解析式，如果移位后超过了 0~9 的范围，则需要利用周期延拓取主值的方法，获得变换区间内的样值；

② 在反变换中，常用的公式是 $\text{IDFT}\left[W_N^{n_0 k}\right]=\delta(n-n_0)$；

③ 若旋转因子的上标数字比较大时，可以利用旋转因子的周期性化简，因为 $W_N^{nk}=W_N^{(n+rN)k}=W_N^{n(k+rN)}$，即只要将上标的数字减去 N 的倍数即可，n、k 同时都具有这个特性，正反变换应用旋转因子周期性规则是相同的。

（2）反变换序列 $x_N(n)$ 与原序列 $x(n)$ 长度不相等情况下的 IDFT

在一般情况下，对于长度为 N 的有限长序列 $x(n)$，在之前的计算中，默认了一定是采用变换区间为 N 的 N 点 DFT 来完成序列的离散傅里叶变换。当序列的长度与我们设计的 DFT 点数不同时，IDFT 的输出序列 $x_N(n)$，就会与原序列 $x(n)$ 有区别，下面先分析其原理。

5.1.1 节通过单边 z 变换的定义，利用等分单位圆的方法得到了长度为 N 的有限长序列的离散傅里叶变换 DFT 的定义，如果不定义序列的长度，即假设任意序列 $x(n)$ 的 z

变换为：

$$X(z) = \sum_{n=-\infty}^{+\infty} x(n) z^{-n}$$

令 $X'(k)$ 为不限定 $x(n)$ 长度时的 IDFT 变换，得到：

$$X'(k) = X(z) \Big|_{z=e^{j\frac{2\pi}{N}k}} = \sum_{n=-\infty}^{+\infty} x(n) e^{-j\frac{2\pi}{N}kn} = \sum_{n=-\infty}^{+\infty} x(n) W_N^{nk}$$

而由式（5.1.2）知，IDFT 的定义是：

$$x_N(n) = \frac{1}{N} \sum_{k=0}^{N-1} X(k) W_N^{-nk}$$

将 $X'(k)$ 代入上式得到：

$$x_N(n) = \frac{1}{N} \sum_{k=0}^{N-1} \Big[\sum_{m=-\infty}^{+\infty} x(m) W_N^{nk} \Big] W_N^{-nk} = \sum_{m=-\infty}^{+\infty} x(m) \Big[\frac{1}{N} \sum_{k=0}^{N-1} W_N^{k(m-n)} \Big]$$

由于：

$$\frac{1}{N} \sum_{k=0}^{N-1} W_N^{k(m-n)} = \begin{cases} 1 & m = n + rN, r \text{ 为整数} \\ 0 & \text{其他} \end{cases}$$

得：

$$x_N(n) = \Big[\sum_{r=-\infty}^{+\infty} x(n+rN) \Big] R_N(n) = x((n))_N R_N(n) \tag{5.2.1}$$

上式表明，$X(z)$ 在单位圆上的 N 点等间隔抽样 $X(k)$ 的 IDFT 序列 $x_N(n)$ 是原序列 $x(n)$ 以 N 为周期的周期延拓序列的主值序列。

【例 5.2.3】若序列 $x(n) = \{1, 1, 1, 1, 1\}$，长度为 $M=5$，求 $N=3$ 及 $N=6$ 时的序列 $x_N(n)$。

解：由式（5.2.1）可知，应先求序列 $x(n)$ 以 N 为周期的周期延拓，再取主值即可。按照 2.5.2 节周期延拓的运算规则，当 $N=3$ 时，周期延拓的周期小于序列长度，即 $N<M$ 时，需要将 $x(n)$ 按 3 位截断，剩余的 2 位序列补 1 个 0 形成新序列与截断序列相加，得到：

$$x_N(n) = \{1,1,1\} + \{1,1,0\} = \{2,2,1\}$$

当 $N=6$ 时，周期延拓的周期大于序列长度，即 $N>M$ 时，应在 $x(n)$ 补一个 0，所以：

$$x_N(n) = \{1,1,1,1,1,0\}$$

从【例 5.2.3】可以看出，$x_N(n)$ 是否能等于 $x(n)$ 取决于关键参数 N，这是频域周期 2π 内离散的频率点数，每个离散点的频率间隔为 $\frac{2\pi}{N}$，而 N 正好对应离散傅里叶变换 DFT 变换区间长度，即 DFT 变换点数。仅为求解反变换 $x_N(n)$，实际上只要考虑 $x(n)$ 在 DFT 变换时的处理即可。关于序列长度与傅里叶变换区间不同时 DFT 变换的计算原则总结如下：

假设序列 $x(n)$ 的长度为 M，DFT 变换区间长度为 N，当 $N=M$ 时，是序列最有效的傅里叶表示。若对此时的 $X(k)$ 进行反变换 IDFT，得到的 $x_N(n)$ 与原序列 $x(n)$ 是完全相同的。

若 $M<N$，即序列的长度小于 DFT 的变换区间长度，得到的 N 点 DFT 作为序列的傅

里叶表示，会有一定程度的冗余，通过反变换恢复的 $x_N(n)$，是原序列 $x(n)$ 补 $N-M$ 个零得到的，也能够还原 $x(n)$。

若 $M > N$，从时域的角度看，DFT 要先以 N 为周期原序列对 $x(n)$ 进行周期延拓，周期延拓的周期 N 比序列的周期 M 小，周期延拓后序列会发生混叠（见 2.5 节）；从频域的角度，N 太少是频域抽样间隔太大，使得 N 点 $X(k)$ 不能完全代表序列的连续谱 $X(e^{j\omega})$，也可以说得到的傅里叶表示是不正确的。这时进行反变换得到的 $x_N(n)$ 与原序列 $x(n)$ 按 N 点周期延拓取主值 $x((n))_N R_N(n)$ 相同。由此可引出频域抽样定理。

5.2.2　频域抽样定理

频域抽样定理的表述为：如果序列 $x(n)$ 的长度为 M，则只有当频域抽样点数 $N \geqslant M$ 时，通过 IDFT 恢复的序列 $x_N(n)$ 与原序列 $x(n)$ 相同，即存在 $x_N(n) = \text{IDFT}[X(k)] = x(n)$。也就是说，如果长度为 M 的序列 $x(n)$，当频域抽样点数 $N \geqslant M$ 时，可以由频域抽样序列 $X(k)$ 通过反变换还原出原序列 $x(n)$。

频域抽样是对 $X(e^{j\omega})$ 在 $0 \leqslant \omega \leqslant 2\pi$ 上做等间隔抽样，满足频域抽样定理时，$X(k)$ 就是原序列 $x(n)$ 的 N 点离散谱序列，并且可以由 $X(k)$ 恢复 $X(e^{j\omega})$。一般情况下，DFT 点数 N 最少要等于序列的长度 M 才能保证得到正确的频谱分析结果。

频域抽样定理规定了长度为 M 的有限长序列在离散傅里叶变换时与变换区间的最小长度 N 之间的关系，目的是保证 $X(k)$ 能够正确逼近原序列的频谱 $X(e^{j\omega})$。根据这个规律，也可以由 DFT 变换的点数倒推正常参加变换的序列长度。

【例 5.2.4】已知无限长序列 $x(n) = a^n u(n)$，$0 < a < 1$，对 $x(n)$ 的 z 变换 $X(z)$ 在单位圆上等间隔采样 N 点，抽样值为：

$$X(k) = X(z) \big|_{z = W_N^{-k}}, 0 \leqslant k \leqslant N-1$$

令有限长序列 $x_N(n) = \text{IDFT}[X(k)]$，求：

① 序列的 N 点 DFT 变换；

② $N = 10$ 和 $N = 20$ 时的有限长序列 $x_{10}(n)$、$x_{20}(n)$；

③ 取 $a = 0.8$，画出 40 点 $y_1(n) = x_{10}((n))_{10}$ 和 $y_2(n) = x_{20}((n))_{20}$ 的波形，对比波形并解释这种现象的原因。

解：① $\because x(n)$ 的 z 变换为：

$$X(z) = \frac{1}{1 - az^{-1}}$$

$\therefore x(n)$ 的 DFT 变换为：

$$X(k) = X(z) \big|_{z = W_N^{-k}} = \frac{1}{1 - a W_N^k}$$

注意：序列 z 变换时，是假设 n 为无穷大的，所以由 $X(z)$ 得到的 $X(k)$ 是由无穷项和公式得到的，与【例 5.1.8】中直接计算 N 点 DFT 时的 $X(k) = \dfrac{1-a^N}{1-a W_N^k}$ 的结果不同，应注意区别。

② 由式(5.2.1) 得：

$$x_N(n) = \sum_{r=-\infty}^{+\infty} x(n+rN)R_N(n) = \left[\sum_{r=-\infty}^{+\infty} a^{(n+rN)} u(n+rN)\right]R_N(n)$$

$$= \left[\sum_{r=-\infty}^{+\infty} a^n a^{rN} u(n+rN)\right]R_N(n) = \left[a^n \sum_{r=-\infty}^{+\infty} a^{rN} u(n+rN)\right]R_N(n)$$

又因为在 DFT 变换中，序列的长度应与 DFT 变换长度相同，即有 $0<n<N-1$，则：

$$u(n+rN) = \begin{cases} 1 & n+rN \geqslant 0, \text{即 } r \geqslant 0 \\ 0 & n+rN < 0, \text{即 } r < 0 \end{cases}$$

因此有：

$$x_N(n) = a^n\left[\sum_{r=-\infty}^{+\infty} a^{rN}\right]R_N(n) = \frac{a^n}{1-a^N}R_N(n)$$

$$\therefore x_{10}(n) = \frac{a^n}{1-a^{10}}R_{10}(n)$$

$$x_{20}(n) = \frac{a^n}{1-a^{20}}R_{20}(n)$$

③ 取 $a=0.8$，画出 40 点 $x_{10}((n))_{10}$ 和 $x_{20}((n))_{20}$ 的波形如图 5-7 所示。

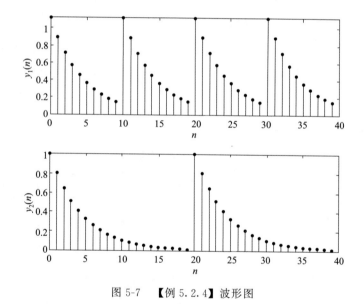

图 5-7 【例 5.2.4】波形图

当 $a=0.8$ 时，实指数序列的波形是一个逐渐衰减的波形，图 5-7 中，$y_1(n)$ 的波形并没有明显地衰减到 0 的现象。这是由于原序列 $x(n)$ 为无限长序列，DFT 变换是有限长，所以在 DFT 变换时，会对原序列进行周期为 N 的周期延拓，根据周期延拓的运算规则，当延拓周期小于序列长度时，要对序列进行截断并折叠相加。仿真时将无限长序列长度设置为 40（计算机处理不了无穷大），所以当 DFT 变换的 $N=10$ 时，相当于保留序列只有 10 个点，截余序列有三段要叠加在前 10 点的保留序列上，因此出现了很明显的混叠失真；而当 $N=20$ 时，保留序列是前 20 点的值，截余序列是后 20 点，因为 $a=0.8$，a^n 的后 20 点序列值已经很小，混叠失真虽存在但没有 $N=10$ 时明显。

通过本例说明，对不同的序列可以通过选择不同变换区间的长度来提高 $X(k)$ 与原连续谱的逼近程度，选择的方法还是来自我们对数学基础的一些直觉。

5.2.3 IDFT 的高效算法

前面所涉及的 IDFT 算法是基于计算反变换公式和频域抽样的原理进行计算的。在实际系统设计中，如果我们已经有了一个关于 DFT 的算法程序或者数字信号处理系统，利用这个 DFT 系统同时完成 IDFT 计算，即为我们所关注的高效算法。

将 IDFT 的变换公式

$$x(n) = \frac{1}{N} \sum_{k=0}^{N-1} X(k) W_N^{-nk}$$

与 DFT 变换公式进行对比可以发现，它们的主要区别是旋转因子的上标，一个正、一个负。根据旋转因子的性质，有 $W_N^{-nk} = (W_N^{nk})^*$，将 $X(k)$ 同时取共轭，上式改写为：

$$x(n) = \frac{1}{N} \Big[\sum_{k=0}^{N-1} X^*(k) W_N^{nk} \Big]^* \tag{5.2.2}$$

这样，方括号内的旋转因子与正变换一样，就可以利用 DFT 的算法来实现 IDFT 运算了。利用 DFT 求 IDFT 的步骤是：

① 对离散谱序列 $X(k)$ 取共轭得到离散谱共轭序列 $X^*(k)$；

② 对 $X^*(k)$ 进行 DFT 运算（注意：这里用了"运算"一词以避免表达上的混淆，实际系统中时域序列和离散谱序列都是以数据形式存储的，此处只是算法相同，物理意义差别很大）；

③ 对变换后的序列取共轭，并乘以常数 $\frac{1}{N}$，得到的数据即为 $x(n)$。

DFT 变换和 IDFT 变换无论采用何种方法，都绕不开与旋转因子的复数乘法和复数加法运算，这是在 DFT 中计算量最大的一个部分。基于减少复数乘法运算次数，简化复数乘法运算是傅里叶变换在离散信号处理得以广泛应用的关键。因为有了用 DFT 变换系统实现 IDFT 的算法原理支持，在后续讨论 DFT 的快速算法 FFT 时不再单独讨论如何实现其反变换，因为一个 FFT 变换的内核能完成 N 点 DFT 中有关旋转因子的复数乘法和复数加法运算这些数据量大、计算复杂的部分，而求共轭和加权 $\frac{1}{N}$ 这些实数运算就相对简单且容易实现了。

5.2.4 X(k) 的插值重构

频域抽样是 N 点 DFT 变换在数字频率区间 $[0, 2\pi]$ 上对序列的频谱进行 N 点等间隔抽样，抽样点之间损失了频率成分的信息，是无法恢复的。如果已知序列的 N 点离散谱序列 $X(k)$，要恢复 $X(z)$ 或 $X(e^{j\omega})$，只能通过内插函数得到。下面推导内插函数公式。

（1）z 域内插函数

因为有限长序列 $x(n)$（$0 \leqslant n \leqslant N-1$）的单边 z 变换为：

$$X(z) = \sum_{n=0}^{N-1} x(n) z^{-n}$$

而由 IDFT 反变换公式有：

$$x(n) = \frac{1}{N} \sum_{k=0}^{N-1} X(k) W_N^{nk}$$

代入 z 变换公式，得到：

$$
\begin{aligned}
X(z) &= \sum_{n=0}^{N-1} \left[\frac{1}{N} \sum_{k=0}^{N-1} X(k) W_N^{nk} \right] z^{-n} \\
&= \frac{1}{N} \sum_{k=0}^{N-1} X(k) \left[\sum_{n=0}^{N-1} W_N^{-nk} z^{-n} \right] \\
&= \frac{1}{N} \sum_{k=0}^{N-1} X(k) \frac{1 - W_N^{-kN} z^{-N}}{1 - W_N^{-k} z^{-1}} \\
&= \sum_{k=0}^{N-1} \frac{1}{N} \times \frac{z^N - 1}{z^{N-1}(z - W_N^{-k})} X(k)
\end{aligned}
\tag{5.2.3}
$$

观察上式可知，通过该算式可以由 $X(k)$ 恢复 $X(z)$。定义内插函数为 $\Phi_k(z)$，将上式表示为：

$$X(z) = \sum_{k=0}^{N-1} \Phi_k(z) X(k) \tag{5.2.4}$$

$$\Phi_k(z) = \frac{1}{N} \times \frac{z^N - 1}{z^{N-1}(z - W_N^{-k})} \tag{5.2.5}$$

（2）z 域内插函数 $\Phi_k(z)$ 的零极点分布特点

令上式中的分子 $z^N - 1 = 0$，可得 $1 = z^N \to e^{j2\pi r} = z^N \to z = e^{j\frac{2\pi}{N}r}$（$r = 0, 1, 2, \cdots, N-1$），即 $\Phi_k(z)$ 有 N 个模为 1 的零点，等间隔分布在 z 平面单位圆上；令分母等于零，$z^{N-1}(z - W_N^{-k}) = 0$，由 $z^{N-1} = 0$ 提供一个 $N-1$ 阶极点 $p = 0$，由 $(z - W_N^{-k}) = 0$ 提供一个 $p = W_N^{-k} = e^{j\frac{2\pi}{N}k}$ 的极点，这个极点将与分子上的对应 k 相同的零点抵消。

因此，可以总结为 z 域内插函数具有 $N-1$ 个单位圆上等频率间隔分布的零点和一个 $N-1$ 阶在原点处的极点。$\Phi_k(z)$ 的零极点分布如图 5-8 所示。

（3）频域内插函数 $\Phi_k(e^{j\omega})$

令 $z = e^{j\omega}$ 代入式（5.2.5）中，得到：

$$
\begin{aligned}
\Phi_k(e^{j\omega}) &= \frac{1}{N} \times \frac{e^{j\omega N} - 1}{e^{j\omega(N-1)}(e^{j\omega} - W_N^{-k})} \\
&= \frac{1}{N} \times \frac{1 - e^{-j\omega N}}{(1 - e^{-j(\omega - \frac{2\pi k}{N})})}
\end{aligned}
$$

利用虚指数函数的周期性，分子等价于：

$$1 - e^{-j\omega N} = 1 - e^{-j(\omega N - 2\pi k)} = 1 - e^{-jN(\omega - \frac{2\pi k}{N})}$$

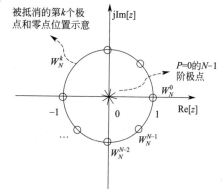

图 5-8　内插函数的零极点分布

代回原式得到：

$$\Phi_k(\mathrm{e}^{\mathrm{j}\omega}) = \frac{1}{N} \times \frac{1-\mathrm{e}^{-\mathrm{j}N(\omega-\frac{2\pi k}{N})}}{(1-\mathrm{e}^{-\mathrm{j}(\omega-\frac{2\pi k}{N})})}$$

$$= \frac{1}{N} \times \frac{\mathrm{e}^{-\mathrm{j}\frac{N}{2}(\omega-\frac{2\pi k}{N})}\sin\left[\frac{N}{2}\left(\omega-\frac{2\pi k}{N}\right)\right]}{\mathrm{e}^{-\mathrm{j}\frac{1}{2}(\omega-\frac{2\pi k}{N})}\sin\left[\frac{1}{2}\left(\omega-\frac{2\pi k}{N}\right)\right]}$$

进一步化简可得：

$$\Phi_k(\mathrm{e}^{\mathrm{j}\omega}) = \frac{1}{N} \times \frac{\sin\left[\frac{N}{2}\left(\omega-\frac{2\pi k}{N}\right)\right]}{\sin\left[\frac{1}{2}\left(\omega-\frac{2\pi k}{N}\right)\right]}\mathrm{e}^{-\mathrm{j}\frac{N-1}{2}(\omega-\frac{2\pi k}{N})} \quad k=0,1,2\cdots \tag{5.2.6}$$

上式说明频域连续函数可以通过其抽样序列 $X(k)$ 无失真恢复。

在一个离散信号处理系统中，通常会在输入端将连续时间信号采样形成序列 $x(n)$，经过数字传输处理后输出 $y(n)$，就可以通过插值重构获得连续时间信号输出。

将式(5.2.3)整理成下式形式：

$$X(z) = \frac{1}{N}z^{-(N-1)}\sum_{k=0}^{N-1}\frac{z^N-1}{(z-W_N^{-k})}X(k) \tag{5.2.7}$$

由式(5.2.7)组成的滤波器结构称为频域抽样结构，若该结构作为系统函数 $H(z)$ 称为频域抽样结构滤波器，该结构的实现可查看第 11 章相关内容。

（4）内插函数的时域形式 $\varphi_k(n)$

由表 4-3 序列傅里叶变换对可知，长度为 N 的矩形序列的傅里叶变换对为：

$$R_N(n) \leftrightarrow \mathrm{e}^{-\mathrm{j}(N-1)\frac{\omega}{2}}\frac{\sin\left(\frac{\omega N}{2}\right)}{\sin\left(\frac{\omega}{2}\right)}$$

则对式(5.2.6)应用序列傅里叶变换频移特性可得到其反变换为：

$$\varphi_k(n) = \frac{1}{N}\mathrm{e}^{\mathrm{j}\frac{2\pi}{N}nk}R_N(n) = \frac{1}{N}W_N^{-nk}R_N(n) \tag{5.2.8}$$

由式(5.2.8)可以看到内插函数所对应的序列是矩形序列与旋转因子相乘（调制）后序列再乘以 $\frac{1}{N}$。

5.3 离散傅里叶变换 DFT 的性能参数

离散傅里叶变换 DFT 实际是通过对连续频域函数的频谱抽样从而计算序列频谱的一种计算机辅助的可实现方法。离散傅里叶变换 $X(k)$ 实际上表示的是离散谱序列。这种频谱的离散化带来了频谱的缺失，同时也会产生各种误差。本节要讨论的主要问题是，DFT 如何才能在频域精确地代表序列的频谱？在频域对频谱的抽样需要满足何种条件？由此带来的误差是什么？如何才能做到通过离散频谱序列 $X(k)$ 恢复原时域序列 $x(n)$ 等一系列问题。

5.3.1 DFT 涉及的频率问题

在 4.2.4 节，通过对比连续信号的傅里叶变换与离散序列傅里叶变换中一些频率的问题，我们已经知道连续信号周期信号的参数有角频率 Ω（单位是弧度每秒，rad/s），频率 f（单位是赫兹，Hz），角频率和频率的关系为 $\Omega = 2\pi f$。另外，还有一个参数是周期 T（单位是秒，s），$T = \dfrac{1}{f} = \dfrac{2\pi}{\Omega}$，这些有关频率的参数相互之间是有联系的，符合我们对频率周期的普通认知。

当连续信号通过时域采样成为离散序列时，是取采样信号 $\hat{x}_a(t)$ 的系数 $x(nT_s)$ 得到的，时域表达式虽然变得简洁了，但是其频谱的周期特性却没有因此而消除。因为采样信号 $\hat{x}_a(t)$ 的时域本质是由周期冲激信号叠加而成，所以其频谱 $\hat{X}_a(\Omega)$ 是原函数频谱 $X_a(\Omega)$ 在频域周期重复叠加的。这些重复频谱波形之间的频率间隔就是采样角频率 Ω_s，工程应用中更常用的是采样频率 f_s。随着重复次数的增加，频率 nf_s 也会不断增加，从这个意义上说，离散信号的频带是无限的。

采样定理要求采样频率 f_s 足够大才能保证这些重复频谱之间的间隔足够大，从而保证采样信号的这些重复频谱波形不会重叠，可以说遵循采样定理是连续信号离散化的一个最基本的原则。

序列傅里叶变换 $X(\mathrm{e}^{\mathrm{j}\omega})$ 的变换对象是由系数 $x(nT_s)$ 演变而来的离散序列 $x(n)$，它的自变量是复变量 $\mathrm{e}^{\mathrm{j}\omega}$。当然，前面也一再提到 $\mathrm{e}^{\mathrm{j}\omega}$ 的模为 1，所以实际变量是数字频率 ω。数字频率可以理解为一种归一化频率，其单位是弧度，具有和角度性质相同的周期性。不过数字频率 ω 的周期性与采样序列的频谱中提到的频谱周期间隔 f_s 也是不同的，因为 ω 的间隔固定为 2π，而且因为是绕单位圆旋转的，所以不会因为 n 的增加而增加（实际频率 nf_s 是随着 n 的增加而不断增加的）。

在 4.2.2 节关于频率的一些定义中还提到，采样序列对应的某个确定的数字频率 $\omega_0 = 2\pi \dfrac{f_0}{f_s}$，表示数字频率是连续时间信号（模拟信号）频率 f_0 与采样频率 f_s 的比值乘以 2π 得到的，那么数字频率变量 ω 的一个 2π 周期正好与一个采样频率 f_s 相对应，如图 5-9 所示。

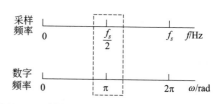

图 5-9　采样频率与数字频率周期 2π 的关系

在图中可以看到，数字频率的半个周期 π 对应的实际频率是 $\dfrac{f_s}{2}$。根据采样定理 $f_s \geqslant 2f_m$，f_m 是连续信号的频率（当信号有多个频率成分时，f_m 指它们中最高的频率，如果只是一个单频信号，则 f_m 指信号的频率），将定理变换成 $f_m \leqslant \dfrac{f_s}{2}$ 的形式，可以看到另一个角度的约束，即信号的最高频率不能超过 $\dfrac{f_s}{2}$，对应的数字频率刚好是 π。也就是说，数字

频率的 π 是实质上的高频。即从 $0 \sim \pi$，信号的频率是上升的，在 π 达到最高频率，而 $\pi \sim$ 2π，实际频率频谱关于 π 对称，可以理解为对应的实际频率是下降的。若将该频率左移 π，则 $-\pi \sim \pi$ 和 $0 \sim 2\pi$ 具有相同的频谱。在第 9 章 IIR 滤波器中会涉及数字频率的 π 对应最高频率这个结论带来的模拟滤波器和数字滤波器定义的差别。

采样频率的一半 $\dfrac{f_s}{2}$ 定义为折叠频率。如果对时域连续信号采样时满足采样定理，信号的最高频率不会超过折叠频率，此时信号为带限信号；如果信号最高频率超过折叠频率，那么在 $\omega = \pi$ 附近，或者说 $\dfrac{f_s}{2}$ 附近会发生频谱混叠，这会直接带来信号的失真。

离散傅里叶变换 $X(k)$ 是 $X(e^{j\omega})$ 的离散频谱，是对单位圆的等间隔采样，$X(k)$ 的自变量 k 对应的数字频率 ω_k 为：

$$\omega_k = \frac{2\pi}{N}k \tag{5.3.1}$$

根据数字频率与采样频率 f_s 之间的关系有：

$$\begin{cases} f_k = \dfrac{f_s}{N}k & 0 \leqslant k < \dfrac{N}{2} \\ f_k = \dfrac{f_s}{N}(k-N) & \dfrac{N}{2} \leqslant k < N \end{cases} \tag{5.3.2}$$

式中，f_k 是指离散傅里叶变换 $X(k)$ 第 k 条谱线对应的实际频率。需要注意的是，对于连续信号的傅里叶变换，一般是要得到关于 y 轴对称的波形，在数字域中应该对应 $-\pi \sim \pi$ 范围；DFT 变换的点数取正值，直接得到的是 $0 \sim 2\pi$ 的离散波形。为了得到符合连续信号频谱的关于 y 轴对称的频谱波形，f_k 在 $0 \leqslant k < \dfrac{N}{2}$ 时，$X(k)$ 抽样的是正频率，而 $\dfrac{N}{2} \leqslant k < N$ 时，$X(k)$ 的抽样延拓到下一个周期波形的负频率部分，所以频点频率 f_k 取负频率。这样的频率分布就可以包含连续信号频谱的全部信息。

【例 5.3.1】 已知信号 $x(t)$ 的不同成分中最高频率为 $f_m = 2500\text{Hz}$，用采样频率 $f_s = 8\text{kHz}$ 对 $x(t)$ 时域采样。之后再对采样序列进行 1600 点 DFT。试确定 $X(k)$ 中 $k = 10$、50、150、300、1200、1500 点分别对应原连续信号的连续频谱点 f_1、f_2、f_3、f_4、f_5、f_6。

解： 由式（5.3.2）可知，当 $k < \dfrac{N}{2} = 800$ 时，对应的信号连续谱频点

$$f_k = \frac{f_s}{N}k = \frac{8000}{1600}k = 5k$$

所以 $f_1 = 5 \times 10 = 50(\text{Hz})$

$f_2 = 5 \times 50 = 250(\text{Hz})$

$f_3 = 5 \times 150 = 750(\text{Hz})$

$f_4 = 5 \times 300 = 1500(\text{Hz})$

当 $800 \leqslant k < 1600$ 时

$$f_k = \frac{f_s}{N}(k-N) = 5(k-N)$$

所以 $f_5 = 5 \times (1200-1600) = -2000(\text{Hz})$

$f_6 = 5 \times (1500-1600) = -500(\text{Hz})$

【例 5.3.2】 连续信号 $x(t)$ 的带宽为 $0\sim200\text{Hz}$，采样序列记为 $x(n)$，其 DFT 为 $X(k)$。假设时域采样频率为 $f_s = 1600\text{Hz}$，频域抽样点数为 2048。

扫码看视频

① 请分析 $|X(20)|$ 代表的是 $x(t)$ 在哪个频率点处的频谱幅度。

② 若采样频率为 400Hz，$|X(20)|$ 对应的是原信号的哪个频点？

③ 比较两种采样频率下，信号最高频率对应 DFT 的点数（k 的值），说明在利用 DFT 分析信号频谱时采样频率与 DFT 点数选择应如何权衡。

解： ① 因为 DFT 是对序列 $x(n)$ 频谱的抽样，$|X(20)|$ 代表的是 $k=20$ 的频谱，则由公式 $f_k = \frac{f_s}{N}k$ 可知原信号的频率

$$f_{20} = \frac{f_s}{N} \times 20 = \frac{1600}{2048} \times 20 = 15.625(\text{Hz})$$

② 采样频率为 $f_s = 400\text{Hz}$ 时，$|X(20)|$ 代表的也是 $k=20$ 的频谱，则由公式 $f_k = \frac{f_s}{N}k$ 可知原信号的频率

$$f'_{20} = \frac{f_s}{N} \times 20 = \frac{400}{2048} \times 20 = 3.90625(\text{Hz})$$

③ 由公式 $f_k = \frac{f_s}{N}k$ 推出 $k = \frac{Nf_k}{f_s}$，当原信号的最高频率为 200Hz，在 $f_s = 1600\text{Hz}$ 的系统，

$$k = \frac{Nf_k}{f_s} = \frac{2048 \times 200}{1600} = 256$$

在 $f_s = 400\text{Hz}$ 的系统，

$$k' = \frac{Nf_k}{f_s} = \frac{2048 \times 200}{400} = 1024$$

本例中 DFT 计算的点数都是 2048，对比不同时域采样频率下离散谱线对应的频率，可以看出当采样频率远远大于信号频率时（本例是 8 倍），信号最高频率对应的频率点数为总点数的 $\frac{1}{4}$，其他位置因无信号频率成分，会出现大量零值；而当采样频率刚好达到采样定理要求时，信号最高频率对应的点数是 $\frac{N}{2}$，即频域抽样点数很大，频率间隔很小，其实也增加了不必要的计算量，造成了资源的浪费。在本题中主要涉及的参数是时域采样频率和频域抽样定理的应用问题。时域采样定理定义了采样频率与信号最高频率的关系，频域抽样定理则定义了对 DFT 变换区间长度的选取原则。公式给出的都是最小值，在实际设计中并不是越大越好，要权衡考虑计算成本、设备复杂度与设计精度要求之间的关系。所以一般系统采

样频率会选择 $f_s = (3\sim6)f_m$，DFT 的点数则根据采样序列 $x(n)$ 的长度结合频域抽样定理适当调整，也不宜取太大。

5.3.2 DFT 的谱分辨率与栅栏效应

在上一节分析了 DFT 各谱线与频率的对应关系，同时也看到 DFT 的频谱是离散的，不再是一个关于频率自变量连续的函数，即直接由分析结果 $X(k)$ 不能得到 $X(e^{j\omega})$ 的全部信息，只能看到 N 个离散抽样点的谱线，这就是所谓的栅栏效应，即谱线之间的频率成分就像被栅栏挡住的部分，是观察不到的。栅栏效应示意图如图 5-10 所示，黑点是 DFT 能够计算的频率成分，即 $X(k)$，虚线部分的频谱是观察不到的。

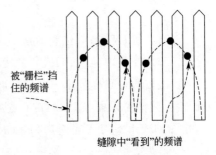

图 5-10　栅栏效应示意图

若序列 $x(n)$ 的长度为 M，根据频域抽样定理，DFT 的变换区间长度 $N \geqslant M$ 即可由频域抽样序列 $X(k)$ 恢复原序列 $x(n)$。通常情况下，为了提高计算效率，只选取 $N=M$ 作为 DFT 变换区间长度。为了改善栅栏效应，通过增加 DFT 变换区间的长度来实现。当变换区间 N 大于序列长度 M 时，反变换序列是原序列补零得到的。

【例 5.3.3】 已知 $X(e^{j\omega}) = \mathrm{DFT}[R_8(n)]$，对 $X(e^{j\omega})$ 在 $[0, 2\pi]$ 上进行 8 点等间隔采样（从 $\omega=0$ 开始）得到 $X(k)$。为减小栅栏效应，观察到更多其他谱线值，应采用什么方法？若希望观察到原来 3 倍的谱线，应采用多少点 DFT 实现？试写出 8 点 $X(k)$ 的数学表达式，若令新方案的 DFT 变换记为 $H(k)$，写出 $H(k)$ 的数学表达式，并画出 $|X(k)|$、$|H(k)|$ 的波形。

解： 由表 4-3 知长度为 N 矩形序列的傅里叶变换公式为：

$$\mathrm{DTFT}[R_N(n)] = e^{-j(N-1)\frac{\alpha}{2}} \frac{\sin\dfrac{\omega N}{2}}{\sin\dfrac{\omega}{2}}$$

则本题中 $N=8$，所以 $X(e^{j\omega})$ 为：

$$X(e^{j\omega}) = e^{-j\frac{7\omega}{2}} \frac{\sin 4\omega}{\sin\dfrac{\omega}{2}}$$

8 点 DFT 是对 $X(e^{j\omega})$ 频率的 8 点抽样，即：

$$X(k) = X(e^{j\omega})\Big|_{\omega=\frac{2\pi}{N}k=\frac{\pi}{4}k} = e^{-j\frac{7\frac{\pi}{4}k}{2}} \frac{\sin\left(4 \times \dfrac{\pi}{4}k\right)}{\sin\left(\dfrac{1}{2} \times \dfrac{\pi}{4}k\right)} = e^{-j\frac{7\pi k}{8}} \frac{\sin(\pi k)}{\sin\left(\dfrac{\pi}{8}k\right)}, 0 \leqslant k \leqslant 7 \quad (5.3.3)$$

若要观察原来的 3 倍谱线，可在 $[0, 2\pi]$ 上进行 24 点采样，则令 24 点 DFT 为 $H(k)$，有：

$$H(k) = X(\mathrm{e}^{\mathrm{j}\omega})\Big|_{\omega=\frac{2\pi}{N}k=\frac{\pi}{12}k} = \mathrm{e}^{-\mathrm{j}\frac{7\frac{\pi}{12}k}{2}} \frac{\sin\left(4\times\frac{\pi}{12}k\right)}{\sin\left(\frac{1}{2}\times\frac{\pi}{12}k\right)} = \mathrm{e}^{-\mathrm{j}\frac{7\pi k}{24}} \frac{\sin\left(\frac{\pi}{3}k\right)}{\sin\left(\frac{\pi}{24}k\right)}, 0 \leqslant k \leqslant 23 \quad (5.3.4)$$

根据正弦函数的特点可知，式(5.3.3)中，除第一个点外，k 的每个值都可以令分子的 $\sin(\pi k)$ 项为零，即使得 $X(k)$ 都为零；而式(5.3.4)中，k 为 3 的整数倍时才出现零值，即在两个零值之间多了两个 $X(\mathrm{e}^{\mathrm{j}\omega})$ 上抽样到的非零频谱值。图 5-11 仿真了 $R_8(n)$ 的 8 点 DFT 和 24 点 DFT 波形，图(a)是序列 $x(n) = R_8(n)$；图(b)是 $h(n)$，是 $x(n)$ 补 16 个零得到的 24 点序列；图(c)中黑色的样值是仿真到的 8 点 DFT 频谱序列波形，灰色样值表示被栅栏效应遮挡看不到的部分；图(d)是 24 点 DFT 的波形，频域抽样点数增加了，原来被栅栏阻挡看不见的谱线就暴露出来，提高了 DFT 谱分析观察的效果，从而也提高了谱分辨率。

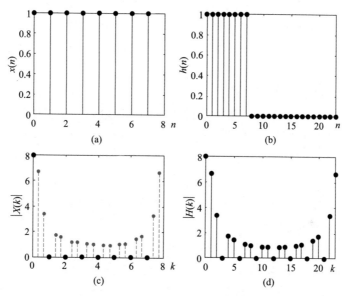

图 5-11　序列补零改善栅栏效应示意图

从本例可以看出，减小栅栏效应的原理是尽量使得频域抽样的密度加大，其本质就是增加 DFT 变换区间的长度。但是增加 DFT 的长度，不仅会增加 DFT 计算量，还可能造成另外的谱线被栅栏阻挡，在实际应用中需要根据具体情况来选择离散傅里叶变换的各种参数。

5.4　DFT 应用

连续时间信号的傅里叶变换在信号分析中的主要作用是理论价值，而离散傅里叶变换 DFT 就是实际应用，特别是由于快速傅里叶变换 FFT 的出现，大大提高了 DFT 的计算效率，可以将 DFT 直接应用于系统，实现实时转换。本节主要介绍 DFT 的几个重要应用，在计算点数较多时，单纯地用 DFT 计算复数乘法和加法次数很多，一般要结合 FFT 运算来实现。

DFT 变换的应用主要有利用 DFT 计算循环卷积和线性卷积、DFT 谱分析及实现正交

5.4.1 用 DFT 计算循环卷积和线性卷积和

图 5-12 所示系统是典型的数字信号处理系统。实际
应用中就是根据转换要求设计一个能够满足条件的 $h(n)$，
并将其设计成一个软件或硬件设备。

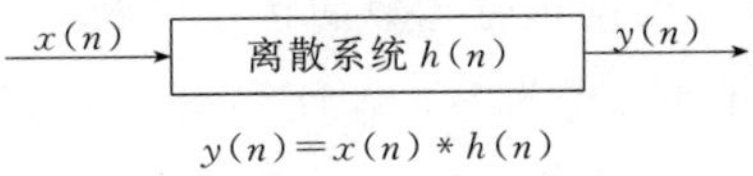

$$y(n)=x(n)*h(n)$$

图 5-12　数字信号处理系统结构图

离散系统的数学模型是常系数差分方程，是将实际系
统高度抽象的结果。在工程应用中，对于某个特定的系
统，通过实际观察，弄清楚当系统参数变化或者输入信号改变时系统输出响应发生何种变
化，总结其运算规律就可以抽象出一个数学模型。系统的单位脉冲响应和 z 域系统函数
$H(z)$ 可以很方便地将差分方程结构呈现出来。如果用硬件实现结构为 $h(n)$ 或 $H(z)$ 的系
统，输入序列 $x(n)$ 在电路作用下产生的输出一定是 $y(n)$，这是电路本身对输入的一种自然
的运算过程，即输入序列每经过一个基本元件，就会自动做一次运算，到输出端即完成整个
差分方程中所有运算，$y(n)$ 的值正好可以满足 $y(n)=x(n)*h(n)$ 的运算规则，这可以说
是一种电子硬件实现的实时算法。

如果要用模拟装置组成的 DSP 系统来模拟真实系统或者直接用软件编程实现一个系统
输入输出过程，除了系统网络结构所显示的计算流程之外，软件系统必须要通过编程来实现
输入与系统单位脉冲响应 $h(n)$ 之间的每一位运算。实际输入的序列按 $x(0)$、$x(1)$…的顺
序进入系统，为了得到相同的输入下产生相同的输出，就需要利用系统的数学模型体现的算
法去复原这种真实的过程，不仅仅编程实现输入和单位脉冲响应的卷积和计算，还要考虑采
用何种步骤才能得到正确的输出。

现在我们关注的是序列输入系统产生的输出，实际上就是卷积运算。当这个系统是
一个硬件时，硬件将输入序列转换成输出，完成的正是卷积和运算；而当我们设计的系
统是用软件得到 $h(n)$ 时，还需要编程实现输入序列 $x(n)$ 与 $h(n)$ 卷积运算有正确的输出。
因此研究如何实现一个几乎无限长的输入序列与一个有限长序列卷积的方法具有重要的
现实意义。第 2 章介绍了分段卷积，就是利用循环卷积完成一个无限长序列与有限长序
列卷积和运算的时域原理。而利用 DFT 实现循环卷积和线性卷积和运算，其主要思路是
利用循环卷积定理，将时域卷积和计算转换到频域进行乘法运算。从计算量和计算复杂
度的角度看，卷积和计算在时域采用对位相乘相加法，如果卷积和的两个序列长度为 N，
需要做 N^2 次乘法和 $2N-1$ 次加法；而在频域，只要一次对位乘法即可完成。直接计算
DFT 的运算次数很高，但是若采用高效的 FFT 算法，可以大大减少 DFT 的计算次数、提
高效率。这里介绍利用 DFT 实现循环卷积、线性卷积和运算的原理，实际系统中是采用
FFT 来实现的。

（1）利用 DFT 实现循环卷积的原理

由时域循环卷积定理可知，循环卷积可在频域计算后通过反变换得到。设序列 $x_1(n)$、
$x_2(n)$ 为有限长序列，长度分别为 N_1、N_2，且 $DFT[x_1(n)]=X_1(k)$、$DFT[x_2(n)]=$
$X_2(k)$，$L \geqslant \max[N_1, N_2]$，则利用 DFT 计算 $y(n)=x_1(n) ① x_2(n)$ 的实现框图如图 5-

13 所示。

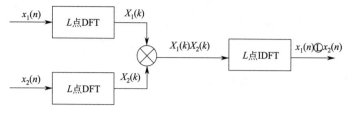

图 5-13　利用 DFT 实现循环卷积

这个系统结构表明，为了计算 $x_1(n)①x_2(n)$ 的值，可以先对它们分别做 L 点 DFT，根据 DFT 的卷积定理，两个序列的离散谱序列进行的运算为乘法，所以通过乘法器计算 $X_1(k)X_2(k)$，再用反变换系统实现 $X_1(k)X_2(k)$ 的 IDFT，得到 $x_1(n)①x_2(n)$。

之所以要采用这样的系统实现卷积运算，是因为 IDFT 也是可以用 DFT 来实现的。这可以使得系统结构更加简化，因为只要设计了一套 DFT 系统或者算法，它同时也能进行 IDFT 计算。

（2）利用 DFT 实现线性卷积和

循环卷积和线性卷积和的区别在于循环卷积的长度是固定的，参加卷积的序列都是 L 点，输出的结果也是 L 点，而卷积和运算输出序列的长度是参加运算的两个序列的长度之和减一。

采用循环卷积实现线性卷积和的时域原理是先将一个序列分段，计算分段的循环卷积值然后采用叠加法将计算的隔断相加。利用 DFT 计算线性卷积和原理与之基本相同。在第 2 章循环卷积运算中分析过，如果长度合适，$x_1(n)①x_2(n)$ 的值与 $x_1(n) * x_2(n)$ 的值将完全相同。

现实中，一般 $h(n)$ 是一个有限长序列，而 $x(n)$ 的长度则会远远大于序列的长度，因此卷积计算需要根据 $h(n)$ 的长度将 $x(n)$ 截断，进行一定长度的卷积和运算。所以除了利用 DFT 计算卷积和的原理之外，还需要关注对序列截断长度的选取原则，如何防止计算错误等问题。

假设 $h(n)$ 是长度为 N 的有限长序列，$x(n)$ 为无限长序列，将 $x(n)$ 均匀分段，每段长度为 M，先对 $h(n)$、$x(n)$ 分段的序列 $x_k(n)$ 分别进行长度为 $L=N+M-1$ 的 L 点 DFT 得到 $H(k)$ 和 $X_k(k)$，实现框图如图 5-14 所示。

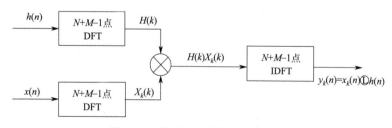

图 5-14　利用 DFT 实现卷积和计算

线性卷积和 $y(n)$ 由 $y_k(n)$ 重叠相加得到，其时域原理可参见 2.6.2 节。利用 DFT 实现时是将离散谱序列做一次乘法替代时域中的对位相乘相加法，再结合 FFT 高效算法，可以在一定程度上减少时域直接计算的计算量。

利用 DFT 实现线性卷积和，在移动通信中的解卷积，雷达、声呐信号处理中相关或匹配滤波器的数字实现以及信号功率谱估计等方面都可以使用。

5.4.2 利用 DFT 进行谱分析

所谓的谱分析就是利用傅里叶变换 DFT 计算信号的频谱。信号包括连续时间信号和离散序列。DFT 谱分析的目的是要寻找信号的特征，用于检测、诊断和控制各种应用系统，诸如声学分析、男女声辨别、信号消噪、电池材料声子谱计算和图像处理等。事实上，DFT 谱分析还有一个应用也是大家熟知的，就是频谱仪，这是信号谱分析的常用仪器。当我们输入一段时域波形时，频谱仪屏幕上可以看到一道道反映频率大小的幅度尖峰，信号中包含的频率成分及其大小可以实时计算出来。这就是利用 DFT 进行谱分析且可视化的一个例子。

在工程实际中常见的时域信号 $x_a(t)$ 通常都是持续时间较长、频率成分复杂的随机信号，用 DFT 实现谱分析需要解决的问题是能够及时将信号的频谱计算出来，一般要进行如图 5-15 所示的变换。

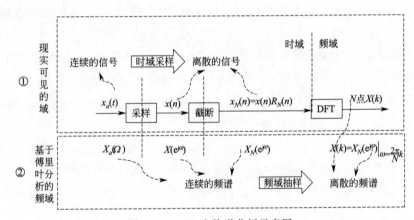

图 5-15　DFT 变换谱分析示意图

图中，①②两个虚线框示意了两个不同的域。

①表示现实可见的域，即我们可以真实地通过实际电路系统输入输出的信号或者数据，一般来说这些都是在时域发生的。但是有了 DFT 变换之后，我们可以看到，频域的数据也可以通过离散频谱序列 $X(k)$ 存在于现实中，这可以说是 DFT 最伟大的一个技术突破。

②表示基于傅里叶分析的频域。在 19 世纪之后的很长一段时间内，频谱分析是电路设计的一个辅助环节，通过分析信号的频谱，计算出其频率范围，并匹配到系统的滤波器、调制器等电路上，使之能够让信号所有有用频率成分通过或者抑制。②中的最后一个环节，将连续的频谱抽样成为离散的频谱，可以理解为离散频谱序列 $X(k)$ 的物理意义。

现实中一个完整的谱分析过程在虚线框①所示的过程中完成。

首先，为了便于计算机处理，必须对连续信号 $x_a(t)$ 进行采样得到离散时间序列

$x(n)$；接着，由于存储容量和计算的要求，对 $x(n)$ 进行截断得到有限长序列 $x_N(n)$；最后，对 $x_N(n)$ 进行 N 点 DFT 变换得到序列的 N 点离散谱 $X(k)$。

显然，从需要谱分析的信号 $x_a(t)$ 到分析出来的 N 点离散谱 $X(k)$，经过了时域采样、序列截断的过程，只是理论计算频谱 $X_a(\Omega)$ 的一个近似结果。近似的结果是否可以更逼近理论值，与谱分析中各个过程的参数选择有直接关系。下面介绍谱分析参数的定义，并对利用 DFT 对连续非周期信号、连续周期信号、离散序列谱分析的原理、参数选择以及一些实际问题进行讨论。

（1）谱分析的参数

① 记录时间 T_p　假设采样频率为 f_s（单位为 Hz），采样间隔为 $T_s = \dfrac{1}{f_s}$（单位为 s），截断序列长度为 N，则截断序列的持续时间为：

$$T_p = NT_s = \frac{N}{f_s} \tag{5.4.1}$$

截断时间也称为信号记录时间，单位为 s。截断时间信号中频率成分可能不是单一的，频率越小的信号周期越长，也意味着记录的最大时间长度对应是信号中最小的频率成分。

② 频率分辨率 F　定义频率分辨率 F 为 DFT 谱分析中能分辨的两个频率分量峰值的频率间距。频率分辨率 F 与记录时间 T_p 成反比，定义如下：

$$F = \frac{1}{T_p} = \frac{f_s}{N} \tag{5.4.2}$$

F 的单位是 $\dfrac{1}{s}$，即 Hz。频率分辨率为 1Hz 表示谱分析能分辨的最小频率差为 1Hz，而 5Hz 则表示能分辨的最小频率差为 5Hz，F 越小，频率分辨率越高。频率分辨率可以说体现了 DFT 谱分析的精度。DFT 谱分析时谱线的间隔 $\dfrac{f_s}{N}$ 也叫谱分辨率，在采样频率不变的情况下，频域抽样点数 N 越大，谱分辨率越高。

在公式中，$\dfrac{f_s}{N}$ 正好与 N 点 DFT 变换中谱线频率间隔定义相同，即只有整数点上谱线的频率能够在 DFT 中表示出来，在 $(k-1)\dfrac{f_s}{N} < f < k\dfrac{f_s}{N}$ 区间内的频率成分是分辨不了的，这种误差就是由栅栏效应引起的。

信号最小记录时间 $T_{p\min}$ 与最高频率分辨率 F_0 的关系为：

$$T_{p\min} \geqslant \frac{1}{F_0} \tag{5.4.3}$$

一般情况下，F_0 表示系统能够分辨两个频率之间的最小间隔，应根据 F_0 频率计算最小记录时间，当最高频率分辨率增加时，最小记录时间会增加，也就是需要记录更长时间的信号才能满足频率分辨率 F_0 的提高。

③ DFT 变换区间长度 N　根据频域抽样定理，DFT 最小变换点数 $N_{\min}$ 应不小于序列的长度，则根据式（5.4.2）和式（5.4.3）有：

$$N_{\min} \geqslant \frac{f_s}{F_0} \tag{5.4.4}$$

式(5.4.4)表明，在谱分析中选择基本参数时，首先要确定最高频率分辨率 F_0、选择采样频率 f_s，由此确定最小记录时间 $T_{p\min}$ 和 DFT 变换区间最小长度 $N_{\min}$。

【例 5.4.1】对实信号进行谱分析，要求谱分辨率 $F_0 \leqslant 10\,\mathrm{Hz}$，信号最高频率 $f_c = 2.5\,\mathrm{kHz}$，试确定最小记录时间 $T_{p\min}$、时域最大采样间隔 T_s 和 DFT 的频域最小抽样点数 $N_{\min}$。若谱分辨率要求提高一倍，求 DFT 的最小变换点数和最小记录时间。

解：由频率分辨率要求可以求出信号的最小记录时间为：

$$T_{p\min} \geqslant \frac{1}{F_0} = \frac{1}{10} = 0.1(\mathrm{s})$$

因为信号的最高频率为 $f_c = 2.5\,\mathrm{kHz}$，根据采样定理计算采样频率

$$f_s \geqslant 2f_c = 2.5\mathrm{k} \times 2 = 5\mathrm{k}(\mathrm{Hz})$$

则采样间隔为：

$$T_s = \frac{1}{f_s} = \frac{1}{5\mathrm{k}} = 0.2 \times 10^{-3}(\mathrm{s})$$

则序列截断长度为：

$$N = \frac{f_s}{F_0} = \frac{5\mathrm{k}}{10} = 500$$

即序列的截断长度应为 500 才能满足频率分辨率 $F_0 = 10\,\mathrm{Hz}$ 要求，根据频域抽样定理，频域最小抽样点数

$$N_{\min} \geqslant N = 500$$

若谱分辨率提高一倍，则 $F'_0 \leqslant 5\,\mathrm{Hz}$，此时：

$$T_{p\min} \geqslant \frac{1}{F'_0} = \frac{1}{5} = 0.2(\mathrm{s})$$

$$N_{\min} \geqslant \frac{f_s}{F'_0} = \frac{5\mathrm{k}}{5} = 1000$$

当谱分辨率要求提高一倍时，则序列的截断长度应增加到 1000 点，相应地，DFT 变换区间的长度至少也要 1000 点。

【例 5.4.2】已知信号由 $10\,\mathrm{Hz}$、$25\,\mathrm{Hz}$、$50\,\mathrm{Hz}$、$100\,\mathrm{Hz}$ 四个频率成分组成。完成下列各问：

① 采用 DFT 分析其频谱，请选取合适的采样频率 f_s、截取时长 T_p。

② 选取合适的采样点数 N，并计算信号各频率成分在 N 点 DFT 分析结果中对应的序号 k。

③ 如果需要滤除信号中 $100\,\mathrm{Hz}$ 的频率成分，以小题①中选取的采样频率 f_s 对信号进行采样，如何设定数字滤波器的截止频率？如果对输出信号的相位特性没有特殊要求，选用哪种类型的滤波器比较节省成本？

解：① 因为已知信号含有 4 个频率成分，根据采样定理，只要 $f_s \geqslant 2f_m = 200\,\mathrm{Hz}$ 即可满足条件，采样信号频谱不会混叠。但是由于在谱分析时需要对信号进行截断，可能造成频

谱的混叠失真，因此最好取 $f_s = (3 \sim 6) f_m$，为了使采样序列的数字频率中 π 的系数为有理数，且 DFT 的点数是 2 的幂，可选择采样频率是四个频率的公倍数，所以选择采样频率为 $f_s = 400\mathrm{Hz}$。

由于频率成分中，最小频率间隔是 $5\mathrm{Hz}$，频率分辨率取 $F_0 = 5\mathrm{Hz}$，则截取长度为：

$$T_p = \frac{1}{F_0} = \frac{1}{5} = 0.2\,(\mathrm{s})$$

② DFT 的最少点数为：

$$N_{\min} \geqslant \frac{T_p}{T_s} = T_p f_s = 0.2 \times 400 = 80$$

信号频率成分在 N 点 DFT 分析结果中对应的序号 k 的频率为：

$$f_k = k\frac{f_s}{N} = k\frac{400}{80} = 5k$$

③ 根据这几个频率的特点，如果要滤除 $100\mathrm{Hz}$ 频率，又不要求线性相位，可以采用巴特沃斯低通滤波器，滤波器的 $3\mathrm{dB}$ 截止频率为 $50\mathrm{Hz}$，根据前面所选择的采样频率，可求出其数字频率为 $\omega_c = 2\pi\dfrac{f}{f_s} = 2\pi\dfrac{50}{400} = \dfrac{\pi}{4}$。

注意：本题是一个综合题，涉及信号谱分析及谱分析的应用问题。滤波器设计具体内容可参见第 9 章 IIR 滤波器设计。

(2) 谱分析的误差

从图 5-15 所示的谱分析过程可知，从连续信号 $x_a(t)$ 到 N 点离散谱 $X(k)$，经过了时域采样、序列截断的过程，每个过程都将出现一些由近似引入的误差，下面分别讨论误差引起的原因及解决的办法。

① 频谱混叠失真　采样序列的频谱是由被采样的连续时间信号的频谱周期延拓得到的。当采样频率不满足采样定理时，就会发生频谱混叠现象，使得采样后信号的频谱不能真实反映原信号的频谱。

解决频谱混叠的唯一方法是保证采样频率足够高。在实际应用中，对于一些频谱很宽的信号，可能存在一些频率成分高于系统设计的最高频率，为了防止时域采样后产生频谱混叠失真影响后续的分析结果，可以在图 5-15① 所示的系统前加入一个抗混叠预滤波器滤除大于 $\dfrac{f_s}{2}$ 的频率成分。当然，这个操作可能会失去部分高频部分的谱信息。

【例 5.4.3】对连续时间信号 $x_a(t) = \mathrm{e}^{-t}u(t)$ 进行谱分析，分别按采样频率 $f_s = 5\mathrm{Hz}$ 和 $f_s = 20\mathrm{Hz}$ 采样。比较原信号的频谱与采样信号的频谱，观察不同采样频率下的混叠现象。

解：题干所给出的单边实指数信号是一个非周期信号，由傅里叶变换定义求出其频谱为：

$$X_a(\Omega) = \int_{-\infty}^{+\infty} x_a(t)\,\mathrm{e}^{-\mathrm{j}\Omega t}\,\mathrm{d}t$$
$$= \int_0^{+\infty} \mathrm{e}^{-t}\,\mathrm{e}^{-\mathrm{j}\Omega t}\,\mathrm{d}t = \frac{1}{1 + \mathrm{j}\Omega}$$

其中，$\Omega = 2\pi f$，当 $\Omega \in (0, +\infty)$ 时，信号的最高频率 f_m 也是无穷大的，因此 f_s 无论取多大都不可能达到采样定理规定的 $f_s \geqslant 2f_m$，必然会出现一定的频谱混叠。

以采样频率 f_s 采样，采样间隔为 $T_s = \dfrac{1}{f_s}$，

$$x(n) = x_a(T_s n) = \mathrm{e}^{-T_s n} u(n)$$

序列傅里叶变换为：

$$X(\mathrm{e}^{\mathrm{j}\omega}) = \sum_{n=0}^{+\infty} \mathrm{e}^{-T_s n} \mathrm{e}^{-\mathrm{j}\omega n} = \frac{1}{1 + \mathrm{e}^{-T_s} \mathrm{e}^{-\mathrm{j}\omega}}$$

由 $X(\mathrm{e}^{\mathrm{j}\omega})$ 的表达式可知，不同的 f_s 决定着不同的 e^{-T_s}，由不同采样频率得到的 $X(\mathrm{e}^{\mathrm{j}\omega})$ 是不同的。为比较不同采样频率下的混叠效应，画出幅频特性曲线 $|X_a(\Omega)|$、$|X(\mathrm{e}^{\mathrm{j}\omega})|$ 波形如图 5-16 所示。

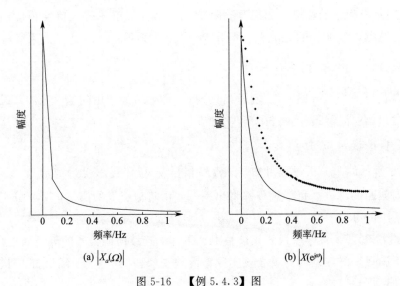

图 5-16　【例 5.4.3】图

对比 $|X_a(\Omega)|$、$|X(\mathrm{e}^{\mathrm{j}\omega})|$ 波形可以看出，$|X(\mathrm{e}^{\mathrm{j}\omega})|$ 尾部的幅度值比 $|X_a(\Omega)|$ 要高，这是由于高频部分混叠了另一个周期频谱而形成的；$|X(\mathrm{e}^{\mathrm{j}\omega})|$ 中虚线为采样频率 5Hz 得到的波形，实线为采样频率 20Hz 得到的波形，对比尾部幅度值可以看出，采样频率越高，混叠效应越不明显。

② 截断效应　在 DFT 谱分析中，需要将序列 $x(n)$ 截断得到有限长序列 $X_N(n)$，这个截断的计算公式为：

$$x_N(n) = x(n)R_N(n) \tag{5.4.5}$$

即 $x_N(n)$ 是 $x(n)$ 与长度为 N 的矩形序列相乘得到的，由傅里叶变换的频域卷积定理可知 $x_N(n)$ 的频谱：

$$X_N(\mathrm{e}^{\mathrm{j}\omega}) = \frac{1}{2\pi} X(\mathrm{e}^{\mathrm{j}\omega}) * W_R(\mathrm{e}^{\mathrm{j}\omega}) \tag{5.4.6}$$

其中，$W_R(\mathrm{e}^{\mathrm{j}\omega})$ 表示序列 $R_N(n)$ 的傅里叶变换，由式(4.2.5)知

$$W_R(e^{j\omega}) = e^{-j(N-1)\frac{\omega}{2}} \frac{\sin\dfrac{\omega N}{2}}{\sin\dfrac{\omega}{2}} \tag{5.4.7}$$

截断后序列的 N 点 DFT 为：

$$X(k) = X_N(e^{j\omega})\big|_{\omega=\frac{2\pi}{N}k} \tag{5.4.8}$$

由式(5.4.6) 和式(5.4.7) 可知，截断序列的频谱将发生较复杂的变化，总结起来有两种影响，一种是频谱泄漏，另一种是谱间干扰。下面分别用两个例题来分析截断后的频谱变化。

【例 5.4.4】 已知信号的 z 变换为 $X(z) = \dfrac{1}{1-1.35z^{-1}+0.98z^{-2}}$，$|z|>0.85$，求

① 序列 $x(n)$ 及其频谱 $X(e^{j\omega})$；

② 画出 $x(n)$ 及并用几何法大致画出幅度谱 $|X(e^{j\omega})|$ 的波形；

③ 假设截断长度为 $N=16$ 和 64，分别计算截断后的幅度谱，并比较频谱泄漏的程度。

解： 令 $X(z)$ 分子分母同时乘以 z^2，可得：

$$X(z) = \frac{z^2}{z^2-1.35z+0.98}$$

① 令分母 $z^2-1.35z+0.98=0$ 可得到两个共轭复数极点 $p_{1,2}=0.175\pm j0.724$，用留数法求得当 $n \geqslant 0$ 时，两个留数分别为：

$$
\begin{aligned}
\mathrm{Res}[X(z)z^{n-1}]_{z=p_1} &= (z-p_1)[X(z)z^{n-1}]\big|_{z=p_1} \\
&= (z-p_1)\left[\frac{z^2}{z^2-1.35z+0.98}z^{n-1}\right]\bigg|_{z=p_1} \\
&= (0.5-0.466j)(0.175+j0.724)^n \\
\mathrm{Res}[X(z)z^{n-1}]_{z=p_2} &= (z-p_1)[X(z)z^{n-1}]\big|_{z=p_2} \\
&= (z-p_2)\left[\frac{z^2}{z^2-1.35z+0.98}z^{n-1}\right]\bigg|_{z=p_2} \\
&= -(0.5-0.466j)(0.175-j0.724)^n
\end{aligned}
$$

$$x(n) = [(0.5-0.466j)(0.175+j0.724)^n - (0.5-0.466j)(0.175-j0.724)^n]u(n)$$

因为 $X(z)$ 的极点都在单位圆内，且收敛域为 $|z|>0.85$，收敛域包含单位圆，则有：

$$X(e^{j\omega}) = X(z)\big|_{z=e^{j\omega}} = \frac{1}{1-1.35e^{-j\omega}+0.98e^{-j2\omega}}$$

② 用几何法画出 $x(n)$ 的幅频特性曲线如图 5-17(b) 所示，图 5-17(a) 是 $x(n)$ 在 $n\to\infty$ 时的波形；图 5-17(b) 显示由于 $X(z)$ 有一对共轭极点，其幅度谱为一个尖锐的谱峰。

③ 取截断长度为 $N=16$ 和 $N=64$，分别画出序列的波形如图 5-17(c)、图 5-17(e) 所示，它们的幅度谱波形分别为图 5-17(d) 和图 5-17(f)。对比图 5-17(b)、图 5-17(d)、图 5-17(f) 三个波形，可以看到，图 5-17(b) 中的谱峰非常尖，而图 5-17(d) 中的谱峰比较平缓，下降也慢，要延伸到 3 的位置时，小谱峰的幅度还比较高，这种现象叫做谱间干扰，即

假设后面频点还有一个谱峰，那么这个小谱峰就会与后面的谱峰叠加，从而使得谱信息失真。图 5-17(f) 是截断长度为图 5-17(d) 的 4 倍的情况，它的主峰比较陡，小谱峰延伸到 2 的时候已经非常小了，也就是说，如果增加截断长度，可以有效地减少谱间干扰。但是由于窗函数的频谱特性是不能消除谱间干扰的本质原因，如果要切实降低截断效应带来的谱间干扰，只能选择通过采用其他收敛特性更好的窗函数来实现。

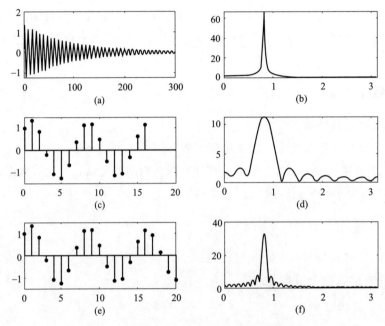

图 5-17　信号截断长度不同时频谱泄漏比较

对比图 5-17 中的各个小图，还可以发现，图(d) 中，谱峰较图(b) 要平缓很多，波峰也下降到原来的 $\frac{1}{6}$ 左右，在谱峰附近出现了许多小的谱峰，这种现象称为频谱泄漏。当截断长度增加到 64，即图(f) 的频谱，与图(d) 的谱峰相对又变得尖锐了许多，波峰大约为图(d) 的 $\frac{1}{2}$，但是谱峰边上依然有很多小谱峰，且相比图(d) 的小谱峰更密集，数量更多，也就是说，即使增加截断序列的长度，频率分量的扩散仍不可避免。

频谱泄漏将主瓣的能量分散到了其他旁瓣上，下面以单频余弦序列为例对频谱泄漏进行定量分析。

式(5.1.1) 给出了单频余弦序列的 DFT 计算公式为：

$$\text{DFT}\left[\cos\left(\frac{2\pi q}{N}n\right)\right]=\frac{N}{2}\left[\delta(k-q)+\delta(k-N+q)\right]$$

公式表明，当正弦序列的数字频率 ω_0 能够分解 N，q 均为整数时，刚好有两条谱线，对应的谱线序号为 $k=q$ 和 $k=N-q$。即必须是 $\frac{2\pi}{N}$ 的整数倍 q 才能得到公式中的一对单位脉冲序列。如果截断长度 N 不是序列周期的整数倍，则会出现泄漏。

【例 5.4.5】对连续单频正弦信号 $x(t)=\sin(2\pi f_m t)$ 按采样频率 $f_s=8f_m$ 采样，截断

长度 N 分别取 $N_1 = 36$ 和 $N_2 = 32$。观察其 DFT 结果。

解： 此离散序列 $x(n) = \sin\left(\dfrac{2\pi n f_m}{f_s}\right) = \sin\left(\dfrac{2\pi n}{8}\right)$，即周期 $N = 8$。单频周期信号谱分析的采样周期与频谱示意图如图 5-18 所示。当截断长度为 $N_1 = 36$ 时，相当于序列周期的 4.5 倍，如图 5-18(b) 所示频谱发生了泄漏；当截断长度为 $N_2 = 32$ 时，正好是序列周期的 4 倍，则图 5-18(d) 所示的频谱得到的是与原序列相同的单一谱线，即频谱没有发生泄漏。

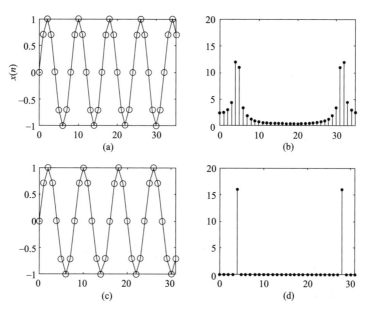

图 5-18　单频周期信号谱分析的采样周期与频谱示意图

③ 栅栏效应　栅栏效应是 DFT 变换的一种固有现象。在谱分析中减小栅栏效应的一个方法是在原序列上补零，从而变动 DFT 的点数。这种方法实际上是从设备的角度改变了显示真实频谱采样的点数和位置，相当于使得每个栅栏变细，并搬动了栅栏的位置，从而可以观察到原来观察不到的谱线。

对于一般的非周期信号，其频谱在 $0 \sim f_m$ 范围内是连续的，只要满足频域抽样定理，即使因为栅栏效应看不到一部分频谱，也能通过插值将频谱还原。但是对于连续周期信号，根据傅里叶级数是可以分解成多次谐波的正弦余弦信号之和的，它们的傅里叶变换是成对的离散谱线，如果频域抽样时刚好没有在频点上（刚好被栅栏挡住），在谱分析时就可能遗漏这个频率成分，造成谱分析的失败。

下面几个例子帮助我们理解连续域周期信号利用 DFT 谱分析需要关注的一些问题。

【例 5.4.6】 已知模拟信号 $x(t) = \cos(8\pi t) + \cos(20\pi t) + \cos(24\pi t)$，以采样频率 $64\,\text{Hz}$ 对其进行采样并利用 DFT 进行谱分析，求频率至少应抽样多少点，方能利用 DFT 准确地观测到 6 根谱线？设频率分辨率取 $4\,\text{Hz}$，会出现什么情况？

解： 信号有 3 种频率成分，$f_1 = 4\,\text{Hz}$，$f_2 = 10\,\text{Hz}$，$f_3 = 12\,\text{Hz}$。（$f_s = 64\,\text{Hz}$）

由两个频差最小频差：$\Delta f = |f_2 - f_3| = 12 - 10 = 2\,(\text{Hz})$

即 $F_0 \leqslant \Delta f = 2\,\text{Hz}$

则频率抽样点数

$$N = \frac{f_s}{F_0} = \frac{64}{2} = 32$$

因为 $\frac{f_s}{N} = \frac{64}{32} = 2$，当 $0 \leqslant n \leqslant \frac{N}{2} - 1$ 时，根据 $f_k = \frac{f_s}{N}k$ 可得 $f_k = 2k$，当 k 为 2，5，6 时，三个频率都在谱线上，可以观察到，频谱没有泄漏，所以在 $\frac{N}{2} \leqslant n \leqslant N - 1$ 时，也有三根对称的谱线，所以可以观察到 6 根谱线。

当取频率分辨率 $F_0 = 4\,\mathrm{Hz}$ 时，频率抽样点数为 $N = \frac{f_s}{4} = \frac{64}{4} = 16$ 点，由 $f_k = \frac{f_s}{N}k$ 可得 $f_k = 4k$，即 $k = 1$，3 时，谱线频率分别为 $4\,\mathrm{Hz}$ 和 $12\,\mathrm{Hz}$，即可正确观察到这两个频率的信号，而 $f_2 = 10\,\mathrm{Hz}$ 这个频率不在谱线上，观察不到。但是它的频谱泄漏会影响 1，3 谱线上的频谱幅度。因此观察到的频谱图上谱线的幅度会有所不同。

【例 5.4.7】已知模拟信号为 $x(t) = 0.2\cos(10000\pi t) + 0.8\cos(9900\pi t)$，为了对其做频谱分析，选定抽样频率 f_s 为该信号最高频率的 4 倍，对该信号进行等间隔抽样，然后进行离散傅里叶变换。

① 求抽样频率 f_s。

② 为了分辨两个频率成分，DFT 所需最小点数 $N_{\min}$ 应该如何选取？为保证使用基 2-FFT，N 应如何选取？

③ 按照上述确定的点数 N，截取模拟信号 $x(t)$ 的长度为多少？

④ 分析该谱分析系统可能出现的误差。

解： ① 由于待处理的模拟信号中有两个频率成分，分别求出两个频率分量：

$$f_1 = \frac{10000\pi}{2\pi} = 5000\,(\mathrm{Hz})$$

$$f_2 = \frac{9900\pi}{2\pi} = 4950\,(\mathrm{Hz})$$

因为题目已经表明选择抽样频率为该信号最高频率的 4 倍，所以：

$$f_s = 4f_m = 20000\,\mathrm{Hz} = 20\,(\mathrm{kHz})$$

② 信号中两个频率的频差为：

$$\Delta f = |f_1 - f_2| = 5000 - 4950 = 50\,(\mathrm{Hz})$$

所以为了分辨出两个频率成分，频率分辨率应满足 $F_0 \leqslant \Delta f = 50\,\mathrm{Hz}$

则 DFT 所需最小点数为：

$$N_{\min} = \frac{f_s}{F_0} = \frac{20000}{50} = 400$$

根据点数求截取长度：

$$T_{p\min} = \frac{1}{F_0} = 0.02\,(\mathrm{s})$$

FFT 的点数应该为 2 的整数幂，大于 400 的最小整数为 512，所以取 DFT 实际计算点数 N 可取 512 点。

③ 若根据实际计算点数，信号的截取长度为：

$$T_p = \frac{N}{f_s} = 0.0256(\text{s})$$

④ 如果采样频率为 20000Hz，两个序列的周期分别为 4 和 400，若 DFT 的点数取 400 点，正好是两个单频序列周期的整数倍，则可较好地避免频谱泄漏。若截断长度取 512 点，则会出现频谱泄漏，当取截断长度为 0.0256s 时，DFT 可以观察到泄漏的谱峰，从而计算频谱值。但是如果序列截断长度为 400 点，通过补零进行 512 点 DFT，则会出现观察不到谱线的情况。

【例 5.4.8】 已知一个信号的频率在 $5\text{Hz} \leqslant f_0 \leqslant 10\text{Hz}$ 之间，为分析这个频率，选择频率分辨率 $F_0 = 1\text{Hz}$，采样频率 $f_s = 50\text{Hz}$，试设计一个 DFT 谱分析实验方案，通过实验确定这个频率的大小并证明该频率是否正确。

解： 根据题目的条件，计算谱分析参数信号最小截断时间为：

$$T_{p\min} = \frac{1}{F_0} = \frac{1}{1} = 1\text{s}$$

DFT 的最小抽样点数为：

$$N_{\min} \geqslant T_p f_s = 1 \times 50 = 50$$

以 50 点 DFT 绘制信号的幅度谱如图 5-19(a) 所示。通过观察可以发现，这些谱线没有像图 5-19(b) 所示的那样具有对称性。

出现这种频谱有两个原因，一是我们选择的谱分辨率不够，所以没有将信号的频率真实地分析出来。二是因为我们采样的信号是非周期信号，其频率是连续的，即有可能是一个无限循环小数。所以解决的办法有两种，下面分别讨论两种实验方案。

第一种实验方案是提高频率分辨率，这从理论上说是可行的。但是在本例中，频率分辨率为 1Hz，导致信号的截断时间已经达到了 1s，为了存储这 1s 时长的信号，需要等待的时间太长，而且存储空间必然会很大，所以我们暂不考虑这个办法。

第二种实验方案是根据第二个原因，可能出现的频率是一个无限循环小数。也就是说，在这个谱图中，谱峰和次峰分别为 10Hz 和 11Hz，被分析的频率位于两个谱线之间，由于栅栏效应被挡住了。改善栅栏效应的方法是增加 DFT 的点数。所以我们可以采用在序列原有的 50 点的基础上补 550 个零，即做 600 点 DFT。画出 600 点 DFT 的谱分析图如图 5-19(b) 所示，可以发现此时谱图是对称的，谱峰对应的应该就是该频率成分。

为了算出谱峰对应的频率，可以由式(5.3.1) 推出点数与频率的关系为：

$$k = \frac{N f_k}{f_s} = \frac{600 f_k}{50} = 12 f_k$$

这样就可以得到 10Hz 对应的点数：

$$k_{10\text{Hz}} = 12 \times 10 = 120$$

则容易看出图 5-19(b) 中谱峰对应的点数为 $k = 124$ 点，该处的频率为：

$$f_k = \frac{f_s}{N} k = \frac{50}{600} \times 124 = 10\frac{1}{3}(\text{Hz})$$

为了得到图 5-19 中的实验效果，实际用于分析的就是一个频率为 $10\frac{1}{3}\text{Hz}$ 的余弦信号来代替被分析信号。如果在实际谱分析中，我们可能会得到一段需要分析的信号，采样后直接导入也可以完成对信号的分析。由这个例子可以看到如果分析的信号中只有一个频率，是可以通过对序列补零来获得更高的谱分辨率的。

本例也可以看成是对谱分析工具（仪器）的局限性说明。谱分析对应的设备是频谱仪。如果是从事相关行业的读者，一定知道频谱分析仪的价格从几千元到几十万元不等，价格是与分析仪分析频谱范围和谱分辨率有关的，不同的应用场合要选择适合的仪器，这是我们对工具局限性的理解；同时，因为理解了它的局限性，在实验过程中就要对实验结果的对错有一个初步的判断，这对于一个从业者的专业素养来说也是一种很高的要求。

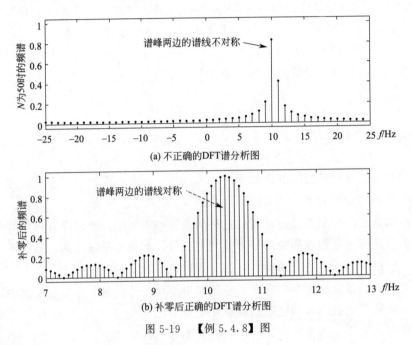

图 5-19 【例 5.4.8】图

【例 5.4.9】 设序列中含有三种频率成分，$f_1 = 2\,\mathrm{Hz}$，$f_2 = 2.05\,\mathrm{Hz}$，$f_3 = 1.9\,\mathrm{Hz}$，采样频率为 $10\,\mathrm{Hz}$。试分析：分别取序列截断长度为 $N_1 = 128$ 点，$N_2 = 512$ 点。

① 若取截断序列为 128 点，求此时信号的最小记录时间为多大？频率分辨率为多少？通过仿真用波形定性说明如 DFT 的点数分别取 128 点和 512 点，其谱分析准确性如何？

② 取截断序列长度为 256 点，即序列的有效长度为 512 点，再分别用 256 点和 512 点 DFT 进行谱分析，与①中的 512 点 DFT 谱分析效果相比，有何结论？

解： ① 由式(5.4.4) $N_{\min} \geqslant T_p f_s$ 取最小值并转换得到：$T_p = \dfrac{N_{\min}}{f_s} = \dfrac{128}{10} = 12.8\,(\mathrm{s})$

由式(5.4.3) 可求得频率分辨率为 $F = \dfrac{1}{T_p} = \dfrac{1}{12.8} \approx 0.078\,\mathrm{Hz}$。

分别仿真出 128 点 DFT 和 512 点 DFT 如图 5-20 中图①和图②所示。由图①可看到两个谱峰，但是实际信号有三个频率点，而截取 128 点的只有两个波峰，说明没有正确将三个频率分辨出来；补零后 512 点 DFT 中仍然不能正确分辨出三个频率，这是因为，虽然 DFT 通过补零在频域抽样点数增加了，栅栏效应变小了，但是由于截断时就没有考虑信号的频率

中最小频差为 $0.05\mathrm{Hz}$，即无法达到频谱分辨率要求，即使增加 DFT 点数也无法真正提高谱分辨率。

② 增加信号最小记录时间，序列有效长度增加到 256，此时频率分辨率为 $F=\dfrac{f_s}{N_{\min}}=\dfrac{10}{256}\approx0.039\mathrm{Hz}$，这个频率分辨率比最小频差 $\Delta f=|f_1-f_2|=2.05-2=0.05\mathrm{Hz}$ 小，因此可以分辨出三个频率。同样对截取的 256 点序列作 256 点 DFT 和 512 点 DFT，所得波形如图 5-20 的图③和图④所示。图上标注了序列截取长度和 DFT 点数的关系。

从图②和图④还可以看到，由于取 512 点与序列本身的周期不是整数倍，因此发生了频谱泄漏，出现了很多小波峰。

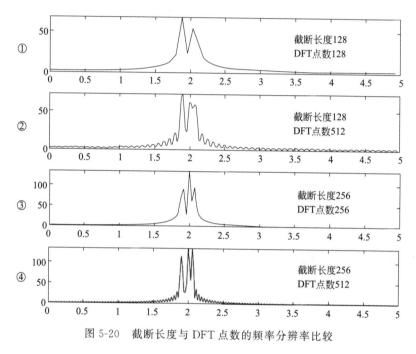

图 5-20   截断长度与 DFT 点数的频率分辨率比较

通过以上讨论可知，真正的频率分辨率定义得非常准确，即它是指能够分辨两个频率最小间隔的最高频率分辨率 F_0，由 F_0 决定了需要实际提供的有效数据长度。不增加记录时间，只增加 DFT 的点数只能将被栅栏效应挡住的部分看到，而因为记录时间不够而导致的未能获得的频率信息是无法看到的。

这也从另一个方面说明，尽管大多数技术指标都将频率分辨率和谱分辨率定义为相同的数据，但它们在理论上还是有区别的。

【例 5.4.10】图 5-21 为时间信号 $x(t)=\sin(2\pi f_1 t)+2\sin(2\pi f_2 t)$ 的离散傅里叶变换分析频谱，其中 $f_1=15\mathrm{Hz}$，$f_2=18\mathrm{Hz}$。

求：① 满足频率分辨率和采样定理要求的最小截断时间长度 $T_{\min}$，最小采样频率 f_{s0} 为多少？

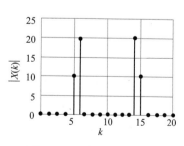

图 5-21   【例 5.4.10】图

② 某同学经过 MATLAB 仿真得到如图 5-21 所示波形，分析该同学选择的截断时间长度 T 和采样频率 f_s 分别为多少？是否发生了混叠现象？

解：信号中两个频率的频差为：

$$\Delta f = |f_1 - f_2| = 18 - 15 = 3(\text{Hz})$$

所以为了分辨出两个频率成分，频率分辨率应满足 $F_0 \leqslant \Delta f = 3\text{Hz}$。

所以最小截断时间为：

$$T_{p\min} = \frac{1}{F_0} = \frac{1}{3}(\text{s})$$

根据采样定理，$f_s \geqslant 2f_m = 36\text{Hz}$，即最小采样频率为 36Hz。

从仿真图 5-21 可以看到：

① 没有发生频谱混叠（因为每个正弦的谱线都正确成对且偶对称出现）。

② DFT 的点数 N 为 20 点，由于第一条谱线出现在 $k=5$ 的位置，即其对应的频率为 15Hz（它本身的模拟频率），由 DFT 点数与模拟频率对应关系 $f_k = \frac{f_s}{N}k$ 转换可知：

$$f_s = \frac{f_k}{k}N = \frac{15}{5} \times 20 = 60(\text{Hz})$$

$$T = \frac{N}{f_s} = \frac{20}{60} = \frac{1}{3}(\text{s})$$

5.4.3 正交频分复用系统

OFDM（Orthogonal Frequency Division Multiplexing，正交频分复用）于 20 世纪 60 年代被贝尔实验室的 R. W. Chang 发明，他是一位华裔科学家。1971 年，S. Weinstein 和 P. Ebert 提出用 IFFT 实现 OFDM。1980 年，A. Peled 和 A. Ruiz 提出循环前缀 cyclicprefix 以克服移动信号的多径效应，基本形成了目前所使用的 OFDM 的技术框架。在第四代移动通信系统中，OFDM 已经成为重要的核心技术，而在 5G 中，更是以 OFDM 为符号单位，可见其重要性。

在 OFDM 当中的每一个频率叫做子载波，扩展或得到长度为 Q 的序列叫做一个 OFDM 符号，这是 5G 移动通信系统物理层数据传输的一个基本单位。一个 OFDM 符号长度一般用 N 表示，用 $\hat{x}$ 表示星座调制后补零得到长度 N 的符号矢量，W_n^{-1} 代表 N 点 IDFT 矩阵，则 OFDM 调制后的时域信号为：

$$x = W_n^{-1}\hat{x} \tag{5.4.9}$$

OFDM 调制后是时域波形，对比式（5.1.4）可知，上式实际上就是一个 IDFT 的矩阵计算公式，也就是说，OFDM 是用 IDFT 来实现的。

图 5-22 所示的是离散形式 OFDM 系统结构。信息经过星座映射之后得到复数符号，N 个符号经过 IDFT（实际是由 IFFT 即 IDFT 的快速傅里叶变换实现的）后得到 OFDM 符号，根据反变换的概念，可知此时 OFDM 符号是时域离散序列，加上循环前缀 CP 后，经过一个离散信道 $h(n)$ 到达接收机。在接收机去掉 CP，做 DFT（实际是快速傅里叶变换 FFT）后，再进行星座解调，得到信息 bits。

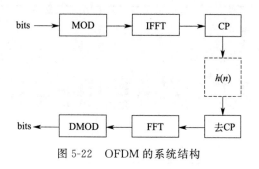

图 5-22 OFDM 的系统结构

　这个过程比较直观地显示了 OFDM 符号形成和解调的过程，由于 OFDM 符号长度可以长达 2048 点，直接 DFT 或 IDFT 都不可能满足移动通信系统的实时性要求，因此实际系统是采用 IFFT 和 FFT 实现的。

　无线信道的频率响应大多是非平坦的，而 OFDM 的主要思想是在频域内将所给的信道分成许多正交子信道，在每个信道上使用一个子载波进行调制，各子载波平行传输，故对每个信号而言是相对平坦的。这种正交子信道分解方法使得 OFDM 具有较高的频带利用率，是当今较主流的移动通信多址技术之一。

第**6**章　快速傅里叶变换 FFT

快速傅里叶变换（Fast Fourier Transform，FFT）并不是一种新型的傅里叶变换，它是指计算 DFT 的高效快速算法。

从之前的学习我们已经知道，DFT 变换从理论上解决了傅里叶变换应用于实际的可能性，特别适用于数字信号处理。但是尽管 DFT 非常有用，若直接按 DFT 公式计算，涉及复数乘法和加法，运算量非常大。所以在很长一段时间里，DFT 并没有得到普遍应用。直到1965 年，Kuly 和 Tukey 首次发现了 DFT 的快速算法，情况才有了改变，人们开始认识到DFT 运算的内在规律，从而很快发展和完善了一套高效的运算方法。使用 FFT 计算 DFT将运算时间减少了 1~2 个数量级，从而使 DFT 技术获得了广泛的应用。

6.1　FFT 的基本思想

快速傅里叶变换的计算原理还是 DFT。其基本思想就是根据 DFT 计算复杂性的本质发现解决的办法，从而实现 DFT 的快速运算。主要解决的途径是通过减少运算复杂度和运算次数来提高 DFT 变换的效率。

6.1.1　DFT 变换的运算量

有限长序列 $x(n)$ 长度为 N 时，它的 N 点 DFT 为：

$$X(k) = \sum_{n=0}^{N-1} x(n) W_N^{nk}, k = 0, 1, 2, \cdots, N-1$$

由于复数计算是无法直接实现的，所以通常会将旋转因子利用欧拉公式展开为：

$$X(k) = \sum_{n=0}^{N-1} x(n) \left[\cos\left(\frac{2\pi}{N}nk\right) - \mathrm{j}\sin\left(\frac{2\pi}{N}nk\right) \right] \tag{6.1.1}$$

此时，DFT 的离散频谱序列 $X(k) = \{X(0), X(1), \cdots, X(N-1)\}$ 也是 N 点序列，当 $x(n)$ 为复数时，N 点 DFT 的运算量为：

$$N \times N \text{ 次复数乘法运算} + N(N-1) \text{次复数加法运算} \tag{6.1.2}$$

一般复数乘法运算可根据下列两个复数乘法运算归纳总结出来，即：

$$(a+bj)(c+dj)=(ac-bd)+j(ad+bc)$$

运算量为 4 次实数乘法（ac、bd、ad、bc）和两次实数加（减）法（$ac-bd$ 和 $ad+bc$）。

而复数加法运算如：

$$(a+bj)+(c+dj)=(a+c)+(b+d)j$$

运算量为两次实数加法运算，所以，当 $x(n)$ 为复数时，N 点 DFT 的实际运算量为：

$$N[N\times(4\text{ 次复数乘法运算}+2\text{ 次复数加法})+(N-1)\times2\text{ 次实数加法}]$$

或表示成：

$$C=4N^2\text{ 次实数乘法运算}+(4N^2-2N)\text{ 次实数加法} \tag{6.1.3}$$

式中，C 表示运算的总次数，包括乘法和加法次数。显然，当 $N=1024$ 时，N 点 DFT 的实数运算量为 4194304 次实数乘法＋4192256 次实数加法。之所以将乘法运算与加法运算分开统计，是因为除了数字信号处理专用芯片 DSP，大多数微处理器中，乘法计算和加法计算所需要的机器周期是不同的。

6.1.2　DFT 变换的计算复杂度

数字信号处理的实现可以在通用计算机上由 DSP 软件实现，也可以采用普通单片微处理器（MCU）实现。前者软件方法实现方法灵活但实时性较差，很少用于实际系统，主要用于教学或科研的前期研制阶段；后者发展速度很快，功能越来越强，可以用来做一些简单的信号处理用于简单的控制场合，比如小型嵌入系统、仪表等。

计算机和微处理器采用二进制数据为单位进行计算，一般来说，实现一次加法需要异或运算和进位，加法器单元可以在一个机器周期完成一次加法运算，而实现一个乘法需要由加法器多次加乘移位实现。在大多数微处理器中，实现一个加法需要一个机器周期，而乘法需要 4 个机器周期，所以通常认为乘法计算复杂度要高于加法。

通用 DSP（Digital Signal Processing，数字信号处理）芯片具有内部硬件乘法器、流水线和多总线结构，专用 DFT 处理指令，有很高的处理速度和复杂灵活的处理功能。与微处理器 MCU 相比，其突出优点之一就是只需要 1 个机器周期就可以完成一次复数乘法运算，大大提高了计算效率。

【例 6.1.1】如果某通用计算机的一个机器周期为 $1\mu s$，计算一次加法需要一个机器周期，计算一次乘法需要 4 个机器周期；而使用数字信号处理专用单片机 TMS320 系列，其计算复数乘法和加法各需要 10ns 时间，试分析直接计算一次 1024 点 DFT 需要的时间是多少？

解：由式（6.1.3）可知，当 $N=1024$ 时，直接计算 DFT 的次数为：

$$\begin{aligned}
C &=4N^2\text{ 次实数乘法运算}+(4N^2-2N)\text{ 次实数加法}\\
&=4\times1024^2\text{ 次实数乘法运算}+(4\times1024^2-2\times1024)\text{ 次实数加法}\\
&=4194304\text{ 次实数乘法运算}+4192256\text{ 次实数加法}
\end{aligned}$$

采用通用计算机时，所需要的时间为：

$$T_1 = (4194304 \times 4 + 4192256) \times 10^{-6} = 20.969472(s)$$

由（6.1.2）得使用数字信号处理专用单片机计算的时间：

$$T_2 = (1048576 + 1047522) \times 10^{-9} \approx 2.09(ms)$$

对比两次处理时间可知，尽管采用专用数字处理芯片的计算时间大大缩短，但是 2ms 仍然太长，不能用于通信系统的实时传输。必须采用效率更高的快速算法才能使 DFT 真正用于实际系统。

6.1.3 减少 DFT 运算量的基本思路

减少 DFT 运算量的基本思想是把长度为 N 的序列分成几个较短的序列，利用旋转因子 W_N^m 的特性减少 DFT 的运算复杂度和运算次数。

（1）旋转因子的简化与生成

由式（6.1.1）可知，旋转因子可由欧拉公式展开为 $W_N^{nk} = \cos\left(\dfrac{2\pi}{N}nk\right) - j\sin\left(\dfrac{2\pi}{N}nk\right)$，求正弦余弦函数值的计算量是很大的，因此产生旋转因子的方法直接影响运算速度。

在 5.1.2 节介绍了旋转因子的性质和计算方法，在直接计算旋转因子时，利用旋转因子 W_N^{nk} 的周期性、对称性、可约性和特殊值，通过选取使得计算简单的旋转因子从根本上降低计算的复杂性。比如 $W_N^0 = 1$、$W_N^{\frac{N}{2}} = -1$、$W_N^{\frac{N}{4}} = -j$，这些计算就不需要做复杂的乘法，在后续的具体算例中会进一步说明。

旋转因子生成的另一种方法是预先计算出 W_N^r，$r = 0, 1, 2, \cdots, \dfrac{N}{2}-1$，存放在数组中，作为旋转因子表，在程序执行过程中直接查表得到所需的旋转因子值，减少了旋转因子的计算，也可以使运算速度大大提高。但是不足之处在于旋转因子值表占用内存较多，会影响程序运行的效率。

（2）降低 DFT 变换的长度

根据式（6.1.2）的结论可知，DFT 的计算量是与 N^2 近似成正比的，降低 DFT 变换的长度显然可以提高 DFT 的计算效率。如何利用 DFT 计算公式的特点将序列拆分成长度较小的 DFT 并方便地将结果转换成所需求解的序列，是研究提高 DFT 快速算法的一个重要方向，拆分序列利用 DFT 计算的分段卷积法在第 2 章和第 5 章都介绍过，根据分段卷积的原理将序列分段处理后也可以大大提高 DFT 计算速度。

6.2 基 2-FFT 算法

基 2-FFT 算法即 Tukey-Cooley 算法，是 1965 年提出的一种 DFT 快速算法。所谓的基 2，可以理解为基于 2 点 DFT 运算，其核心思想就是每次一分为二，通过不断地将 N 点 DFT 降低到 $\dfrac{N}{2}$ 点 DFT 运算，最后分解成一个 2 点 DFT，利用 2 点 DFT 旋转因子 $W_2^0 = 1$，

$W_2^1 = -1$ 的特点，尽可能多地使用这个最简的 DFT 计算，并将 N 点 DFT 的旋转因子个数降低到原来的一半。

基 2-FFT 算法一般要求 DFT 的变换区间长度 $N = 2^M$，M 为正整数。有点像我们最朴实的数数原理，假设正常 DFT 是一点一点地算，而基 2 算法则是二点二点地算，当然效率是可以提高的。

基 2-FFT 算法有两种形式：时域抽取的基 2-FFT 算法和频域抽取的 FFT 算法。下面分别介绍两种算法的实现原理。

6.2.1 时域抽取的基 2-FFT 算法

（1）时域抽取的基 2-FFT 算法原理

时域抽取的基 2-FFT 算法（Decimation-In-Time Fast Fourier Transform，DIT- FFT）是最早的 FFT 算法之一。时域抽取是指将需要 DFT 的序列 $x(n)$ 按序号 n 进行奇偶抽取，然后计算两个 $\frac{N}{2}$ 点 DFT；每个 $\frac{N}{2}$ 点 DFT 又划分成两个 $\frac{N}{4}$ 点 DFT，不断基于一分为二的原则，将序列分成两份，最后基于一个 2 点 DFT 单元进行计算。

对于长度为 $N = 2^M$ 的序列 $x(n)$，将其按 n 的奇偶性分为两个长度为 N 的子序列 $x_1(n)$、$x_2(n)$，其中：

$$x_1(n) = x(2r) \quad r = 0,1,2,\cdots,\frac{N}{2}-1$$

$$x_2(n) = x(2r+1) \quad r = 0,1,2,\cdots,\frac{N}{2}-1$$

则 $x(n)$ 的 N 点 DFT：

$$
\begin{aligned}
X(k) &= \sum_{n=0}^{N-1} x(n) W_N^{nk} = \sum_{n=0}^{N-1} \left[x_1(n) + x_2(n) \right] W_N^{nk} \\
&= \sum_{r=0}^{\frac{N}{2}-1} x_1(r) W_N^{2rk} + \sum_{r=0}^{\frac{N}{2}-1} x_2(r) W_N^{(2r+1)k} \\
&= \sum_{r=0}^{\frac{N}{2}-1} x_1(r) W_{\frac{N}{2}}^{rk} + W_N^k \sum_{r=0}^{\frac{N}{2}-1} x_2(r) W_{N/2}^{rk} \\
&= X_1(k) + W_N^k X_2(k), \quad k = 0,1,2,\cdots,N-1
\end{aligned}
\tag{6.2.1}
$$

在上式中，$X_1(k)$ 只包含原序列的偶数点序列，而 $X_2(k)$ 是由原序列的奇数点序列构成的，且它们的周期都是 $\frac{N}{2}$，即有：

$$X_1(k) = X_1\left(k + \frac{N}{2}\right); X_2(k) = X_2\left(k + \frac{N}{2}\right)$$

则可由式（6.2.1）得到：

$$X\left(k + \frac{N}{2}\right) = X_1\left(k + \frac{N}{2}\right) + W_N^{k+\frac{N}{2}} X_2\left(k + \frac{N}{2}\right) = X_1(k) - W_N^k X_2(k) \tag{6.2.2}$$

其中，$W_N^{k+\frac{N}{2}}=-W_N^k$ 是由旋转因子的周期性得到的。由式（6.2.1）、式（6.2.2）结合 DFT 的周期性，可以总结为：

$$\begin{cases} X(k)=X_1(k)+W_N^k X_2(k) & k=0,1,2,\cdots,\dfrac{N}{2}-1 \\ X\left(k+\dfrac{N}{2}\right)=X_1(k)-W_N^k X_2(k) & k=0,1,2,\cdots,\dfrac{N}{2}-1 \end{cases} \quad (6.2.3)$$

式（6.2.3）表明，序列的 N 点 DFT 可以由两个 $\dfrac{N}{2}$ 序列求出。按照这个方法，最后总能得到 $\dfrac{N}{2}$ 个 2 点 DFT。

当序列长度为 2 时，则 2 点 DFT 可表示为：

$$X(k)=\sum_{n=0}^{1} x(n) W_2^{nk}=x(0)+x(1)W_2^k$$

$$\rightarrow \begin{cases} X(0)=x(0)+W_2^0 x(1) \\ X(1)=x(0)-W_2^0 x(1) \end{cases} = \begin{cases} X(0)=x(0)+x(1) \\ X(1)=x(0)-x(1) \end{cases} \quad (6.2.4)$$

由计算式可以看出，因为长度 $N=2$，$\dfrac{N}{2}-1=0$，式中 $W_N^k=W_2^0=1$，参加计算的是旋转因子最简单的一种，只有正负。

图 6-1 是 2 点 DFT 运算流程图，因为基 2-FFT 的每一级分解都以这个运算流程图为单位，参考 2 点 DFT 算法流程，结合式（6.2.3）可画出基 2-FFT 算法的基本单元的流程图及简化形式。特别是图 6-1(c)，看起来像蝴蝶，所以基 2-FFT 算法也叫蝶形算法。

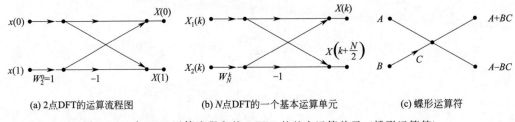

(a) 2 点DFT的运算流程图　　　　(b) N 点DFT的一个基本运算单元　　　　(c) 蝶形运算符

图 6-1　2 点 DFT 运算流程和基 2-FFT 的基本运算单元（蝶形运算符）

图 6-1(a) 是 2 点 DFT 的运算流程图。从图中可以清楚地看到，序列 $x(n)$ 的两个样值 $x(0)$、$x(1)$，计算得到两个离散频谱序列的值 $X(0)$ 和 $X(1)$，对应式（6.2.4）所示的计算公式，完成一次蝶形需要一次乘法和两次加法。图 6-1(b) 表示的是基 2 算法的一个基本运算单元，图 6-1(b) 的左边输入的是上一次计算得到的中间值，基 2 算法的核心还是对两个输入一加一减的运算，体现了式（6.2.3）所示的计算公式。两个计算表示式可以看到基 2 算法的核心，即通过将 N 点逐次二分最后得到 $\dfrac{N}{2}$ 个 2 点 DFT 运算，在各级运算中，因为 $k=0$，1，2，$\cdots$，$\dfrac{N}{2}-1$，旋转因子 W_N^k 的数量永远是点数的一半，这就在一定程度上改善了计算的复杂度；图 6-1(c) 是图 6-1(b) 的一种抽象画法，称为蝶形运算符，A、B 表示输

入，蝶形正中是一个加法器，则输出端向上表示加法，向下表示减法。这种蝶形运算符可以使基 2-FFT 的运算流程显得比较简洁，但是图 6-1（b）形式更接近信号流程图的表示方法。两种流程图表示方法在教材中都有应用。本书采用图 6-1（b）的形式。

根据上述原理，一个 4 点 DFT 分解成两个 2 点 DFT 计算，根据式（6.2.1），需要先将序列 $x(n)$ 进行奇偶抽取，奇偶序号的序列分别组成一组 2 点 DFT，输入采用这样的顺序，输出正好是 $X(k)$ 的正确顺序。其计算流程图如图 6-2 所示。

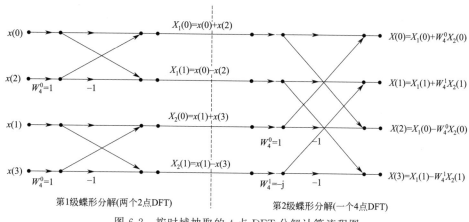

图 6-2　按时域抽取的 4 点 DFT 分解计算流程图

图中保留了旋转因子的符号，以便在更高点数分解时读者可以按规律推出更高点数的旋转因子，实际上，第 2 级蝶形分解得到两个 2 点 DFT。经过分解，4 点 DFT 用到的旋转因子只有 $W_2^0=1$、$W_4^0=1$、$W_4^1=-\mathrm{j}$ 这三个特别简单的实数复数值。因此，4 点 DFT 的两级蝶形计算实际上可以由式（6.2.2）简化得到：

$$\begin{cases} X(k)=X_1(k)+W_N^k X_2(k),k=0,1 \\ X(k+2)=X_1(k)-W_N^k X_2(k),k=0,1 \end{cases}=\begin{cases} X(0)=X_1(0)+X_2(0) \\ X(1)=X_1(1)-\mathrm{j}X_2(1) \\ X(2)=X_1(0)-X_2(0) \\ X(3)=X_1(1)+\mathrm{j}X_2(1) \end{cases} \tag{6.2.5}$$

【例 6.2.1】设 $x(n)=\{0,1,2,3\}$ 为一个 4 点长序列，利用图 6-2 所示的计算流程采用时域抽取的基 2-FFT 算法计算其离散傅里叶变换 $X(k)$。

解：根据时域抽取的基 2-FFT 算法原理，先将 $x(n)$ 抽取成两个序列 $x_1(n)=\{0,2\}$，$x_2(n)=\{1,3\}$，利用图 6-2 流程计算结果如图 6-3 所示。由图 6-3 可知，最后计算结果为：$X(k)=\{6,-2+2\mathrm{j},-2,-2-2\mathrm{j}\}$。

扫码看视频

这个题目在第 5 章【例 5.1.13】用矩阵法计算过其结果，对比可知两种算法的答案是完全相同的。如果采用矩阵直接计算，一个 4×4 矩阵乘以 4 列矩阵计算需要做 16 次乘法和 12 次加法，但是采用 FFT 流图计算，一个蝶形只要一次乘法两次加法，两级一共 4 个蝶形，相当于算了 4 次乘法和 8 次加法，即使不关注 DFT 点数降低后旋转因子的复杂度，仅看运算量也可以发现其优势。

（2）时间抽取的 N 点 DFT 基 2-FFT（DIT-FFT）算法步骤

下面总结 N 点 DFT 基 2-FFT 分解的步骤及各级旋转因子的一般公式。

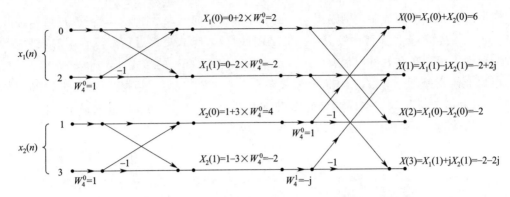

图 6-3　时域抽取的基 2-FFT 流程计算一个 4 点序列的示意图

一个长度为 $N=2^M$ 的序列 $x(n)$ 采用 DIT-FFT 算法计算其 N 点 DFT 的计算步骤。

步骤一　确定分解级数：一个长度为 $N=2^M$ 的序列，其基 2-FFT 分解的级数为 $M=\log_2 N$，第 1 级是 $\dfrac{N}{2}$ 个 2 点 DFT，第 M 级是 1 个 $N/2$ 点 DFT。由于基 2-FFT 至少要算一个 2 点 DFT，则 M 一定是大于等于 1 的，所以下面所提到的分解级数都是从第 1 级开始的。

步骤二　确定每级的旋转因子：最高级即第 M 级的旋转因子为 $\dfrac{N}{2}$ 个，记为 W_N^r，$r=0$，1，2，$\cdots$，$\dfrac{N}{2}-1$；任意第 L 级共有 2^{L-1} 个旋转因子，表示为 $W_N^{J\times 2^{M-L}}$，$J=0$，1，2，$\cdots$，$2^{L-1}-1$。以 $N=4$ 为例说明旋转因子如何确定。

当 $N=4$ 时，$M=\log_2 4=2$，即有两级旋转因子，其实第 2 级很好算，就是两个旋转因子 W_4^0、W_4^1，我们也用公式验证一下。

第 1 级旋转因子的计算如下：先确定旋转因子的数量，$2^{L-1}=1$，即一个旋转因子；然后确定 J 值，因为 J 最大值是 $2^{L-1}-1$，而 $2^{L-1}-1=0$，得 $J=0$，则可确定第 1 级旋转因子为 $W_4^{J\times 2^{2-1}}=W_4^0$。而第 2 级蝶形旋转因子的数量为 $2^{L-1}=2^{2-1}=2$；$2^{L-1}-1=2^{2-1}-1=1$，所以 $J=1$，则旋转因子为 $W_4^{0\times 2^{M-L}}=W_4^0$，$W_4^{1\times 2^{M-L}}=W_4^1$。这样计算比较适合计算机编程的时候用于确定旋转因子的循环程序。

观察图 6-2 的特点可以发现，实际上在第 1 级，全部都是 2 点 DFT，所以只有一个旋转因子；根据旋转因子的约分特性，$W_4^0=W_2^0$，可以看成是 2 点 DFT 的一半旋转因子。第 2 级是一个 4 点 DFT 分成两个蝶形，只有下半部分需要乘以旋转因子，所以有两个旋转因子 W_4^0 和 W_4^1。根据这个规律，我们可以推测 8 点 DFT 的第 3 级旋转因子应该有 4 个，即 W_8^0、W_8^1、W_8^2、W_8^3。读者可以用上述公式验证一下这个推测，在做更高点数的 DFT 时，采用 FFT 算法，旋转因子的数量只需要直接计算的一半即可。

步骤三　对输入序列的奇偶抽取，其规律是序号的二进制数倒过来，所以称为倒序。在硬件实现时可以直接将序号的二进制码倒序输出；在用软件编程时需要用到倒序算法，其规则是将序列序号的二进制码高位加 1，如有进位则向次位进位。计算示例如图 6-4 所示。

步骤四　利用流程图所示的过程直接计算，如【例 6.2.1】图 6-3 所示。

根据这个步骤可以画出 DIT-FFT 算法实现 8 点 DFT 的流程。

【例 6.2.2】已知序列 $x(n)$ 为 8 点实序列，试设计其基于时域抽取的基 2-FFT 算法流程图。分析该计算需要多少次蝶形运算，与 DFT 相比，其计算次数有何变化。

解： 先计算 8 点 DFT 时域抽取的基 2-FFT 所需的参数。

① 确定分解级数 $M = \log_2 N = 3$，即应有 3 级蝶形运算。

② 确定各级旋转因子，根据公式，可知第 1 级有一个旋转因子 $W_8^0 = W_2^0$；第 2 级有两个旋转因子 W_8^0、W_8^2，由旋转因子的化简性质可得第 2 级两个 4 点 DFT 的旋转因子实际为 W_4^0、W_4^1；第三级有 4 个旋转因子 W_8^0、W_8^1、W_8^2、W_8^3（这个规律也可以简记为，旋转因子的个数是对应该级 DFT 点数的一半，但是编程序时需要根据算法来实现）。

③ 确定序列抽取顺序：由倒序算法算出抽取顺序如表 6-1 所示。

					抽取结果
开始		0	0		$x(0)$
	+	1	0		
下一位序号		1	0		$x(2)$
	+	1	0		
		向低位进位			
下一位序号		0	1		$x(1)$
	+	1	0		
下一位序号		1	1		$x(3)$

图 6-4 倒序算法原理

表 6-1 确定序列抽取顺序

原顺序	$x(0)$	$x(1)$	$x(2)$	$x(3)$	$x(4)$	$x(5)$	$x(6)$	$x(7)$
原序	000	001	010	011	100	101	110	111
倒序	000	100	010	110	001	101	011	111
抽取顺序	$x(0)$	$x(4)$	$x(2)$	$x(6)$	$x(1)$	$x(5)$	$x(3)$	$x(7)$

则根据参数画出 8 点 DFT 时域抽取的基 2-FFT 分解运算流程图如图 6-5 所示。

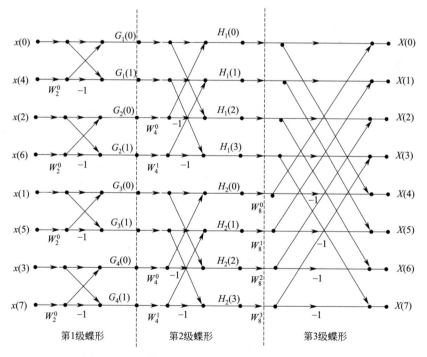

图 6-5 时域抽取的 8 点 DFT 基 2-FFT 算法流程图

由图 6-5 可以看出，每级有 4 个蝶形运算，所以一共有 12 个蝶形，每个蝶形的计算有一次乘法和两次加法，因此采用此算法，计算次数为 12 次乘法和 24 次加法。根据式 (6.1.2)，直接计算 8 点 DFT 的计算量为：

$$C = 4N^2 \text{ 次实数乘法运算} + (4N^2 - 2N) \text{ 次实数加法}$$
$$= 256 \text{ 次实数乘法运算} + 240 \text{ 次实数加法}$$

对比数据可知计算量已经大大减少。除此之外，由于 2 点 DFT 的旋转因子是 $W_8^0 = 1$，4 点 DFT 用到了旋转因子 $W_8^0 = 1$、$W_8^2 = W_4^1 = -\mathrm{j}$，这部分计算比一般复数乘法简单很多。

由本例还可以看出，8 点 DFT 计算中旋转因子在第 3 级已经变得复杂，如果分解更高的 DFT，旋转因子的计算复杂度会进一步增加，所以在实际应用时可利用一个成熟的 8 点 FFT 算法实现点数更高的 DFT 运算。

【例 6.2.3】试用两个 8 点 DIT-FFT 系统实现 16 点 DFT。

解：用已有的 8 点 DIT-FFT 算法来实现 16 点 DFT，主要问题是要注意输入序列样值顺序的处理。对于 16 点数据，输入序列的顺序用倒序法计算，如表 6-2 所示。

表 6-2　序列样值抽取顺序计算

原顺序	$x(0)$	$x(1)$	$x(2)$	$x(3)$	$x(4)$	$x(5)$	$x(6)$	$x(7)$
原序	0000	0001	0010	0011	0100	0101	0110	0111
倒序	0000	1000	0100	1100	0010	1010	0110	1110
抽取顺序	$x(0)$	$x(8)$	$x(4)$	$x(12)$	$x(2)$	$x(10)$	$x(6)$	$x(14)$
原顺序	$x(8)$	$x(9)$	$x(10)$	$x(11)$	$x(12)$	$x(13)$	$x(14)$	$x(15)$
原序	1000	1001	1010	1011	1100	1101	1110	1111
倒序	0001	1001	0101	1101	0011	1011	0111	1111
抽取顺序	$x(1)$	$x(9)$	$x(5)$	$x(13)$	$x(3)$	$x(11)$	$x(7)$	$x(15)$

16 点 DFT 分解级数 $M = \log_2 N = 4$，即应有 4 级蝶形运算，因为前三级已经用固定系统完成，所以只需要设计第 4 级的旋转因子，根据公式可知，第 4 级的旋转因子一共有 8 个，分别为 W_{16}^r，$r = 0，1，2，\cdots，7$。根据这些参数画出基于 8 点 FFT 的 16 点 DIT-FFT 算法流程图如图 6-6 所示。

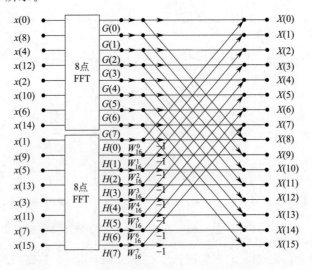

图 6-6　用两个 8 点 DIT-FFT 算法实现 16 点 DFT 快速算法流程图

图 6-6 实际上就是一个基 2-FFT 完成 16 点 DFT 运算的算法。

6.2.2 按频率抽取的基 2-FFT 算法

按频率抽取的基 2-FFT 算法（Decimation-In-Frequency Fast Fourier Transform，DIF-FFT）也称桑德-图基算法，与 DIT-FFT 算法不同的是，DIF-FFT 算法是先将输入序列按自然顺序等分成两组，之后不断等分得到点数为 $\frac{N}{2}$、$\frac{N}{4}$ 等的 DFT 计算单元，最后分解为一个 2 点 DFT 蝶形。下面来分析按频率抽取的基 2-FFT 算法原理。

对于长度为 $N=2^M$ 的序列 $x(n)$，按对偶原则将其分成前后两组，得到两个长度为 $\frac{N}{2}$ 的子序列：

$$x(n)=\begin{cases} x(n) & n=0,1,2,\cdots,\dfrac{N}{2} \\ x\left(n+\dfrac{N}{2}\right) & n=\dfrac{N}{2},\cdots,N-1 \end{cases} \tag{6.2.6}$$

则 $x(n)$ 的 N 点 DFT：

$$X(k)=\sum_{n=0}^{N-1}x(n)W_N^{nk}=\sum_{n=0}^{\frac{N}{2}-1}x(n)W_N^{nk}+\sum_{n=\frac{N}{2}}^{N-1}x(n)W_N^{nk} \tag{6.2.7}$$

式（6.2.7）中第二项的处理方式，令 $m=n-\dfrac{N}{2}$，则 $n=m+\dfrac{N}{2}$，相应地，级数的上下限也做相应的变换，$m=n-\dfrac{N}{2}$，当 $n=\dfrac{N}{2}$ 时，$m=0$；当 $n=N-1$ 时，$m=N-1-\dfrac{N}{2}=\dfrac{N}{2}-1$。则有：

$$\sum_{n=\frac{N}{2}}^{N-1}x(n)W_N^{nk}=\sum_{m=0}^{\frac{N}{2}-1}x\left(m+\frac{N}{2}\right)W_N^{(m+\frac{N}{2})k}=W_N^{\frac{Nk}{2}}\sum_{m=0}^{\frac{N}{2}-1}x\left(m+\frac{N}{2}\right)W_N^{mk}$$

由旋转因子的约分特性，有 $W_N^{\frac{Nk}{2}}=W_2^k=(-1)^k$，将上式中 m 换回 n 表示，代入式（6.2.7）得：

$$X(k)=\sum_{n=0}^{\frac{N}{2}-1}x(n)W_N^{nk}+(-1)^k\sum_{n=0}^{\frac{N}{2}-1}x\left(n+\frac{N}{2}\right)W_N^{nk}$$

$$=\sum_{n=0}^{\frac{N}{2}-1}\left[x(n)+(-1)^k x\left(n+\frac{N}{2}\right)\right]W_N^{nk}$$

$(-1)^k$ 与 k 的奇偶性有关：

$$X(k)\text{的偶数点 } X(2r)=\sum_{n=0}^{\frac{N}{2}-1}\left[x(n)+x\left(n+\frac{N}{2}\right)\right]W_N^{n2r}$$

$$= \sum_{n=0}^{\frac{N}{2}-1} \left[x(n) + x\left(n+\frac{N}{2}\right) \right] W_{N/2}^{nr} \qquad (6.2.8)$$

$$X(k) \text{ 的奇数点 } X(2r+1) = \sum_{n=0}^{\frac{N}{2}-1} \left[x(n) - x\left(n+\frac{N}{2}\right) \right] W_N^{n(2r+1)}$$

$$= \sum_{n=0}^{\frac{N}{2}-1} \left\{ \left[x(n) - x\left(n+\frac{N}{2}\right) \right] W_N^n \right\} W_{N/2}^{nr} \qquad (6.2.9)$$

式(6.2.8) 为前一半输入与后一半输入之和的 $\frac{N}{2}$ 点 DFT，式(6.2.9) 为前一半输入与后一半输入之差再与 W_N^n 的 $\frac{N}{2}$ 点 DFT。根据这个原理，可以继续将序列分成 2 份，按照此算法分解，最后也可以得到一个 2 点 DFT 进行最简计算。上式可画出频域抽取的蝶形运算符如图 6-7 所示。

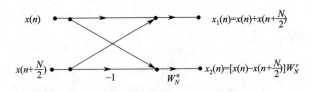

图 6-7　频域抽取的蝶形运算符

与图 6-1(b) 所示的时域抽取基本单元对比可知，频域抽取的蝶形运算符的旋转因子是在输出端与两个节点的和相乘。因为 $x(n)$ 的长度为 $N=2^M$，频域抽取的基 2-FFT 算法也可以经过 $M-1$ 次分解最后分解为一个 2 点 DFT，分解方法与时域抽取的方法是类似的。下面给出 8 点计算流程图，如图 6-8 所示，对比图 6-2 可知，频域抽取的基 2-FFT 算法与时域抽取的基 2-FFT 算法的输入输出刚好对调，即输入为顺序，输出的 $X(k)$ 为倒序，需要在输出端倒序计算才能得到 $X(k)$ 的顺序值。另外，其蝶形级数的定义虽然方向与时域抽取不同，但是本质还是定义第 1 级为 2 点 DFT，在计算每级旋转因子的个数、旋转因子值时仍可采用时域抽取法中的步骤二所示的公式计算；直接输出的 $X(k)$ 序号也要经过步骤三的倒序算法才能得到图 6-8 中 $X(k)$ 的序号。

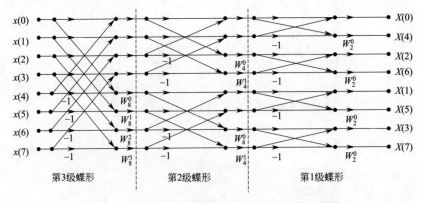

图 6-8　8 点 DFT 频域抽取的基 2-FFT 分解流程图

注意：在以上各级蝶形中标注的旋转因子，读者可以按教材的表示习惯修改成 $N=8$ 的相应的旋转因子值，比如 $W_2^0=W_8^0$、$W_4^0=W_8^0$、$W_4^1=W_8^2$。

6.2.3 基 2-FFT 算法的计算量分析

采用基 2-FFT 算法的突出优点是通过减少旋转因子的个数以及降低 DFT 计算的实际次数能够大大减少直接计算 DFT 的计算量。从前面 2 节关于基 2-FFT 算法的原理中可以看到，无论是采用 DIT-FFT 还是 DIF-FFT，其运算流程图都是 M 级蝶形，每一级都由 $\frac{N}{2}$ 个蝶形运算构成，一个蝶形运算需要两次复数加法和一次复数乘法，由此可以得到基 2-FFT 算法的计算量为

$$C_d = \frac{N}{2}\log_2 N \text{ 次复数乘法运算} + N\log_2 N \text{ 次复数加法} \tag{6.2.10}$$

对比直接计算 DFT 的运算量公式，可知其计算效率大大提高。图 6-9 为直接计算 DFT 的运算量和基 2-FFT 快速运算量的对比，可以比较直观地看出，当 N 越大时，FFT 算法的优越性越明显。

【例 6.2.4】已知一个 OFDM 符号码长为 2048bit。根据 OFDM 的原理，采用 N 点 DFT 实现其解调。请分析若用信号处理专用单片机 TMS320 系列使用基 2-FFT 算法产生一个 OFDM 符号需要多少时间，若要求传输速率为 2048bps，该芯片是否适合系统实时传输要求？（TMS320 系列芯片计算一次复数乘法和复数加法各需要 10ns。）

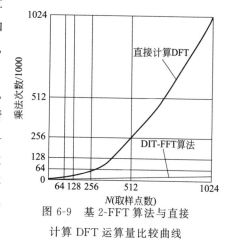

图 6-9　基 2-FFT 算法与直接计算 DFT 运算量比较曲线

解：因为 OFDM 符号长度为 2048bit，所以应采用 2048 点 DFT。若采用基 2-FFT 算法实现，由式（6.2.10）可知，其运算量为：

$$C_d = \frac{N}{2}\log_2 N \text{ 次复数乘法运算} + N\log_2 N \text{ 次复数加法}$$

$$= \left(\frac{2048}{2}\log_2 2048\right) \text{次复数乘法运算} + (2048 \log_2 2048) \text{次复数加法}$$

$$= 11264 \text{ 次复数乘法运算} + 22528 \text{ 次复数加法}$$

生成一个 OFDM 符号的所需的时间为 $T = 33792 \times 10 \times 10^{-9}(\text{s})$

速率为 $\frac{1}{T} = 2959(\text{bps})$

所以，该芯片产生的 OFDM 符号能够应用于系统传输。

6.2.4 IDFT 的快速算法 IFFT

第 5 章介绍了 IDFT 的高效算法，其思路是利用已有的 DFT 算法稍加改善获得 IDFT 算法，这在通信设备中是一种很常用的思路，因为它意味着可以用同一套设备输入输出的不

同设置来获得正反变换的效果。所以对于 IDFT 的快速算法 IFFT，也可以建立在 FFT 算法基础上来实现。本节给出 2 种 IDFT 快速算法原理。

（1）IFFT 流程图实现

DFT 计算公式如下：

$$X(k)=\sum_{n=0}^{N-1}x(n)W_N^{nk},n=0,1,\cdots,N-1$$

IDFT 计算公式为：

$$x(n)=\frac{1}{N}\sum_{k=0}^{N-1}X(k)W_N^{-nk},n=0,1,\cdots,N-1$$

对比两个公式可知，只要将 FFT 算法中旋转因子改为共轭，所有支路乘以 $\frac{1}{N}$，就可以得到一种 IFFT 的快速算法，其基本蝶形运算符如图 6-10 所示。

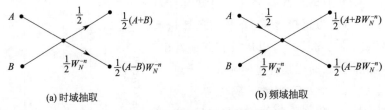

(a) 时域抽取   (b) 频域抽取

图 6-10　IFFT 的基本蝶形运算符

与 FFT 类似，也会有时域抽取和频域抽取两种算法。由于 $\frac{1}{N}=(\frac{1}{2})^M$，将这个 $\frac{1}{N}$ 分解到每一级蝶形的输出支路上，可以在一定程度上防止算法运算过程中发生溢出。

（2）直接调用 FFT 模块实现

如果希望利用 FFT 直接实现，由式（5.2.3）可知，

$$x(n)=\frac{1}{N}\left[\sum_{k=0}^{N-1}X^*(k)W_N^{nk}\right]^*=\frac{1}{N}\{[\text{DFT}[X^*(k)]\}^* \tag{6.2.11}$$

即先将 $X(k)$ 的虚部取反得到其共轭 $X^*(k)$，然后再调用 FFT 算法，对结果再取共轭，最后乘以 $\frac{1}{N}$，结果就是 $x(n)$。这种方法虽然要做两次取共轭运算，但是核心部分可以和 FFT 共用相同模块，可以大大改善系统结构的复杂度。

6.3　其他快速算法简介

快速傅里叶变换是信号处理领域一个重要研究课题。自基 2-FFT 算法之后，陆续出现了其他快速算法。比如基 4-FFT 算法是建立在 $N=4^M$ 的基础上的算法，其原理与基 2 算法是类似的，选择了更大的基数，可以进一步减少计算量。比如 4 点 DFT 的 4 个旋转因子分别为 ±1、$\pm j$，可以减少实际参与复数乘法运算的旋转因子个数，从一定程度上既提高了计算效率也不会造成很明显的软硬件复杂度增加，计算量明显降低。

但是基数继续增大，满足 N 值的灵活性也会降低。比如对于基 8-FFT 算法，长度 $N=8^M$，像 1024、2048 这些常见的点数都不是 8 的整数幂。即基数太大就会牺牲一定的灵活性，并且存储和计算更多的旋转因子也会导致软件或硬件结构的复杂度增加，实际意义不大。

1984 年，法国的杜梅尔和霍尔曼将基 2-FFT 和基 4-FFT 结合起来，提出了分裂基 FFT 算法，这种算法通过更合理的设计算法结构，进一步减少了参与复数乘法的旋转因子数量，编程简单，运算程序也短，并且获得了接近理论最小值的计算次数，是目前应用最广泛的一种 FFT 算法。由于篇幅所限，本书对 FFT 算法不做深入研究，需要的读者可以自行查阅相关文献资料。

在许多雷达、图像、深空探测等信号处理场合，需要进行大点数 FFT 运算来实现某些参数的测定与估计功能，当 N 较大时，单个通用 DSP 芯片已经无法完成这种运算，这时一种有效的办法是将大点数 FFT 算法进行并行分解，使每路处理运算复杂度在芯片的工作容限之内，再在末端进行数据合成，也可以得到大点数 FFT 计算功能。这种方法的基本原理可参考【例 6.2.2】的原理进行。

第**7**章 傅里叶分析

在前 6 章，我们学习了如何通过时域采样得到序列，并研究了序列输入到离散系统的时域特性、频域特性，以及如何利用计算机实现对序列的频域分析，即 DFT 和 FFT。这些分析过程中，读者可能没有感受到傅里叶在这之中所做的贡献。更确切地说，因为本书在很多应用分析中绕过了周期序列的傅里叶级数而使 DFT 的原理、计算都显得比较简单，但同时在数学逻辑上又显得不够完美。

本章的主要内容是介绍四种傅里叶变换的定理，即连续时间函数中的两种：周期信号的傅里叶级数，非周期信号的傅里叶变换；离散时间序列中的两种：序列傅里叶变换，周期序列傅里叶级数。通过总结整个信号分析中所用到的四种傅里叶分析来补充前面内容中部分数学推导不够完备的缺陷，同时也可以让读者进一步深刻理解复杂的数学理论是如何应用到工程中的。

傅里叶变换是研究时域信号的频域特性的，因此涉及两个自变量——时间和频率，而这两个自变量分别可以是连续的和离散的，就形成了不同形式的傅里叶变换。

7.1 连续时间周期信号的傅里叶级数及频谱

7.1.1 连续周期信号的傅里叶级数

(1) 三角形式的傅里叶级数

设周期信号 $\tilde{x}(t)$，其周期为 T，若一个周期内信号 $x(t)$ 满足狄里克雷条件（Dirichlet Condition），可将信号展开为傅里叶级数：

$$\tilde{x}(t) = \frac{a_0}{2} + \sum_{n=1}^{\infty} [a_n \cos(n\Omega_0 t) + b_n \sin(n\Omega_0 t)], t \in (-\infty, +\infty) \qquad (7.1.1)$$

式中，Ω_0 与信号的角频率相同，$\Omega_0 = \dfrac{2\pi}{T}$，也称为基波，$n\Omega_0$ 称为 n 次谐波。

系数的计算公式为：

$$\begin{cases} a_0 = \dfrac{2}{T} \displaystyle\int_{t_0}^{t_0+T} x(t) \, \mathrm{d}t \\[3mm] a_n = \dfrac{2}{T} \displaystyle\int_{t_0}^{t_0+T} x(t) \cos(n\Omega_0 t) \, \mathrm{d}t \\[3mm] b_n = \dfrac{2}{T} \displaystyle\int_{t_0}^{t_0+T} x(t) \sin(n\Omega_0 t) \, \mathrm{d}t \end{cases} \tag{7.1.2}$$

式中，积分限取任意一个周期 $(t_0, \ t_0+T)$，也可以取 $\left(-\dfrac{T}{2}, \ \dfrac{T}{2}\right)$。

将式(7.1.1) 合并同频项可转化为：

$$\widetilde{x}(t) = \frac{c_0}{2} + \sum_{k=1}^{\infty} c_n \cos(n\Omega_0 t + \varphi_n) \tag{7.1.3}$$

式中，c_n 是谐波分量的幅度，$c_n = \sqrt{a_n^2 + b_n^2}$；$\varphi_n$ 是谐波分量的相位，$\varphi_n = \arctan \dfrac{b_n}{a_n}$。

在周期信号中，还需要关注的一个物理量是频率。频率是信号处理当中最基本的一个术语，在前面我们已经接触到其相关知识，实际上，频率的概念来自周期信号。如果一个信号的周期为 T，其频率 $f = \dfrac{1}{T}$，单位为赫兹（Hz）。在数学定义中的 Ω 是角频率，与频率的关系为 $\Omega = 2\pi f$，单位是弧度每秒（rad/s）。由傅里叶级数可以知道，一个周期信号，其频率并不是单一纯粹的，而是包含了许多不同频率的正弦信号，这些正弦成分的频率是 $\dfrac{1}{T}$ 的整数倍。当我们关注频率时，都是假定主体为一个周期信号，这意味着信号的时间是从负无穷持续到正无穷的。

（2）复指数形式的傅里叶级数

式(1.2.7)的欧拉公式可以转换为：

$$\cos(n\Omega_0 t) = \frac{1}{2}(\mathrm{e}^{\mathrm{j}n\Omega_0 t} + \mathrm{e}^{-\mathrm{j}n\Omega_0 t})$$

$$\sin(n\Omega_0 t) = \frac{1}{2\mathrm{j}}(\mathrm{e}^{\mathrm{j}n\Omega_0 t} - \mathrm{e}^{-\mathrm{j}n\Omega_0 t})$$

代入式(7.1.1) 得到：

$$\widetilde{x}(t) = \frac{a_0}{2} + \sum_{n=1}^{\infty} \left[a_n \frac{1}{2}(\mathrm{e}^{\mathrm{j}n\Omega_0 t} + \mathrm{e}^{-\mathrm{j}n\Omega_0 t}) + b_n \frac{1}{2\mathrm{j}}(\mathrm{e}^{\mathrm{j}n\Omega_0 t} - \mathrm{e}^{-\mathrm{j}n\Omega_0 t}) \right]$$

令上式中

$$\begin{cases} X_0 = \dfrac{a_0}{2} \\[3mm] X_n = \dfrac{a_n - \mathrm{j}b_n}{2} \\[3mm] X_{-n} = \dfrac{a_n + \mathrm{j}b_n}{2} \end{cases}$$

可得到：

$$\widetilde{x}(t) = \sum_{n=-\infty}^{+\infty} X_n \mathrm{e}^{\mathrm{j}n\Omega_0 t} \tag{7.1.4}$$

式中，X_n 也称为离散频谱。由 X_n 与 a_n、b_n 关系可得到：

$$X_n = \frac{1}{T} \int_{-\frac{T}{2}}^{\frac{T}{2}} x(t) \mathrm{e}^{-\mathrm{j}n\Omega_0 t} \mathrm{d}t \tag{7.1.5}$$

这就是复指数形式的傅里叶级数。它的形式比三角形式更简洁。同时，由公式也可以发现 X_n 具有复数特性，可以用复数的指数形式表示为：

$$X_n = |X_n| \mathrm{e}^{\mathrm{j}\varphi_n} \tag{7.1.6}$$

当 n 为负数时，$n\Omega_0$ 为负频率，而在实际中频率只能是一个非负的实数。从某种意义上说，负频率只是一种数学方法。但有趣的是，当把信号调制到载波频率上时，负频率部分的频谱就会出现在载波频率左边，以双边谱的形式出现。因此负频率也不能说完全没有物理意义。

7.1.2　连续周期信号的频谱和功率谱

（1）周期信号的频谱

周期信号傅里叶级数的物理意义是将周期信号分解为一个直流和无限多个谐波之和，因此对周期信号的分析也可以转化为对直流信号及多个正弦信号的分析，这个特性为信号与系统特性描述以及一些问题的解决带来了很大的方便。

对于角频率为 $n\Omega_0$ 的谐波频率，c_n、$|X_n|$ 代表了该谐波分量的幅度，φ_n 代表了该谐波的相位。c_n、$|X_n|$ 随频率变化的规律称为信号的幅度频谱，简称幅度谱；φ_n 随频率变化的规律称为相位频谱，简称相位谱；幅度谱和相位谱合称为信号的频谱。频谱用图形表示出来，相应的波形图称为频谱图。

在三角形式表示的傅里叶级数中，n 的取值范围是 $n \geqslant 0$，因此由式（7.1.2）所绘制的频谱称为单边谱；而对于复指数形式，因为 n 的取值范围是 $-\infty < n < +\infty$，所以 $|X_n|$ 是双边谱，有：

$$|X_n| = |X_{-n}| = \frac{c_n}{2} \tag{7.1.7}$$

（2）周期信号的功率谱

周期信号是功率信号，周期为 T 的周期信号 $\widetilde{x}(t)$ 在 1Ω（欧姆）电阻上消耗的平均功率为：

$$P = \frac{1}{T} \int_{-\frac{T}{2}}^{\frac{T}{2}} |\widetilde{x}(t)|^2 \mathrm{d}t \tag{7.1.8}$$

代入式（7.1.1）所示的周期信号的三角形式傅里叶级数或式（7.1.3）所示的指数形式傅里叶级数，可得：

$$P = \left(\frac{c_0}{2}\right)^2 + \sum_{n=1}^{\infty} \frac{1}{2} c_n^2 = \sum_{n=-\infty}^{\infty} |X_n|^2 \tag{7.1.9}$$

式中，$|X_n|^2$ 定义为周期信号的功率谱。式(7.1.8) 称为帕斯瓦尔功率守恒定理。它表明，对周期信号而言，在时域中求得的信号功率与在频域中求得的信号功率相等。周期信号的傅里叶级数满足功率守恒，可以说是一个很重要的物理意义。

【例 7.1.1】 周期矩形脉冲信号一个周期内函数可表示为：

$$x(t) = \begin{cases} 1 & |t| < \dfrac{\tau}{2} \\ 0 & |t| > \dfrac{\tau}{2} \end{cases}$$

其周期为 $T=0.25\text{s}$，脉冲幅度为 1V，脉冲宽度 $\tau=0.05\text{s}$。

① 试求周期脉冲信号 $\tilde{x}(t)$ 的复指数形式傅里叶级数；

② 写出 $\tilde{x}(t)$ 的频谱、功率谱表达式；

③ 试分析带宽为 $0 \sim 2\dfrac{\pi}{\tau}$ 范围内谐波分量所具有的平均功率与整个信号平均功率之比。

解： ① 因为 $T=0.25\text{s}$，则 $\Omega_0 = \dfrac{2\pi}{T} = \dfrac{2\pi}{0.25} = 8\pi$，由式(7.1.5) 求出复指数形式傅里叶级数系数：

$$X_n = \frac{1}{T} \int_{-\frac{T}{2}}^{\frac{T}{2}} x(t)\,\mathrm{e}^{-jn\Omega_0 t}\,\mathrm{d}t = \frac{1}{T} \int_{-\frac{\tau}{2}}^{\frac{\tau}{2}} \mathrm{e}^{-jn\Omega_0 t}\,\mathrm{d}t$$

$$= \frac{1}{T(-jn\Omega_0)} \mathrm{e}^{-jn\Omega_0 t} \bigg|_{-\frac{\tau}{2}}^{\frac{\tau}{2}} = \frac{\tau}{T} \mathrm{Sa}\left(\frac{\tau\Omega_0}{2}n\right) = 0.2\mathrm{Sa}\left(\frac{\pi}{5}n\right)$$

$$\therefore \tilde{x}(t) = \sum_{n=-\infty}^{+\infty} X_n \mathrm{e}^{jn\Omega_0 t} = \sum_{n=-\infty}^{+\infty} 0.2\mathrm{Sa}\left(\frac{\pi}{5}n\right)\mathrm{e}^{jn\Omega_0 t}$$

② 由周期信号频谱的定义可知，其频谱为：

$$X_n = 0.2\mathrm{Sa}\left(\frac{\pi}{5}n\right)$$

功率谱：

$$|X_n|^2 = 0.2\mathrm{Sa}\left(\frac{\pi}{5}n\right)^2$$

③ 它的带宽 $\dfrac{2\pi}{\tau} = 40\pi$ 处，包含直流分量和 4 个谐波分量，即：

$$P_1 = \sum_{n=-4}^{4} |X_n|^2 = |X_0|^2 + 2\sum_{n=1}^{4} |X_n|^2 = 0.1806(\text{W})$$

周期信号的平均功率为：

$$P = \frac{1}{T} \int_{-\frac{T}{2}}^{\frac{T}{2}} |\tilde{x}(t)|^2\,\mathrm{d}t = 4\int_{-0.025}^{0.025} \mathrm{d}t = 0.2(\text{W})$$

所以谐波分量功率和与信号总平均分量的比为：

$$\frac{P_1}{P} = \frac{0.1806}{0.2} = 90.3\%$$

由直流、基波和二次、三次、四次谐波分量功率与信号总功率之比可以看出，大部分的功率成分集中在带宽范围内，损失了带宽以外的谐波分量，信号的失真不会很大。

本例中，根据 Sa 函数的特性，$\dfrac{2\pi}{\tau}$ 正好是它的第 1 个过零点，即周期矩形脉冲信号的带宽定义为第 1 个过零点对应的频率，所以在工程应用中可以根据功率谱来确定周期信号的带宽，表示为：

$$B_w = \frac{2\pi}{\tau} \tag{7.1.10}$$

7.1.3 傅里叶级数与最小方均误差

一般来说，任意周期信号表示为傅里叶级数时需要无限项才能完全逼近原函数。但在实际应用中，我们经常采用有限项级数来替代无限项级数。

最小方均误差是指实际函数与近似函数之间的平均误差的平方，也称为误差方均值，用 $\overline{\varepsilon^2}$ 来表示。当误差方均值最小时，可认为得到了最好的近似。

若任意周期信号的傅里叶级数：

$$\widetilde{x}(t) = \frac{a_0}{2} + \sum_{n=1}^{\infty} \left[a_n \cos(n\Omega_0 t) + b_n \sin(n\Omega_0 t) \right]$$

取傅里叶级数的前 $2N+1$ 项来逼近周期函数 $\widetilde{x}(t)$，则有有限项傅里叶级数为：

$$S_N(t) = \frac{a_0}{2} + \sum_{n=1}^{N} \left[a_n \cos(n\Omega_0 t) + b_n \sin(n\Omega_0 t) \right] \tag{7.1.11}$$

则用 $S_N(t)$ 逼近 $\widetilde{x}(t)$ 所引起的误差函数为：

$$\varepsilon_N(t) = \widetilde{x}(t) - S_N(t)$$

方均误差为：

$$E_N = \overline{\varepsilon_N^2(t)} = \int_{t_0}^{t_0+T} \varepsilon_N^2(t)\,\mathrm{d}t \tag{7.1.12}$$

将 $\widetilde{x}(t)$、$S_N(t)$ 代入上式可得到有限项傅里叶级数的方均误差为：

$$E_N = \overline{\widetilde{x}^2(t)} - \left[\left(\frac{a_0}{2} \right)^2 + \frac{1}{2} \sum_{n=1}^{N} (a_n^2 + b_n^2) \right] \tag{7.1.13}$$

由上式可知傅里叶级数所取项数越多，相加后波形就越接近原信号，两者的方均误差也越小。

7.2　连续时间非周期信号和周期信号的傅里叶变换

7.2.1　非周期信号的傅里叶变换和反变换

周期信号可以用傅里叶级数系数来表达其频谱特性，因为傅里叶级数系数是关于谐波 $n\Omega_0$ 的函数，只能出现在 Ω_0 整数倍的频率上。把这个概念推广到非周期信号，就可以得到非周期信号傅里叶变换。

令式(7.1.5) 所示的复指数形式傅里叶级数系数公式 $X_n = \dfrac{1}{T}\displaystyle\int_{-\frac{T}{2}}^{\frac{T}{2}} x(t)\,\mathrm{e}^{-jn\Omega_0 t}\,\mathrm{d}t$ 中的周期

$T \to \infty$，可以认为此时信号转变成非周期信号，相应地，基波频率 $\Omega_0 = \dfrac{2\pi}{T} \to 0$，由傅里叶

级数系数构成的离散频谱变成了连续谱。在这样的假设下，由于公式中的系数 $\dfrac{1}{T}$ 趋向于零，

可能出现 X_n 恒为零的情况，这样公式就失去意义了。为了推导非周期信号傅里叶变换的一般表达式，在公式两边都乘以 T，并用符号 $X(n\Omega_0)$ 将 X_n 表示成关于 $n\Omega_0$ 函数的形式，可将式(7.1.5) 改写成如下形式：

$$X(n\Omega_0)\,T = \int_{-\frac{T}{2}}^{\frac{T}{2}} x(t)\,\mathrm{e}^{-jn\Omega_0 t}\,\mathrm{d}t$$

因为 $T = \dfrac{2\pi}{\Omega_0}$，有 $X(n\Omega_0)\,T = \dfrac{2\pi X(n\Omega_0)}{\Omega_0}$，代入上式，并对方程两边令 Ω_0 取极限可得：

$$\lim_{\Omega_0 \to 0} \frac{2\pi X(n\Omega_0)}{\Omega_0} = \lim_{\Omega_0 \to 0} \int_{-\frac{T}{2}}^{\frac{T}{2}} x(t)\,\mathrm{e}^{-jn\Omega_0 t}\,\mathrm{d}t$$

设连续变量 $\Omega = n\Omega_0$，$X(\Omega) = \lim\limits_{\Omega_0 \to 0} \dfrac{2\pi X(n\Omega_0)}{\Omega_0}$，可将上式改写成：

$$X(\Omega) = \int_{-\infty}^{+\infty} x(t)\,\mathrm{e}^{-j\Omega t}\,\mathrm{d}t \tag{7.2.1}$$

这就是连续时间非周期信号 $x(t)$ 的傅里叶变换公式。

如果将傅里叶级数在 $\Omega_0 \to 0$ 时，式(7.1.4) 稍微改变一下形式：

$$\tilde{x}(t) = \sum_{n=-\infty}^{+\infty} X(n\Omega_0)\,\mathrm{e}^{jn\Omega_0 t} = \frac{1}{2\pi}\sum_{n=-\infty}^{+\infty} \frac{2\pi X(n\Omega_0)}{\Omega_0}\mathrm{e}^{jn\Omega_0 t}\Omega_0$$

同样对 Ω_0 取极限并用连续变量 $\Omega = n\Omega_0$ 替代式中相应部分，并用 $\mathrm{d}\Omega$ 表示无穷小量 Ω_0，可得

$$x(t) = \frac{1}{2\pi}\int_{-\infty}^{+\infty} X(\Omega)\,\mathrm{e}^{j\Omega t}\,\mathrm{d}\Omega \tag{7.2.2}$$

式(7.2.2) 是傅里叶反变换公式。

傅里叶变换和傅里叶反变换称为傅里叶变换对，通过这一对变换可以将一个时域信号和它的频谱相应转换。

从傅里叶分析的发展历史来看，傅里叶本人所发现的是三角函数形式的傅里叶级数的实际问题。但是经过数学推导，有了复指数形式的傅里叶级数形式并推广到了非周期信号的傅里叶变换。傅里叶变换将 X_n 由一个无量纲的数学定义转换成了 $X(\Omega) = \lim\limits_{\Omega_0 \to 0} \dfrac{2\pi X(n\Omega_0)}{\Omega_0}$ 这样带有时间的量纲，是一个频谱密度的概念。

周期信号的傅里叶级数系数是离散的，其谱线间隔为 Ω_0。如果把离散频谱看成是连续变量 Ω 的函数，这个函数在 $\Omega = n\Omega_0$ 的取值为傅里叶级数系数，而其他地方取零。也可以认为是在 Ω_0 宽度上的谱值为 $X(n\Omega_0)$，这个值均匀分布在 Ω_0 上，那么 $\dfrac{X(n\Omega_0)}{\Omega_0}$ 就是平均谱密度。当 Ω_0 趋向于零时，$X(\Omega)$ 就变成了谱密度函数。从这个意义上说，非周期信号的频

谱 $X(\Omega)$ 与周期信号的频谱 $X(n\Omega_0)$ 的物理意义是有很大区别的。

7.2.2　周期信号的傅里叶变换

与周期信号的傅里叶级数存在的条件相类似，非周期信号傅里叶变换存在的条件是函数绝对可积，即：

$$\int_{-\infty}^{\infty} x(t)\, \mathrm{d}t < \infty \tag{7.2.3}$$

这只是从无穷积分的角度对信号 $x(t)$ 的约束。在信号分析中所涉及的信号，比如单位阶跃信号、单位冲激信号，甚至周期信号都无法满足这个条件。但是，正是在频域中引入了频域的单位冲激函数 $\delta(\Omega)$，允许函数值趋于无穷大，周期信号的傅里叶变换也存在确定的表达式。

(1) 周期正弦和余弦信号的傅里叶变换

下面先求频域的冲激函数的傅里叶反变换，由式(7.2.2)，令 $X(\Omega)=\delta(\Omega-\Omega_0)$ 得：

$$
\begin{aligned}
x(t) &= \frac{1}{2\pi}\int_{-\infty}^{+\infty} \delta(\Omega-\Omega_0)\mathrm{e}^{\mathrm{j}\Omega t}\,\mathrm{d}\Omega \\
&= \frac{1}{2\pi}\int_{-\infty}^{+\infty} \delta(\Omega-\Omega_0)\mathrm{e}^{\mathrm{j}\Omega_0 t}\,\mathrm{d}\Omega = \frac{1}{2\pi}\mathrm{e}^{\mathrm{j}\Omega_0 t}
\end{aligned}
$$

这里用到了单位冲激函数的定义 $\int_{-\infty}^{+\infty}\delta(\Omega-\Omega_0)\,\mathrm{d}\Omega=1$。即：

$$\delta(\Omega-\Omega_0) \leftrightarrow \frac{1}{2\pi}\mathrm{e}^{\mathrm{j}\Omega_0 t} \tag{7.2.4}$$

也可以写成：

$$\mathrm{e}^{\mathrm{j}\Omega_0 t} \leftrightarrow 2\pi\delta(\Omega-\Omega_0) \tag{7.2.5}$$

利用式(7.2.2)、欧拉公式及傅里叶变换的线性特性得到单频正弦和余弦的傅里叶变换。因为

$$\cos\Omega_0 t = \frac{1}{2}(\mathrm{e}^{\mathrm{j}\Omega_0 t} + \mathrm{e}^{-\mathrm{j}\Omega_0 t})$$

$$\sin\Omega_0 t = \frac{1}{2\mathrm{j}}(\mathrm{e}^{\mathrm{j}\Omega_0 t} - \mathrm{e}^{-\mathrm{j}\Omega_0 t})$$

所以

$$\cos\Omega_0 t \leftrightarrow \pi[\delta(\Omega+\Omega_0) + \delta(\Omega-\Omega_0)] \tag{7.2.6}$$

$$\sin\Omega_0 t \leftrightarrow \pi\mathrm{j}[\delta(\Omega+\Omega_0) - \delta(\Omega-\Omega_0)] \tag{7.2.7}$$

也就是说，余弦函数的频谱密度函数是两个集中在 $\pm\Omega_0$ 处的冲激，其大小趋于正无穷大，强度为 π，而正弦信号的傅里叶变换则是一对虚数冲激，强度为 $\pm\pi\mathrm{j}$。从数学的角度知道，正弦信号和余弦信号是正交的，这也体现在频谱上。

(2) 一般周期信号的傅里叶变换

对于一个周期为 T 的一般周期函数 $\tilde{x}(t)$，利用式(7.1.4)、式(7.1.5)，即其复指数形式的傅里叶级数公式 $\tilde{x}(t)=\sum_{n=-\infty}^{+\infty} X_n \mathrm{e}^{\mathrm{j}n\Omega_0 t}$，从周期信号中截取一个周期，得到单脉冲信号

$x_0(t)$，其傅里叶变换为：

$$X_0(\Omega) = \int_{-\frac{T}{2}}^{\frac{T}{2}} x_0(t)\, \mathrm{e}^{-\mathrm{j}\Omega t}\, \mathrm{d}t = \int_{-\frac{T}{2}}^{\frac{T}{2}} \widetilde{x}(t)\, \mathrm{e}^{-\mathrm{j}\Omega t}\, \mathrm{d}t$$

与系数 $X_n = \dfrac{1}{T}\int_{-\frac{T}{2}}^{\frac{T}{2}} x(t)\, \mathrm{e}^{-\mathrm{j}n\Omega_0 t}\, \mathrm{d}t$ 公式相比较，有：

$$X_n = \frac{1}{T} X_0(\Omega)\,\Big|_{\Omega = n\Omega_0} = \frac{1}{T} X_0(n\Omega_0) \tag{7.2.8}$$

式（7.2.8）表明，X_n 是对 $X_0(\Omega)$ 离散化的结果。可见利用一个周期内信号的傅里叶变换，可以方便地求出该周期信号的傅里叶级数系数。

经过上述分析，由式（7.2.5）、式（7.2.8）的结论，直接对式 $\widetilde{x}(t) = \displaystyle\sum_{n=-\infty}^{+\infty} X_n \mathrm{e}^{\mathrm{j}n\Omega_0 t}$ 两边取傅里叶变换可得到：

$$\begin{aligned} \widetilde{X}(\Omega) &= 2\pi \sum_{n=-\infty}^{\infty} X_n \delta(\Omega - n\Omega_0) \\ &= \sum_{n=-\infty}^{\infty} \frac{2\pi}{T} X_0(n\Omega_0) \delta(\Omega - n\Omega_0) \\ &= \Omega_0 \sum_{n=-\infty}^{\infty} X_0(\Omega) \delta(\Omega - n\Omega_0) \end{aligned}$$

$\widetilde{X}(\Omega)$ 可以理解为 $X(\Omega)$ 在频域的周期延拓。即在时域周期为 T 的周期信号的傅里叶变换，是由冲激函数组成的冲激串，冲激串的频率间隔等于周期信号的基波频率 $\Omega_0 = \dfrac{2\pi}{T}$，其冲激强度等于相应的傅里叶级数系数 X_n 的 2π 倍。即表示为：

$$\widetilde{x}(t) \leftrightarrow \Omega_0 \sum_{n=-\infty}^{\infty} X_0(\Omega) \delta(\Omega - n\Omega_0) \tag{7.2.9}$$

【例 7.2.1】 已知周期为 T 的矩形脉冲信号 $\widetilde{x}(t)$ 的脉冲宽度为 τ，$0 < \tau < T$，求其傅里叶级数和傅里叶变换。

解：取一个周期内的一个矩形脉冲信号，利用式（7.2.1）求其傅里叶变换得：

$$X_0(\Omega) = \int_{-\frac{\tau}{2}}^{+\frac{\tau}{2}} \mathrm{e}^{-\mathrm{j}\Omega t}\, \mathrm{d}t = \tau \mathrm{Sa}\left(\frac{\tau}{2}\Omega\right)$$

再由式（7.2.9）得到：

$$\begin{aligned} \widetilde{X}(\Omega) &= \Omega_0 \sum_{n=-\infty}^{\infty} X_0(\Omega) \delta(\Omega - n\Omega_0) \\ &= \Omega_0 \sum_{n=-\infty}^{\infty} \tau \mathrm{Sa}\left(\frac{\tau}{2}\Omega\right) \delta(\Omega - n\Omega_0) \\ &= \tau\Omega_0 \sum_{n=-\infty}^{\infty} \mathrm{Sa}\left(\frac{\tau}{2}n\Omega_0\right) \delta(\Omega - n\Omega_0) \end{aligned}$$

由式（7.1.5）得到傅里叶级数系数为：

$$X_n = \frac{1}{T} X_0(\Omega)\,\Big|_{\Omega = n\Omega_0} = \frac{1}{T}\tau \mathrm{Sa}\left(\frac{\tau}{2}n\Omega_0\right) = \frac{\tau}{T} \mathrm{Sa}\left(\frac{\tau}{2}n\Omega_0\right)$$

所以傅里叶级数为：

$$\tilde{x}(t) = \frac{\tau}{T} \sum_{n=-\infty}^{\infty} \text{Sa}\left(\frac{\tau}{2} n\Omega_0\right) e^{jn\Omega_0 t}$$

7.3　离散时间周期序列的傅里叶级数和傅里叶变换

连续时间信号采样后得到离散序列，这部分内容在 4.2 节有详细介绍。序列傅里叶变换的条件是绝对可和，周期序列因为是无限长序列不满足这个条件，但是参照时域周期信号的处理方法，在频域引入冲激函数 $\delta(\omega)$，注意与连续域不同的是，序列傅里叶变换中的 ω 是数字频率。借助信号的傅里叶级数，可以将周期离散序列的傅里叶分析也同样纳入序列傅里叶变换（DTFT）的框架下进行讨论。

7.3.1　离散傅里叶级数

对一个以 N 为周期的序列 $\tilde{x}(n)$，假设可以展开为傅里叶级数

$$\tilde{x}(n) = \sum_{k=-\infty}^{+\infty} X_k e^{j\frac{2\pi}{N}kn} \tag{7.3.1}$$

式中，X_k 是傅里叶级数的系数，且有

$$X_k = \frac{1}{N} \sum_{n=0}^{N-1} \tilde{x}(n) e^{-j\frac{2\pi}{N}kn} \tag{7.3.2}$$

因 $\tilde{x}(n)$ 和 $e^{-j\frac{2\pi}{N}kn}$ 均是周期为 N 的周期函数，故 X_k 也是周期为 N 的周期函数，即有：

$$X_k = X_{k+Nl}(l \text{ 为整数})$$

令

$$\widetilde{X}(k) = NX_k \tag{7.3.3}$$

将式（7.3.2）代入式（7.3.3）中，得到：

$$\widetilde{X}(k) = \sum_{n=0}^{N-1} \tilde{x}(n) e^{-j\frac{2\pi}{N}kn} \tag{7.3.4}$$

一般称 $\widetilde{X}(k)$ 为 $\tilde{x}(n)$ 的离散傅里叶级数（Discrete Fourier Series，DFS），记为 $\text{DFS}[\tilde{x}(n)] = \widetilde{X}(k)$。

由式（7.3.2）和式（7.3.4）可得：

$$\tilde{x}(n) = \frac{1}{N} \sum_{k=0}^{N-1} \widetilde{X}(k) e^{j\frac{2\pi}{N}kn} \tag{7.3.5}$$

式（7.3.5）是离散傅里叶级数的反变换，记为 IDFS。在以上公式中，定义 W_N 为旋转因子，有 $W_N = e^{-j\frac{2\pi}{N}}$，$W_N^{nk} = e^{-j\frac{2\pi}{N}nk}$，可将式（7.3.4）和式（7.3.5）记为如下形式：

$$\widetilde{X}(k) = \text{DFS}[\tilde{x}(n)] = \sum_{n=0}^{N-1} \tilde{x}(n) W_N^{nk} \tag{7.3.6}$$

$$\tilde{x}(n) = \text{IDFS}[\widetilde{X}(k)] = \frac{1}{N} \sum_{k=0}^{N-1} \widetilde{X}(k) W_N^{nk} \tag{7.3.7}$$

式(7.3.6)和式(7.3.7)表明,一个周期序列可以分解为若干具有谐波关系的指数序列之和,k 次谐波的频率为 $\omega_k = \dfrac{2\pi}{N}k$,总数为 N。$\widetilde{X}(k)$ 是离散傅里叶级数,反映了每个谐波分量的幅度值和相位值,具有复数性质。离散傅里叶级数是有限项和,因而总是收敛的。

7.3.2 从离散傅里叶级数到离散傅里叶变换

在式(7.3.6)和式(7.3.7)中,$\widetilde{X}(k)$ 和 $\widetilde{x}(n)$ 都是周期为 N 的序列,如果对它们取主值,即只针对其中一个周期的数据进行计算,可以得到:

$$\widetilde{X}(k)R_N(k) = \sum_{n=0}^{N-1} \left[\widetilde{x}(n)R_N(n)\right] W_N^{nk} \quad k = 0,1,2,\cdots,N-1 \tag{7.3.8}$$

定义 $X(k) = \widetilde{X}(k)R_N(k)$、$x(n) = \widetilde{x}(n)R_N(n)$ 可以将公式(7.3.6)简化成:

$$X(k) = \mathrm{DFT}\left[x(n)\right] = \sum_{n=0}^{N-1} x(n) W_N^{nk}, k = 0,1,2,\cdots,N-1 \tag{7.3.9}$$

此处 $X(k)$ 本身也是一个长度为 N 的序列,与序列 $x(n)$ 有相同的长度。对比离散傅里叶变换 DFT 的定义式,同理,还可以推导出离散傅里叶反变换 IDFT 公式如下:

$$x_N(n) = \mathrm{IDFT}\left[X(k)\right] = \frac{1}{N}\sum_{k=0}^{N-1} X(k) W_N^{-nk}, n = 0,1,2,\cdots,N-1 \tag{7.3.10}$$

对比第 5 章式(5.1.4)、式(5.1.5)可以看出,从周期序列傅里叶级数也可以推出离散傅里叶变换 DFT 的公式,而且对于 DFT 周期性可以理解得更透彻。

7.4 四种傅里叶变换关系的总结

本章简单介绍了傅里叶分析中四种傅里叶变换的简单关系,连续时间周期信号的傅里叶级数、连续时间非周期信号的傅里叶变换、离散序列的傅里叶变换、周期序列的傅里叶级数这几个部分的内容,目的是让读者对傅里叶分析建立一个基于信号分析与处理的框架。其中,特别需要关注四种傅里叶变换的时域、频域的连续和离散关系。为简单明了,将这几个关系总结如表 7-1 所示。

表 7-1　四种傅里叶变换的时域频域对比

名称	时域自变量和特性	频域自变量和特性
周期信号的傅里叶级数	t,连续、周期 T	$n\Omega_0$,离散,非周期
非周期信号的傅里叶变换	t,连续、非周期	Ω,连续,非周期
离散序列的傅里叶变换	n,离散,非周期	ω,连续,周期 $2\pi k$
周期序列的傅里叶级数	n,离散、周期 N	$\omega_k = \dfrac{2\pi}{N}k$,离散,周期 N

傅里叶分析在整个通信技术发展历史中功不可没。从傅里叶分析的研究和进化历史可以看到很多数学理论与工程应用相互依存、相互推动的普遍真理。法国数学家及物理学家傅里叶(Joseph Fourier)是最早使用定积分符号的数学家。他的主要贡献是在研究热的传播时创立了一套数学理论并于 1807 年向巴黎科学学院呈交题为《热的传播》的论文,在论文中

他不仅推导出著名的热传导方程，还在推导该方程时发现并提出任意周期函数可以展开成三角函数（正弦余弦函数）的无穷级数这个重要理论。尽管由于当时的数学环境还无法证明傅里叶级数理论的严格性，这篇论文在 1822 年才得以发表，但还是在一定程度上推动了傅里叶分析方法在工程领域的一些应用，理论研究随着工程领域的发展缓慢进行着。到了 20 世纪初，通信与电子系统出现并逐步广泛应用，为傅里叶分析开创了新的用武之地，像正弦振荡器、滤波器、谐振电路等设备因为傅里叶分析而得以精确实现。而随着电路系统的研究，周期信号的傅里叶级数也进化成了对非周期信号的傅里叶变换。傅里叶变换是通信工程、无线电技术频谱分析的重要工具。到 20 世纪中期，随着数字电子技术的兴起，离散域的信号与系统分析成为主流，离散序列的傅里叶分析计算量非常大，而且还有复数乘法和加法，计算复杂度成为傅里叶变换作为离散信号频谱分析的一个巨大障碍时，DFT 和 FFT 的出现又解决了这一现实问题，进一步推动了傅里叶分析的应用。

读者可能会有点疑惑为什么表 7-1 中只列出了四种傅里叶变换，而没有离散傅里叶变换 DFT、快速傅里叶变换 FFT。从原理上说，离散傅里叶变换 DFT 并不能算作真正的傅里叶变换，它只是利用了周期序列傅里叶级数中频谱的周期性，通过取一段离散频谱的 N 个有限离散频谱值的方法计算出一个周期的离散谱值，然后通过频域的周期延拓去获得周期序列、周期离散频谱。这种处理的视角是关注不断重复的那部分不变的主体，最终跳出了因为不断重复而导致无穷的数学思维定式，巧妙地利用数字设备的可存储非实时的特性，最终利用计算机辅助计算解决傅里叶变换计算困难的问题。而 FFT 则是计算 DFT 的快速算法，大大减少了 DFT 的计算量，使之能够最终实现。DFT 和 FFT 为傅里叶分析这个古老的工具赋予了新的生命。之后根据信号分析的需要，又陆续形成了短时傅里叶变换、小波变换等众多以傅里叶分析为基础的信号处理新方法，并且突破了傅里叶分析只能用于信号与系统分析的局限，直接应用于系统参与完成信号处理，比如移动通信系统中所用的正交频分复用 OFDM 的计算公式就是 DFT 的定义式，DFT 算法直接植入到 OFDM 系统中，成为不可缺少的一部分。

傅里叶分析方法可以说能够应用于任意学科领域，至少目前来看还没有尽头。阅读本章的定理推导时，读者很容易发现，每一种变换都是从傅里叶级数开始推导的。说不定某一天，又会有类似离散傅里叶变换 DFT 那样从最根本的傅里叶级数出发而得到的新理论并产生新的应用，因为无论如何，基础学科是创新的真正源动力。

第**3**部分
滤波器设计与实现

　　线性时不变系统最重要的应用是滤波。从广义上说，能改变信号中各个频率分量的大小，或者抑制甚至全部滤除某些频率分量的过程称为滤波。完成滤波功能的系统称为滤波器。

　　无论是连续时间系统还是离散时间系统，它们输出信号的频谱都等于输入信号频谱乘以系统的频率响应，适当选择或设计系统的频率响应（简称频响）$H(j\Omega)$ 或 $H(e^{j\omega})$，就可以实现不同参数的滤波器。本部分包括模拟滤波器基础、IIR 数字滤波器、FIR 数字滤波器以及数字滤波器的网络结构四部分内容，主要目的是帮助读者了解一些滤波器设计的理论。在面对复杂而日渐更新的工程问题时，如何利用这些理论选择适当的方法是值得工程师们不断研究和创新的课题。

　　注意：本部分中，系统的频响符号 $H(j\Omega)$ 表示的是连续系统单位冲激响应 $h(t)$ 的傅里叶变换，$(j\Omega)$ 沿用了工程应用的表示习惯，即强调傅里叶变换与拉普拉斯变换复变量的关系 $j\Omega = s$，在实际计算中自变量仍为 Ω。

第**8**章 模拟滤波器基础

随着数字信号处理技术的广泛应用，传统的网络综合与模拟滤波器设计已经逐渐淡出各种教材，但是模拟滤波器并非从通信与电子系统中消失，在很多场合还必须用到模拟滤波器。比如在一些工作频率很高的系统中，采用模拟技术可发挥其体积小、重量轻、设计简单等数字滤波器无法替代的优点；还有在进入微波波段时，需要借助微带线、同轴线或波导等实现微波滤波器，工作原理也是基于模拟滤波器基本概念的；另外，一些基于经典滤波器功能的数字滤波器设计往往是由模拟滤波器的原型导出的，了解一些模拟滤波器设计基础知识还是很有必要的。

模拟滤波器通常是指具有选择性滤波功能的一种连续时间系统，它的主要功能是能够让某个频率范围内的所有正弦信号无失真通过，而在频率范围外的正弦信号能够完全抑制，这类滤波器也称为经典滤波器。模拟滤波器的设计、实现和应用已经有很长的历史，有一套成熟、完整和规范的设计方法。在这套设计方法中，包括低通、高通、带通和带阻等模拟滤波器，都归结为一个"归一化模拟低通滤波器原型"。只要确定了滤波器的几个关键参数，经过固定的转换，算出滤波器的阶数，就可以通过查表求得该归一化模拟低通滤波器原型的系统函数，然后再按固定的计算方法转换，即可获得各种滤波器的系统函数。

本章介绍模拟滤波器的特性及模拟滤波器的设计方法。读者应重点掌握模拟滤波器的参数定义、计算、转换的原理，为后续从模拟滤波器设计转换到 IIR 数字滤波器设计做必要的准备。

8.1 模拟滤波器的基本概念

8.1.1 模拟滤波器的幅频响应

（1）系统函数与系统频响

模拟滤波器的系统函数 $H(s)$ 是复变量 s 的有理函数，可以表示为：

$$H(s) = \frac{Y(s)}{X(s)}$$

式中，$Y(s)$、$X(s)$ 是输出和输入，都是关于 s 的多项式。

对于线性时不变因果稳定系统，其频率响应函数 $H(j\Omega)$ 与系统函数的关系 $H(s)$ 为：

$$H(j\Omega) = H(s)\big|_{s=j\Omega} \tag{8.1.1}$$

在信号与系统中已经知道，模拟系统的频率响应函数 $H(j\Omega)$ 具有复数性质，可以表示为：

$$H(j\Omega) = |H(j\Omega)| e^{j\theta(\Omega)} \tag{8.1.2}$$

式中，$|H(j\Omega)|$ 称为滤波器的幅频响应特性；$\theta(\Omega)$ 称为相频响应特性。

模拟滤波器的幅频响应 $|H(j\Omega)|$ 特性和相频响应特性 $\theta(\Omega)$ 与离散时间系统函数的幅频响应特性 $|H(e^{j\omega})|$ 和相频响应特性 $\theta(\omega)$ 的定义是类似的，其本质区别是两个自变量 Ω、ω 的区别，Ω 是模拟角频率，单位是 rad/s，在区间 $-\infty < \Omega < \infty$ 内是非周期的；而 ω 是数字归一化频率，单位是 rad，是以 2π 为周期的。

【例 8.1.1】 已知一个模拟滤波器的系统函数为

$$H(s) = \frac{s+1}{s^2 + 2s + 2}$$

① 试求其幅频响应特性函数 $|H(j\Omega)|$ 和幅度平方函数 $|H(j\Omega)|^2$。

② 画出幅度平方函数 $|H(j\Omega)|^2$ 的零极点图，并分析其与系统函数 $H(s)$ 零极点图的关系。

解： ① 因为所谓的模拟滤波器实际上是物理可实现系统，且根据我们对系统的要求，它必须是因果的，即模拟滤波器是线性时不变因果系统，根据式(8.1.1)，可写出系统的频率响应函数为：

$$H(j\Omega) = H(s)\big|_{s=j\Omega} = \frac{j\Omega + 1}{(j\Omega)^2 + 2(j\Omega) + 2}$$

观察这个式子，如果要求其 $|H(j\Omega)|$ 还是比较复杂的，所以我们根据式(1.2.17) 复数的性质，即对于任意复数，$|z|^2 = z \cdot z^*$，先求其 $|H(j\Omega)|^2$，

$$|H(j\Omega)|^2 = H(-s)H(s)\big|_{s=j\Omega}$$

$$= \frac{s+1}{s^2+2s+2}\left(\frac{-s+1}{s^2-2s+2}\right)\bigg|_{s=j\Omega} = \frac{\Omega^2+1}{\Omega^4+1}$$

上式中，$\dfrac{\Omega^2+1}{\Omega^4+1}$ 为正实数，则对幅度平方函数开平方得到幅频响应特性函数

$$|H(j\Omega)| = \sqrt{\frac{\Omega^2+1}{\Omega^4+1}}$$

② 根据系统频响与系统函数的关系，有：

$$|H(j\Omega)|^2 = H(-s)H(s)\big|_{s=j\Omega}$$

可知 $|H(j\Omega)|^2$ 的零极点由 $H(s)$ 和 $H(-s)$ 的零极点构成。$H(s)$ 的零点为 $z_1 = -1$，极点为 $p_{1,2} = -1 \pm j$；$H(-s)$ 的零点为 $z_2 = -1$，极点为 $p_{3,4} = 1 \pm j$。

画出系统幅度平方函数的零极点图如图 8-1 所示。

由题干所给的系统函数

$$H(s) = \frac{s+1}{s^2 + 2s + 2}$$

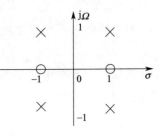

可知 $H(s)$ 极点为 $p_{1,2} = -1 \pm j$，相当于幅度平方函数 $|H(j\Omega)|^2$ 在左半平面的极点。

图 8-1　系统幅度平方函数零极点图

（2）由 $|H_a(j\Omega)|^2$ 确定滤波器理想传输函数 $H_a(s)$ 的方法

从图 8-1 中可以看出，系统幅度平方函数的零极点是关于 $j\Omega$ 轴镜像对称的，即如果 $H(s)$ 有一个极点（或零点）位于 $s = s_0$ 处，由于冲激响应 $h_a(t)$ 为实数，则极点（或零点）必为共轭复数对形式，因此在 $s = s_0^*$ 处也一定有一极点（或零点）；与 $H(s)$ 对应的 $H(-s)$ 在 $s = -s_0$ 和 $s = -s_0^*$ 处必有极点（或零点）。由于任何实际可实现的滤波器都是稳定的，因此其系统函数 $H(s)$ 的极点一定落于 s 的左半平面，而右半平面的极点必属于 $H(-s)$。零点在此时也是对称分布的。

根据上述原理，如果需要设计一个滤波器，只要已知理想滤波器幅度平方函数 $|H_a(j\Omega)|^2$，就可以确定系统函数 $H_a(s)$。

由 $|H_a(j\Omega)|^2$ 确定理想滤波器系统函数 $H_a(s)$ 的方法可总结如下：

① 由 $|H_a(j\Omega)|^2 \big|_{j\Omega = s} = H_a(-s)H_a(s)$ 得到象限对称的 s 平面函数。

② 将 $H_a(-s)H_a(s)$ 因式分解，得到其具有对称分布的零、极点。

为了保证系统因果性，实际滤波器系统函数的极点应全部位于 s 平面的左半平面，即取左半平面的极点归于 $H_a(s)$。

如无特殊要求，$H_a(s)$ 的零点可以取虚轴为对称轴的对称零点的任一半（应为共轭对）；如要求是最小相位滤波器，则应取左半平面零点作为 $H_a(s)$ 零点。

如果 $j\Omega$ 轴上的零点和极点都是偶次的，则取一半（应为共轭对）归于 $H_a(s)$。

③ 按照 $H_a(s) \big|_{s=0} = H_a(j\Omega) \big|_{\Omega=0}$ 可确定增益常数。

④ 由求出的 $H_a(s)$ 零、极点及增益常数，可确定系统函数 $H_a(s)$。

【例 8.1.2】 已知所求滤波器幅度平方函数如下，试确定滤波器的系统函数 $H_a(s)$。

$$|H_a(j\Omega)|^2 = \frac{25(16 - \Omega^2)^2}{(49 + \Omega^2)(81 + \Omega^2)}$$

解：因为 $|H_a(j\Omega)|^2$ 是 Ω 的非负有理函数，为了便于转换，令有理分式中 $-\Omega^2 = (j\Omega)^2$，得：

$$|H_a(j\Omega)|^2 = \frac{25[16 + (j\Omega)^2]^2}{[49 - (j\Omega)^2][81 - (j\Omega)^2]}$$

它在 $j\Omega$ 轴上的零点是偶次的，所以满足幅度平方函数的条件，则：

$$H_a(-s)H_a(s) = |H_a(j\Omega)|^2 \big|_{\Omega^2 = -s^2} = \frac{25(16 + s^2)^2}{(49 - s^2)(81 - s^2)}$$

其极点为 $p_{1,2} = \pm 7$，$p_{3,4} = \pm 9$；零点为 $s = \pm 4j$（取二阶两个零点）。

选左半平面极点 $p_1 = -7$，$p_3 = -9$ 及一对虚轴共轭零点 $s = \pm 4j$ 为 $H_a(s)$ 的零、极点，并设增益常数为 A_0，则得 $H_a(s)$ 为：

$$H_a(s) = \frac{A_0(s^2+16)}{(s+7)(s+9)}$$

由 $H_a(s)\big|_{s=0} = H_a(j\Omega)\big|_{\Omega=0}$ 的条件列式得：

$$\frac{A_0 \times 16}{7 \times 9} = \sqrt{\frac{25 \times (16)^2}{49 \times 81}}$$

解得增益常数 A_0 为 $A_0 = 5$

$$\therefore H_a(s) = \frac{5(s^2+16)}{(s+7)(s+9)} = \frac{5s^2+80}{s^2+16s+63}$$

8.1.2　理想滤波器的频域特性与分类

在有关滤波的术语中，通常把信号能通过的频率范围称为滤波器的通带，阻止信号通过的频率范围称为阻带，通带的边界频率称为截止频率。根据滤波器通带、阻带所处的不同位置，可分为低通滤波器、高通滤波器、带通滤波器和带阻滤波器等类型，各种理想模拟滤波器的幅频特性如图 8-2 所示。

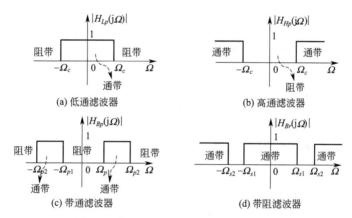

图 8-2　各种理想模拟滤波器的幅频特性

下面简要介绍各种滤波的时域和频域特性。

（1）理想低通滤波器（Ideal Low-pass Filter）

连续时间理想低通滤波器的单位脉冲响应为：

$$h_{Lp}(t) = \frac{\Omega_c}{\pi}\mathrm{Sa}(\Omega_c t) = \frac{\sin(\Omega_c t)}{\pi t} \tag{8.1.3}$$

理想幅频特性函数为：

$$H_{Lp}(j\Omega) = \begin{cases} 1 & |\Omega| < \Omega_c \\ 0 & |\Omega| > \Omega_c \end{cases} \tag{8.1.4}$$

式中，Ω_c 称为滤波器的截止频率，也称为滤波器的通带。其幅频特性函数波形 $H_{Lp}(j\Omega)$ 如图 8-2(a) 所示。从图中可以看到，幅频特性函数是关于 y 轴对称的，滤波器的实际宽度为 $2\Omega_c$，但是由于负频率不考虑，所以通常认为滤波器的通带为 Ω_c。

（2）理想高通滤波器（Ideal High-pass Filter）

连续时间理想高通滤波器的单位脉冲响应为：

$$h_{Hp}(t) = \delta(t) - h_{Lp}(t) \tag{8.1.5}$$

理想幅频特性函数为：

$$H_{Hp}(j\Omega) = \begin{cases} 1, & |\Omega| > \Omega_c \\ 0, & |\Omega| < \Omega_c \end{cases} \tag{8.1.6}$$

（3）理想带通滤波器（Ideal Band-pass Filter）

连续时间理想带通滤波器的单位脉冲响应为：

$$h_{Bp}(t) = \frac{\Omega_c}{\pi} \mathrm{Sa}(\Omega_c t) \cos(\Omega_0 t) \tag{8.1.7}$$

其中，$\Omega_0 = \dfrac{\Omega_{p_2} + \Omega_{p_1}}{2}$，$\Omega_c = \dfrac{\Omega_{p_2} - \Omega_{p_1}}{2}$

式中，Ω_{p_1} 是通带下截止频率；Ω_{p_2} 是通带上截止频率，如图 8-2(c) 所示。

理想幅频特性函数为：

$$H_{Bp}(j\Omega) = H_{Lp}(j\Omega + \Omega_0) + H_{Lp}(j\Omega - \Omega_0) \tag{8.1.8}$$

（4）理想带阻滤波器（Ideal Band-rejection Filter）

连续时间理想带阻滤波器的单位脉冲响应为：

$$h_{Br}(t) = \delta(t) - h_{Bp}(t) \tag{8.1.9}$$

理想幅频特性函数为：

$$H_{Br}(j\Omega) = 1 - H_{Bp}(j\Omega) \tag{8.1.10}$$

在实际系统中，理想滤波器是无法实现的，只能用可实现的滤波器逼近理想滤波器特性。当然，尽管理想滤波器不可实现，在信号与系统中仍然常用理想滤波器代替实际滤波器进行分析，可以使分析简化且更有代表意义。

值得说明的是，滤波器设计公式较多，计算繁杂，需要通过设计手册查找相应的计算结果。在计算机普及的今天，各种设计方法都有很多成功的设计程序或设计函数供我们调用。特别是大家熟知的数值计算软件 MATLAB，有滤波器设计工具箱，直接将所需参数设置好即可获得所需的滤波器，滤波器的幅频、相频特性曲线，滤波器滤波功能仿真都可以方便地得到。所以，只要掌握滤波器设计的基本原理，能够将实际应用中的具体数据转换成设计所需的参数，采用计算机辅助设计滤波器是比较简单的。

8.1.3　模拟低通滤波器的技术指标

在工程技术中，模拟低通滤波器的技术指标主要是关于幅频特性而言的，其主要技术指标如图 8-3 所示。

图 8-3 中，横坐标单位为角频率 Ω（单位 rad/s）或频率 f（单位 Hz），其中，Ω_p 称为通带截止频率，Ω_s 为阻带截止频率，Ω_c 称为 3dB 通带截止频率。

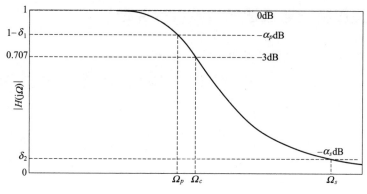

图 8-3　模拟低通滤波器技术指标

滤波器通带、阻带内幅度允许衰减指标一般用分贝（dB）来表示。为设计方便，将幅度归一化，令直流对应的幅频特性 $|H(\mathrm{j}0)|=1$，则通带内最大衰减和阻带最小衰减计算公式为：

$$\alpha_p = 20\lg\frac{|H(\mathrm{j}0)|}{|H(\mathrm{j}\Omega_p)|} = -20\lg|H(\mathrm{j}\Omega_p)| = -10\lg|H_a(\mathrm{j}\Omega_p)|^2 \qquad (8.1.11)$$

$$\alpha_s = 20\lg\frac{|H(\mathrm{j}0)|}{|H(\mathrm{j}\Omega_s)|} = -20\lg|H(\mathrm{j}\Omega_s)| = -10\lg|H_a(\mathrm{j}\Omega_s)|^2 \qquad (8.1.12)$$

若 $-10\lg|H_a(\mathrm{j}\Omega_c)|^2 = 3\mathrm{dB}$，则 Ω_c 即为 3dB 截止频率。

以上两式表明，通带衰减和阻带衰减指标既可以由系统幅频特性函数对应的通带频率和阻带频率的 $|H(\mathrm{j}\Omega)|$ 给出，也可以由幅度平方函数 $|H_a(\mathrm{j}\Omega)|^2$ 给出。

在逼近理想滤波器时，通带阻带内可能出现一定的通带波动和阻带波动，用 δ_1 表示通带波动，δ_2 表示阻带波动，当通带内幅频特性 $|H(\mathrm{j}\Omega)|_{\max}=1$ 时，阻带内 $|H(\mathrm{j}\Omega)|_{\max}=\delta_2$。

在模拟滤波器设计中，只要有通带截止频率 Ω_p、阻带截止频率 Ω_s、通带最大衰减 α_p、阻带最小衰减 α_s 这 4 个参数，就可以设计出一个模拟低通原型滤波器。

工程设计中，通带阻带衰减通常是由幅度平方函数给出的，平方运算会使负数变为正数，无法区分平方运算前实际的正负状态，从而会导致相位模糊。模拟低通原型滤波器设计方法一般顾及不到滤波器的相位问题，也就是说只考虑其幅频特性是否满足指标。

8.2　模拟低通滤波器设计

模拟滤波器的理论和设计方法已相当成熟，且有多种典型的模拟滤波器供选择，如巴特沃斯（Butterworth）滤波器、切比雪夫（Chebyshev）滤波器、椭圆（Elliptic）滤波器、贝塞尔（Bessel）滤波器等。具有分段频率选择性滤波功能的滤波器按幅频特性可分为低通、高通、带通和带阻滤波器。不管设计何种类型的滤波器，总是先设计低通滤波器，再通过频率变换将低通滤波器转换成所需类型的滤波器。

8.2.1 模拟巴特沃斯低通滤波器设计原理

（1）模拟巴特沃斯低通滤波器的幅频特征及特性

模拟巴特沃斯低通滤波器的特征是其通带和阻带都有平坦的幅度响应，即其通带波动和阻带波动 $\delta_1 = \delta_2 = 0$。其幅度平方函数 $|H_a(j\Omega)|^2$ 为：

$$|H_a(j\Omega)|^2 = \frac{1}{1+\left(\dfrac{\Omega}{\Omega_c}\right)^{2N}} \tag{8.2.1}$$

式中，N 为正整数，代表滤波器阶数；Ω_c 为巴特沃斯低通滤波器的 3dB 通带截止频率。

模拟巴特沃斯低通滤波器的幅频响应为：

$$|H_a(j\Omega)| = \frac{1}{\sqrt{1+\left(\dfrac{\Omega}{\Omega_c}\right)^{2N}}} \tag{8.2.2}$$

图 8-4 绘制了巴特沃斯模拟滤波器在不同 N（阶数）时的幅频响应曲线。

由图 8-4 可知，巴特沃斯滤波器的幅频特性具有以下特点：

① 当 $\Omega = 0$ 时，$|H_a(j\Omega)| = 1$，幅度无衰减。

② 当 $\Omega = \Omega_c$ 时，$|H_a(j\Omega)| = 0.707$，即幅度衰减到 0.707，其分贝为 $\lg 0.707 = 3\text{dB}$，所以 Ω_c 也称为 3dB 截止频率。图 8-4 中可以看到，无论阶数 N 为何值，其幅频特性曲线均经过该点，这说明 3dB 截止频率是巴特沃斯低通滤波器的一个重要指标（切比雪夫滤波器设计就不需要强调该频率的频响特性），当通过设计公式求出归一化模拟低通原型滤波器的系统函数后，还要将所求滤波器的 3dB 截止频率代入才能转换成实际设计的滤波器。

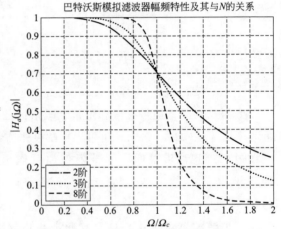

巴特沃斯模拟滤波器幅频特性及其与 N 的关系

图 8-4　N 为不同阶数时巴特沃斯
模拟滤波器的幅频特性曲线

③ 通带和阻带频率响应具有单调下降特性；在 $0 \leqslant \Omega \leqslant \Omega_c$ 的通带内，随着 Ω 由 0 增加到 Ω_c，$|H_a(j\Omega)|$ 单调地减小，N 越大，减小得越慢，即 N 越大，通带内幅度特性越平坦。当 $\Omega > \Omega_c$ 时，即在阻带中，$|H_a(j\Omega)|$ 单调减小，且比通带内的衰减速度快得多，N 越大，衰减越快，边带越陡峭。

④ 当 $\Omega = \Omega_s$ 时，阻带截止频率处衰减为：

$$\alpha_s = 20\lg\left|\frac{H_a(j0)}{H_a(j\Omega_s)}\right| = -20\lg|H_a(j\Omega_s)|$$

式中，α_s 为阻带最小衰减，当 $\Omega > \Omega_s$ 时，幅度特性衰减值会大于 α_sdB。

⑤ $N \to \infty$ 时，$|H_a(j\Omega)|$ 为趋于理想的低通滤波器。

（2）巴特沃斯滤波器的系统函数和极点

根据 8.1.1 节由 $\left|H_a(\mathrm{j}\Omega)\right|^2\big|_{\mathrm{j}\Omega=s}=H_a(-s)H_a(s)$ 得到象限对称的 s 平面函数原理，结合式（8.2.1）可知，巴特沃斯滤波器的象限对称 s 平面函数为：

$$H_a(-s)H_a(s)=\dfrac{1}{1+\left(\dfrac{s}{\mathrm{j}\Omega_c}\right)^{2N}}=\dfrac{(\mathrm{j}\Omega_c)^{2N}}{s^{2N}+(\mathrm{j}\Omega_c)^{2N}} \tag{8.2.3}$$

令式（8.2.3）分母多项式的特征方程为 $s^{2N}+(\mathrm{j}\Omega_c)^{2N}=0$，其根即为系统的极点。由于 $\sqrt[2N]{-1}$ 的解是幅度为 1、辐角为把 π 等分成 $2N$ 份的 N 个单位相量，可求得 $2N$ 个根（极点）为：

$$s_k=(-1)^{\frac{1}{2N}}(\mathrm{j}\Omega_c)=\Omega_c\mathrm{e}^{\mathrm{j}\left(\frac{1}{2}+\frac{2k+1}{2N}\right)\pi},k=0,1,\cdots,2N-1 \tag{8.2.4}$$

式（8.2.4）表示巴特沃斯滤波器系统函数 $H_a(s)$ 及其共轭函数 $H_a(-s)$（也可理解为通过幅度平方函数得到）的极点，这些极点分布有如下特点：

① 极点在 s 平面是象限对称的，分布在半径为 Ω_c 的圆上，有 $2N$ 个极点。而 s 平面左半平面的极点即为 $H_a(s)$ 的极点。

② 极点间隔的角度为 $\dfrac{\pi}{N}$ rad。

③ 滤波器 $H_a(s)$ 是稳定的，所以极点一定不会落在虚轴上。

④ 当 N 为奇数时，极点为 $s_k=\Omega_c\mathrm{e}^{\frac{\mathrm{j}\pi k}{N}}$，$k=0$，1，$\cdots$，$(2N-1)$，实轴上有极点；当 N 为偶数时，极点全为共轭对称，$s_k=\Omega_c\mathrm{e}^{\frac{\mathrm{j}\pi\left(k+\frac{1}{2}\right)}{N}}$，$k=0$，1，$\cdots$，$(2N-1)$ 实轴上没有极点。

⑤ 巴特沃斯滤波器为全极点型，即滤波器无零点。

图 8-5 给出三阶巴特沃斯滤波器的幅度平方特性函数的极点分布图。

为得到滤波器的系统函数，选择幅度平方特性函数左半平面的 N 个极点，得到稳定因果巴特沃斯滤波器传递函数 $H_a(s)$，其表达式为：

$$H_a(s)=\prod_{k=0}^{N-1}\dfrac{\Omega_c^N}{(s-s_k)} \tag{8.2.5}$$

$H_a(s)$ 的极点是幅度平方函数在 s 平面的左半平面的极点，即有：

$$s_k=\Omega_c\mathrm{e}^{\mathrm{j}\left(\frac{1}{2}+\frac{2k+1}{2N}\right)\pi},k=0,1,2,\cdots,N-1 \tag{8.2.6}$$

当 N 为偶数时，极点全为共轭对，即为

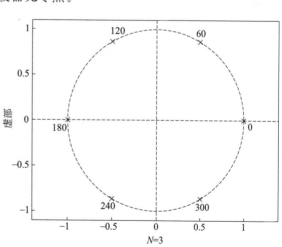

图 8-5　巴特沃斯低通滤波器幅度
平方特性函数极点分布图

$$s_k, s_{N-k} = s_k^*, k = 0,1,2,\cdots,\frac{N}{2}-1, N \text{ 为偶数} \tag{8.2.7}$$

当 N 为奇数时，则除了 $\dfrac{N-1}{2}$ 个和上面一样的共轭极点对外，还有一个实极点，即：

$$\begin{cases} s_k, s_{N-k} = s_k^*, k = 0,1,2,\cdots,\dfrac{N-1}{2}-1 \\ s_k = -\Omega_c, k = \dfrac{N-1}{2} \end{cases}, N \text{ 为奇数} \tag{8.2.8}$$

例如，当 $N=3$ 时，左半平面的三个极点分别为 $s_0 = \Omega_c e^{j\frac{2}{3}\pi}$，$s_1 = -\Omega_c$，$s_2 = \Omega_c e^{-j\frac{2}{3}\pi}$，对应的系统函数 $H_a(s)$ 为：

$$H_a(s) = \frac{\Omega_c^3}{(s+\Omega_c)(s-\Omega_c e^{j\frac{2}{3}\pi})(s-\Omega_c e^{-j\frac{2}{3}\pi})}$$

（3）归一化巴特沃斯低通原型滤波器的系统函数 $G_a(p)$

由于不同的技术指标对应的边界频率和滤波器幅频特性不同，为了使设计公式和图表统一，还需要进一步对频率做归一化处理。巴特沃斯滤波器采用对 3dB 截止频率 Ω_c 归一化，即令 $\Omega_c \equiv 1$，用 $G_a(p)$ 表示归一化巴特沃斯低通滤波器系统函数，其极点也转换成归一化极点 p_k，与 s_k 的关系为 $s_k = \Omega_c p_k$，则归一化巴特沃斯低通滤波器系统函数为

$$G_a(p) = \prod_{k=0}^{N-1} \frac{1}{(s-p_k)} \tag{8.2.9}$$

$$p_k = e^{j(\frac{1}{2}+\frac{2k+1}{2N})\pi} \tag{8.2.10}$$

式（8.2.9）中，$G_a(p)$ 是关于 p 的有理多项式，p 称为归一化复变量。为了设计方便，表 8-1 给出了不同 N 值的巴特沃斯归一化原型函数，只要确定 N 值，即可查表得到相应的 $G_a(p)$。

表 8-1　巴特沃斯归一化低通滤波器参数

子表一 极点位置 阶数 N	$P_{0,N-1}$	$P_{1,N-2}$	$P_{2,N-3}$	$P_{3,N-4}$	P_4
1	-1.0000				
2	$-0.7071\pm j0.7071$				
3	$-0.5000\pm j0.8660$	-1.0000			
4	$-0.3827\pm j0.9239$	$-0.9239\pm j0.3827$			
5	$-0.3090\pm j0.9511$	$-0.8090\pm j0.5878$	-1.0000		
6	$-0.2588\pm j0.9659$	$-0.7071\pm j0.7071$	$-0.9659\pm j0.2588$		
7	$-0.2225\pm j0.9749$	$-0.6235\pm j0.7818$	$-0.2588\pm j0.9659$	-1.0000	
8	$-0.1951\pm j0.9808$	$-0.5556\pm j0.8315$	$-0.8315\pm j0.5556$	$-0.9808\pm j0.1951$	
9	$-0.1736\pm j0.9848$	$-0.5000\pm j0.8660$	$-0.7660\pm j0.6428$	$-0.9397\pm j0.3420$	-1.0000

子表二

阶数 N	$B(p)=p^N+b_{N-1}p^{N-1}+b_{N-2}p^{N-2}+\cdots+b_1p+b_0$								
	b_0	b_1	b_2	b_3	b_4	b_5	b_6	b_7	b_8
1	1.0000								
2	1.0000	1.4142							
3	1.0000	2.0000	2.0000						
4	1.0000	2.6131	3.4142	2.6131					
5	1.0000	3.2361	5.2361	5.2361	3.2361				
6	1.0000	3.8637	7.4641	9.1416	7.4641	3.8637			
7	1.0000	4.4940	10.0978	14.5918	14.5918	10.0978	4.4940		
8	1.0000	5.1258	13.1371	21.8462	25.6884	21.8642	13.1371	5.1258	
9	1.0000	5.7588	16.5817	31.1634	41.9864	41.9864	31.1634	16.5817	5.7588

子表三

阶数 N	分母因式 $B(p)$: $B(p)=B_1(p)B_2(p)\cdots B_{\left[\frac{N}{2}\right]}(p)$ $\left[\frac{N}{2}\right]$ 表示取 $\geqslant\frac{N}{2}$ 的最小整数
1	(p^2+1)
2	$(p^2+1.4142p+1)$
3	$(p^2+p+1)(p+1)$
4	$(p^2+0.7654p+1)(p^2+1.8478p+1)$
5	$(p^2+0.6180p+1)(p^2+1.6180p+1)(p+1)$
6	$(p^2+0.5176p+1)(p^2+1.4142p+1)(p^2+1.9319p+1)$
7	$(p^2+0.4450p+1)(p^2+1.2470p+1)(p^2+1.8019p+1)(p+1)$
8	$(p^2+0.3902p+1)(p^2+1.1111p+1)(p^2+1.6629p+1)(p^2+1.9616p+1)$
9	$(p^2+0.3473p+1)(p^2+p+1)(p^2+1.5321p+1)(p^2+1.8974p+1)(p+1)$

表 8-1 有三个子表，第一个子表是关于 $G_a(p)$ 极点位置的，针对不同 N 值，给出成对的共轭复数极点，这些极点都是左半平面的。以 $N=2$ 为例，查表得到 $G_a(p)$ 为：

$$G_a(p)=\frac{1}{(p+0.7071-\mathrm{j}0.7071)(p+0.7071+\mathrm{j}0.7071)} \tag{8.2.11}$$

第二个子表给出的是分母多项式，根据该表写出 $G_a(p)$ 形式为：

$$G_a(p)=\frac{1}{p^N+b_{N-1}p^{N-1}+\cdots+b_1p+b_0} \tag{8.2.12}$$

第三个子表给出的是分母因式形式，以 $N=3$ 为例，由该表写出 $G_a(p)$ 为：

$$G_a(p)=\frac{1}{(p^2+p+1)(p+1)} \tag{8.2.13}$$

上述 $G_a(p)$ 的表示中，式(8.2.11)形式可用于滤波器级联型结构，式(8.2.12)形式可用于直接型滤波器设计，式(8.2.13)形式可用于并联型结构（详见第 11 章）。一般在设计滤波器系统函数时，如无特殊说明，可将滤波器设计成直接形式，即以式(8.2.12)的形式表示。

（4）巴特沃斯低通滤波器设计步骤

巴特沃斯低通滤波器的一般设计步骤如下。

① 滤波器设计所需参数　设计巴特沃斯低通滤波器需要四个直接参数：通带截止频率 Ω_p、阻带截止频率 Ω_s、通带最大衰减 α_p、阻带最小衰减 α_s。

② 求滤波器阶数 N　将 $\Omega=\Omega_p$、$\Omega=\Omega_s$ 分别代入式(8.2.1)，可分别求出通带和阻带的幅度平方函数 $|H_a(\mathrm{j}\Omega_p)|^2$、$|H_a(\mathrm{j}\Omega_s)|^2$，由式(8.1.11) 和式(8.1.12) 有：

$$\begin{cases} 1+\left(\dfrac{\Omega_p}{\Omega_c}\right)^{2N}=10^{0.1\alpha_p} \\[3mm] 1+\left(\dfrac{\Omega_s}{\Omega_c}\right)^{2N}=10^{0.1\alpha_s} \end{cases} \tag{8.2.14}$$

将两式合并可得：

$$\left(\frac{\Omega_s}{\Omega_p}\right)^N=\sqrt{\frac{10^{0.1a_s}-1}{10^{0.1a_p}-1}} \tag{8.2.15}$$

上式中，令：

$$k_{sp}=\sqrt{\frac{10^{0.1\alpha_s}-1}{10^{0.1\alpha_p}-1}} \tag{8.2.16}$$

$$\lambda_{sp}=\frac{\Omega_s}{\Omega_p} \tag{8.2.17}$$

则式(8.2.15) 两边同时取对数可得到滤波器阶次 N 为：

$$N=\left[\frac{\lg k_{sp}}{\lg \lambda_{sp}}\right] \tag{8.2.18}$$

由于 N 应为整数，上式中 $[\ ]$ 表示上取整。

③ 查表 8-1 得到 N 值所对应的归一化巴特沃斯低通滤波器系统函数 $G_a(p)$。

④ 求 3dB 截止频率 Ω_c　巴特沃斯滤波器归一化低通原型的通带截止频率为 $\Omega_c=1$，去归一化时必须用 3dB 衰减处的 Ω_c，才能进行转换，为此需根据具体的通带截止频率和阻带截止频率求 Ω_c。下面推导求 Ω_c 的公式。

当 $\Omega_c \geqslant 1$ 时，由式(8.2.4) 有：

$$\begin{cases} \left(\dfrac{\Omega_p}{\Omega_c}\right)^{2N} \leqslant 10^{0.1\alpha_p}-1 \\[3mm] \left(\dfrac{\Omega_s}{\Omega_c}\right)^{2N} \leqslant 10^{0.1\alpha_s}-1 \end{cases}$$

上述两式可分别求出两个 Ω_c 的公式，用 Ω_{cp} 表示由通带指标求出的 3dB 截止频率，Ω_{cs} 表示由阻带指标求出的 3dB 截止频率，分别为：

$$\Omega_{cp}=\frac{\Omega_p}{\sqrt[2N]{10^{0.1\alpha_p}-1}} \tag{8.2.19}$$

$$\Omega_{cs}=\frac{\Omega_s}{\sqrt[2N]{10^{0.1\alpha_s}-1}} \tag{8.2.20}$$

若以式(8.2.19) 所求 Ω_{cp} 作为滤波器的 3dB 截止频率，通带衰减满足要求，阻带指标则超过要求，即 Ω_s 处的衰减大于 α_s；若以式(8.2.20) 所求 Ω_{cs} 作为滤波器的 3dB 截止频率，阻带衰减满足要求，通带指标则可能超过要求，即 Ω_p 处的衰减小于 α_p。所以只要满足 $\Omega_{cp} \leqslant \Omega_c \leqslant \Omega_{cs}$，则所取 Ω_c 通带、阻带衰减皆可超过要求。

⑤ $G_a(p)$ "去归一化" 得到一般低通滤波器系统函数 $H_a(s)$ 一般低通滤波器的系统

函数 $H_a(s)$ 可通过令归一化复变量 $p = \dfrac{s}{\Omega_c}$ 替换 $G_a(p)$ 中的 p, 即:

$$H_a(s) = G_a(p) \big|_{p = \frac{s}{\Omega_c}} \tag{8.2.21}$$

【例 8.2.1】 设计一个模拟巴特沃斯低通滤波器。要求通带截止频率 $f_p = 4000\text{Hz}$, 通带最大衰减 $\alpha_s = 2\text{dB}$, 阻带截止频率 $f_s = 8000\text{Hz}$, 阻带最小衰减 $\alpha_s = 20\text{dB}$。

解: 因为角频率 $\Omega = 2\pi f$, 而由式 (8.2.17) 可知, λ_{sp} 是两个频率比, 因此也可以直接用频率比来替代公式中的角频率, 按步骤求各参数。

① 求 N。

$$k_{sp} = \sqrt{\frac{10^{0.1\alpha_s} - 1}{10^{0.1\alpha_p} - 1}} = 13.01$$

$$\lambda_{sp} = \frac{\Omega_s}{\Omega_p} = \frac{2\pi f_s}{2\pi f_p} = 2$$

$$N = \left\lceil \frac{\lg k_{sp}}{\lg \lambda_{sp}} \right\rceil = \left\lceil \frac{\lg 13.1}{\lg 2} \right\rceil = [3.63] = 4$$

② 求 Ω_c。

由 (这里必须用角频率参数代入):

$$\Omega_{cp} = \frac{\Omega_p}{\sqrt[2N]{10^{0.1\alpha_p} - 1}} = \frac{2\pi \times 4000}{\sqrt[8]{10^{0.2} - 1}} = 2\pi \times 4277 (\text{rad/s})$$

$$\Omega_{cs} = \frac{\Omega_s}{\sqrt[2N]{10^{0.1\alpha_s} - 1}} = \frac{2\pi \times 8000}{\sqrt[8]{10^2 - 1}} = 2\pi \times 4504 (\text{rad/s})$$

取 $\Omega_c = 2\pi \times 4400\text{rad/s}$, 满足 $\Omega_{cp} \leqslant \Omega_c \leqslant \Omega_{cs}$, 则通带、阻带衰减皆可满足要求。

③ 求极点。

由:

$$s_k = \Omega_c e^{j\left(\frac{1}{2} + \frac{2k+1}{2N}\right)\pi}, k = 0, 1 \cdots, N-1$$

N 为偶数, 可得系统函数的 4 个极点 p_k (当 $k = 0, 3$ 是共轭对, $k = 1, 2$ 是共轭对):

$$s_0 = \Omega_c e^{j\left(\frac{1}{2} + \frac{1}{8}\right)\pi} = \Omega_c e^{j\frac{5}{8}\pi}, s_3 = s_0^* = \Omega_c e^{-j\frac{5}{8}\pi}$$

$$s_1 = \Omega_c e^{j\left(\frac{1}{2} + \frac{3}{8}\right)\pi} = \Omega_c e^{j\frac{7}{8}\pi}, s_2 = s_1^* = \Omega_c e^{-j\frac{7}{8}\pi}$$

④ 求系统函数 $H_a(s)$。

解法一 将共轭极点分别构成的子系统组合起来, 可得:

$$H_a(s) = \frac{1}{(s - s_0)(s - s_0^*)(s - s_1)(s - s_1^*)}$$

$$= \frac{\Omega_c^2}{s^2 + 0.7653\Omega_c s + \Omega_c^2} \frac{\Omega_c^2}{s^2 + 1.8478\Omega_c s + \Omega_c^2}$$

$$= \frac{5.8410 \times 10^{17}}{s^4 + 7.2240 \times 10^4 s^3 + 2.6039 \times 10^9 s^2 + 5.5210 \times 10^{13} s + 5.8410 \times 10^{17}}$$

解法二 系统函数也可以通过计算得到的 N，查表 8-1 巴特沃斯归一化低通滤波器参数，先求出归一化的系统函数 $G_a(p)$，再用 Ω_c 去归一化，得到系统函数 $H_a(s)$。这是最方便、最常用的方法，具体步骤如下。

查表 8-1（$N = 4$），可得：

$$G_a(p) = \frac{1}{p^4 + 2.6131 p^3 + 3.4142 p^2 + 2.6131 p + 1}$$

去归一化，由式(8.2.20)得：

$$H_a(s) = G_a(p) \Big|_{p = \frac{s}{\Omega_c}} = \frac{1}{p^4 + 2.6131 \left(\frac{s}{\Omega_c}\right)^3 + 3.4142 \left(\frac{s}{\Omega_c}\right)^2 + 2.6131 \frac{s}{\Omega_c} + 1}$$

$$= \frac{5.8410 \times 10^{17}}{s^4 + 7.2240 \times 10^4 s^3 + 2.6039 \times 10^9 s^2 + 5.5210 \times 10^{13} s + 5.8410 \times 10^{17}}$$

画出幅频曲线图如图 8-6 所示。

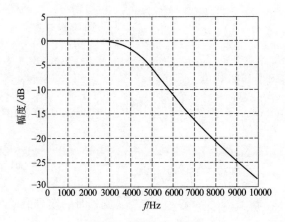

图 8-6 【例 8.2.1】图

8.2.2 模拟切比雪夫低通滤波器

巴特沃斯滤波器的幅频特性曲线无论在通带还是阻带都是频率的单调减函数，因此，当通带边界处满足指标要求时，通带内会有较大富余量。如果将逼近精确度均匀分布在整个通带内，或者均匀分布在整个阻带内，或者同时均匀分布在两者之内，可以使滤波器的阶数大大降低。这种设想可以选择具有等波纹特性的逼近函数来达到。切比雪夫滤波器的幅频特性就具有上述等波纹特性。

（1）N 阶切比雪夫多项式

定义

$$C_N(x) = \begin{cases} \cos(N \arccos x) & x \leqslant 1 \\ \mathrm{ch}(N \mathrm{arcch} x) & x > 1 \end{cases} \tag{8.2.22}$$

$C_N(x)$ 可展开成 x 的多项式，如表 8-2 所示。

表 8-2 切比雪夫多项式

N	$C_N(x)$	N	$C_N(x)$
0	1	4	$8x^4 - 8x^2 + 1$
1	x	5	$16x^5 - 20x^3 + 5x$
2	$2x^2 - 1$	6	$32x^6 - 48x^4 + 18x^2 - 1$
3	$4x^3 - 3x$	7	$64x^7 - 112x^5 + 56x^3 - 7x$

$C_N(x)$ 的首项 x^N 的系数为 2^{N-1}，$N \geqslant 1$ 时切比雪夫多项式的递推公式为：

$$C_{N+1}(x) = 2xC_N(x) - C_{N-1}(x) \tag{8.2.23}$$

切比雪夫多项式的特性为：

① 切比雪夫多项式的过零点在 $|x| \leqslant 1$ 范围内；

② 当 $|x| < 1$ 时，$|C_N(x)| < 1$，在 $|x| < 1$ 范围内具有等波纹特性；

③ 当 $|x| > 1$ 时，$C_N(x)$ 曲线是双曲线函数，随 x 单调上升。即

$$\begin{cases} |C_N(x)| \leqslant 1 & |x| \leqslant 1 \\ |C_N(x)| \text{单调增加} & |x| > 1 \end{cases} \tag{8.2.24}$$

图 8-7 绘制了 $N = 0, 1, 2, 3, 4, 5$ 的切比雪夫多项式 $C_N(x)$ 的曲线。

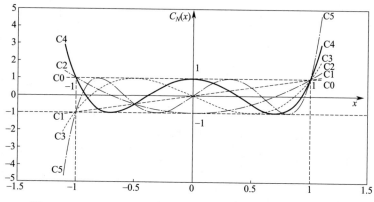

图 8-7　$N = 0, 1, 2, 3, 4, 5$ 的各阶切比雪夫多项式 $C_N(x)$ 曲线

由切比雪夫多项式构成的切比雪夫滤波器有两种形式，即幅频特性在通带内是等波纹的、阻带内单调下降的切比雪夫 Ⅰ 型滤波器和幅频特性在通带内是单调下降的、阻带内等波纹的切比雪夫 Ⅱ 型滤波器。为与巴特沃斯滤波器相区别，使用了下标 cⅠ、cⅡ 表示切比雪夫的两种类型，图 8-8 是切比雪夫 Ⅰ 型、Ⅱ 型滤波器幅频特性图。本书只简要介绍切比雪夫 Ⅰ 型滤波器设计部分原理及方法。

（2）模拟切比雪夫 Ⅰ 型滤波器的技术参数

一般来说，滤波器设计有四个基本参数，即通带截止频率、阻带截止频率、通带最大衰减和阻带最小衰减，至于波纹系数，由图 8-8 可知，切比雪夫 Ⅰ 型滤波器的波纹出现在通带，因此波纹系数与通带的参数有关。

图 8-9 为模拟切比雪夫低通滤波器参数示意图，下面简要分析和总结各个参数的定义及计算公式。

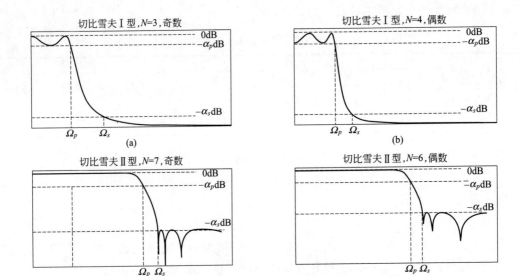

图 8-8 切比雪夫 I 型、II 型滤波器幅频特性图

1）幅度平方函数 $|H_{cI}(\mathrm{j}\Omega)|^2$ 和幅频响应特性函数 $|H_{cI}(\mathrm{j}\Omega)|$

$$|H_{cI}(\mathrm{j}\Omega)|^2 = \frac{1}{1+\varepsilon^2 C_N^2\left(\dfrac{\Omega}{\Omega_p}\right)} \qquad (8.2.25)$$

$$|H_{cI}(\mathrm{j}\Omega)| = \frac{1}{\sqrt{1+\varepsilon^2 C_N^2\left(\dfrac{\Omega}{\Omega_p}\right)}} \qquad (8.2.26)$$

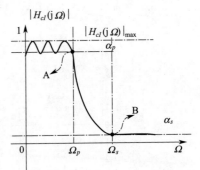

图 8-9 模拟切比雪夫低通滤波器
幅度特性及性能指标示意图

从上式可看到，切比雪夫滤波器幅频响应特性与三个参数 ε、Ω_p、N 有关。其中，ε 为通带波纹参数，表示通带内允许波动的幅度参数，$\varepsilon < 1$ 的正数，ε 越大，波纹越大；Ω_p 是通带波纹在过渡带与通带波纹的交点对应的频率，通常可以由设计指标给出，与巴特沃斯低通滤波器不同的是，这个点不一定是 3dB 截止频率，可以是任意衰减分贝对应的频率；N 为滤波器阶数，为正整数。

结合图 8-8 总结切比雪夫低通滤波器幅频特性 $|H_{cI}(\mathrm{j}\Omega)|$ 的特点如下。

① 当 $\Omega = 0$ 时，

$$\begin{cases} |H_{cI}(\mathrm{j}0)| = \dfrac{1}{\sqrt{1+\varepsilon^2}} & N \text{ 为偶数} \\[3mm] |H_{cI}(\mathrm{j}0)| = 1 & N \text{ 为奇数} \end{cases}$$

即 N 为偶数时，$|H_{cI}(\mathrm{j}0)|$ 是通带内最小值，当 N 为奇数时，$|H_{cI}(\mathrm{j}0)|$ 为最大值。

② 当 $\Omega = \Omega_p$ 时，

$$|H_{cI}(\mathrm{j}\Omega_p)| = \frac{1}{\sqrt{1+\varepsilon^2 C_N^2(1)}} = \frac{1}{\sqrt{1+\varepsilon^2}}$$

上式表明，不管滤波器的阶数 N 为多少，所有的幅频响应曲线都在 Ω_p 处通过 $\dfrac{1}{\sqrt{1+\varepsilon^2}}$ 点。所以 Ω_p 称为切比雪夫低通滤波器的通带截止频率。

③ 当 $0 \leqslant \Omega \leqslant \Omega_p$ 的通带内，由于 $\dfrac{\Omega}{\Omega_p} < 1$，故 $|H_{cI}(\mathrm{j}\Omega)|$ 在 $1 \sim \dfrac{1}{\sqrt{1+\varepsilon^2}}$ 之间等波纹地起伏，N 就等于通带内波纹的极值处数（极大值加极小值），如图 8-8(a) 中，$N=3$，有 3 个极值，图 8-8(b) 中，$N=4$，有 4 个极值。

④ 在 $\Omega > \Omega_p$ 的过渡带中，由于 $\dfrac{\Omega}{\Omega_p} > 1$，随着 Ω 的增加，有 $\varepsilon^2 C_N^2\left(\dfrac{\Omega}{\Omega_p}\right) \gg 1$，使得 $|H_{cI}(\mathrm{j}\Omega_p)|$ 迅速单调地趋近于零。

⑤ 当 $\Omega = \Omega_s$ 时，即在阻带截止频率处，

$$\alpha_s = 20\lg \frac{|H_{cI}(\mathrm{j}\Omega)|_{\max}}{|H_{cI}(\mathrm{j}\Omega_s)|}$$

在 $\Omega > \Omega_s$ 时，幅度相响应衰减值会大于 α_s，α_s 是阻带最小衰减。

2）通带内最大衰减 α_p 与阻带最小衰减 α_s

为方便求解，令滤波器幅频特性值 $|H_{cI}(\mathrm{j}\Omega)|_{\max} = 1$，将幅度最大值归一化。

通带内最大衰减 α_p

$$\alpha_p = 20\lg \frac{|H_{cI}(\mathrm{j}\Omega)|_{\max}}{|H_{cI}(\mathrm{j}\Omega_p)|} = 10\lg \frac{|H_{cI}(\mathrm{j}\Omega)|_{\max}^2}{|H_{cI}(\mathrm{j}\Omega_p)|^2} = -10\lg |H_{cI}(\mathrm{j}\Omega_p)|^2 \quad (8.2.27)$$

阻带最小衰减 α_s

$$\alpha_s = 20\lg \frac{|H_{cI}(\mathrm{j}\Omega)|_{\max}}{|H_{cI}(\mathrm{j}\Omega_s)|} = 10\lg \frac{|H_{cI}(\mathrm{j}\Omega)|_{\max}^2}{|H_{cI}(\mathrm{j}\Omega_s)|^2} = -10\lg |H_{cI}(\mathrm{j}\Omega_s)|^2 \quad (8.2.28)$$

3）波纹系数 ε

波纹系数 ε 与通带内允许的波动幅度有关。

由切比雪夫多项式的特性②可知 $|C_N(x)| \leqslant 1$，式(8.2.25) 则有：

$$|H_{cI}(\mathrm{j}\Omega_p)|_{\max}^2 = \frac{1}{1+\varepsilon^2 C_N^2\left(\dfrac{\Omega}{\Omega_p}\right)} \geqslant \frac{1}{1+\varepsilon^2}$$

上式两边取分贝对数，得：

$$-10\lg |H_{cI}(\mathrm{j}\Omega_p)|_{\max}^2 \geqslant -10\lg\left(\frac{1}{1+\varepsilon^2}\right)$$

由式(8.2.27)，取等号可得到通带幅频特性值、通带内最大衰减与波纹系数 ε 的关系为：

$$\alpha_p = 10\lg(1+\varepsilon^2) \tag{8.2.29}$$

$$\varepsilon = \sqrt{10^{0.1\alpha_p} - 1} \tag{8.2.30}$$

$$|H_{cI}(\mathrm{j}\Omega_p)| = \frac{1}{\sqrt{1+\varepsilon^2}} \tag{8.2.31}$$

4）滤波器阶数 N

切比雪夫滤波器计算比较烦琐，在此略去繁杂求解过程，仅给出关于 N 计算的公式。

$$N \geqslant \frac{\lg\left(\sqrt{\dfrac{10^{0.1\alpha_s}-1}{10^{0.1\alpha_p}-1}} + \sqrt{\dfrac{10^{0.1\alpha_s}-1}{10^{0.1\alpha_p}-1}-1}\right)}{\lg\left[\dfrac{\Omega_s}{\Omega_p} + \sqrt{\left(\dfrac{\Omega_s}{\Omega_p}\right)^2-1}\right]} \tag{8.2.32}$$

上式计算结果对 N 向上取整。

（3）归一化切比雪夫 I 型低通滤波器的系统函数 $G_{cI}(p)$

与巴特沃斯低通滤波器设计方法类似，在滤波器设计手册中列出的是归一化的切比雪夫低通原型滤波器的数据。表 8-3～表 8-5 给出了归一化切比雪夫 I 型低通滤波器分母多项式系数、根及因式表示的数据。由于切比雪夫滤波器的极点是一组分布在椭圆长短半轴上的点，因此在通过查表得到归一化数据记为 $G'_{cI}(p)$，实际切比雪夫低通滤波器原型滤波器系统函数 $G_{cI}(p)$ 为：

$$G_{cI}(p) = \frac{1}{\varepsilon \times 2^{N-1}} G'_{cI}(p) \tag{8.2.33}$$

（4）由归一化低通原型滤波器函数 $G_{cI}(p)$ "去归一化"

通过下式得到一般切比雪夫低通滤波器系统函数：

$$H_{cI}(s) = G_{cI}(p)\big|_{p=\frac{s}{\Omega_p}} \tag{8.2.34}$$

注意：切比雪夫滤波器的归一化低通原型滤波器去归一化时，只需要将通带截止频率 Ω_p 代入，不需要转换成 3dB 截止频率 Ω_c，这是与巴特沃斯滤波器设计中低通原型去归一化的不同之处。

【例 8.2.2】设计一个模拟切比雪夫 I 型低通滤波器。要求通带截止频率 $f_p = 3000\mathrm{Hz}$，通带最大衰减 $\alpha_p = 2\mathrm{dB}$，阻带截止频率 $f_s = 6000\mathrm{Hz}$，阻带最小衰减 $\alpha_s = 30\mathrm{dB}$。

解：已知四个滤波器参数为：

$$\Omega_p = 2\pi \times 3000\,(\mathrm{rad/s})$$
$$\Omega_s = 2\pi \times 6000\,(\mathrm{rad/s})$$
$$\alpha_p = 2\mathrm{dB}$$
$$\alpha_s = 30\mathrm{dB}$$

① 由式（8.2.30）求通带波纹参数 ε

$$\varepsilon = \sqrt{10^{0.1\alpha_p}-1} = \sqrt{10^{0.2}-1} = 0.7648$$

② 利用式（8.2.32）求 N

$$N \geqslant \frac{\lg\left(\sqrt{\dfrac{10^{0.1\alpha_s}-1}{10^{0.1\alpha_p}-1}} + \sqrt{\dfrac{10^{0.1\alpha_s}-1}{10^{0.1\alpha_p}-1}-1}\right)}{\lg\left[\dfrac{\Omega_s}{\Omega_p} + \sqrt{\left(\dfrac{\Omega_s}{\Omega_p}\right)^2-1}\right]} = \frac{\lg\left(\sqrt{\dfrac{10^3-1}{10^{0.2}-1}} + \sqrt{\dfrac{10^3-1}{10^{0.2}-1}-1}\right)}{\lg\left[\dfrac{2\pi\times 6000}{2\pi\times 3000} + \sqrt{\left(\dfrac{2\pi\times 6000}{2\pi\times 3000}\right)^2-1}\right]} = 3.36$$

向上取整，取 $N=4$。

③ 取 $N=4$，$\varepsilon=0.7648$，查表 8-3，利用式(8.2.33) 可得：

$$G_{cI}(p) = \frac{1}{\varepsilon \times 2^{N-1}} \times \frac{1}{(p^4 + 0.7162150p^3 + 1.2564819p^2 + 0.5167981p + 0.275627)}$$

$$= \frac{0.1634}{p^4 + 0.7162150p^3 + 1.2564819p^2 + 0.5167981p + 0.275627}$$

④ 利用式(8.2.34) 将 $G_{cI}(p)$ 去归一化，$\Omega_p = 2\pi \times 3000 \text{rad/s}$，可求得 $H_{cI}(s)$：

$$H_{cI}(s) = G_{cI}(p) \Big|_{p=\frac{s}{\Omega_p}} = \frac{0.1634\Omega_p^4}{s^4 + 0.7162150\Omega_p s^3 + 1.2564819\Omega_p^2 s^2 + 0.5167981\Omega_p^3 s + 0.275627\Omega_p^4}$$

$$= \frac{2.063362 \times 10^{16}}{s^4 + 1.3500335 \times 10^4 s^3 + 4.464343 \times 10^8 s^2 + 3.4611778 \times 10^{12} s + 2.597619 \times 10^{16}}$$

设计的滤波器的幅频特性如图 8-10 所示。

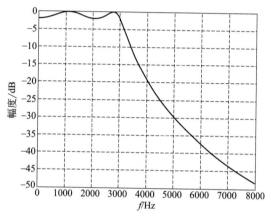

图 8-10 【例 8.2.2】图

由本例可知，在求出 N 和波纹系数 ε 后，通过查表 8-3，先求出归一化的系统函数 $G_{cI}(p)$，再用 Ω_p 去归一化，得到系统函数 $H_{cI}(s)$。实际上，表 8-3 中标注的诸如 $\frac{1}{2}$dB 波纹中，$\frac{1}{2}$dB 指的是阻带衰减指标。

表 8-3 切比雪夫滤波器分母多项式 $p^N + a_{N-1}p^{N-1} + \cdots + a_1 p + a_0$ $(a_N = 1)$ 的系数

N	a_0	a_1	a_2	a_3	a_4	a_5	a_6	a_7	a_8	a_9
	\multicolumn{10}{c}{$\frac{1}{2}$dB 波纹($\varepsilon = 0.3493114$，$\varepsilon^2 = 0.1220184$)}								
1	2.8627752									
2	1.5162026	1.4256245								
3	0.7156938	1.5348954	1.259130							
4	0.3790506	1.0254553	1.7168662	1.1973856						
5	0.1789234	0.7525181	1.3095747	1.9373675	1.1724909					
6	0.0947626	0.4323669	1.1718613	1.5897635	2.1718446	1.1591761				
7	0.0447309	0.2820722	0.7556511	1.6479029	1.8694079	2.4126510	1.1512176			
8	0.0236907	0.1525444	0.5735604	1.1485894	2.1840154	2.1492173	2.6567498	1.1460801		
9	0.0111827	0.0941198	0.3408193	0.9836199	1.6113880	2.7814990	2.4293297	2.9027337	1.1425705	
10	0.0059227	0.0492855	0.2372688	0.6269689	1.5274307	2.1442372	3.4409268	2.7097415	3.1498757	1.1400664

N	a_0	a_1	a_2	a_3	a_4	a_5	a_6	a_7	a_8	a_9
				1dB 波纹($\varepsilon=0.5088471$, $\varepsilon^2=0.2589254$)						
1	1.9652267									
2	1.1025103	1.0977343								
3	0.4913067	1.2384092	1.9883412							
4	0.2756276	0.7426194	1.4539248	0.9528114						
5	0.1228267	0.5805342	0.9743961	1.6888160	0.9368201					
6	0.0689069	0.3070808	0.9393461	1.2021409	1.9308256	0.9282510				
7	0.0307066	0.2136712	0.5486192	1.3575440	1.4287930	2.1760778	0.9231228			
8	0.0172267	0.1073447	0.4478257	0.8468243	1.8369024	1.6551557	2.4230264	0.9198113		
9	0.0076767	0.0706048	0.2441864	0.7863109	1.2016071	2.3781188	1.8814798	2.6709468	0.9175476	
10	0.0043067	0.0344971	0.1824512	0.4553892	1.2444914	1.6129856	2.9815094	2.1078524	2.9194657	0.9159320
				2dB 波纹($\varepsilon=0.7647831$, $\varepsilon^2=0.5848932$)						
1	1.3075603									
2	0.8230603	0.8038164								
3	0.3268901	1.0221903	0.7378216							
4	0.2057651	0.5167981	1.2564819	0.7162150						
5	0.0817225	0.4593491	0.6934770	1.4995433	0.7064606					
6	0.0514413	0.2102706	0.7714618	0.8670149	1.7458587	0.7012257				
7	0.0204228	0.1660920	0.3825056	1.1444390	1.0392203	1.9935272	0.6978929			
8	0.0128603	0.0729373	0.3587043	0.5982214	1.5795807	1.2117121	2.2422529	0.6960646		
9	0.0051076	0.0543756	0.1684473	0.6444677	0.8568648	2.0767479	1.3837464	2.4912897	0.6946793	
10	0.0032151	0.0233347	0.1440057	0.3177560	1.0389104	1.15825287	2.6362507	1.5557424	2.7406032	0.6936904
				3dB 波纹($\varepsilon=0.9976283$, $\varepsilon^2=0.9952623$)						
1	1.0023773									
2	0.7079478	0.6448996								
3	0.2505943	0.9283480	0.5972404							
4	0.1769869	0.4047679	1.1691176	0.5815799						
5	0.0626391	0.4079421	0.5488626	1.4149847	0.5744296					
6	0.0442467	0.1634299	0.6990977	0.6906098	1.6628481	0.5706979				
7	0.0156621	0.1461530	0.3000167	1.0518448	0.8314411	1.9115507	0.5684201			
8	0.0110617	0.0564813	0.3207646	0.4718990	1.4666990	0.9719473	2.1607148	0.5669476		
9	0.0039154	0.0475900	0.1313851	0.5834984	0.6789075	1.9438443	1.1122863	2.4101346	0.5659234	
10	0.0027654	0.0180313	0.1277560	0.2492043	0.9499208	0.9210659	2.4834205	1.2526467	2.6597378	0.5652218

表 8-4　切比雪夫滤波器分母多项式的根

$\dfrac{1}{2}$dB 波纹（ε=0.3493114，ε²=0.1220184）

N=1	N=2	N=3	N=4	N=5	N=6	N=7	N=8	N=9	N=10
−2.8627752	−0.7128122± j1.0040425	−0.6264565	−0.1753531± j1.0162529	−0.3623196	−0.0776501± j1.0084608	−0.25617000	−0.0436201± j1.0050021	−0.1984053	−0.0278994± j1.0032732
		−0.3132282± j1.0219275	−0.4233398± j0.4209457	−0.1119629± j1.0115574	−0.2121440± j0.7382446	−0.0570032± j1.0064085	−0.1242195± j0.8511996	−0.0344527± j1.0040040	−0.0809672± j0.9050658
				−0.2931227± j0.6251768	−0.2897940± j0.2702162	−0.1597194± j0.8070770	−0.1859076± j0.5692879	−0.0992026± j0.8829063	−0.1261094± j0.782643
						−0.2308012± j0.4478939	−0.2192929± j0.1999073	−0.1519873± j0.6553170	−0.1589072± j0.4611541
								−0.1864400± j0.3486869	−0.1761499± j0.1589029

1dB 波纹（ε=0.5088471，ε²=0.2589254）

N=1	N=2	N=3	N=4	N=5	N=6	N=7	N=8	N=9	N=10
−1.9652267	−0.5488672± j0.8951286	−0.4941706	−0.1395360± j0.9833792	−0.2894933	−0.0621810± j0.9934115	−0.2054141	−0.0350082± j0.9964513	−0.1593305	−0.0224144± j0.9977755
		−0.2470853± j0.9659987	−0.3368697± j0.4073290	−0.0894584± j0.9901071	−0.1698817± j0.7272275	−0.0457089± j0.9952839	−0.0996950± j0.8447506	−0.0276674± j0.9972297	−0.1013166± j0.7143284
				−0.2342050± j0.6119198	−0.2320627± j0.661837	−0.1280736± j0.7981557	−0.1492041± j0.5644443	−0.0796652± j0.8769490	−0.0650493± j0.9001063
						−0.1850717± j0.4429430	−0.1759983± j0.1982065	−0.1220542± j0.6508954	−0.1276664± j0.4586271
								−0.1497217± j0.3463342	−0.1415193± j0.1580321

N=1	N=2	N=3	N=4	N=5	N=6	N=7	N=8	N=9	N=10
2dB 波纹（$\epsilon=0.7647831$，$\epsilon^2=0.5848932$）									
−1.3075603	−0.4019082±j0.9230771	−0.3689108	−0.1048872±j0.9579530	−0.2183083	−0.0469732±j0.9817052	−0.1552958	−0.0264924±j0.9897870	−0.1206298	−0.0169758±j0.9934868
		−0.1844554±j1.0219275	−0.2532202±j0.3967971	−0.0674610±j0.9734557	−0.1283332±j0.7186581	−0.0345566±j0.9866139	−0.0754439±j0.8391009	−0.0209471±j0.9919471	−0.0767332±j0.7112580
				−0.1766151±j0.6016287	−0.1753064±j0.2630471	−0.0968253±j0.7912029	−0.1129098±j0.5606693	−0.0603149±j0.8723036	−0.0492657±j0.8962374
						−0.1399167±j0.4390845	−0.1331862±j0.1968809	−0.0924078±j0.6474475	−0.0966894±j0.4566558
								−0.1133549±j0.3444996	−0.1071810±j0.1573528
3dB 波纹（$\epsilon=0.9976283$，$\epsilon^2=0.9952623$）									
−1.0023773	−0.3224498±j0.7771576	−0.2986202	−0.0851704±j0.9464844	−0.1775085	−0.0382295±j0.9764060	−0.1264854	−0.0215782±j0.9867664	−0.0982716	−0.0138320±j0.9915418
		−0.1493101±j0.938144	−0.2056195±j0.3920467	−0.0548531±j0.9659238	−0.1044450±j7147788	−0.0281456±j0.9826957	−0.0614494±j0.8365401	−0.0170647±j0.9895516	−0.0401419±j0.8944827
				−0.1436074±j0.5969738	−0.1426745±j0.2616272	−0.0788623±j0.7880608	−0.0919655±j0.5589582	−0.0491358±j0.8701971	−0.0625225±j0.7098655
						−0.1139594±j0.4373407	−0.1084807±j0.1962800	−0.0752804±j0.6458839	−0.0787829±j0.4557617
								−0.0923451±j0.3436677	−0.0873316±j0.1570448

表 8-5 切比雪夫滤波器分母多项式的因式分解

切比雪夫分母多项式的因式 $\left(\dfrac{1}{2}\text{dB 波纹},\ \epsilon = 0.3493114,\ \epsilon^2 = 0.1220184\right)$

N	
1	$(p + 2.8627752)$
2	$(p^2 + 1.4256244p + 1.5162026)$
3	$(p + 0.6264565)(sp^2 + 0.6264565p + 1.1424477)$
4	$(p^2 + 0.3507062p + 1.0635187)(p^2 + 0.8466796p + 0.3564118)$
5	$(p + 0.3623196)(p^2 + 0.2239258p + 1.0357841)(p^2 + 0.5862454p + 0.4767669)$
6	$(p^2 + 0.1553002p + 1.0230227)(p^2 + 0.4242880p + 0.5900101)(p^2 + 0.579588p + 0.1569973)$
7	$(p + 0.2561700)(p^2 + 0.1140064p + 1.0161074)(p^2 + 0.3194388p + 0.6768835)(p^2 + 0.4616024s + 0.2538781)$
8	$(s^2 + 0.0872402s + 1.0119319)(s^2 + 0.2484390s + 0.7413333)(s^2 + 0.3718152s + 0.3586503)(p^2 + 0.4385858p + 0.0880523)$
9	$(p + 0.1984053)(p^2 + 0.068905p + 1.009211)(p^2 + 0.1984052p + 0.1893646)(p^2 + 0.3039746p + 0.4525405)(p^2 + 0.3728800p + 0.1563424)$
10	$(p^2 + 0.0557988p + 1.0073355)(p^2 + 0.1619344p + 0.8256997)(p^2 + 0.2522188p + 0.5318071)(p^2 + 0.3178144p + 0.2379146)(p^2 + 0.3522998p + 0.0562798)$

切比雪夫分母多项式的因式（1dB 波纹, $\epsilon = 0.5088471,\ \epsilon^2 = 0.2589254$）

N	
1	$(p + 1.9652267)$
2	$(p^2 + 1.0977343p + 1.1025103)$
3	$(p + 0.4941706)(p^2 + 0.4941706p + 0.9942046)$
4	$(p^2 + 0.2790720p + 0.9865049)(p^2 + 0.6737394p + 0.2793981)$
5	$(p + 0.2894933)(p^2 + 0.1789167p + 0.9883149)(p^2 + 0.4684101p + 0.4292978)$
6	$(p^2 + 0.1243621p + 0.9907323)(p^2 + 0.3397634p + 0.5577196)(p^2 + 0.4641255p + 0.1247069)$
7	$(p + 0.2054143)(p^2 + 0.0914180s + 0.9926795)(p^2 + 0.2561474p + 0.6534555)(p^2 + 0.3701438p + 0.2304501)$
8	$(p^2 + 0.070011p + 0.9941407)(p^2 + 0.1993900p + 0.7235427)(p^2 + 0.2984083p + 0.3408593)(p^2 + 0.3519966p + 0.0702612)$
9	$(p + 0.1593305)(p^2 + 0.0553349p + 0.9952325)(p^2 + 0.1593305p + 0.7753862)(p^2 + 0.2441085p + 0.4385621)(p^2 + 0.2994433p + 0.123640)$
10	$(p^2 + 0.0448288p + 0.9960583)(p^2 + 0.1300986p + 0.8144227)(p^2 + 0.2026332p + 0.5205301)(p^2 + 0.2553328p + 0.2266375)(p^2 + 0.2830386p + 0.0450018)$

N	切比雪夫分母多项式的因式（2dB 波纹，$\epsilon=0.7647831$，$\epsilon^2=0.5848932$）
1	$(p+1.3075603)$
2	$(p^2+0.8038164p+0.8230604)$
3	$(p+0.36899108)(p^2+0.3689108p+0.8860951)$
4	$(p^2+0.2097744p+0.9286752)(p^2+0.5064404p+0.47747886)$
5	$(p+0.2183083)(p^2+0.134922p+0.9521669)(p^2+0.3532302p+0.3931499)$
6	$(p^2+0.0.0939464p+0.9659515)(p^2+0.2566664p+0.5329388)(p^2+0.3506128p+0.09992613)$
7	$(p+0.1552958)(p^2+0.0691132p+0.9746011)(p^2+0.1936506p+0.6353771)(p^2+0.2798334p+0.2123718)$
8	$(p^2+0.0529848p+0.9803801)(p^2+0.1508878p+0.7097821)(p^2+0.2258196p+0.3270986)(p^2+0.2663724p+0.0565006)$
9	$(p+0.1206298)(p^2+0.0418942p+0.9843978)(p^2+0.1206298p+0.7645514)(p^2+0.1848156p+0.4277274)(p^2+0.2267098p+0.1315293)$
10	$(p^2+0.033516p+0.9873042)(p^2+0.1534664p+0.5117759)(p^2+0.0985314p+0.8056685)(p^2+0.1933788p+0.2178833)(p^2+0.214362p+0.0362746)$

N	切比雪夫分母多项式的因式（3dB 波纹，$\epsilon=0.9976283$，$\epsilon^2=0.9952623$）
1	$(p+1.0023773)$
2	$(p^2+0.6448997p+0.7079478)$
3	$(p+0.2986202)(p^2+0.2986202sp+0.8391740)$
4	$(p^2+0.1703408p+0.9030868)(p^2+0.411239p+0.1959800)$
5	$(p+0.1775303)(p^2+0.1097197p+0.9360255)(p^2+0.2872500p+0.3770085)$
6	$(p^2+0.0764590p+0.9548302)(p^2+0.2088899p+0.5218175)(p^2+0.2853490p+0.0888048)$
7	$(p+0.1264854)(p^2+0.0562913p+0.9664830)(p^2+0.1577247p+0.6272590)(p^2+0.2279188p+0.2042537)$
8	$(p^2+0.0431563p+0.9741735)(p^2+0.1228988p+0.7035754)(p^2+0.1839310p+0.3208920)(p^2+0.2169615p+0.0502939)$
9	$(p+0.0982746)(p^2+0.0341304p+0.9795042)(p^2+0.0982746p+0.7596579)(p^2+0.1505654p+0.4228338)(p^2+0.1846958p+0.1266357)$
10	$(p^2+0.0276640p+0.983464)(p^2+0.0802838p+0.8017106)(p^2+0.1250450p+0.5078180)(p^2+0.1575658p+0.2139254)(p^2+0.1746632p+0.0322898)$

8.2.3 椭圆低通滤波器

(1) 椭圆滤波器原理

极点位置与经典场论中的椭圆函数有关的滤波器称为椭圆滤波器。1931 年，考尔（Cauer）对该滤波器进行了理论证明，故也称为考尔滤波器。椭圆（Elliptic）滤波器在通带和阻带内都具有等波纹幅频响应特性，其幅频特性曲线如图 8-11 所示。由图 8-11 可见，椭圆滤波器通带和阻带波纹幅度固定时，阶数越高，过渡带越窄。

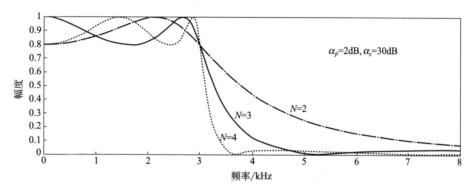

图 8-11　椭圆滤波器幅频特性曲线

椭圆滤波器的特点是其幅度响应在通带和阻带内均为等波纹，其幅度平方函数为：

$$|H_E(j\Omega)|^2 = \frac{1}{1+\varepsilon^2 J_N^2\left(\dfrac{\Omega}{\Omega_c}\right)} \tag{8.2.35}$$

式中，$J_N(\cdot)$ 为 N 阶雅可比椭圆函数；ε 是与通带波纹大小有关的参数；$|H_E(j\Omega)|^2$ 是一个有理分式。椭圆滤波器是既有极点也有零点的零极点型滤波器。滤波器的阶数 N 越大，则通带、阻带中的起伏次数也越多，阶数 N 等于幅度响应在通带内（或阻带内）最大值个数与最小值个数之和。由于其幅度平方函数以及零点、极点分布等的分析相当复杂，不在本书讨论范围，读者若有兴趣，可参考有关文献。椭圆滤波器设计很复杂，但是也有大量的设计资料、公式、图表可供使用。椭圆滤波器阶数的计算方法如下。

引入两个参量，一个是通带与阻带截止频率的比值 k，另一个参量是 k_1，计算公式如下：

$$k = \frac{\Omega_p}{\Omega_s} \tag{8.2.36}$$

$$k_1 = \frac{\varepsilon}{\sqrt{10^{0.1\alpha_s}-1}} = \sqrt{\frac{10^{0.1\alpha_p}-1}{10^{0.1\alpha_s}-1}} \tag{8.2.37}$$

其中，ε 的定义与切比雪夫滤波器的定义相同，可参考式（8.2.30），则 N 的计算公式为：

$$N = \frac{K(k)K(\sqrt{1-k^2})}{K(k_1)K(\sqrt{1-k_1^2})} \tag{8.2.38}$$

式中，$K(\cdot)$ 称为第一类椭圆积分，其计算公式为：

$$K(x) = \int_0^{\frac{\pi}{2}} \frac{\mathrm{d}\theta}{\sqrt{1 - x^2 \sin^2\theta}} \tag{8.2.39}$$

对于低通滤波器，同样也需要给定四个参数指标，即通带截止频率 Ω_p、阻带截止频率 Ω_s、通带衰减 α_p、阻带衰减 α_s，根据椭圆积分函数的特性，先要求出两个频率的集合平均值 Ω_c：

$$\Omega_c = \sqrt{\Omega_p \Omega_s} \tag{8.2.40}$$

令 $\Omega_c = 1$，归一化模拟椭圆函数低通滤波器系统可以表示为：

$$G_E(p) = \frac{H_0}{D_0(p)} \prod_{i=1}^{M} \frac{p^2 + A_i}{p^2 + B_i p + C_i} \tag{8.2.41}$$

然后"去归一化"，即可得到所需滤波器系统函数 $H_E(s)$：

$$H_E(s) = G_E(p) \Big|_{p = \frac{s}{\Omega_s}} \tag{8.2.42}$$

（2）利用 MATLAB 信号处理工具实现椭圆滤波器设计

椭圆滤波器逼近理论是复杂的纯数学问题，该问题的详细推导已超出本书的范围，但在阶数相同时，椭圆滤波器可以获得对理想滤波器幅频响应的最好逼近，是性价比最高的滤波器，所以应用非常广泛。在 MATLAB 信号处理工具箱中提供了椭圆滤波器设计 ellipap、ellipord 和 ellip，可通过调用函数实现椭圆滤波器的设计。

8.2.4 四种类型模拟滤波器的比较

前面讨论了四种类型的模拟低通滤波器（巴特沃斯、切比雪夫Ⅰ型、切比雪夫Ⅱ型和椭圆滤波器）的特点及设计方法，这四种滤波器都是考虑逼近幅度响应指标的滤波器。为了正确地选择滤波器的类型以满足给定的幅频响应指标，必须比较四种幅度逼近滤波器的特性。从以下几个方面对这四类滤波器进行比较。

（1）从幅频特性比较

巴特沃斯滤波器具有单调下降的幅频特性；切比雪夫Ⅰ型在通带中呈等波纹形，在阻带中则是单调下降的；切比雪夫Ⅱ型在通带中单调下降，在阻带中呈等波纹形；椭圆滤波器在通带、阻带中都呈等波纹形。

（2）从过渡带宽度比较

当阶次 N、通带最大衰减 α_p(dB)、阻带最小衰减 α_s(dB) 相同且通带截止频率 Ω_p（或阻带截止频率 Ω_s）相同时，巴特沃斯型的过渡带宽最宽，切比雪夫Ⅰ型、Ⅱ型其次，而椭圆滤波器的过渡带宽最窄。

（3）从滤波器阶数 N 比较

若滤波器具有相同的幅频指标，则所需阶次 N 依次为椭圆滤波器阶次最小，切比雪夫Ⅰ型、Ⅱ型次之，巴特沃斯最大。因此椭圆滤波器具有最好的性能价格比，但椭圆滤波器设计较为复杂，不过各种类型滤波器都能利用 MATLAB 软件进行设计。

（4）滤波器对参数量化（变化）的灵敏度比较

量化是实现数字滤波器必需的步骤。对于滤波器来说，量化灵敏度越低越好，四种类型的滤波器中，巴特沃斯滤波器量化灵敏度最低（最好），切比雪夫Ⅰ型、Ⅱ型较高，椭圆滤波器最高（最差）。

（5）相位响应（群延迟）比较

巴特沃斯型较好，在部分通带中有线性相位，切比雪夫Ⅰ型、Ⅱ型次之，椭圆滤波器最差，几乎在通带内都是非线性相位。

8.3 模拟滤波器的频带变换

在模拟滤波器设计手册中，各种经典滤波器的设计公式、表格都是针对低通滤波器的，并提供从低通到其他各种滤波器的频率变换公式。无论设计哪种滤波器，都可以先将该滤波器的技术指标转换成归一化模拟低通滤波器的技术指标，设计出对应的归一化模拟低通滤波器原型，再通过频带变换，将该低通滤波器原型的系统函数转换成所需类型的滤波器系统函数。本节讨论高通、带通和带阻滤波器的系统函数如何通过频带变换，分别由低通滤波器原型的系统函数求得。

由归一化模拟低通滤波器原型设计高通、带通和带阻滤波器的一般过程是：

① 先将希望设计的滤波器通带、阻带截止频率映射为相应的低通滤波器原型的归一化低通频率指标；

② 按照模拟低通滤波器设计方法，求出所需阶数并查表获得相应的低通滤波器模型的归一化复变量系统函数 $G_a(p)$；

③ 对 $G_a(p)$ 进行频率变换，得到希望设计的滤波器系统函数 $H(s)$。

8.3.1 从归一化模拟低通滤波器到模拟高通滤波器的变换

已知高通滤波的通带截止频率 Ω_p、阻带截止频率 Ω_s，映射成归一化低通滤波器通带截止频率 λ_p、阻带截止频率 λ_s 的关系如图 8-12 所示。

图 8-12 中，$|G(j\lambda)|$ 为归一化低通原滤波器原型的幅频特性函数，λ 表示归一化频率，则高通滤波器频率指标转化为归一化低通指标的映射关系式为：

$$\lambda_p = 1, \lambda_s = \frac{\Omega_p}{\Omega_s} \qquad (8.3.1)$$

将转换的归一化通带截止频率 λ_p、阻带截止频率 λ_s 以及通带最大衰减 α_p、阻带最大衰减 α_s 四个参数按模拟低通滤波器设计步骤计算出所需要的滤波器阶数 N，通过查表获得归一化低通原型滤波器系统函数 $G_a(p)$，再通过下式得到模拟高通滤波器的系统函数：

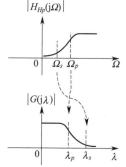

图 8-12 高通滤波与归一化低通滤波器频率映射关系示意图

$$H_{Hp}(s) = G_a(p)\Big|_{p=\frac{\Omega_c}{s}} \tag{8.3.2}$$

其中，$p = \dfrac{\Omega_c}{s}$ 称为低通到高通的频率转换公式。对于巴特沃斯滤波器，式中 Ω_c 为 3dB 截止频率，切比雪夫型和椭圆滤波器可直接用任意衰减值下的通带截止频率 Ω_p 代替式中的 Ω_c。

【例 8.3.1】 已知高通滤波器的通带截止频率为 4kHz，阻带截止频率为 1kHz，通带最大衰减 3dB，阻带最小衰减 30dB，设计一个巴特沃斯滤波器，写出其系统函数。

解：由式(8.3.1)将高通滤波器频率转化成归一化频率为：

$$\lambda_p = 1, \lambda_s = \frac{\Omega_p}{\Omega_s} = \frac{2\pi \times 4 \times 10^3}{2\pi \times 1 \times 10^3} = 4$$

由式(8.2.16)有：

$$k_{sp} = \sqrt{\frac{10^{0.1\alpha_s}-1}{10^{0.1\alpha_p}-1}} = \sqrt{\frac{10^3-1}{10^{0.3}-1}} = 31.686$$

$$N = \left\lceil \frac{\lg k_{sp}}{\lg \lambda_s} \right\rceil = \lceil 2.59 \rceil = 3$$

查表 8-1（子表二）可得：

$$G_a(p) = \frac{1}{p^3 + 2p^2 + 2p + 1}$$

由于本题中，通带最大衰减为 3dB，即通带截止频率 $\Omega_p = \Omega_c = 2\pi \times 4 \times 10^3$（Hz），则由式(8.3.2)得到高通滤波器的系统函数为：

$$H_{Hp}(s) = G_a(p)\Big|_{p=\frac{\Omega_c}{s}} = \frac{1}{\left(\dfrac{\Omega_c}{s}\right)^3 + 2\left(\dfrac{\Omega_c}{s}\right)^2 + 2\left(\dfrac{\Omega_c}{s}\right) + 1}$$

$$= \frac{s^3}{s^3 + 2\Omega_c s^2 + 2\Omega_c^2 s + \Omega_c^3}$$

8.3.2 从归一化模拟低通滤波器到模拟带通滤波器的变换

带通滤波器与归一化低通滤波器频率映射关系如图 8-13 所示。

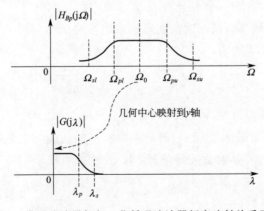

图 8-13 带通滤波器与归一化低通滤波器频率映射关系示意图

由图 8-13 可看出，带通滤波器的幅频特性函数 $\left|H_{Bp}(\mathrm{j}\Omega)\right|$ 是关于几何中心 Ω_0 对称的两个部分，一般几何中心 Ω_0 与带通滤波器上边带通带阻带频率 Ω_{pu}、Ω_{su} 以及下边带通带阻带频率 Ω_{pl}、Ω_{sl} 之间的关系为：

$$\Omega_{pu}\Omega_{pl}=\Omega_{su}\Omega_{sl}=\Omega_0^2 \tag{8.3.3}$$

上式表示带通滤波器的通带（阻带）截止频率关于几何中心 Ω_0 对称，则可以如图 8-13 所标注的将几何中心 Ω_0 映射到归一化平面的 y 轴。若上式不能满足，即 $\Omega_{pu}\Omega_{pl} \neq \Omega_{su}\Omega_{sl}$，则可以采用减小 Ω_{pl} 或增大 Ω_{sl} 的校正方法使得式(8.3.3) 满足。校正公式为：

$$\Omega'_{pl}=\frac{\Omega_{su}\Omega_{sl}}{\Omega_{pu}} \text{ 或 } \Omega'_{sl}=\frac{\Omega_{pu}\Omega_{pl}}{\Omega_{su}} \tag{8.3.4}$$

则带通滤波器频率指标转化为归一化低通指标的映射关系式为：

$$\lambda_p=1, \lambda_s=\frac{\Omega_0^2-(\Omega'_{sl})^2}{\Omega'_{sl}B_w} \tag{8.3.5}$$

式中，B_w 是带通滤波器的通带范围，其计算公式为：

$$B_w=\Omega_{pu}-\Omega_{pl} \tag{8.3.6}$$

将转换得到的归一化频率指标 λ_p、λ_s 以及衰减指标 α_p、α_s 这 4 个参数按模拟低通滤波器设计步骤计算出所需的滤波器阶数 N，通过查表获得归一化低通滤波器原型的归一化复变量系统函数 $G_a(p)$，再通过下式得到模拟带通滤波器的系统函数：

$$H_{Bp}(s)=G_a(p)\Big|_{p=\frac{s^2+\Omega_0^2}{sB_w}} \tag{8.3.7}$$

其中，$p=\dfrac{s^2+\Omega_0^2}{sB_w}$ 称为低通到带通的频率转换公式。

【例 8.3.2】 采用切比雪夫 I 型模拟低通滤波器，设计一个模拟带通滤波器。给定指标为

① 通带：通带下限截止频率 $f_{pl}=200\mathrm{Hz}$，通带上限截止频率 $f_{pu}=300\mathrm{Hz}$，并要求通带内幅度衰减 $\alpha_p=3\mathrm{dB}$；

② 阻带：下阻带截止频率 $f_{sl}=100\mathrm{Hz}$，上阻带截止频率 $f_{su}=400\mathrm{Hz}$，并要求阻带最小衰减 $\alpha_s=20\mathrm{dB}$。

解： 模拟带通指标为：$\Omega_{pl}=2\pi\times200\mathrm{Hz}$、$\Omega_{pu}=2\pi\times300\mathrm{Hz}$、$\Omega_{sl}=2\pi\times100\mathrm{Hz}$、$\Omega_{su}=2\pi\times400\mathrm{Hz}$、$\alpha_p=3\mathrm{dB}$、$\alpha_s=20\mathrm{dB}$。

由式(8.3.3) 计算几何中心频率 Ω_0^2 并验算是否满足对称：

$$\Omega_{pu}\Omega_{pl}=2\pi\times200\times2\pi\times300=240000\times\pi^2$$

$$\Omega_{su}\Omega_{sl}=2\pi\times100\times2\pi\times400=160000\times\pi^2$$

上面两式不相等，因此需要增大 Ω_{sl}，由式(8.3.4) 可得：

$$\Omega'_{sl}=\frac{\Omega_{pu}\Omega_{pl}}{\Omega_{su}}=\frac{240000\times\pi^2}{2\pi\times400}=2\pi\times150$$

$$\Omega_0^2=240000\times\pi^2$$

利用式(8.3.5) 将带通滤波器频率指标转化为归一化低通指标：

$$\lambda_p=1$$

$$\lambda_s = \frac{\Omega_0^2 - (\Omega'_{sl})^2}{\Omega'_{sl}B_w} = \frac{240000 \times \pi^2 - 90000 \times \pi^2}{2\pi \times 150(2\pi \times 100)} = 2.5$$

上式中，$B_w = \Omega_{pu} - \Omega_{pl} = 2\pi \times 100$。

由式（8.2.27）求通带波纹参数 ε：

$$\varepsilon = \sqrt{10^{0.1\alpha_p} - 1} = \sqrt{10^{0.3} - 1} = 1$$

利用式（8.2.29）并将其中的频率参数用归一化频率代替，求 N：

$$N \geqslant \frac{\lg\left(\sqrt{\dfrac{10^{0.1\alpha_s} - 1}{10^{0.1\alpha_p} - 1}} + \sqrt{\dfrac{10^{0.1\alpha_s} - 1}{10^{0.1\alpha_p} - 1} - 1}\right)}{\lg(\lambda_s + \sqrt{\lambda_s^2 - 1})} = \frac{\lg\left(\sqrt{\dfrac{10^3 - 1}{10^{0.3} - 1}} + \sqrt{\dfrac{10^3 - 1}{10^{0.3} - 1} - 1}\right)}{\lg(2.5 + \sqrt{(2.5)^2 - 1})} \approx 1.92$$

取整数 $N = 2$。

查表 8-3，3dB 波纹可得到 $N = 2$ 时的归一化切比雪夫 I 型滤波器原型并利用式（8.2.33）可得：

$$G_{cI}(p) = \frac{1}{\varepsilon \times 2^{N-1}} \frac{1}{p^2 + 0.6448996p + 0.7074978}$$

$$= \frac{0.5}{p^2 + 0.6448996p + 0.7074978}$$

则由式（8.3.7）可得所求滤波器系统函数为：

$$H_{Bp}(s) = G_a(p)\Big|_{p = \frac{s^2 + \Omega_0^2}{sB_w}}$$

$$= \frac{1.97192 \times 10^5 s^2}{s^4 + 4.04997 \times 10^2 s^3 + 5.01378 \times 10^6 s^2 + 9.58745 \times 10^8 s + 5.60406 \times 10^{12}}$$

仿真滤波器的幅频特性曲线如图 8-14 所示，由图可知设计的带通滤波器满足设计要求。

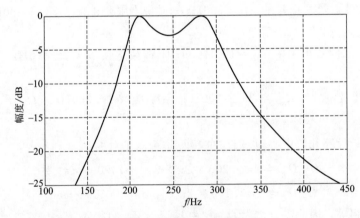

图 8-14 【例 8.3.2】图

第9章　IIR 数字滤波器

相对于模拟滤波器，数字滤波器是指输入输出均为离散时间信号，通过数值运算处理改变输入信号所含频率成分的相对比例，或者滤除某些频率成分的器件或程序。因此数字滤波的概念与模拟滤波的概念基本相同。但是由于信号形式、实现滤波的方法不同，数字滤波器完成的滤波功能要比传统模拟滤波器更广泛，因此可从以下几个方面对数字滤波器进行分类。

（1）按滤波器滤波功能分类

按滤波器完成的滤波功能是否为频率选择性滤波，将数字滤波器分为经典滤波器和现代滤波器两大类。

经典滤波器的特点是其输入信号中有用频率成分和希望滤除的频率成分占有不同的频带，通过一个合适的选频滤波器滤除干扰信号，到达滤波的目的，如上一章所定义的低通滤波、高通滤波、带通滤波和带阻滤波等，就是所谓的频率选择性滤波器。

现代滤波器是根据随机信号的一些统计特性在某种最佳准则下，最大限度地抑制干扰，同时最大限度地恢复信号，从而达到最佳滤波的目的。如果信号与干扰互相重叠，则经典滤波器无法完成滤除干扰的任务，需要用现代滤波器实现。

本书仅介绍经典滤波器的设计原理及方法，现代滤波器属于随机信号处理范畴，超出了本书的研究范围。

（2）按频率选择的不同频段功能分类

按频率选择的不同频段，可以将滤波器分为低通滤波器、高通滤波器、带通滤波器和带阻滤波器等。

由第 5 章的图 5-9 采样频率与数字频率的周期 2π 的关系，可知采样频率 π 对应的是数字频率的高频，因此经典数字滤波器的幅频特性如图 9-1 所示。

从图 9-1 中可以看到，经典数字滤波器从滤波功能上与模拟滤波器的分类是相同的，但是由于 π 是高频，且数字频率以 2π 为周期，所以幅频特性函数波形是以 $\omega=\pi$ 为对称轴偶对称的，这也意味着实际上只需要得到 $\omega\in[0,\pi]$ 区间的波形即为数字滤波器的幅频特性曲线。

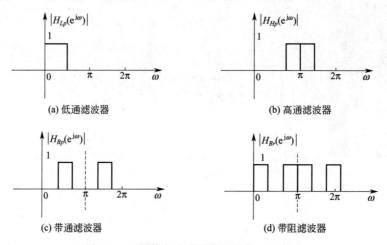

图 9-1　理想数字滤波器的幅频特性示意图

（3）按系统函数描述分类

数字滤波器的系统函数描述有两种类型：有限脉冲响应 FIR 滤波器系统函数和无限脉冲响应 IIR 滤波器系统函数，设计 FIR 滤波器的方法将在下一章讨论。

一般来说，如果模拟滤波器系统函数进行时域采样，可以将模拟滤波器转换为数字滤波器。由第 8 章所设计的滤波器系统函数可知，采用低通原型滤波器法设计的滤波器通常都是全极点型的，这样的系统存在反馈回路，即使输入一个有限长信号，由于反馈的作用，系统也会不断有输出，从而形成无限冲激响应，所以转换成数字滤波器后也具有无限脉冲响应的特性，称为 IIR 数字滤波；相应地，FIR 滤波器由于系统不存在反馈，称为有限脉冲响应滤波器。

IIR 滤波器和 FIR 滤波器设计方法完全不同。本章只介绍 IIR 滤波器的间接设计方法，即先按模拟滤波器设计方法得到系统函数 $H(s)$，然后按某种原理转换成数字滤波器的系统函数 $H(z)$。

直接法设计 IIR 数字滤波器是指通过直接计算滤波器的时域的单位脉冲响应或 z 域系统函数得到所需滤波器的方法，可以利用之前关于离散时间系统的各种响应关系来设计，无法总结很明确的设计步骤，在本书中不做单独介绍。

9.1　经典 IIR 数字滤波器的设计

经典 IIR 数字滤波器设计以模拟滤波器为基础，采用脉冲响应不变法、单位阶跃响应不变法和双线性变换法等来实现。本章从数字滤波器的技术指标等基本概念入手，结合第 8 章模拟滤波器的设计，对基于经典滤波器的 IIR 数字滤波器设计进行讨论。

9.1.1　数字滤波器的技术指标

理想滤波器幅频响应在通带内为 1，阻带内为 0。佩利维纳准则指出，若一个系统的频率特性在频带内恒等于零，则该系统不是物理可实现的系统。因而理想数字滤波器是物理上不可实现的系统。为了使数字滤波器成为一个物理上可实现的系统，必须在滤波器的通带与阻带之间设置过渡带；在通带内幅频响应不严格地等于 1，阻带内幅频响应也不严格地为 0，分别给予较小的容限 δ_p 和 δ_s。非理想数字滤波器幅频特性和规格化设计容限要求如图 9-2 所示。

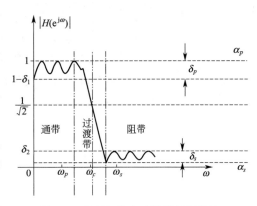

图 9-2　非理想数字滤波器幅频特性和规格化设计容限示意图

由图 9-2 可知，一个数字滤波器的技术指标包括通带截止频率 ω_p、阻带截止频率 ω_s、通带容限 δ_p、阻带容限 δ_s、通带内允许的最大衰减 α_p 和阻带内允许的最小衰减 α_s。下面给出这些指标的定义。

● 通带：数字滤波器幅频特性中，幅度值相对较大的频带，称为通带。

● 阻带：数字滤波器幅频特性中，幅度值相对较小的频带，称为阻带。

● 通带截止频率：数字滤波器幅频特性中，通带与过渡带之间的转折频率，称为通带截止频率，用 ω_p 表示通带截止频率。

● 阻带截止频率：数字滤波器幅频特性中，阻带与过渡带之间的转折频率，称为阻带截止频率，用 ω_s 表示阻带截止频率。

● 过渡带：过渡带的宽度由通带截止频率 ω_p 和阻带截止频率 ω_s 之差来确定。

● 通带容限：数字滤波器幅频特性中，通带内幅度频谱的最大值与最小值之差称为通带容限，用 δ_p 表示通带容限，δ_p 由通带内允许的最大衰减 α_p 确定。

● 阻带容限：数字滤波器幅频特性中，阻带内幅度频谱的最大值与最小值之差称为阻带容限，用 δ_s 表示阻带容限，δ_s 由阻带内允许的最小衰减 α_s 表示。

● 通带内允许的最大衰减 α_p：通带内幅度衰减的最大值

$$\alpha_p = 20\lg \left| \frac{H(e^{j\omega_0})}{H(e^{j\omega_p})} \right| = -20\lg \left| H(e^{j\omega_p}) \right| \tag{9.1.1}$$

上式中：令 $|H(e^{j\omega_0})| = 1$ 进行幅度归一化处理。若 $\omega = \omega_p$ 时，$|H(e^{j\omega})|$ 已从 1 下降到 $\frac{1}{\sqrt{2}} = 0.707$，则 $\alpha_p = 3\mathrm{dB}$，此时通带容限 $\delta_p = 1 - \frac{1}{\sqrt{2}}$，通带截止频率为 3dB 截止频率，用 ω_c 表示。

● 阻带内应达到的最小衰减 α_p：阻带内幅度衰减的最小值

$$\alpha_s = 20\lg \left| \frac{H(e^{j\omega_0})}{H(e^{j\omega_s})} \right| = -20\lg \left| H(e^{j\omega_s}) \right| \tag{9.1.2}$$

例如，若已知 $|H(e^{j\omega})| = 0.01$，$\omega_s = 0.25\pi$ 时，通过式（9.1.2）可计算此时阻带衰减为：

$$\alpha_s = -20\lg \left| H(e^{j\omega_s}) \right| = -20\lg(0.01) = 40(\mathrm{dB})$$

此时阻带容限 $\delta_s = \mid H(\mathrm{e}^{\mathrm{j}\omega_s}) \mid = 0.01$。

注意：式（9.1.1）和式（9.1.2）中，对数字低通滤波器，取 $\omega_0 = 0$；对数字高通滤波器，取 $\omega_0 = \pi$；对数字带通滤波器，取其通带中心频率为 ω_0；对数字带阻滤波器，取 $\omega_0 = 0$ 或取 $\omega_0 = \pi$。这是与数字频率的性质相关的，要注意与模拟滤波频率定义的区别。

由于数字滤波器可以理解为模拟滤波器采样得到的，当给出滤波器实际设计指标为实际频率 f（单位为 Hz）时，需要转换成数字频率，即 $\omega = \Omega T = 2\pi f T = \dfrac{2\pi f}{f_s}$。比如实际需要设计一个低通滤波器，其通带截止频率为 $10\,\mathrm{Hz}$，若采样频率 $f_s = 100\,\mathrm{Hz}$，则数字滤波器的通带截止频率为 $\omega_p = 0.2\pi$；若采样频率 $200\,\mathrm{Hz}$，则 $\omega_p = 0.1\pi$，这是数字频率的"归一化频率"或"相对频率"性质的实际应用。相对应地，如果设计滤波器通带、阻带频率为数字频率，应配合采样频率 f_s 才会对应实际频率。

9.1.2　表征数字滤波器频率响应特性的三个参量

（1）幅度平方函数 $\mid H(\mathrm{e}^{\mathrm{j}\omega}) \mid^2$

当数字滤波器的单位脉冲响应 $h(n)$ 为实函数时，有：

$$\mid H(\mathrm{e}^{\mathrm{j}\omega}) \mid^2 = H(\mathrm{e}^{\mathrm{j}\omega})H^*(\mathrm{e}^{\mathrm{j}\omega}) = H(\mathrm{e}^{\mathrm{j}\omega})H(\mathrm{e}^{-\mathrm{j}\omega}) = H(z)H(z^{-1})\mid_{z=\mathrm{e}^{\mathrm{j}\omega}} \quad (9.1.3)$$

幅度平方函数的定义与模拟滤波器是类似的，所以在 z 平面，$H(z)H(z^{-1})$ 的零极点具有以下特性。

① $H(z)H(z^{-1})$ 的极点（零点）是共轭的，又是以单位圆（$\mid z \mid = 1$）为镜相的（即共轭倒数）。若复数极点 $z = z_i$，则有 $z = z_i^*$，$z = \dfrac{1}{z_i}$ 及 $z = \dfrac{1}{z_i^*}$ 都是 $H(z)H(z^{-1})$ 的极点。零点也有同样的关系。

② $H(z)H(z^{-1})$ 在 z 平面单位圆内的极点属于 $H(z)$，在单位圆外的极点属于 $H(z^{-1})$，且 $H(z)$ 在 $z = \infty$ 处不能有极点，此时 $H(z)$ 是因果稳定的。

③ $H(z)H(z^{-1})$ 的零点对称的一半属于 $H(z)$，视系统要求，单位圆内的零点不一定属于 $H(z)$；若 $H(z)H(z^{-1})$ 在单位圆内的一半零点属于 $H(z)$，则 $H(z)$ 是最小相位延时系统。

（2）相位响应

由于 $H(\mathrm{e}^{\mathrm{j}\omega})$ 是复数，可以表示为：

$$H(\mathrm{e}^{\mathrm{j}\omega}) = \mid H(\mathrm{e}^{\mathrm{j}\omega}) \mid \mathrm{e}^{\mathrm{j}\varphi(\omega)} = \mathrm{Re}\left[H(\mathrm{e}^{\mathrm{j}\omega})\right] + \mathrm{j}\mathrm{Im}\left[H(\mathrm{e}^{\mathrm{j}\omega})\right] \quad (9.1.4)$$

所以

$$H(\mathrm{e}^{\mathrm{j}\omega})^* = \mid H(\mathrm{e}^{\mathrm{j}\omega}) \mid \mathrm{e}^{-\mathrm{j}\varphi(\omega)}$$

则

$$\frac{H(\mathrm{e}^{\mathrm{j}\omega})}{H(\mathrm{e}^{\mathrm{j}\omega})^*} = \mathrm{e}^{2\mathrm{j}\varphi(\omega)}$$

所以有：

$$\varphi(\omega) = \frac{1}{2j} \ln \left[\frac{H(e^{j\omega})}{H(e^{j\omega})^*} \right] = \frac{1}{2j} \ln \left[\frac{H(e^{j\omega})}{H(e^{-j\omega})} \right]$$

在因果稳定系统中令 $e^{j\omega} = z$，可得：

$$\varphi(\omega) = \frac{1}{2j} \ln \left[\frac{H(z)}{H(-z)} \right] \tag{9.1.5}$$

上式可表明系统的相频特性 $\varphi(\omega)$ 与系统函数之间的关系。

（3）群延迟响应

群延迟响应 $\tau(\omega)$ 是滤波器平均延迟的一个度量，定义为相位对角频率的导数的负值

$$\tau(\omega) = -\frac{d[\varphi(\omega)]}{d\omega} \tag{9.1.6}$$

为求群延迟响应与系统频响 $H(e^{j\omega})$ 的关系，对式（9.1.4）等式求自然对数有：

$$\ln[H(e^{j\omega})] = \ln[|H(e^{j\omega})|e^{j\varphi(\omega)}] = \ln[|H(e^{j\omega})|] + j\varphi(\omega)$$

观察上式可知，$\varphi(\omega)$ 是复数 $\ln[H(e^{j\omega})]$ 的虚部，用公式表示即：

$$\varphi(\omega) = \text{Im}\{\ln[H(e^{j\omega})]\}$$

结合式（9.1.6）可知：

$$\tau(\omega) = -\text{Im}\left\{ \frac{d}{d\omega}[\ln H(e^{j\omega})] \right\} \tag{9.1.7}$$

令 $z = e^{j\omega}$，以上各式可改写为：

$$\tau(\omega) = -\frac{d[\varphi(z)]}{dz} \times \frac{dz}{d\omega} \bigg|_{z=e^{j\omega}} = -jz\frac{d\varphi(z)}{dz} \bigg|_{z=e^{j\omega}} \tag{9.1.8}$$

$$\tau(\omega) = -\text{Im}\left[\frac{d\{\ln[H(z)]\}}{dz} \times \frac{dz}{d\omega} \right]_{z=e^{j\omega}} = -j\text{Im}\left[z\frac{d\{\ln[H(z)]\}}{dz} \right]_{z=e^{j\omega}}$$

$$= -\text{Re}\left[z\frac{d\{\ln[H(z)]\}}{dz} \right]_{z=e^{j\omega}} = -\text{Re}\left[z\frac{d[H(z)]}{dz} \times \frac{1}{H(z)} \right]_{z=e^{j\omega}}$$

即可得到 IIR 数字滤波器的群延迟与 z 域系统函数的关系为：

$$\tau(\omega) = -\text{Re}\left\{ \left[z\frac{d[H(z)]}{dz} \times \frac{1}{H(z)} \right] \bigg|_{z=e^{j\omega}} \right\} \tag{9.1.9}$$

当 $\tau(\omega)$ 为常数时，IIR 滤波器具有线性相位。

【例 9.1.1】已知数字滤波器的系统函数为 $H(z) = \dfrac{1}{z-0.9}$，求它的幅度平方函数、相位函数及其群延迟，并判断该系统是否为线性相位低通滤波器。

解：由式（9.1.3）可知，系统的幅度平方函数为：

$$|H(e^{j\omega})|^2 = H(z)H(z^{-1})\big|_{z=e^{j\omega}}$$

$$= \left(\frac{1}{z-0.9} \right) \left(\frac{1}{z^{-1}-0.9} \right) \bigg|_{z=e^{j\omega}}$$

$$= \frac{1}{(e^{j\omega}-0.9)(e^{-j\omega}-0.9)}$$

由式（9.1.5）求系统 $\varphi(\omega)$：

$$\varphi(\omega)=\frac{1}{2\mathrm{j}}\ln\left[\frac{H(z)}{H(z^{-1})}\right]\Bigg|_{z=\mathrm{e}^{\mathrm{j}\omega}}=\frac{1}{2\mathrm{j}}\ln\left[\frac{\dfrac{1}{z-0.9}}{\dfrac{1}{z^{-1}-0.9}}\right]\Bigg|_{z=\mathrm{e}^{\mathrm{j}\omega}}$$

$$=\frac{1}{2\mathrm{j}}\ln\left[\frac{\mathrm{e}^{-\mathrm{j}\omega}-0.9}{\mathrm{e}^{\mathrm{j}\omega}-0.9}\right]=\frac{1}{2\mathrm{j}}\ln\left[\frac{\cos\omega-\mathrm{j}\sin\omega-0.9}{\cos\omega+\mathrm{j}\sin\omega-0.9}\right]$$

观察上式可知，$\dfrac{H(z)}{H(z^{-1})}$ 是一对共轭复数的商，即：

$$\frac{H(z)}{H(z^{-1})}=\frac{\cos\omega-\mathrm{j}\sin\omega-0.9}{\cos\omega+\mathrm{j}\sin\omega-0.9}=\mathrm{e}^{-2\mathrm{j}\arctan\left(\frac{\sin\omega}{\cos\omega-0.9}\right)}$$

则：

$$\varphi(\omega)=\frac{1}{2\mathrm{j}}\ln\left[\frac{\cos\omega-0.9-\mathrm{j}\sin\omega}{\cos\omega-0.9+\mathrm{j}\sin\omega}\right]$$

$$=\frac{1}{2\mathrm{j}}\left[-2\mathrm{j}\arctan\left(\frac{\sin\omega}{\cos\omega-0.9}\right)\right]$$

$$=-\arctan\left(\frac{\sin\omega}{\cos\omega-0.9}\right)$$

由式(9.1.9) 可知，欲求群时延 $\tau(\omega)$，可先求：

$$z\frac{\mathrm{d}[H(z)]}{\mathrm{d}z}\frac{1}{H(z)}=z\frac{-1}{z-0.9^2}(z-0.9)=\frac{-z}{z-0.9}=\frac{-1}{1-0.9z^{-1}}$$

则：

$$\tau(\omega)=-\mathrm{Re}\left\{\left[z\frac{\mathrm{d}[H(z)]}{\mathrm{d}z}\frac{1}{H(z)}\right]\Bigg|_{z=\mathrm{e}^{\mathrm{j}\omega}}\right\}$$

$$=-\mathrm{Re}\left[\frac{-1}{1-0.9\mathrm{e}^{-\mathrm{j}\omega}}\right]=-\mathrm{Re}\left[\frac{-1}{1-0.9\cos\omega+0.9\mathrm{j}\sin\omega}\right]$$

$$=\frac{1-0.9\cos\omega}{1.81-1.8\cos\omega}$$

即系统的群延迟为：

$$\tau(\omega)=\frac{1-0.9\cos\omega}{1.81-1.8\cos\omega}$$

由线性相位的定义可知，由于 $\tau(\omega)$ 不是常数，该滤波器为非线性相位滤波器。

令 $\omega=0$ 代入 $|H(\mathrm{e}^{\mathrm{j}\omega})|^2$ 得：

$$|H(\mathrm{e}^{\mathrm{j}0})|^2=\frac{1}{(\mathrm{e}^{\mathrm{j}0}-0.9)(\mathrm{e}^{-\mathrm{j}0}-0.9)}=100$$

令 $\omega=\pi$ 代入 $|H(\mathrm{e}^{\mathrm{j}\omega})|^2$ 得：

$$|H(\mathrm{e}^{\mathrm{j}\pi})|^2=\frac{1}{(\mathrm{e}^{\mathrm{j}\pi}-0.9)(\mathrm{e}^{-\mathrm{j}\pi}-0.9)}=0.277$$

所以这是一个数字低通滤波器。

综上，该滤波器是低通滤波器但不是线性相位滤波器。

【例9.1.2】已知系统频响如图9-3(a) 所示，其频响记为 $H_{LPF}(\mathrm{e}^{\mathrm{j}\omega})$，对应的单位脉冲

响应记为 $h_{LPF}(n)$。证明单位脉冲响应为 $h(n)=(-1)^n h_{LPF}(n)$ 对应的频响为高通滤波器。

解：由于 $e^{j\pi}=-1$，则 $h(n)=(-1)^n h_{LPF}(n)=e^{j\pi n} h_{LPF}(n)$，对 $h(n)$ 做傅里叶变换并利用频移特性得：

$$H(e^{j\omega})=H_{LPF}\left[e^{j(\omega-\pi)}\right]$$

画出 $H(e^{j\omega})$ 波形如图 9-3（b）所示，可知其为高通滤波器。

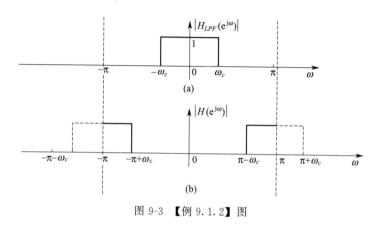

图 9-3 【例 9.1.2】图

9.2 脉冲响应不变法设计 IIR 数字低通滤波器

利用模拟滤波器成熟的理论及其设计方法来设计 IIR 数字滤波器是常用的方法。其设计方法为：按照数字滤波器技术指标要求设计一个过渡模拟低通滤波器 $H_a(s)$，再按照一定的转换关系将 $H_a(s)$ 转换成数字低通滤波器的系统函数 $H(z)$。前面已经对模拟滤波器设计作了详细分析，所以数字滤波器设计的关键问题就是找到这种转换关系，将 s 平面转换成 z 平面上的 $H(z)$，转换后要保证系统稳定且满足技术指标要求，转换关系必须满足以下要求：

① 因果稳定的模拟滤波器转换成数字滤波器，仍是因果稳定的。模拟滤波器因果稳定的条件是其系统函数 $H_a(s)$ 的极点全部位于 s 平面的左半平面（$\text{Re}[s]<0$）；数字滤波器因果稳定的条件是 $H(z)$ 的极点全部在单位圆内（$|z|<1$）。因此，转换关系应使 s 平面的左半平面映射到 z 平面的单位圆内部，即 $\text{Re}[s]<0 \xrightarrow{\text{映射}} |z|<1$。

② 数字滤波器的频率响应逼近模拟滤波器的频率响应特性，s 平面的虚轴（$j\Omega$）映射为 z 平面的单位圆（$e^{j\omega}$），即 $j\Omega \xrightarrow{\text{映射}} e^{j\omega}$，相应的频率之间呈线性关系。

将系统函数 $H_a(s)$ 从 s 平面转换到 z 平面的方法很多，工程上常用的是脉冲响应不变法和双线性变换法。本节研究脉冲响应不变法，双线性变换法将在下节讨论。

9.2.1 脉冲响应不变法的原理

（1）系统函数的变换原理

从滤波器的单位冲激响应出发，使数字滤波器的单位冲激响应逼近模拟滤波器的单位冲激激响应，使其样值相等。即满足 $h(n) = h_a(nT)$，其中，T 为采样周期。

设 $H_a(s)$ 是 $h_a(t)$ 的拉普拉斯变换，$H(z)$ 是 $h(n)$ 的 z 变换。假设 $H_a(s)$ 的分母阶次大于分子阶次 $N > M$，则可将 $H_a(s)$ 写成部分分式形式，即：

$$H_a(s) = \sum_{k=1}^{N} \frac{A_k}{s - s_k} \tag{9.2.1}$$

上式反变换得到：

$$h_a(t) = \sum_{k=1}^{N} A_k e^{s_k t} u(t) \tag{9.2.2}$$

其中，$u(t)$ 是单位阶跃函数，将 $h_a(t)$ 抽样得到 $h(n)$：

$$h(n) = h_a(nT) = \sum_{k=1}^{N} A_k e^{s_k Tn} u(n) \tag{9.2.3}$$

对 $h(n)$ 取 z 变换，

$$H(z) = \sum_{n=-\infty}^{+\infty} h(n) z^{-n} = \sum_{n=0}^{\infty} \sum_{k=1}^{N} (A_k e^{s_k T} z^{-1})^n$$

$$= \sum_{k=1}^{N} A_k \sum_{n=0}^{\infty} (e^{s_k T} z^{-1})^n = \sum_{k=1}^{N} \frac{A_k}{1 - e^{s_k T} z^{-1}}$$

即通过脉冲响应不变法得到的数字滤波器系统函数为：

$$H(z) = \sum_{k=1}^{N} \frac{A_k}{1 - e^{s_k T} z^{-1}} \tag{9.2.4}$$

由以上推导可知，脉冲响应不变法是将模拟滤波器中极点因式 $(s - s_k)$ 直接转换成数字滤波器极点因式 $(1 - e^{s_k T} z^{-1})$，从而将模拟滤波器系统函数 $H(s)$ 转换为数字滤波器系统函数 $H(z)$。

（2）数字滤波器的 $H(e^{j\omega})$ 和模拟滤波器的 $H(j\Omega)$ 之间的关系

由第 4 章式（4.2.31）可总结出，数字滤波器的频响 $H(e^{j\omega})$ 与模拟滤波器的频响 $H(j\Omega)$ 的关系为：

$$H(e^{j\omega}) = \frac{1}{T} \sum_{k=-\infty}^{\infty} H(\Omega - k\Omega_s) \tag{9.2.5}$$

即 $H(e^{j\omega})$ 是 $H(j\Omega)$ 在频域的周期延拓。当 $\omega = \Omega T = \dfrac{\Omega}{f_s}$ 时，有：

$$H(e^{j\omega}) = \frac{1}{T} \sum_{k=-\infty}^{\infty} H\left(\frac{\omega}{T} - \frac{2\pi}{T}k\right) \tag{9.2.6}$$

随着采样频率 $f_s = \dfrac{1}{T}$ 的不同，变换后 $H(e^{j\omega})$ 的增益也在改变，为了消除此影响，实际滤波器设计时采用以下变换，即令：

$$h(n) = Th_a(nT) \tag{9.2.7}$$

因而式（9.2.1）及式（9.2.4）分别变为：

$$H_a(s) = \sum_{k=1}^{N} \frac{TA_k}{s - s_k} \tag{9.2.8}$$

$$H(z) = \sum_{k=1}^{N} \frac{TA_k}{1 - e^{s_k T} z^{-1}} \tag{9.2.9}$$

式（9.2.5）及式（9.2.6）变为：

$$H(e^{j\omega}) = \sum_{k=-\infty}^{\infty} H(\Omega - k\Omega_s) \tag{9.2.10}$$

$$H(e^{j\omega}) = \sum_{k=-\infty}^{\infty} H\left(\frac{\omega}{T} - \frac{2\pi}{T}k\right) \tag{9.2.11}$$

将 $H_a(s)$ 的表达式（9.2.8）与 $H(z)$ 的表达式（9.2.9）相比较，可看出：

① s 平面的单极点 $s = s_k$ 变成 z 平面的单极点 $p = e^{s_k T}$；

② $H_a(s)$ 与 $H(z)$ 的部分分式的系数相同，都是 A_k；

③ 如果模拟滤波器是因果稳定的，其全部极点 s_k 必都在 s 的左半平面，即 $\text{Re}[s_k] < 0$，则变换后 $H(z)$ 的全部极点 p_k 也都在 z 平面的单位圆内，$|e^{s_k T}| = e^{\text{Re}[s_k] T} < 1$，因此转换得到的数字滤波器也是稳定的；

④ 虽然脉冲响应不变法能保持 s 平面极点 s_k 与 z 平面的极点 p_k 的关系为 $p_k = e^{s_k T}$，但整个 s 平面到 z 平面并不存在——对应关系，特别是 $H(z)$ 的零点位置与 $H_a(s)$ 的零点位置，会随 $H_a(s)$ 的极点 s_k 与系数 A_k 两者而变化。

（3）脉冲响应不变法 s 平面和 z 平面之间的映射关系

以上讲述了脉冲响应不变法将模拟滤波器系统函数转换成数字滤波器系统函数的原理和方法。复频域自变量 s 与 z 域自变量尽管存在着固定的转换关系，但是两个自变量有着很本质的区别，即在连续域中，复频域自变量 $s = \sigma + j\Omega$，模拟频率 $\Omega \in (-\infty, +\infty)$，而数字频率 ω 是周期的，所以 s 平面映射到 z 平面的关系如图 9-4 所示。

从图 9-4 中可以看出，两个平面的映射是通过先将 s 平面沿 $j\Omega$ 轴分割成一条一条 $\frac{2\pi}{T}$ 的水平带，这样，除了主值区间 $(-\pi, \pi)$ 映射到一个 z 平面单位内之外，每条 $\frac{2\pi}{T}$ 的水平带都会对应地

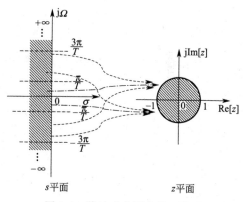

图 9-4　脉冲响应不变法 s 平面和 z 平面的映射关系

映射到单位圆内，形成了多值映射。如果原 $h_a(t)$ 不满足带限特性，会在 k 为奇数的 $\frac{k\pi}{T}$ 附近产生频谱混叠，在设计高通和带阻滤波器时影响严重，因此脉冲响应不变法不能应用于高通和带阻滤波器设计。

【例 9.2.1】已知模拟滤波器的系统函数为 $H(s) = \dfrac{2}{s^2 + 4s + 3}$，试用脉冲响应不变法求出其 IIR 数字滤波器系统函数 $H(z)$，并写出采样间隔分别为 1s 和 0.1s 时数字滤波的系统函数。

解：由 $H(s)$ 可求出其极点为 $s_1 = -1$，$s_2 = -3$，则 $H(s)$ 部分分式展开得：

$$H(s) = \frac{1}{s-(-1)} - \frac{1}{s-(-3)}$$

得到：

$$H_a(s) = T \times H(s) = \frac{T}{s-(-1)} - \frac{T}{s-(-3)}$$

利用 $p_k = e^{s_k T}$ 的转换关系，将上式中分母因式 $(s-s_k)$ 用数字滤波器极点因式 $(1-e^{s_k T}z^{-1})$ 代替，可得数字滤波器的系统函数为：

$$H(z) = \frac{T}{1-e^{p_1 T}z^{-1}} - \frac{T}{1-e^{p_2 T}z^{-1}}$$

$$= \frac{T}{1-e^{-T}z^{-1}} - \frac{T}{1-e^{-3T}z^{-1}}$$

$$= \frac{Tz^{-1}(e^{-T}-e^{-3T})}{1-(e^{-T}+e^{-3T})z^{-1}+e^{-4T}z^{-2}}$$

当 $T = 1s$ 时，

$$H(z) = \frac{0.318z^{-1}}{1-0.4177z^{-1}+0.01831z^{-2}}$$

当 $T = 0.1s$ 时，

$$H(z) = \frac{0.01640z^{-1}}{1-1.6457z^{-1}+0.6703z^{-2}}$$

【例 9.2.2】 已知模拟系统的系统函数为 $H_a(s) = \dfrac{s+1}{s^2+5s+6}$，试利用 MATLAB 软件辅助设计用脉冲响应不变法将其转换成等价的数字系统函数 $H(z)$，其中 $T = 0.1s$。

说明：当系统的阶次较高时，手工计算困难，可以借助 MATLAB 软件进行设计计算，基本的计算步骤如下：

① 求有理函数 $H_a(s)$（分子、分母系数向量为 ba 和 aa）的留数和极点 Ra、Sa 及直接项 Ca。

参考程序：[Ra,Sa,Ca] = residue(ba,aa);%将模拟滤波器系数向量变为模拟留数和极点。

② 将每个模拟极点映射为数字极点，得到 $H(z)$ 的极点留数部分分式。

$$S_{d_k} = e^{S_{a_k} T}$$

参考程序：Sd = exp(Sa * T);%将模拟极点变为数字（z 平面）极点 Sd。

③ 将 $H(z)$ 的极点留数部分分式转换成系统函数形式。

参考程序：

[bd,ad] = residuez(T * Ra,Sd,Ca);%用原留数 Ra 和数字极点 Sd 求数字滤波器系数向量

bd = real(bd),ad = real(ad);%去除运算误差所产生的微小虚数。

解：程序及结果运行如下：

```
ba = [1 1];
aa = [1,5,6];
[Ra,Sa,Ca] = residue(ba,aa);
T = 0.1;Sd = exp(Sa * T);
[bd,ad] = residuez(T * Ra,Sd,Ca);
bd = real(bd);ad = real(ad);
```
   运行结果：

bd = 0.1000   − 0.0897

ad = 1.0000   − 1.5595   0.6065

根据结果写出数字滤波器的系统函数为：

$$H(z) = \frac{0.1 - 0.0897z^{-1}}{1 - 1.5595z^{-1} + 0.6065z^{-2}}$$

注意：① 读者可根据【例 9.2.1】的计算方法检验计算结果是否一致。

② 在表 8-1、表 8-4 中，给出了巴特沃斯低通型滤波器和切比雪夫滤波器系统函数的极点，设计时可查表得到对应阶数的极点，直接按上述方法将模拟低通原型转换成数字滤波器，再进行相应频率转换即可得到数字滤波器。

9.2.2 脉冲响应不变法的性能分析

（1）脉冲响应不变法中模拟频率与数字频率的关系

脉冲响应不变法中，模拟频率到数字频率之间的变换关系是 $\omega = \Omega T$，其实就是数字频率与模拟频率的直接转换，因而，带限于折叠频率 $\frac{f_s}{2}$ 以内的模拟滤波器的频率响应，通过变换后可不失真地重现（包括幅度和相位）。例如，线性相位的滤波器，通过脉冲响应不变法得到的仍然是线性相位的数字滤波器。

（2）混叠失真及减少失真影响的思路

由式（9.2.10）和式（9.2.11）可知，数字滤波器的频率响应 $H(e^{j\omega})$ 是模拟滤波器频率响应 $H_a(j\Omega)$ 的周期延拓，其延拓周期为 $\Omega_s = \frac{2\pi}{T} = 2\pi f_s$，如果模拟滤波器的频率响应带限于折叠频率 $\frac{\Omega_s}{2} = \frac{\pi}{T}$ 之内（如抽样定理所要求的），在数字频率上则应带限于 $\omega = \pi$ 以内，数字滤波器的频率响应才能不失真地重现模拟滤波器的频率响应，否则若模拟滤波器频率响应不带限于 $\frac{\Omega_s}{2}$，$H(e^{j\omega})$ 就会产生频率响应的混叠失真。

若严格按照采样定理，使得 $f_s \geq 2f_m$，则信号完全带限，可以避免混叠失真。但是由于实际系统的频响不可能做到真正带限，就一定有一些混叠失真现象。模拟滤波器频率响应在 $f > \frac{f_s}{2}$ 时衰减越大，频率响应的混叠失真越小，所以可以通过将阻带衰减指标增大来获得混叠现象的改善。

（3）脉冲响应不变法的局限性

① 由于脉冲响应不变法要求模拟滤波器是严格带限于 $\dfrac{f_s}{2}$ 的，故不能用于设计高通滤波器及带阻滤波器。

② 脉冲响应不变法只适用于并联结构的系统函数，即系统函数必须先展开成部分分式，且一定是实单极点，才能用公式直接转换。对于无法展开为实系数部分分式的系统函数，则不适用脉冲响应不变法。

9.3 双线性变换法设计 IIR 数字低通滤波器

由于脉冲响应不变法中从 s 平面到 z 平面的多值映射关系，导致在变换中存在频谱混叠现象，使数字滤波器的频率响应特性与模拟滤波器的频率响应特性发生偏离。为了克服这一缺点，产生了双线性变换法。

双线性变换法是使数字滤波器的频率响应逼近模拟滤波器的频率响应的一种变换方法，它克服多值映射这一缺点，把整个 s 平面变换到 z 平面上去，而且是将 s 平面的左半平面映射到 z 平面的单位圆内，使 s 平面与 z 平面是一一对应关系，消除了多值变换性，也就消除了频谱混叠现象，并同时保持了数字滤波器与原模拟滤波器有同样的因果稳定性。图 9-5 表示了上述思路。即将 s 平面左半区域采用非线性频率压缩将其映射到 s_1 平面的一个线性窄带 $\Omega \in \left(-\dfrac{\pi}{T}, \dfrac{\pi}{T}\right)$ 范围之中，然后再经过 $z = \mathrm{e}^{s_1 T}$ 的变换，将 s_1 平面映射到 z 平面，这样就实现了从 s 平面到 z 平面的单值映射，从而解决了脉冲响应不变法产生混叠的根本原因。

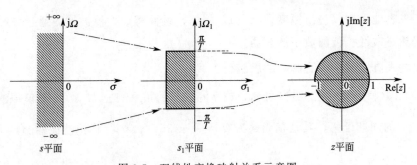

图 9-5 双线性变换映射关系示意图

9.3.1 双线性变换法的原理

由图 9-5 可知，将 s 平面整个 $\mathrm{j}\Omega$ 轴压缩变换到 s_1 平面的 $\mathrm{j}\Omega_1$ 轴上 $-\dfrac{\pi}{T} \sim \dfrac{\pi}{T}$ 这一段横带内，可利用以下关系式：

$$\Omega = \tan \dfrac{\Omega_1 T}{2} \tag{9.3.1}$$

由正弦函数值域特点可知，Ω 和 Ω_1 存在这样的关系：当 $\Omega = \pm\infty$ 时，$\Omega_1 = \pm\pi$；当 $\Omega = 0$ 时，$\Omega_1 = 0$。则式(9.3.1)可写成：

$$j\Omega = \frac{e^{j\frac{\Omega_1 T}{2}} - e^{-j\frac{\Omega_1 T}{2}}}{e^{j\frac{\Omega_1 T}{2}} + e^{-j\frac{\Omega_1 T}{2}}}$$

将其解析延拓到整个 s 平面和整个 s_1 平面，即令 $j\Omega = s$，$j\Omega_1 = s_1$，则有：

$$s = \frac{e^{\frac{s_1 T}{2}} - e^{-\frac{s_1 T}{2}}}{e^{\frac{s_1 T}{2}} + e^{-\frac{s_1 T}{2}}} = \frac{1 - e^{s_1 T}}{1 + e^{s_1 T}} \tag{9.3.2}$$

将 s_1 平面 $-\dfrac{\pi}{T} \leqslant \Omega_1 \leqslant \dfrac{\pi}{T}$ 这一横带通过以下变换关系映射到 z 平面：

$$z = e^{s_1 T} \tag{9.3.3}$$

综合式(9.3.2)与式(9.3.3)，可得到 s 平面到 z 平面的单值映射关系：

$$s = \frac{1 - z^{-1}}{1 + z^{-1}} \tag{9.3.4}$$

$$z = \frac{1 + s}{1 - s} \tag{9.3.5}$$

为使模拟滤波器与数字滤波器的某一频率有对应关系，可引入待定常数 c，当需要在零频率附近有确切的对应关系，则应取 $c = \dfrac{2}{T}$，此时式(9.3.4)及式(9.3.5)可变换成：

$$s = \frac{2}{T} \times \frac{1 - z^{-1}}{1 + z^{-1}} \tag{9.3.6}$$

$$z = \frac{\dfrac{2}{T} + s}{\dfrac{2}{T} - s} \tag{9.3.7}$$

由 $\omega = \Omega_1 T$ 得到，双线性变换法中模拟频率和数字频率的关系为：

$$\Omega = \frac{2}{T}\tan\frac{\omega}{2} \tag{9.3.8}$$

由上式画出双线性变换中数字频率与模拟频率的关系图如图 9-6 所示。

这是一种非常明显的非线性关系。若已知滤波器指标为数字频率，可以通过式(9.3.8)进行预畸变以减少非线性带来的影响。

当已知一个模拟系统的系统函数 $H_a(s)$ 时，可通过式(9.3.6)所示的关系转换成数字系统函数 $H(z)$，即：

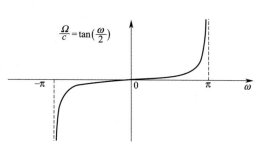

图 9-6 双线性变换的频率间非线性转换关系

$$H(z) = H_a(s)\Big|_{s = \frac{2}{T} \times \frac{1 - z^{-1}}{1 + z^{-1}}} \tag{9.3.9}$$

9.3.2 双线性变换法的性能分析

（1）无混叠失真

双线性变换法不会出现频率响应的混叠失真情况。由式（9.3.8）可知模拟频率 Ω 到数字频率 ω 之间是非线性变换关系，如图 9-6 所示。在零频率附近，有 $\Omega \approx \dfrac{2}{T} \times \dfrac{\omega}{2}$（$\omega \to 0$ 时），即 ω 与 Ω 成近似线性关系；当 Ω 进一步增加，ω 增长很缓慢，且 $\Omega = \pm\infty$ 时，$\omega = \pm\pi$（即整个 $j\Omega$ 轴单值地对应于单位圆 $e^{j\omega}$ 的一周），即 ω 终止于折叠频率处，所以不会出现多值映射，从而避免了频率响应出现混叠失真。

（2）适用各种经典滤波器设计

由于频率响应不产生混叠失真，所以无论低通、高通、带通或带阻滤波器都可以用双线性变换法设计。

（3）变换关系适用于各种结构的系统函数表达式

变换关系适用于各种结构的系统函数表达式。双线性变换关系式（9.3.9），表征的是 s 与 z 之间简单的代数关系，所以模拟滤波器的系统函数直接通过式（9.3.9）的代数变换就得到了数字滤波器的系统函数，与模拟滤波器的系统函数的表达方式（例如，级联相乘、并联相加或直接的表示）无关。

（4）双线性变换法的局限性

① 数字频率 ω 与模拟角频率 Ω 间存在非线性关系　ω 与 Ω 间的非线性关系是双线性变换法的缺点。一个线性相位模拟滤波器经双线性变换法变换后，不能保持原有的线性相位，会得到一个非线性相位的数字滤波器；这种频率的非线性关系要求模拟滤波器的幅频特性必须是与某一频率段的幅频特性近似相等的某一常数，否则会出现频率畸变。一般典型的模拟低通、带通、高通及带阻滤波器的幅频特性近似满足这种要求。

② 低通滤波器截止频率处存在畸变　模拟经典滤波器经双线性变换转换成 IIR 数字滤波器后，虽然得到幅频特性为分段常数部分数字滤波器，但数字滤波器分段边缘处的临界频率点会产生畸变，这种频率畸变可以利用式（9.3.8）的转换公式进行频率预畸变来加以校正，然后经双线性变换后，正好映射成所需的数字角频率。

③ 不能用于模拟微分器设计　模拟微分器的幅频特性在通带内不满足近似常数的要求，经双线性变换后将出现频率畸变，因此不适合用双线性变换法设计。

【例 9.3.1】利用双线性变换，把 $H_a(s) = \dfrac{s+1}{s^2+5s+6}$ 转换成数字滤波器，设 $T=1$。

解：由式（9.3.9）可知：

$$H(z) = H_a(s) \Big|_{s=\frac{2}{T} \times \frac{1-z^{-1}}{1+z^{-1}}} = H(z) = \frac{s+1}{s^2+5s+6} \Big|_{s=\frac{2}{T} \times \frac{1-z^{-1}}{1+z^{-1}}}$$

$$=\frac{2\dfrac{1-z^{-1}}{1+z^{-1}}+1}{\left(2\dfrac{1-z^{-1}}{1+z^{-1}}\right)^2+5\left(2\dfrac{1-z^{-1}}{1+z^{-1}}\right)+6}$$

$$=\frac{3+2z^{-1}-z^{-2}}{1+0.2z^{-1}}$$

9.3.3 双线性变换法设计 IIR 数字低通滤波器的步骤

综上所述，若给定数字低通滤波器的技术指标：通带截止频率 f_p、阻带截止频率 f_s、通带允许的最大衰减 α_p 及阻带应达到的最小衰减 α_s，可以通过下述步骤来完成数字低通滤波器的设计。

步骤一 确定数字低通滤波器的技术指标，将模拟滤波器的模拟频率转换成数字频率。

$$\omega_p=2\pi f_p T,\omega_s=2\pi f_s T$$

式中，T 为采样间隔；α_p、α_s 保持不变，不需转换。

步骤二 预畸变处理。

将边界数字频率参数变换成模拟低通滤波器的角频率参数，即：

$$\Omega_p=\frac{2}{T}\tan\frac{\omega_p}{2},\ \Omega_s=\frac{2}{T}\tan\frac{\omega_s}{2}$$

如果不做预畸处理，则转换公式为：

$$\Omega_p=\frac{\omega_p}{T},\ \Omega_s=\frac{\omega_s}{T}$$

步骤三 对模拟低通滤波器的角频率参数 Ω_p、Ω_s 做归一化处理，一般令通带归一化截止频率 $\lambda_p=1$，阻带归一化截止频率 $\lambda_s=\dfrac{\Omega_s}{\Omega_p}$。

步骤四 设计归一化模拟低通滤波器。

由步骤三得到的归一化模拟低通滤波器指标 λ_p、λ_s 以及通带阻带衰减 α_p、α_s，按模拟低通滤波器设计步骤计算滤波器的阶数 N 并查表得到归一化模拟低通滤波器的系统函数 $G_a(p)$（见【例 8.2.1】）。

步骤五 将模拟滤波器转换成对应的 IIR 数字滤波。

由模拟滤波器设计可知，模拟滤波系统函数可由下式得到：

$$H_a(s)=G_a(p)\Big|_{p=\frac{s}{\Omega_p}}$$

而 $\Omega_p=\dfrac{2}{T}\tan\left(\dfrac{\omega_p}{2}\right)$，所以有：

$$p=\frac{s}{\Omega_p}=\frac{\dfrac{2}{T}\times\dfrac{1-z^{-1}}{1+z^{-1}}}{\dfrac{2}{T}\tan\dfrac{\omega_p}{2}}=\frac{1}{\tan\dfrac{\omega_p}{2}}\times\frac{1-z^{-1}}{1+z^{-1}} \tag{9.3.10}$$

则可得到：

$$H(z) = G_a(p) \Big|_{p = \frac{1}{\tan\frac{\omega}{2}} \times \frac{1-z^{-1}}{1+z^{-1}}} \tag{9.3.11}$$

由式(9.3.11)可直接将归一化模拟低通原型滤波器系统函数 $G_a(p)$ 转化成数字低通滤波器。当然，如果设计高通、带通、带阻滤波器，也可以按模拟滤波器设计步骤直接通过 $G_a(p)$ 求得 $H_a(s)$，再用式(9.3.9)将模拟滤波器系统函数转换成数字滤波器系统函数。

【例 9.3.2】 借助巴特沃斯模拟低通滤波器，利用双线性变换法设计一个 IIR 数字低通滤波器，给定技术指标是：通带截止频率 $f_p = 125\text{Hz}$，且衰减 α_p 不大于 3dB，阻带截止频率 $f_s = 375\text{Hz}$，且衰减 α_s 不小于 18dB，采样频率为 $F_s = 1000\text{Hz}$。

扫码看视频

解： ① 首先求数字频率 ω，由采样频率 $F_s = 1000\text{Hz}$ 可得：

通带截止频率 $\omega_p = \dfrac{2\pi f_p}{F_s} = \dfrac{\pi}{4}$，阻带截止频率 $\omega_s = 2\pi f_s T = \dfrac{3}{4}\pi$。

② 对数字滤波器的技术要求经过预畸变换，转换成模拟滤波器的技术指标（$T = 0.001\text{s}$）。

$$\Omega_p = \frac{2}{T}\tan\frac{\omega_p}{2} = \frac{2}{0.001}\tan\frac{\pi}{8} = 2000\frac{1-\cos\frac{\pi}{4}}{\sin\frac{\pi}{4}} \approx 828.4(\text{rad/s})$$

$$\Omega_s = \frac{2}{T}\tan\frac{\omega_s}{2} = \frac{2}{0.001}\tan\frac{3\pi}{8} = 2000\frac{1-\cos\frac{3\pi}{4}}{\sin\frac{3\pi}{4}} \approx 4828.4(\text{rad/s})$$

③ 对模拟低通滤波器的角频率做归一化处理：

$$\lambda_p = 1, \lambda_s = \frac{\Omega_s}{\Omega_p} = \frac{\sqrt{2}+1}{\sqrt{2}-1} = 3 + 2\sqrt{2}$$

④ 设计归一化巴特沃斯模拟低通滤波器，求 N。

$$k_{sp} = \sqrt{\frac{10^{0.1\alpha_s}-1}{10^{0.1\alpha_p}-1}} = \sqrt{\frac{10^{1.8}-1}{10^{0.3}-1}} = 7.89$$

$$\lambda_{sp} = \frac{\lambda_s}{\lambda_p} = 3 + 2\sqrt{2} = 5.828$$

$$N = \left[\frac{\lg k_{sp}}{\lg \lambda_{sp}}\right] = \left[\frac{\lg 7.89}{\lg 5.828}\right] = [1.17] = 2$$

查表 8-1 可得归一化巴特沃斯模拟低通滤波器系统函数为：

$$G_a(p) = \frac{1}{p^2 + 1.4142p + 1}$$

由式(9.3.11)可得数字滤波系统函数为：

$$H(z) = G_a(p) \Big|_{p = \frac{1}{\tan\frac{\omega}{2}} \times \frac{1-z^{-1}}{1+z^{-1}}}$$

其中，$\dfrac{1}{\tan\dfrac{\omega_p}{2}}=\dfrac{1}{\tan\dfrac{\pi}{8}}=2.414$，$G_a(p)$ 中的 p 代换得到：

$$H(z)=\cfrac{1}{\left(2.414\dfrac{1-z^{-1}}{1+z^{-1}}\right)^2+1.414\left(2.414\dfrac{1-z^{-1}}{1+z^{-1}}\right)+1}$$

$$=\cfrac{(1+z^{-1})^2}{5.828(1-z^{-1})^2+3.413(1-z^{-2})+(1+z^{-1})^2}$$

$$=\cfrac{1+2z^{-1}+z^{-2}}{10.24-9.66z^{-1}+3.42z^{-2}}$$

下面通过计算滤波器的通带截止频率、阻带截止频率处幅频函数值及其 dB 值验算设计的滤波器是否指标要求。

$$H(\mathrm{e}^{\mathrm{j}\omega})=H(z)\big|_{z=\mathrm{e}^{\mathrm{j}\omega}}=\frac{1+2\mathrm{e}^{-\mathrm{j}\omega}+\mathrm{e}^{-\mathrm{j}2\omega}}{10.24-9.66\mathrm{e}^{-\mathrm{j}\omega}+3.42\mathrm{e}^{-\mathrm{j}2\omega}}$$

$$|H(\mathrm{e}^{\mathrm{j}\omega})|\,\big|_{\omega_p=\frac{\pi}{4}}=\left|\frac{1+2\mathrm{e}^{-\mathrm{j}\frac{\pi}{4}}+\mathrm{e}^{-\mathrm{j}\frac{\pi}{2}}}{10.24-9.66\mathrm{e}^{-\mathrm{j}\frac{\pi}{4}}+3.42\mathrm{e}^{-\mathrm{j}2\frac{\pi}{2}}}\right|=\left|\frac{(1+\sqrt{2})(1-\mathrm{j})}{3.42(1-\mathrm{j})\mathrm{j}}\right|=0.707$$

$-20\lg|H(\mathrm{e}^{\mathrm{j}\omega_p})|=-20\lg0.707=3(\mathrm{dB})$，满足要求（通带衰减 α_p 不大于 3dB）。

同理可求得阻带衰减并计算其 dB 值，得到：

$-20\lg|H(\mathrm{e}^{\mathrm{j}\omega_s})|=-20\lg0.03648=28.76(\mathrm{dB})$，满足要求（阻带衰减 α_s 不小于 18dB）。

计算结果表明，所设计的 IIR 数字低通滤波器满足技术指标要求。

9.3.4　双线性变换法的频率转换

前面第 8 章已经学习了模拟低通滤波器及基于模拟滤波器的频率变换的模拟高通、带通和带阻滤波器的设计方法。对于数字高通、带通和带阻滤波器的设计，借助模拟滤波器的频率变换设计一个所需类型的过渡模拟滤波器，再通过线性变换将其转换成所需类型的数字滤波器，例如高通数字滤波器、带通数字滤波器等。具体设计步骤如下。

① 确定所需类型数字滤波器的技术指标。

② 将所需类型数字滤波器的边界频率转换成相应类型模拟滤波器的边界频率，转换公式为：

$$\Omega=\frac{2}{T}\tan\frac{\omega}{2} \tag{9.3.12}$$

③ 将相应类型模拟滤波器技术指标转换成模拟低通滤波器技术指标（具体转换公式参看第 8 章 8.3 节）。

④ 设计模拟低通滤波器。

⑤ 采用双线性变换法将相应类型的过渡模拟滤波器转换成所需类型的数字滤波器。

MATLAB 信号处理工具箱中的各种 IIR-DF 设计函数就是按照上述步骤编程实现的，工程实际中可以直接调用这些函数设计各种类型的 IIR 滤波器。

一般来说，在已知数字滤波指标时，通过预畸处理将数字滤波器频率指标转换成模拟角频率指标、归一化低通频率转换（将高通、带通、带阻指标转换成归一化模拟低通指标），得到归一化模拟低通原型滤波器设计指标并计算出滤波阶数，查表得到 $G_a(p)$，将 p 通过双线性变换等效即可获得所设计的数字滤波器系统函数 $H(z)$。为了表示方便，在本节中高通、带通、带阻滤波器系统函数设计公式中使用了下标 Hp、Bp 和 Br 以便区别。下面给出各种经典滤波器数字化设计的步骤及公式。

（1）用双线性变换法设计数字高通滤波器

步骤一　频率预畸处理。

将给定的数字高通滤波器的技术指标 ω_p、ω_s 转换成模拟高通角频率，即：

$$\Omega_p = \tan\frac{\omega_p}{2}, \ \Omega_s = \tan\frac{\omega_s}{2} \tag{9.3.13}$$

步骤二　将模拟高通滤波器的 Ω_p、Ω_s 变换成归一化模拟低通原型滤波指标，即：

$$\lambda_p = 1, \ \lambda_{sHp} = \frac{\Omega_p}{\Omega_s} \tag{9.3.14}$$

步骤三　设计归一化模拟低通滤波器原型。

根据式（9.3.14）及通带衰减 α_p、阻带衰减 α_s 四个指标，选择巴特沃斯模拟低通滤波器得到归一化模拟低通滤波器的系统函数 $G_a(p)$（若对波纹系数有要求，则可选择切比雪夫Ⅰ型模拟低通滤波器）。

步骤四　将 $G_a(p)$ 转换成 $H_{Hp}(z)$。

$$H_{Hp}(z) = G_a(p) \Big|_{p = \frac{1+z^{-1}}{1-z^{-1}}\Omega_p} \tag{9.3.15}$$

注意：在式（9.3.15）中，$p = \dfrac{1+z^{-1}}{1-z^{-1}}\Omega_p$ 已经包含了从低通到高通的频率变换。

【**例 9.3.3**】试用巴特沃斯模拟低通滤波器设计一个 IIR 数字高通滤波器，技术指标要求：通带截止频率 $f_p = 400\text{Hz}$，通带最大衰减 $\alpha_p = 3\text{dB}$，阻带截止频率 $f_s = 200\text{Hz}$，阻带最小衰减 $\alpha_s = 18\text{dB}$，抽样频率 $F_s = 1200\text{Hz}$。

解：因为题目给出的是实际模拟频率，先将频率参数变换成数字频率参数：

$$\omega_p = \frac{2\pi f_p}{F_s} = \frac{2\pi \times 400}{1200} = \frac{2}{3}\pi$$

$$\omega_s = \frac{2\pi f_s}{F_s} = \frac{2\pi \times 200}{1200} = \frac{1}{3}\pi$$

频率预畸处理：

$$\Omega_p = \tan\left(\frac{\omega_p}{2}\right) = \tan\frac{\pi}{3} = \sqrt{3}$$

$$\Omega_s = \tan\left(\frac{\omega_s}{2}\right) = \tan\frac{\pi}{6} = \frac{1}{\sqrt{3}}$$

将模拟高通滤波器的 Ω_p、Ω_s 变换成归一化模拟低通原型滤波指标，即：

$$\lambda_p = 1, \quad \lambda_{sHp} = \frac{\Omega_p}{\Omega_s} = 3$$

设计归一化巴特沃斯模拟低通原型，求 N。

$$k_{sHp} = \sqrt{\frac{10^{0.1\alpha_s} - 1}{10^{0.1\alpha_p} - 1}} = \sqrt{\frac{10^{1.8} - 1}{10^{0.3} - 1}} = 7.89$$

$$\lambda_{sp} = \frac{\lambda_s}{\lambda_p} = 3$$

$$\therefore N = \left[\frac{\lg k_{sp}}{\lg \lambda_{sp}}\right] = \left[\frac{\lg 7.89}{\lg 3}\right] = [1.43] = 2$$

查表 8-1 可得归一化巴特沃斯模拟低通滤波器系统函数为：

$$G_a(p) = \frac{1}{p^2 + 1.4142p + 1}$$

由 $\Omega_p = \sqrt{3}$ 及式(9.3.15) 得：

$$H_{Hp}(z) = G_a(p)\Big|_{p = \frac{1+z^{-1}}{1-z^{-1}}\Omega_p} = \frac{1}{\left(\frac{1+z^{-1}}{1-z^{-1}}\sqrt{3}\right)^2 + 1.414\frac{1+z^{-1}}{1-z^{-1}}\sqrt{3} + 1}$$

$$= \frac{1}{3\left(\frac{1+z^{-1}}{1-z^{-1}}\right)^2 + 2.4495\frac{1+z^{-1}}{1-z^{-1}} + 1}$$

$$= \frac{1 - 2z^{-1} + z^{-2}}{6.4495 + 4z^{-1} + 1.55z^{-2}}$$

下面检验设计结果是否满足各项指标要求，为了计算方便，选择 $H_{Hp}(z)$ 的中间结果：

$$H_{Hp}(e^{j\omega}) = H_{Hp}(z)\Big|_{z = e^{j\omega}} = \frac{1}{3\left(\frac{1+e^{-j\omega}}{1-e^{-j\omega}}\right)^2 + 2.4495\frac{1+e^{-j\omega}}{1-e^{-j\omega}} + 1}$$

在上式中，总结化简 $\dfrac{1+e^{-j\omega}}{1-e^{-j\omega}}$ 的规律和结论在简化验证双线性变换法幅频特性时是很重要的，化简过程如下：

$$\frac{1+e^{-j\omega}}{1-e^{-j\omega}} = \frac{e^{-j\frac{\omega}{2}}(e^{j\frac{\omega}{2}} + e^{-j\frac{\omega}{2}})}{e^{-j\frac{\omega}{2}}(e^{j\frac{\omega}{2}} - e^{-j\frac{\omega}{2}})} = \frac{2\cos\frac{\omega}{2}}{2j\sin\frac{\omega}{2}} = -j\cot\frac{\omega}{2}$$

则有：

$$H_{Hp}(e^{j\omega}) = \frac{1}{3\left(-j\cot\frac{\omega}{2}\right)^2 + 2.4495\left(-j\cot\frac{\omega}{2}\right) + 1}$$

通带幅度：

$$\left|H_{Hp}(e^{j\omega_p})\right|\Big|_{\omega_p = \frac{2}{3}\pi} = \left|\frac{1}{3\left(-j\cot\frac{\pi}{3}\right)^2 + 2.4495\left(-j\cot\frac{\pi}{3}\right) + 1}\right|$$

$$= \left| \frac{1}{1-1+1.4142j} \right| = 0.707$$

通带衰减为 $-20\lg|H_{Hp}(e^{j\omega_p})| = -20\lg0.707 = 3dB$，满足要求。

阻带幅度：

$$\left. |H_{Hp}(e^{j\omega_s})| \right|_{\omega_s = \frac{1}{3}\pi} = \left| \frac{1}{3\left(-j\cot\frac{\pi}{6}\right)^2 + 2.4495\left(-j\cot\frac{\pi}{6}\right) + 1} \right|$$

$$= \left| \frac{1}{1-9+4.2426j} \right| = 0.1104$$

阻带衰减为：

$$-20\lg|H_{Hp}(e^{j\omega_s})| = -20\lg0.1104 = 19.14(dB)$$

计算结果表明，所设计的 IIR 数字高通滤波器满足技术指标要求。

注意：【例 9.3.2】也可以推导出 $\frac{1-e^{-j\omega}}{1+e^{-j\omega}} = j\tan\frac{\omega}{2}$ 的结论，这也是双线性变换法较常用的分析频响可用的结论。

（2）用双线性变换法设计带通、带阻滤波器

由数字高通滤波器设计过程可知，比较成熟的方法是通过将数字频率预畸变转换成归一化模拟频率参数，即可用第 8 章介绍的方法通过频率转换设计各种滤波器。熟悉了转换原理，其转换公式可以通过其中的关系原理进行代换推导，也可以直接用式（9.3.9）来转换。

而带阻滤波器的幅频特性是 1 减去带通滤波器幅频特性，因此也可以先设计指标对应的高通滤波器，再进行转换即可。手工计算过于复杂，在此不做探讨。

9.4 全通滤波器

（1）全通滤波器的定义

如果滤波器的幅频特性对所有频率均等于常数或 1，即：

$$|H(e^{j\omega})| = 1 \quad 0 \leqslant \omega \leqslant 2\pi \tag{9.4.1}$$

则该滤波器称为全通滤波器。全通滤波器的频率响应函数可表示为：

$$H(e^{j\omega}) = e^{j\varphi(\omega)} \tag{9.4.2}$$

上式表明，当频率信号通过全通系统时，幅度谱保持不变，仅相位随 $\varphi(\omega)$ 改变，即全通系统是一个改变相位的滤波器，也可称为相位滤波器。

全通滤波器的系统函数一般形式为：

$$H(z) = \frac{z^{-N} + a_1 z^{-N+1} + a_2 z^{-N+2} + \cdots + a_N}{1 + a_1 z^{-1} + a_2 z^{-2} + \cdots + a_N z^{-N}}, a_0 = 1 \tag{9.4.3}$$

或者写成二阶滤波器级联形式：

$$H(z) = \prod_{i=1}^{L} \frac{z^{-2} + a_{1i} z^{-1} + a_{2i}}{a_{2i} z^{-2} + a_{1i} z^{-1} + 1} \tag{9.4.4}$$

上面两式中系数均为实数，容易看出，全通滤波器系统函数 $H(z)$ 的分子分母多项式系数相同，但顺序相反。

将式(9.4.3) 改写成如下形式：

$$H(z)=\frac{\sum_{k=0}^{N}a_k z^{-N+k}}{\sum_{k=0}^{N}a_k z^{-k}}=z^{-N}\frac{\sum_{k=0}^{N}a_k z^{k}}{\sum_{k=0}^{N}a_k z^{-k}} \tag{9.4.5}$$

令上式中，$D(z)=\sum_{k=0}^{N}a_k z^{k}$，则分母 $\sum_{k=0}^{N}a_k z^{-k}=D(z^{-1})$，即全通系统的系统函数：

$$H(z)=z^{-N}\frac{D(z)}{D(z^{-1})} \tag{9.4.6}$$

其幅频特性：

$$\left|H(\mathrm{e}^{\mathrm{j}\omega})\right|=\left|\frac{D(z)}{D(z^{-1})}\right|\Bigg|_{z=\mathrm{e}^{\mathrm{j}\omega}}=\left|\frac{D(\mathrm{e}^{\mathrm{j}\omega})}{D(\mathrm{e}^{-\mathrm{j}\omega})}\right|=1$$

上式是对全通系统幅频特性的证明。

（2）全通滤波器的零极点分布规律

① 零点极点互为倒数关系。由式(9.4.3) 可知，其零点和极点互为倒数关系，即若 z_k 为全通滤波器的零点，则其必有极点 $p_k=z_k^{-1}$，也可表示为 $p_k z_k=1$。

② 由式(9.4.6) 可知，分子、分母是一对共轭复数，由于系数均为实数，则其极点、零点均以共轭对出现，这样，复数零点、极点必然以四个一组出现。

由上述规律，可将全通滤波器的系统函数写成下列形式：

$$H(z)=\prod_{k=1}^{N}\frac{z^{-1}-z_k}{1-z_k^* z^{-1}} \tag{9.4.7}$$

上式中分子的 z_k 为零点，分母的 z_k^* 为极点，极点和零点的关系称为共轭倒易关系。为保证系数为实数，必须保证零点和极点的这种对应关系。

全通滤波器是纯相位滤波器，常用于相位均衡。如果要求设计一个线性相位滤波器，可先设计一个 IIR 数字滤波器，再级联一个全通滤波器进行相位校正，使总的相位特性是线性的。

9.5 梳状滤波器

梳状滤波器能够滤除输入信号中 $\omega=\frac{2\pi}{N}k$，$k=0,1,\cdots,N-1$ 的频率分量，可用于消除信号中的电网谐波干扰和其他频谱等间隔分布的干扰。一般来说，只要系统函数 $H(z)$ 的分子具有 $1-z^{-N}$ 形式，即具有 N 个 $z=\mathrm{e}^{\mathrm{j}\frac{2\pi}{N}k}$（$k=0,1,\cdots,N-1$）的零点，其幅频特性就会等间隔归零而具有梳状滤波器的特性，但是 $H(z)=1-z^{-N}$ 无法在通带内得到平坦特性，因此在实际应用中，梳状滤波器的系统函数通常为：

$$H(z) = \frac{1 - z^{-N}}{1 - az^{-N}} \qquad (9.5.1)$$

此时，梳状滤波器除了 N 个 $z = e^{j\frac{2\pi}{N}k}$ 的零点，还有 N 个 $p = \sqrt[N]{a}\, e^{j\frac{2\pi}{N}k}$ 的极点。以 $N = 8$ 画出零极点分布及幅频特性图如图 9-7 所示。由图可知，a 的取值越接近 1，幅频特性越平坦；零点在单位圆上，而极点在单位圆内，可以保证系统是稳定的；极点的位置很靠近对应的零点，其作用是使得零点所造成的特性变得很窄，仅限于零点附近，通带内的频响特性相对平坦，能够逼近理想滤波特性。

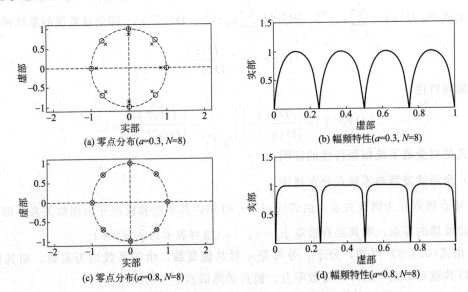

(a) 零点分布(a=0.3, N=8)

(b) 幅频特性(a=0.3, N=8)

(c) 零点分布(a=0.8, N=8)

(d) 幅频特性(a=0.8, N=8)

图 9-7　梳状滤波器的零极点分布和幅频响应特性

第10章 FIR 数字滤波器

严格来说，滤波器是一个用来移除一些分量或修改信号某些特性的系统。IIR 滤波器从其设计方法和实现性能上看，属于经典滤波器范畴，这类滤波器是假定输入信号中有效信号和噪声（或干扰）信号的频率成分各在不同的频段，而滤波器具有通带和阻带，经过滤波后就保留了信号滤除了噪声。经典滤波器要求对输入信号的频率范围是已知的，从功能上可划分为低通、高通、带通、带阻滤波器等类型。当信号中含有混叠干扰频率，用经典滤波器实现起来就比较困难，而利用数学计算，精确改变输入信号的参数以获得所需输出的现代滤波器就可以派上用场。

直接利用离散时间系统的数学模型——常系数线性差分方程表示的滤波器称为 FIR 滤波器（Finite Impulse Response）。在第 3 章我们讨论了系统的数学模型，即离散时间系统是一个计算过程，它将一个称之为输入信号的序列转换成称之为输出信号的序列。可以用计算来实现系统，也意味着我们可以将其数学原理抽象出来，用数学计算来实现，并且可以设计它们，以便采用更多的方法来改变信号。

【例 3.3.3】和【例 3.3.4】通过两个求系统单位脉冲响应 $h(n)$ 的计算示例了无限脉冲响应 IIR 和有限脉冲响应 FIR 的概念，FIR 滤波器可以理解为一种基于差分方程的时域运算，滤波器的输出是输入序列与滤波器单位脉冲响应卷积和运算的结果。

10.1 通用 FIR 滤波器

10.1.1 FIR 滤波器的基本特征

FIR 滤波器实际上就是一个常系数差分方程表示的离散线性时不变系统。由式(3.2.5)可写出一个通用 FIR 滤波器的因果差分方程为：

$$y(n) = \sum_{i=0}^{N-1} b_i x(n-i) \qquad (10.1.1)$$

注意：因为系统为因果的，所以有 $\sum_{i=1}^{N} a_i y(n-i) = 0$，按习惯将 $b_i x(n-i)$ 的项数 M 改为 $N-1$。上式中系数 b_i 是已知的，通常 b_i 不完全相同，也不全为零。

则令式(10.1.1) 中输入为 $\delta(n)$，输出为 $h(n)$，得到系统的单位脉冲响应：

$$h(n) = \sum_{i=0}^{N-1} b_i \delta(n-i)$$

可以展开得到：

$$h(n) = b_0 \delta(n) + b_1 \delta(n-1) + b_2 \delta(n-2) + \cdots + b_N \delta(n-N+1) \tag{10.1.2}$$

尝试将上式中 $h(n)$ 的每个值求出得到：

$$h(0) = b_0 \delta(0) + b_1 \delta(-1) + b_2 \delta(-2) + \cdots + b_M \delta(-N) = b_0$$

$$h(1) = b_0 \delta(1) + b_1 \delta(0) + b_2 \delta(-1) + \cdots + b_M \delta(1-N) = b_1$$

$$\cdots$$

$$h(N-1) = b_0 \delta(N-1) + b_1 \delta(N-2) + \cdots + b_{N-1} \delta(0) = b_{N-1}$$

可知通用 FIR 滤波器单位脉冲响应的样值刚好等于系数 b_i，即：

$$h(i) = b_i, \quad i = 0, 1, 2, \cdots, N-1 \tag{10.1.3}$$

这是 FIR 滤波器的一个重要特性。将式(10.1.2) 两边 z 变换可得到通用 FIR 滤波器的系统函数为：

$$H(z) = b_0 + b_1 z^{-1} + \cdots + b_{N-1} z^{-N+1}$$

结合式(10.1.3)，系统函数可写为：

$$H(z) = h(0) + h(1) z^{-1} + \cdots + h(N-10) z^{-N+1} = \sum_{i=0}^{N-1} h(i) z^{-i} \tag{10.1.4}$$

系统函数 $H(z)$ 分子分母同时乘以 z^{N-1} 可得到：

$$H(z) = \frac{b_0 z^{N-1} + b_1 z^{N-2} + \cdots + b_{N-1}}{z^{N-1}}$$

可知系统在 z 平面有 $N-1$ 个零点，在原点 $z=0$ 处有一个 $N-1$ 重极点。由于系统是极点在原点处的因果系统，收敛域包含单位圆，是稳定系统。利用 $z = \mathrm{e}^{j\omega}$ 还可以写出通用 FIR 滤波器的频响：

$$H(\mathrm{e}^{j\omega}) = h(0) + h(1) \mathrm{e}^{-j\omega} + \cdots + h(N-1) \mathrm{e}^{-j(N-1)\omega} = \sum_{i=0}^{N-1} h(i) \mathrm{e}^{-j\omega i} \tag{10.1.5}$$

下面通过一个例子来讨论离散时间 FIR 滤波器的表示与应用，并说明何为滤波器的"移除一些分量或修改信号某些特性"的功能。

【例 10.1.1】假设一个 FIR 滤波器的单位脉冲响应为 $h(n) = \delta(n) + 2\delta(n-1) + \delta(n-2)$。

① 求系统的系统函数和系统频响，计算其幅频、相频特性函数；

② 当系统输入 $x(n) = R_4(n)$ 时，求系统输出 $y(n)$；

③ 求当系统输入为 $x(n) = 4 + \cos\left(\dfrac{\pi}{3} n - \dfrac{\pi}{2}\right) + 3\cos\left(\dfrac{7}{8} \pi n\right)$ 时的输出。

解： ① 因为已知的 $h(n)$ 是由单位脉冲序列移位和加权和形式表示的，取其系数得到

$h(n)$ 的集合形式为 $h(n) = \{1, 2, 1\}$，代入式(10.1.4) 得：

$$H(z) = h(0) + h(1)z^{-1} + h(2)z^{-2} = 1 + 2z^{-1} + z^{-2}$$

代入式(10.1.5) 可得系统频响为：

$$H(e^{j\omega}) = h(0) + h(1)e^{-j\omega} + h(2)e^{-j2\omega} = 1 + 2e^{-j\omega} + e^{-j2\omega} = e^{-j\omega}(2 + 2\cos\omega)$$

$$\because (2 + 2\cos\omega) > 0$$

$$\therefore |H(e^{j\omega})| = (2 + 2\cos\omega), \varphi(\omega) = -\omega$$

② 由第 4 章 4.3 节系统输出响应可知，当 FIR 系统输入序列为 $x(n) = R_4(n)$ 时，输出：

$$y(n) = x(n) * h(n)$$

将 $x(n)$ 用集合形式表示为 $x(n) = \{1, 1, 1, 1\}$，用对位相乘相加法可算出输出：

$$y(n) = \{1, 3, 4, 4, 3, 1\}$$

这个例子说明系统可以修改信号输入序列。

③ 因为输入为一组不同频率的信号，系统输入有三个频点：0、$\dfrac{\pi}{3}$、$\dfrac{7\pi}{8}$，由式(4.3.13) 给出的正弦型信号响应特性可知，输出信号为三个相同频率的正弦信号。①中已经计算出幅频和相频特性表达式，直接代入求出各频率的幅频和相频值如下：

当 $\omega = 0$ 时，$|H(e^{j0})| = (2 + 2\cos 0) = 4$，$\varphi(\omega) = 0$

当 $\omega = \dfrac{\pi}{3}$ 时，$|H(e^{j\frac{\pi}{3}})| = \left(2 + 2\cos\dfrac{\pi}{3}\right) = 3$，$\varphi(\omega) = -\dfrac{\pi}{3}$

当 $\omega = \dfrac{7\pi}{8}$ 时，$|H(e^{j\frac{7\pi}{8}})| = \left(2 + 2\cos\dfrac{7\pi}{8}\right) = 0.1522$，$\varphi(\omega) = -\dfrac{7\pi}{8}$

所以输出为：

$$y(n) = 4 \times 4 + 3 \times 3\cos\left(\dfrac{\pi}{3}n - \dfrac{\pi}{2} - \dfrac{\pi}{3}\right) + 3 \times 0.1522\cos\left(\dfrac{7}{8}\pi n - \dfrac{7\pi}{8}\right)$$

$$= 16 + 9\sin\left(\dfrac{\pi}{3}n - \dfrac{\pi}{3}\right) + 0.4567\cos\left(\dfrac{7}{8}\pi n - \dfrac{7\pi}{8}\right)$$

在这个结果中可以看到 FIR 滤波器对直流分量的幅度乘以增益 4，频率 $\dfrac{\pi}{3}$ 的分量幅度乘以 3，但是频率 $\dfrac{7\pi}{8}$ 分量的幅度乘以 0.1522，即在系统在幅频响应上对频率 $\dfrac{7\pi}{8}$ 分量的增益很小，相比之下这个频率分量等于被抑制了，这就是滤波器"移除一些分量或修改信号某些特性"的功能。

这个例题主要展示了 FIR 滤波器的表示和应用，实际上与第 3 章、第 4 章介绍的内容是呼应的，这就是数字信号处理的定义"数字信号处理就是用数值计算的方法对信号进行处理"的具体表现。

注意：关于滤波器阶数的说明，由式 $h(n) = \displaystyle\sum_{i=0}^{N-1} b_i\delta(n-i)$ 可知，$h(n)$ 的长度为 N 项，而滤波器的阶数是指 $H(z)$ 中延迟器的个数，即 z^{-n} 的个数，所以式 $h(n) = \displaystyle\sum_{i=0}^{N} b_i\delta(n-i)$ 表示的是 $N-1$ 阶滤波器。关于滤波器阶数的定义各种教材是有差别的，要

注意根据定义来判断。

10.1.2 通用 FIR 滤波器的设计与应用

（1）滑动平均滤波器

计算序列中两个或多个相邻值的滑动平均值，是离散时间序列简单而有用的变换，可产生由平均值构成的新序列。对于存在扰动的数据，都可以用滑动平均处理，而且必须在使用数据前进行，比如，股票市场价格每天或每小时都会显著波动，因此在获得价格趋势前可以计算过去几天股票价格的平均值。

滑动平均滤波器的数学模型是：

$$y(n) = \frac{1}{N} \sum_{i=n-N+1}^{n} x(i) \tag{10.1.6}$$

上式表示输出 $y(n)$ 是输入序列的累加和平均，求和平均的项数 N 也称为滑动平均器的滑动窗口。下面以一个 3 点滑动平均滤波器为例说明滑动平均滤波器的计算原理。

【例 10.1.2】设一个 3 点滑动平均滤波器的差分方程为：

$$y(n) = \frac{1}{3} \sum_{i=n-2}^{n} x(i)$$

① 设输入信号为 $x(n) = R_{10}(n)$，试计算出 $y(n)$ 的全部非零值；

② 根据滑动平均器的结构，试分析当输入序列为 $x(n) = (1.02)^n + \frac{1}{2} \cos\left(\frac{2\pi}{11} n + \frac{\pi}{4}\right)$ 时，平均器最少要多少点才能将序列中的正弦扰动滤除。

解：① 将题干给出的公式改写成：

$$y(n) = \frac{1}{3} \sum_{i=n-2}^{n} x(i) = \frac{1}{3} \left[x(n-2) + x(n-1) + x(n) \right]$$

可以采用递推法求解 $y(n)$ 的输出值，图 10-1 示意了 3 点滑动平均滤波器的计算过程。

图 10-1(a) 表示输入序列是长度为 10 的序列，灰色的位置是长度为 3 的滑动窗口，窗口依次右移，每次进入窗口的三个样值相加平均，图中三块灰色示意了不同 n 时刻的窗口叠加数据，图 10-1(b) 是输出 $y(n)$ 全部非零样值的计算结果，由图 10-1 可以写出：

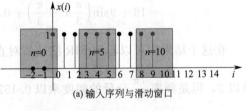

(a) 输入序列与滑动窗口

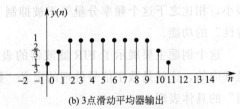

(b) 3 点滑动平均器输出

图 10-1　3 点滑动平均滤波器的计算过程

$$y(n) = \left\{ \frac{1}{3}, \frac{2}{3}, 1, 1, 1, 1, 1, 1, 1, 1, \frac{2}{3}, \frac{1}{3} \right\}$$

② 假设平均器为 N 点，则其差分方程为：

$$y(n) = \frac{1}{N} \sum_{i=n-N+1}^{n} x(i)$$

由式(10.1.5) 可知，该系统的频响为：

$$H(\mathrm{e}^{\mathrm{j}\omega}) = \frac{1}{N}\sum_{i=0}^{N-1}\mathrm{e}^{-\mathrm{j}\omega i} = \frac{1}{N}\times\frac{1-\mathrm{e}^{-\mathrm{j}\omega N}}{1-\mathrm{e}^{-\mathrm{j}\omega}}$$

当分子 $1-\mathrm{e}^{-\mathrm{j}\omega N} = 0$，即 $\omega N = 2k\pi$ 时，由 LTI 系统正弦响应特性可知，该余弦分量将会被滤除，从而消除其扰动影响。将扰动余弦序列的频率 $\omega_0 = \dfrac{2\pi}{11}$ 代入 $\omega N = 2k\pi$，并令 $k=1$ 可得：

$$\frac{2\pi}{11}N = 2\pi \rightarrow N = 11$$

即滑动平均滤波器至少要取 11 阶才能将该正弦扰动消除（取 11 的整数倍也可以）。这就是滑动平均的滤波功能。

从这个例子也可以说明，一个差分方程表示的系统至少会具有某种改变输入序列的功能。至于想要它实现何种特殊功能，是可以通过对差分方程的设计灵活实现的，这是 FIR 滤波器的一大特点。

（2）零陷滤波器

由于 FIR 滤波器的极点位置是原点，不影响系统频响的大小，也不会出现极大值，当零点在单位圆上时，则会使得系统频响为零。这个特性可以用于抑制雷达或通信系统中已知频率的干扰信号。这种利用在零点系统频响为零的特性设计的滤波器称为零陷滤波器。

【例 10.1.3】已知某 FIR 滤波器的系统函数为 $H(z) = 1-2z^{-1}+2z^{-2}-z^{-3}$。

① 求系统的零点，并写出系统单位脉冲响应 $h(n)$；

② 求系统的频响 $H(\mathrm{e}^{\mathrm{j}\omega})$，并求 $\omega = 0, \dfrac{\pi}{3}, \pi$ 时的频响；

③ 根据 $H(z)$、$H(\mathrm{e}^{\mathrm{j}\omega})$ 的关系分析零点与上述频响值的关系；

④ 若输入信号 $x(n) = 1+\cos\left(\dfrac{\pi}{3}n\right)$，求输出 $y(n)$。

解： ① 由式（10.1.4）写出系统单位脉冲响应为：

$$h(n) = \delta(n)-2\delta(n-1)+2\delta(n-2)-\delta(n-3)$$

令 $1-2z^{-1}+2z^{-2}-z^{-3} = 0 \rightarrow (1-z^{-1})(1-z^{-1}+z^{-2}) = 0$，解得系统有 3 个零点为：

$$z_1 = 1, z_2 = \frac{1}{2}+\mathrm{j}\frac{\sqrt{3}}{2} = \mathrm{e}^{\mathrm{j}\frac{\pi}{3}}, z_3 = \frac{1}{2}-\mathrm{j}\frac{\sqrt{3}}{2} = \mathrm{e}^{-\mathrm{j}\frac{\pi}{3}}$$

② 由式（10.1.5）可知，该 FIR 滤波器的频响为：

$$H(\mathrm{e}^{\mathrm{j}\omega}) = 1-2\mathrm{e}^{-\mathrm{j}\omega}+2\mathrm{e}^{-\mathrm{j}2\omega}-\mathrm{e}^{-\mathrm{j}3\omega}$$

当 $\omega = 0, \dfrac{\pi}{3}, \pi$ 时，

$H(\mathrm{e}^{\mathrm{j}0}) = 1-2+2-1 = 0$

$H(\mathrm{e}^{\mathrm{j}\frac{\pi}{3}}) = 1-2\mathrm{e}^{-\mathrm{j}\frac{\pi}{3}}+2\mathrm{e}^{-\mathrm{j}2\times\frac{\pi}{3}}-\mathrm{e}^{-\mathrm{j}3\times\frac{\pi}{3}} = 1-2\left(\dfrac{1}{2}+\dfrac{\sqrt{3}}{2}\mathrm{j}+\dfrac{1}{2}-\dfrac{\sqrt{3}}{2}\mathrm{j}\right)+1 = 0$

$H(\mathrm{e}^{\mathrm{j}\pi}) = 1-2\mathrm{e}^{-\mathrm{j}\pi}+2\mathrm{e}^{-\mathrm{j}2\pi}-\mathrm{e}^{-\mathrm{j}3\pi} = 1+2+2+1 = 6$

③ 根据 z 变换和序列傅里叶变换的关系，即 $H(z)\big|_{z=\mathrm{e}^{\mathrm{j}\omega}} = H(\mathrm{e}^{\mathrm{j}\omega})$，可知上述三个频

点对应的系统函数值为：

$$H(z_1) = H(e^{j0}) = 0$$

$$H(z_2) = H(e^{j\frac{\pi}{3}}) = 0$$

$$H(z_0) = H(e^{j\pi}) = H(-1) = 6$$

观察以上 $H(z_1)$、$H(z_2)$ 可知，z_1、z_2 正是系统的零点，零点的定义就是使系统函数为零的点，所以该系统在零点处，其系统函数值为零，同理，其频响值也为零。

④ 当输入信号为 $x(n) = 1 + \cos\left(\dfrac{\pi}{3}n\right)$ 时，根据系统正弦稳态响应特性，系统不会改变信号的频率成分，但是会改变频率信号的幅度和相位。输入信号中有三个频率，即直流 $\omega = 0$ 和余弦信号中含有的一对 $\omega = \pm\dfrac{\pi}{3}$ 的频率，刚好对应系统的零点 0、$e^{\pm j\frac{\pi}{3}}$，系统在这几个频点输出频响为零，即这些频率的点全部被滤除，输出 $y(n) = 0$。

本例表明，FIR 系统的零点具有抑制输入的单频正弦型信号的作用，如果需要抑制的频点为多个离散频率，可以通过构造零点的方法实现所需的零陷滤波器。假设有 k 个频率 ω_k 需要抑制，对应的 k 个零点为 $z_k = e^{j\omega_k}$，零陷滤波器的系统函数为：

$$H(z) = (1 - z_1 z^{-1})(1 - z_2 z^{-1}) \cdots (1 - z_k z^{-1}) \tag{10.1.7}$$

当系统具有一对共轭复数零点时，可将两项合并为一个实系数的二阶系统，即

$$H_1(z) = 1 - 2\cos\omega_1 z^{-1} + z^{-2} \tag{10.1.8}$$

可以证明，当输入序列为一个频率为 ω_1 的正弦型序列时，为滤除其包含的一对共轭复数频率，需要用到式(10.1.8)所示的一个二阶系统（一个一阶系统只能滤除一个单频复指数序列）。

【例 10.1.4】 已知 50Hz 电源中存在 60Hz、100Hz 干扰信号，请设计一个零陷滤波器，将 60Hz、100Hz 的频率滤除。

解：取采样频率 $f_s = 300\text{Hz}$，则 60Hz 频率采样后数字频率为 $\omega_1 = 2\pi\dfrac{60}{300} = 0.4\pi$，100Hz 频率采样后数字频率为 $\omega_2 = 2\pi\dfrac{100}{300} = \dfrac{2}{3}\pi$，即需要滤除 0.4π 和 $\dfrac{2}{3}\pi$ 两个频率，由式 (10.1.8) 可知，每滤除一个正弦型信号频率需要一个二阶滤波器，滤除两个频率成分需要用两个二阶系统相乘（也叫级联，在第 11 章会介绍系统的组成），即：

$$\begin{aligned}
H(z) &= \left[1 - 2\cos\omega_1 z^{-1} + z^{-2}\right]\left[1 - 2\cos\omega_2 z^{-1} + z^{-2}\right] \\
&= \left[1 - \cos(0.4\pi)z^{-1} + z^{-2}\right]\left[1 - \cos\left(\dfrac{2}{3}\pi\right)z^{-1} + z^{-2}\right] \\
&= (1 - 0.3096z^{-1} + z^{-2})(1 + 0.5z^{-1} + z^{-2}) \\
&= 1 + 0.1904z^{-1} + 1.8452z^{-2} + 0.1904z^{-3} + z^{-4}
\end{aligned}$$

得 $H(z) = 1 + 0.1904z^{-1} + 1.8452z^{-2} + 0.1904z^{-3} + z^{-4}$

所以单位脉冲响应：

$$h(n) = \delta(n) + 0.1904\delta(n-1) + 1.8452\delta(n-2) + 0.1904\delta(n-3) + \delta(n-4)$$

10.2 线性相位 FIR 滤波器

第 9 章所介绍的 IIR 滤波器，原理上是用系统函数 $H(z)$ 表示滤波器，其优点是可以利用模拟滤波器已有的大量图表数据通过得到连续系统的系统函数 $H(s)$，然后通过 s 平面与 z 平面的转换，方便简单地得到数字滤波器的系统函数 $H(z)$。在整个得到 $H(z)$ 的过程中，采用系统频响模平方函数来简化共轭复数极点计算和表示带来的问题，从而也造成了相位模糊，这在一些系统中不是很严重的问题；但是在有些系统中，如相干信号处理和解调、雷达信号处理系统中，需要线性相位以获得信号或输入分量的完整波形，采用 IIR 滤波器是无法保证线性相位的。如果需要实现线性相位，就要采用一个全通滤波器对 IIR 滤波器进行相位校正，相当于需要用两个滤波器分别完成幅频响应特性和相频响应特性，系统会变得更复杂，IIR 滤波器可以用较少的阶数实现系统频响特性的优点也就变得没有意义了。

FIR 滤波器的频响特性完全由零点决定，在保证幅频特性的同时，也很容易实现线性相位，因此具有线性相位的 FIR 滤波器在现代图像处理、数据通信中得到大力发展和广泛应用，同时学者们也总结出了多种用于线性相位 FIR 滤波器设计的方法。

10.2.1 线性相位 FIR 滤波器的条件与分类

（1）线性相位的定义

线性相位的技术背景是通信系统和网络中的一种重要传输特性，称为群时延特性。群时延是指具有多种频率的信号（宽带信号或群信号）通过线性系统时，信号整体产生的时延。群时延本质是信号在各频率处的相移，若信号经过系统变换后，其各个频谱分量的相移不同，元器件对各频谱分量的响应也不一样，会引起到达接收端的信号因各频率分量的相移或时延不同而产生相位关系的紊乱，即相位失真，比如调频信号串噪声增大、图像信号扭曲或码间干扰等。相位失真是以一群频率分量之间的时延差值来衡量的，群时延一般用 τ 表示，当 τ 为常数时，称为线性相位。系统如果具有线性相位，就不会产生上述所说的相位失真。

为了研究 FIR 滤波器的线性相位条件，将其系统频响 $H(\mathrm{e}^{\mathrm{j}\omega})$ 表示为：

$$H(\mathrm{e}^{\mathrm{j}\omega}) = H_g(\omega)\,\mathrm{e}^{\mathrm{j}\theta(\omega)} \tag{10.2.1}$$

式中，$H_g(\omega)$ 称为幅度函数，$\theta(\omega)$ 称为相位函数，注意这与之前的幅频特性函数 $|H(\mathrm{e}^{\mathrm{j}\omega})|$ 和相频特性函数 $\varphi(\omega)$ 不是完全相同的定义。幅度函数 $H_g(\omega)$ 是关于 ω 的实函数，但不一定总是正数。

在式 (10.2.1) 中，$\theta(\omega)$ 表示的是相位函数。所谓的线性相位，即相位函数满足：

$$-\frac{\mathrm{d}}{\mathrm{d}\omega}\theta(\omega) = \tau \tag{10.2.2}$$

在 $\theta(\omega)$ 连续可导时，对上式两边积分可得到：

$$\theta(\omega) = -\tau\omega + \theta_0 \tag{10.2.3}$$

式中，θ_0 是初始相位。根据线性的条件，只有当 $\theta_0 = 0$ 时，$\theta(\omega) = -\tau\omega$ 才是严格意义上的线性。因此，线性相位 FIR 滤波器的定义是 FIR 滤波器系统的相位函数 $\theta(\omega)$ 是关于 ω 的线性函数，即：

$$\theta(\omega) = -\tau\omega \qquad (10.2.4)$$

式（10.2.4）表示的是严格的线性相位，具有这种特性的线性相位 FIR 滤波器称为第一类线性相位 FIR 滤波器。而式（10.2.3）也能够满足群时延 τ 为常数的要求，是一种不严格的线性相位。特别地，由于 $\theta_0 = -\dfrac{\pi}{2}$ 对应的刚好是正弦余弦信号的相位差，在实际中比较常见，一般定义当

$$\theta(\omega) = -\frac{\pi}{2} - \tau\omega \qquad (10.2.5)$$

时的 FIR 系统为第二类线性相位 FIR 滤波器。

（2）线性相位 FIR 滤波器的条件

设计一个滤波器必须得到其系统函数 $H(z)$ 或时域单位脉冲响应 $h(n)$ 的解析表达式。满足两类线性相位 $\theta(\omega)$ 要求的 FIR 滤波器的单位脉冲响应和系统函数应具有何种特性呢？下面我们先看一个简单的 FIR 滤波器的例子。

【例 10.2.1】已知四个 FIR 滤波器的单位脉冲响应如图 10-2 所示，写出滤波器的系统函数和幅度、相位函数，试分析其相位函数是否满足线性特性，若是线性相位，求其群时延 τ。

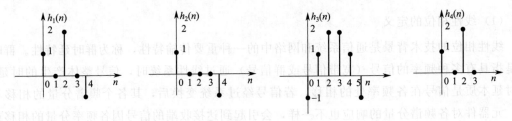

图 10-2 【例 10.2.1】图

解：① 由图 10-2 可知 $h_1(n) = \{1, 0, 2, 0, -1\}$，由式（10.1.4）可知，系统函数为：

$$H_1(z) = 1 + 2z^{-2} - z^{-4}$$

频响函数为：

$$H_1(e^{j\omega}) = 1 + 2e^{-j2\omega} - e^{-j4\omega}$$
$$= e^{-j2\omega}(e^{j2\omega} - e^{-j2\omega}) + 2e^{-j2\omega} = -2je^{-j2\omega}\sin(2\omega) + 2e^{-j2\omega}$$

对比式（10.2.1）定义可知，无法直接提取幅度函数和相位函数，说明该 FIR 滤波器不是线性相位滤波器。此时可以通过复数的处理用幅频和相频特性来代替幅度函数和相位函数。将上式做以下转换：

$$H_1(e^{j\omega}) = 2[1 - j\sin(2\omega)]e^{-j2\omega} = 2[1 - j\sin(2\omega)][\cos(2\omega) - j\sin(2\omega)]$$
$$= 2[\cos(2\omega) - j\sin(2\omega) - j\sin(2\omega)\cos(2\omega) - \sin^2(2\omega)]$$
$$= [2\cos(2\omega) + \cos(4\omega) - 1] - j[2\sin(2\omega) + \sin(4\omega)]$$

$$|H_1(e^{j\omega})| = \sqrt{[2\cos(2\omega) + \cos(4\omega) - 1]^2 + [2\sin(2\omega) + \sin(4\omega)]^2}$$

$$\varphi(\omega) = \arctan\left[\frac{-2\sin(2\omega) - \sin(4\omega)}{2\cos(2\omega) + \cos(4\omega) - 1}\right]$$

可以根据三角函数公式进一步化简，但是这已经可以很明显看出，该滤波器不具有线性相位特性。

② 由图 10-2 写出 $h_2(n)=\{1,0,0,0,-1\}$，由式（10.1.4）可知，系统函数为：

$$H_2(z)=1-z^{-4}$$

频响函数为：

$$H_2(e^{j\omega})=1-e^{-j4\omega}$$

$$=e^{-j2\omega}(e^{j2\omega}-e^{-j2\omega})=-2je^{-j2\omega}\sin(2\omega)$$

$$=2e^{-j2\omega}e^{-j\frac{\pi}{2}}\sin(2\omega)=2e^{-j\left(2\omega+\frac{\pi}{2}\right)}\sin(2\omega)$$

根据式（10.2.1）可知，上式中幅度函数和相位函数分别为：

$H_{g2}(\omega)=2\sin(2\omega)$，$\theta_2(\omega)=-\dfrac{\pi}{2}-2\omega$，群时延 $\tau=2$，$h_2(n)$ 长度 $N=5$，$\tau=\dfrac{N-1}{2}$。

由线性相位的定义可知，$\theta_2(\omega)$ 满足第二类线性相位的定义，是线性相位 FIR 滤波器。

③ 由图 10-2 可知 $h_3(n)=\{-1,1,2,2,1,-1\}$，由式（10.1.4）可知，系统函数为：

$$H_3(z)=-1+z^{-1}+2z^{-2}+2z^{-3}+z^{-4}-z^{-5}$$

频响函数为：

$$H_3(e^{j\omega})=-1+e^{-j\omega}+2e^{-j2\omega}+2e^{-j3\omega}+e^{-j4\omega}-e^{-j5\omega}$$

$$=-e^{-j\frac{5}{2}\omega}(e^{j\frac{5}{2}\omega}+e^{-j\frac{5}{2}\omega})+e^{-j\frac{5}{2}\omega}(e^{j\frac{3}{2}\omega}+e^{-j\frac{3}{2}\omega})+2e^{-j\frac{5}{2}\omega}(e^{j\frac{1}{2}\omega}+e^{-j\frac{1}{2}\omega})$$

$$=2e^{-j\frac{5}{2}\omega}\left[-\cos\left(\frac{5}{2}\omega\right)+\cos\left(\frac{3}{2}\omega\right)+2\cos\left(\frac{1}{2}\omega\right)\right]$$

根据式（10.2.1）可知，上式中幅度函数和相位函数分别为：

$H_{g3}(\omega)=2\left[-\cos\left(\dfrac{5}{2}\omega\right)+\cos\left(\dfrac{3}{2}\omega\right)+2\cos\left(\dfrac{1}{2}\omega\right)\right]$，$\theta_3(\omega)=-\dfrac{5}{2}\omega$，群时延 $\tau=\dfrac{5}{2}$，
$h_3(n)$ 长度 $N=6$。

由线性相位的定义可知，$\theta_3(\omega)$ 满足第一类线性相位的定义，是线性相位 FIR 滤波器。

④ 由图 10-2 可知 $h_4(n)=\{1,0,2,0\}$，由式（10.1.4）可知，系统函数为：

$$H_4(z)=1+2z^{-2}$$

频响函数为：

$$H_4(e^{j\omega})=1+2e^{-j2\omega}$$

上式不能直接用提取半角复指数函数的方法利用欧拉公式化简，所以只能用另一个形式的欧拉公式 $e^{j\theta}=\cos\theta+j\sin\theta$ 先将 $H_4(e^{j\omega})$ 转化成直角坐标形式，即得到：

$$H_4(e^{j\omega})=1+2\cos(2\omega)-2j\sin(2\omega)$$

其幅频特性和相频特性为：

$$|H_4(e^{j\omega})|=\sqrt{[1+2\cos(2\omega)]^2+[2\sin(2\omega)]^2}=\sqrt{5+4\cos(2\omega)}$$

$$\varphi(\omega)=\arctan\frac{-2\sin(2\omega)}{1+2\cos(2\omega)}$$

对比线性相位的条件，可知 $\varphi(\omega)$ 不符合线性相位的特点，不是线性相位 FIR 滤波器。

注意：$\varphi(\omega)$ 和 $\theta(\omega)$ 的区别是 $\varphi(\omega)$ 还包含 $H_4(e^{j\omega})$ 的符号信息，即如果 $H_4(e^{j\omega})$ 为负值时，其负号是 $\varphi(\omega)$ 中由相位 π 体现的，而幅度函数 $H_d(\omega)$ 的本身就包含自身符号信

息，既可以正也可以负，$\theta(\omega)$ 不包含 $H_4(\mathrm{e}^{\mathrm{j}\omega})$ 的符号信息。

由这个例题中计算的单位脉冲响应的四种类型可以很清楚地看出，并不是所有的 FIR 滤波器都可以实现线性相位，它也有约束条件，这个基本条件其实就是单位脉冲响应样值的对称性。如果 FIR 滤波器的单位脉冲响应 $h(n)$ 的样值存在对称性，在偶对称时，前后对应的项可以合并成一个 cos 序列，奇对称时（大小相同符号相反）可以合并成 sin 序列，并且具有线性相位特性。对比 $h_1(n)$、$h_2(n)$，同样是长度为奇数，样值具有奇对称特性，但是 $h_1(\tau)$，即 $h_1(2)\neq 0$ 导致系统不能像 $h_2(n)$ 那样满足第二类线性相位。也就是说，对于序列长度为奇数的奇对称序列，要满足线性相位，比其他情况多了一个 $h(\tau)=0$ 的约束条件（见表 10-1 情况三所示约束条件）。

一般来说，按照线性相位的两种类型和单位脉冲响应的长度为奇数、偶数组合可以将线性相位 FIR 滤波器分成四种情况，它们的单位脉冲响应约束条件、幅度函数、相位函数和群时延等一般参数如表 10-1 所示，在设计时可以根据约束条件和长度直接使用其幅度、相位函数表示式。

注意：在四种情况中，所有关于 $h(n)$ 线性相位的约束条件都是充分条件，也有一些线性相位滤波器可能不满足这些约束条件。但是在一般情况下，利用这四种情况的约束条件设计线性相位 FIR 滤波器会比较方便。

表 10-1 线性相位 FIR 滤波器的四种情况及应用一览表

一般参数：单位脉冲响应 $h(n)$ 长度为 N，$0\leqslant n\leqslant N-1$，群时延 $\tau=\dfrac{N-1}{2}$				
线性相位特性：第一类（严格）线性相位			线性相位特性：第二类线性相位	
情况一	约束条件	$h(n)=h(N-1-n)$ N 为奇数	约束条件	$h(n)=-h(N-1-n)$ N 为奇数　　$h(\tau)=0$
	相位函数 幅度函数	$\theta(\omega)=-\tau\omega$ $H_g(\omega)=h(\tau)+\displaystyle\sum_{n=0}^{\tau-1}2h(n)\cos[\omega(n-\tau)]$	相位函数 幅度函数	$\theta(\omega)=-\dfrac{\pi}{2}-\tau\omega$ $H_g(\omega)=\displaystyle\sum_{n=0}^{\tau-1}2h(n)\sin[\omega(n-\tau)]$
	适用滤波器类型	低通、高通、带通、带阻	适用滤波器类型	只能实现带通
情况二	约束条件	$h(n)=h(N-1-n)$ N 为偶数	约束条件	$h(n)=-h(N-1-n)$ N 为偶数
	相位函数 幅度函数	$\theta(\omega)=-\tau\omega$ $H_g(\omega)=\displaystyle\sum_{n=0}^{\frac{N}{2}-1}2h(n)\cos[\omega(n-\tau)]$	相位函数 幅度函数	$\theta(\omega)=-\dfrac{\pi}{2}-\tau\omega$ $H_g(\omega)=\displaystyle\sum_{n=0}^{\frac{N}{2}-1}2h(n)\sin[\omega(n-\tau)]$
	适用滤波器类型	低通、带通	适用滤波器类型	高通、带通

注：情况三位于第二类线性相位上部，情况四位于第二类线性相位下部。

【例 10.2.2】已知系统的单位脉冲响应为 $h(n)=\{1,2,1\}$，试回答下列问题：

① 判断该 FIR 滤波器是否为线性相位滤波器；

② 写出系统的幅度函数和相位函数；

扫码看视频

③ 当输入为 $x(n) = 4 + 3\left(\dfrac{\pi}{3}n - \dfrac{\pi}{2}\right) + 3\cos\left(\dfrac{7}{8}\pi n\right)$ 时，求输出 $y(n)$，并讨论输出是否符合群时延为常数的线性相位特性。

解：① 因为 $h(n)$ 一共有三项，即 $N = 3$，$h(n)$ 的值关于 $n = 1$ 对称，即满足：

$$h(n) = h(N - 1 - n)$$

所以该系统为第一类线性相位 FIR 滤波器的情况一。

② 由表 10-1 情况一所示公式可得：

群时延：

$$\tau = \frac{N - 1}{2} = \frac{3 - 1}{2} = 1$$

系统相位函数：$\theta(\omega) = -\tau\omega = -\omega$

系统幅度函数：（因为 $\tau = 1$ 和式只有一项相加）

$$H_g(\omega) = h(\tau) + \sum_{n=0}^{\tau - 1} 2h(n)\cos[\omega(n - \tau)] = h(1) + 2h(0)\cos(-\omega)$$
$$= 2 + 2 \times 1\cos\omega = 2 + 2\cos\omega$$

③ 其实在【例 10.1.1】中我们直接计算也求出了与上式相同的系统的幅频和相频特性，②是直接套用公式代换出来的，当然两者之间是有区别的，此处 $H_g(\omega)$ 从定义上是不等于 $\left|H(\mathrm{e}^{\mathrm{j}\omega})\right|$ 的，应该是 $\left|H_g(\omega)\right| = \left|H(\mathrm{e}^{\mathrm{j}\omega})\right|$。$2 + 2\cos\omega$ 是恒大于零的，所以二者刚好相等。

本题系统输入有三个频点：0、$\dfrac{\pi}{3}$、$\dfrac{7\pi}{8}$，直接利用【例 10.1.1】的结论将其转换一下得到：

$$y(n) = 16 + 9\cos\left(\frac{\pi}{3}n - \frac{\pi}{2} - \frac{\pi}{3}\right) + 0.4567\cos\left(\frac{7}{8}\pi n - \frac{7\pi}{8}\right)$$
$$= 16 + 9\cos\left[\frac{\pi}{3}(n - 1) - \frac{\pi}{2}\right] + 0.4567\left[\frac{7}{8}\pi(n - 1)\right]$$

可看出，当系统群时延为常数，即具有线性相位时，系统内所有频率成分的延迟都是相同的（本例 $\tau = 1$），这就是群时延为 τ 在系统传输时对频率信号作用的具体表现。

【**例 10.2.3**】某滤波器的系统函数为 $H(z) = 0.15 + 0.2z^{-1} + 0.3z^{-2} + 0.2z^{-3} + 0.15z^{-4}$，试回答下列问题：

① 分析该滤波器是否属于 FIR 滤波器。

② 写出滤波器的单位脉冲响应 $h(n)$，判断该滤波器是否具有线性相位特性，若是，请说明该滤波器属于第几类线性相位。

③ 这个滤波器是低通滤波器吗？为什么？

④ 如滤波器输入为 $x(n) = \delta(n) + \delta(n - 1)$，求滤波器输出 $y(n)$。

解：① 因为滤波器的系统函数明显没有反馈项，所以是 FIR 滤波器。

② 根据式（10.1.4）可由 $H(z)$ 系数直接写出系统单位脉冲响应为：

扫码看视频

$$h(n) = \{0.15, 0.2, 0.3, 0.2, 0.15\}$$

$h(n)$ 长度 $N=5$，关于 $n=2$ 偶对称，即 $h(n)=h(N-1-n)$，对称项符合 $\tau=\dfrac{N-1}{2}=2$，所以这是一个第一类线性相位滤波器，N 为奇数，属于情况一。

③ 由表 10-1 情况一给出的公式可写出系统幅度函数为：

$$H_d(\omega) = h(\tau) + \sum_{n=0}^{\tau-1} 2h(n)\cos\omega(n-\tau)$$

$$= h(3) + 2h(0)\cos(-\omega\tau) + 2h(1)\cos\omega(1-\tau) = 0.3 + 0.3\cos(2\omega) + 0.4\cos(\omega)$$

为计算滤波器的通带，先计算下列值：

$$H_d(0) = 1$$

$$\left| H_d\left(\frac{\pi}{4}\right) \right| = 0.583$$

$$\left| H_d\left(\frac{\pi}{3}\right) \right| = 0.35$$

$$\left| H_d\left(\frac{\pi}{2}\right) \right| = 0$$

说明该滤波器随着频率增加幅频特性的权值是不断减小的，在 $\omega=\dfrac{\pi}{2}$ 时幅频特性已降低到 0，该滤波器是低通滤波器。该滤波器的幅频特性曲线如图 10-3 所示。

④ 系统输入信号为 $x(n)=\delta(n)+\delta(n-1)$，改写成集合形式得到：$x(n)=\{1,1\}$，序列输入系统后系统的输出为：

$$y(n) = x(n) * h(n)$$

直接用对位相乘相加法可得到输出 $y(n)=\{0.15, 0.35, 0.5, 0.5, 0.35, 0.15\}$。

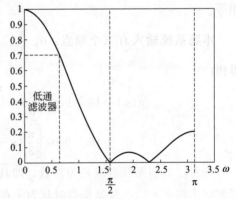

图 10-3 【例 10.2.3】图

【例 10.2.4】已知两个第一类线性相位滤波器的单位脉冲响应分别为：

$$h_1(n) = \{-0.08, -0.05, 0, 0.09, 0.18, 0.25,$$
$$0.28, 0.25, 0.18, 0.09, 0, -0.05, -0.08\}$$

$$h_2(n) = \{0.3, 0, 0.5, 0, 0, 0, -0.3, 0, 0, 0, 0.5,$$
$$0, 0.3\}$$

请判断这两个滤波器是哪一类线性相位滤波器；这两个滤波器都是低通滤波器吗？

解： 由这两个系统的单位脉冲响应中每个样值的关系可以看出，这两个系统都属于长度为 13，关于 $n=6$ 偶对称的第一类线性相位滤波器。计算它们的幅频响应如图 10-4 所示，由图 10-4(a) 可知，$h_1(n)$ 是一个低通滤波器；由图 10-4(b) 可知，$h_2(n)$ 有两个比较明显的通带，在 $0.1\pi(0.3) \sim 0.3\pi(0.9)$ 频段，可用于带通滤波器，但是 $0\sim0.3$ 也存在较明显的增益，所以该滤波性能不是很明确，也可以利用零点特性实现零陷滤波器，或者两个波段的梳状滤波器。

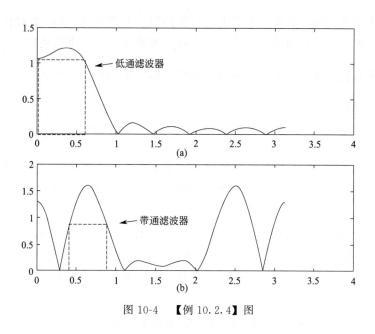

图 10-4 【例 10.2.4】图

10.2.2 线性相位 FIR 滤波器的特点

（1）线性相位 FIR 滤波器的幅度特性

表 10-1 所示的四种情况的滤波器表明，若要得到一个线性相位滤波器，系统单位脉冲响应 $h(n)$ 的对称性和序列长度的奇偶性都是重要的指标。如果设计一个经典滤波器，表 10-1 中还标出了四种情况分别适用于何种滤波器。下面我们重点分析为什么四种情况分别适用于不同功能的滤波器设计。

首先看情况一，在约束条件中并没有限定单位脉冲响应的具体形式，但是要求样值偶对称，且要求单位脉冲响应的长度 N 为奇数。下面以一个实际的 $h(n)$ 为例，画出其幅度特性分析情况一为什么适用各种（低通、高通、带通、带阻）经典滤波器。

【例 10.2.5】已知 FIR 滤波器的单位脉冲响应 $h(n)=\{1, 2, 1\}$，画出其幅度函数波形图并分析其能够实现何种经典滤波器。

解：由【例 10.2.2】所求幅度函数变换为 $H_g(\omega)=2+2\cos\omega$。

根据数字频率 ω 的周期性，可求出几个特殊值的幅度函数值及对称性如下：

$\because H_g(-\omega)=2+2\cos(-\omega)=H_g(\omega)$，说明 $H_g(\omega)$ 是偶函数，关于 $\omega=0$ 对称；

$H_g(\pi+\omega)=2+2\cos(\pi+\omega)=2-2\cos\omega=H_g(\pi-\omega)$，即 $H_g(\omega)$ 关于 $\omega=\pi$ 对称，同理还可证明 $H_g(\omega)$ 关于 $\omega=-\pi$ 对称。

其最大值为 $\omega=0$ 时，$H_g(0)=2+2\cos0=4$，由数字频率的周期性还可求出当 $\omega=2k\pi$ 都可得到 $H_g(\omega)$ 的最大值。

当 $\omega=\pm\pi$ 时，$H_g(\pi)=2+2\cos\pi=0$。

由此粗略画出 $H_g(\omega)$ 的波形如图 10-5（a）所示，按照数字滤波器的分类可知，该滤波器比较适合做低通滤波器，但是由于滤波器关于 $\omega=\pi$ 是偶对称的，只要零点不处于 π

处，也可以用于设计高通滤波器。事实上，根据情况一计算的 $H_g(\omega)$ 的对称性情况，只要适当调整零点位置，可以得到低通、高通、带通、带阻等各种经典滤波器。

下面我们来分析情况二，单位脉冲响应为偶对称，N 为偶数，因为 $\tau = \dfrac{N-1}{2} = \dfrac{N}{2} - \dfrac{1}{2}$，$N$ 为偶数，当 $\omega = \pi$ 时，

$$\cos\left[\omega(n-\tau)\right] = \cos\left[\pi\left(n-\dfrac{N}{2}-\dfrac{1}{2}\right)\right] = \cos\left[\pi\left(n-\dfrac{N}{2}\right)+\dfrac{\pi}{2}\right] = -\sin\left[\pi\left(n-\dfrac{N}{2}\right)\right] = 0$$

而且 $\cos\left[\omega(n-\tau)\right]$ 关于过零点奇对称，关于 $\omega = 0$，2π 偶对称，所以 $H_g(\pi) \equiv 0$，因此情况二不能实现高通和带阻功能，只能用于设计低通和带通滤波器。$H_g(\omega)$ 的波形如图 10-5（b）所示。

对于情况三，单位脉冲响应为奇对称，N 为奇数，这是第二类线性相位滤波器。当 $\omega = 0$、π、2π 时，$H_g(\omega) = 0$，且 $H_g(\omega)$ 对这些频率呈奇对称，故它不能用于低通、高通和带阻滤波器设计，只适合实现带通滤波器。其幅度函数波形的对称性示意图如图 10-5(c) 所示。

对于情况四，单位脉冲响应为奇对称，N 为偶数，$H_g(\omega)$ 在 $\omega = 0$、2π 的值都是零，关于 $\omega = \pi$ 偶对称，因此不能用来实现低通和带阻滤波器，可以用来实现高通和带通滤波器。幅度函数如图 10-5(d) 所示。

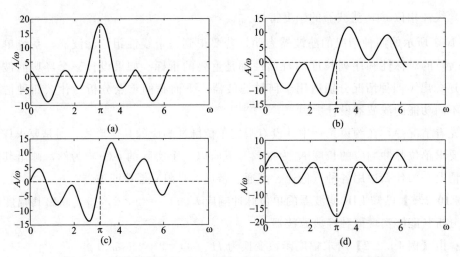

图 10-5　四种情况的 $H_g(\omega)$ 在 $H_g(0)$、$H_g(\pi)$ 的对称关系示意图

另外关于表 10-1 中 $H_g(\omega)$ 的表达式，直接使用 $h(n)$ 及其长度 N 作为基本参数给出公式，而没有进一步结合 N 的奇偶性做最终讨论，因为这样表示起来比较简洁，而且四种情况的公式比较接近，利于记忆，只要像上述讨论情况二那样将奇偶性代入式中进行进一步推导就可以得到大多数教材上给出的表达式。

（2）线性相位 FIR 滤波器的零点特性

由于线性相位 FIR 滤波器的单位脉冲响 $h(n)$ 应具有对称性，其单位脉冲响应是长度为 N 的有限长序列，即：

$$h(n) = \pm h(N-1-n), 0 \leqslant n \leqslant N-1$$

对上式 z 变换，得到：

$$H(z) = \sum_{n=0}^{N-1} h(n) z^{-n} = \pm \sum_{n=0}^{N-1} h(N-1-n) z^{-n}$$

令 $m = N-1-n$ 代入上式，得：

$$H(z) = \pm \sum_{n=0}^{N-1} h(m) z^{-(N-1-m)} = \pm z^{-(N-1)} \sum_{n=0}^{N-1} h(m) z^{m} = \pm z^{-(N-1)} H(z^{-1})$$

即线性相位 FIR 滤波器的系统函数具有下式的特点：

$$H(z) = \pm z^{-(N-1)} H(z^{-1}) \tag{10.2.6}$$

可以看出，若 $z = z_k$ 是系统的零点，则 $z = \dfrac{1}{z_k}$ 也是系统的零点，当 $h(n)$ 为实序列时，$H(z)$ 的零点必定会共轭成对出现，所以 $z = z_k^*$ 和 $z = \dfrac{1}{z_k^*}$ 也必定是零点。由于线性相位 FIR 滤波器是全零点系统，零点的位置配置实际上也是对 $h(n)$ 约束条件的一种体现，它为我们提供了一种基于零极点分布约束条件的线性相位 FIR 滤波器系统函数角度设计的思路。因果稳定系统的零点在 z 平面有四种类别的位置，如下所列情况。

情况一，零点位置既不在实轴上，也不在单位圆上　这样的零点有互为倒数的两对共轭对，如图 10-6(a) 所示，这是最普通的零点形式，必须两对配齐才能利用其对称性获得线性相位。所以两对共轭复数极点得到的系统函数为：

$$H(z) = (1 - r_k e^{j\theta_k} z^{-1})(1 - r_k e^{-j\theta_k} z^{-1}) \left(1 - \frac{1}{r_k} e^{j\theta_k} z^{-1}\right) \left(1 - \frac{1}{r_k} e^{-j\theta_k} z^{-1}\right)$$

式中，$r_k e^{j\theta_k}$ 和 $r_k e^{-j\theta_k}$ 是一对共轭复数，$\dfrac{1}{r_k} e^{j\theta_k}$ 和 $\dfrac{1}{r_k} e^{-j\theta_k}$ 是由 $r_k e^{j\theta_k}$ 的倒数构成的另一对共轭复数，因为共轭和倒数关系，上式可化简得到实系数 $H(z)$ 为：

$$H(z) = 1 + az^{-1} + bz^{-2} + az^{-3} + z^{-4} \tag{10.2.7}$$

其中：

$$a = -2 \left(\frac{r_k^2 + 1}{r_k}\right) \cos\theta_k, b = r_k^2 + \frac{1}{r_k} + 4\cos\theta_k$$

从图 10-6(a) 中可以很方便地观察到 r_k 和 θ_k 的值，在设计滤波器时，只要知道了一个这种零点的位置，另外三个零点也必须存在才能满足约束条件，必定会两对同时出现。

情况二，零点位置在单位圆上，但不在实轴上　这样的零点为单位圆上的一对共轭零点，它的模 $r_k = 1$，则系统函数表示为：

$$H(z) = (1 - e^{j\theta_k} z^{-1})(1 - e^{-j\theta_k} z^{-1}) = 1 - 2\cos\theta_k z^{-1} + z^{-2} \tag{10.2.8}$$

这种情况的零点分布如图 10-6(b) 所示。

情况三，零点位置在实轴上，但不在单位圆上　零点可以有两种情况，当零点在正实轴上时，其相位为零，即 $z_{k1} = r_k$ 和 $z_{k2} = \dfrac{1}{r_k}$；当零点在负实轴上时，零点为 $z_{k1} = r_k e^{-j\pi} = -r_k$，另一个极点是 $z_{k2} = -\dfrac{1}{r_k}$，即同为正实轴和负实轴的一对大小互为倒数的实数零点。图 10-6(c) 示意了正实零点的形式。此时系统函数为：

$$H(z) = (1 - r_k z^{-1})\left(1 - \frac{1}{r_k} z^{-1}\right) \tag{10.2.9}$$

情况四，零点位置既在单位圆上，又在实轴上　此时只有一个零点，不会像其他情况那样成对出现。$z_k = 1$ 或者 $z_k = -1$。这相当于是情况三的一个特例。

此时系统函数为：

$$H(z) = 1 - z^{-1} \text{ 或 } H(z) = 1 + z^{-1} \tag{10.2.10}$$

在表 10-1 中表示的线性相位 FIR 滤波器四种情况对应的滤波器设计应用中我们可以看到，除了情况一适合各种经典滤波器之外，其他几种由于对称性对频响特性的影响，会因为在 $H(0)$、$H(\pi)$ 处出现零值，而不适合实现相应滤波器的通带特性，它们的零点也同样具有对应特征。对于情况二，$h(n)$ 偶对称，N 为偶数，$H(\pi) = 0$，必有单零点 $z_k = -1$。情况三，$h(n)$ 奇对称，N 为奇数，$H(0) = H(\pi) = 0$，两个零点 $z_k = \pm 1$ 都会有。而对于情况四，$h(n)$ 奇对称，N 为偶数，$H(0) = 0$，必有零点 $z_k = 1$；如图 10-6(d) 所示。

上述四种位置的极点会出现在不同的线性相位 FIR 系统中，根据它们的对称规律，已知其中几个零点位置，就可以推断其滤波器的最小阶数。

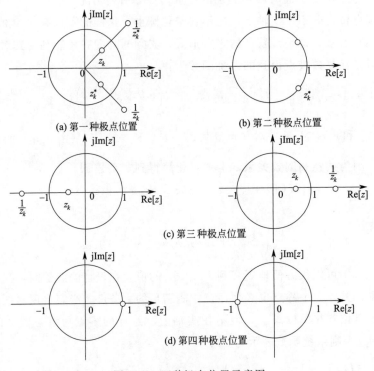

图 10-6　四种极点位置示意图

【例 10.2.6】已知一个线性相位 FIR 系统有零点 $z = 1$，$z = e^{j\frac{\pi}{3}}$，$z = \frac{3}{5}$，$z = 3e^{j\frac{2}{3}\pi}$，请问：

① 这个系统是否还有其他零点，若有，请写出，若没有请给出理由。

② 写出该系统的系统函数，并说明滤波器的阶数和单位脉冲响应 $h(n)$ 的长度最少为多少。

③ 根据系统配置的零点情况，请说明该滤波器是否可以用于设计线性相位的低通滤波器。

④ 该系统的极点在哪？系统是否稳定？

解：① 题目给出的零点有四种，它们有各自的对称性，所以有些不是单独存在的，根据线性相位 FIR 滤波器零点的特性，可以算出该系统中最少零点的个数。

$z = 1$ 属于情况四，是一个单的极点；$z = \mathrm{e}^{\mathrm{j}\frac{\pi}{3}}$ 属于单位圆上但是不在实轴上的情况二，所以有一对；$z = \dfrac{3}{5}$ 是在实轴上但是不在单位圆上的情况三，是有两个互为倒数的实极点；$z = 3\mathrm{e}^{\mathrm{j}\frac{2}{3}\pi}$ 是既不在实轴也不在单位圆上的情况一，所以有两对即 4 个零点，综上所述，该系统应该有 9 个零点。

② 由式(10.2.7)～式(10.2.10) 所示的每个零点构成的子系统 $H(z)$ 级联即可得到对应系统的系统函数，先计算所需的参数。

$z = 1$ 对应的子系统由式(10.2.10) 得到：

$$H_1(z) = 1 - z^{-1}$$

$z = \mathrm{e}^{\mathrm{j}\frac{\pi}{3}}$ 的零点对应的子系统由式(10.2.8) 得到：

$$H_2(z) = 1 - 2\cos\theta_k \times z^{-1} + z^{-2} = 1 - 2\cos\frac{\pi}{3}z^{-1} + z^{-2} = 1 - z^{-1} + z^{-2}$$

$z = \dfrac{3}{5}$ 的零点对应的子系统由式(10.2.9) 得到：

$$H_3(z) = (1 - r_k z^{-1})\left(1 - \frac{1}{r_k}z^{-1}\right) = \left(1 - \frac{3}{5}z^{-1}\right)\left(1 - \frac{5}{3}z^{-1}\right)$$

$z = 3\mathrm{e}^{\mathrm{j}\frac{2}{3}\pi}$ 的极点对应的子系统由式(10.2.7) 得到，其中参数为：

$$a = -2\left(\frac{r_k^2 + 1}{r_k}\right)\cos\theta_k = -2\left(\frac{9+1}{3}\right)\cos\left(\frac{2}{3}\pi\right) = \frac{10}{3}$$

$$b = r_k^2 + \frac{1}{r_k^2} + 4\cos\theta_k = 9 + \frac{1}{9} - 4 \times 0.5 = \frac{64}{9}$$

$$H_4(z) = 1 + az^{-1} + bz^{-2} + az^{-3} + z^{-4} = 1 + \frac{10}{3}z^{-1} + \frac{64}{9}z^{-2} + \frac{10}{3}z^{-3} + z^{-4}$$

$$\therefore H(z) = KH_1(z)H_2(z)H_3(z)H_4(z)$$

$$= (1 - z^{-1})(1 - z^{-1} + z^{-2})\left(1 - \frac{3}{5}z^{-1}\right)\left(1 - \frac{5}{3}z^{-1}\right)\left(1 + \frac{10}{3}z^{-1} + \frac{64}{9}z^{-2} + \frac{10}{3}z^{-3} + z^{-4}\right)$$

K 为正实数，是系统的增益或加权系数，若不是特殊说明，也可以取 $K = 1$。

该滤波器为 9 阶滤波器，单位脉冲响应的长度为 $N = 10$。

③ 因为系统存在 $z = 1$ 的零点时会使得 $H(0) = 0$，所以不能用于低通滤波器。

④ 线性相位 FIR 滤波器在原点有一 9 阶极点，由于原点到单位圆的距离恒为 1，系统永远稳定。

10.3 窗函数法设计 FIR 滤波器

窗函数法设计线性相位 FIR 滤波器是一种利用已知理想滤波器的频响 $H_d(\mathrm{e}^{\mathrm{j}\omega})$ 和给定

滤波器的技术指标，设计一个物理可实现滤波器的方法。这种方法沿用了 IIR 数字滤波器设计的思想，即给出了各种滤波器单位脉冲响应具体解析式，只要确定使用的窗函数类型和单位脉冲响应序列的长度 N 即可得到符合条件的 FIR 线性相位滤波器。

10.3.1　窗函数法设计 FIR 滤波的基本思路

从【例 10.2.4】给出的两个序列可以看出，如果要设计一个通带特性较好的经典滤波器，一些没有规律的数据组合得到的频响特性可能不符合要求，所以需要用一些特殊的序列作为单位脉冲响应。

由于理想经典滤波器的幅频特性为频域的矩形，由表 4-3 中所示的序列傅里叶变换对

$$\frac{\omega_c}{\pi}\text{Sa}(\omega_c n) \leftrightarrow G_{2\omega_c}(e^{j\omega}) = \begin{cases} 1 & |\omega| < \omega_c \\ 0 & \omega_c < |\omega| < \pi \end{cases}$$

它表示时域序列 $\frac{\omega_c}{\pi}\text{Sa}(\omega_c n)$ 的傅里叶变换是一个关于 $j\omega$ 轴对称的矩形，实际上就是一个理想的低通滤波器。如果我们能够用序列 $\frac{\omega_c}{\pi}\text{Sa}(\omega_c n)$ 去构造 FIR 滤波器的单位脉冲响应 $h(n)$，就可以得到一个理想低通滤波器，而不是像【例 10.2.4】那样盲目地验证一些数据组合而让其得到一个合适的幅频响应特性。图 10-7 给出 $x(n) = 8\text{Sa}\left(\frac{\pi}{8}n\right)$ 波形及其移位示意图。

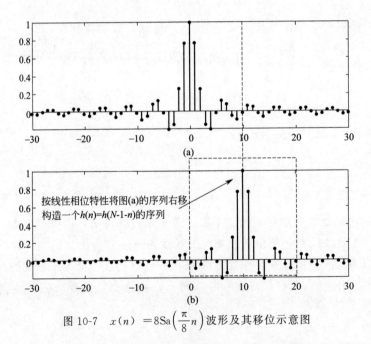

图 10-7　$x(n) = 8\text{Sa}\left(\frac{\pi}{8}n\right)$ 波形及其移位示意图

从图 10-7(a) 中可以看出，这个序列已经具备了一种偶对称特性，但是如果要作为线性相位滤波器的单位脉冲响应，它还存在两个问题，一是该波形是关于 $n=0$ 偶对称的，在 $n > 0$ 时，无法找到合适的对称轴实现 $h(n) = h(N-1-n)$；另一个问题是 n 的范围为 $-\infty$

$<n<+\infty$，不是有限值，这是两个不利于构造线性相位滤波器的因素。解决这两个问题的办法是对序列进行移位和截断。

图 10-7(b) 示意了将序列右移 10，中心轴 $n=10$ 的波形，从 0~20 这 21 个样值就获得了偶对称性，但是超过这个范围的序列就不满足对称特性了，所以还需要对原始序列进行截断。在时域的截断可以通过乘以 $R_N(n)$ 得到。$R_N(n)$ 在滤波器设计时称为矩形窗，同时与 $R_N(n)$ 相乘的截断操作也叫加窗。

假设要设计的理想低通滤波器幅频特性为：

$$H_{dg}(\omega)=\begin{cases}1 & |\omega|<\omega_c \\ 0 & \omega_c<|\omega|<\pi\end{cases}$$

对应的单位脉冲响应为：

$$h_{dg}(n)=\frac{\omega_c}{\pi}\mathrm{Sa}(\omega_c n)$$

为了满足线性相位要求，需要将 $h_{dg}(n)$ 右移，一般右移的位数为群时延 τ，右移后得到的序列称为理想单位脉冲响应，记为 $h_d(n)$，其解析式为：

$$h_d(n)=h_{dg}(n-\tau)=\frac{\omega_c}{\pi}\mathrm{Sa}[\omega_c(n-\tau)] \tag{10.3.1}$$

式中，n 的范围是 $-\infty<n<+\infty$，仍属于无限脉冲响应类型。为了实现有限脉冲响应滤波器，还需将其截断，即乘以 $R_N(n)$，所以实际真正能用于理想低通滤波器设计的单位脉冲响应为：

$$h(n)=h_d(n)R_N(n) \tag{10.3.2}$$

另外，从图 10-7 还可以看到，序列右移的位数 τ 与截断序列长度 N 的关系为：

$$\tau=\frac{N-1}{2} \tag{10.3.3}$$

上式正好是线性相位滤波器的群时延。

对式(10.3.1) 应用傅里叶变换的时移特性得到理想线性相位滤波器的频谱为：

$$H_d(\mathrm{e}^{j\omega})=\begin{cases}\mathrm{e}^{-j\omega\tau} & |\omega|<\omega_c \\ 0 & \omega_c<|\omega|<\pi\end{cases} \tag{10.3.4}$$

上式表明，序列时移在频谱上产生了一个相位偏移，这个相位为

$$\theta(\omega)=-\omega\tau \tag{10.3.5}$$

满足线性相位要求。

这就是采用窗函数法设计滤波的基本思路。通过加矩形窗可以得到所求滤波器的单位脉冲响应为：

$$h(n)=\frac{\omega_c}{\pi}\mathrm{Sa}[\omega_c(n-\tau)]R_N(n)$$

因为 $\mathrm{Sa}(\omega_c n)=\dfrac{\sin\omega_c n}{\omega_c n}$，代入上式中可将 $h(n)$ 写成如下形式：

$$h(n)=\frac{\sin[\omega_c(n-\tau)]}{\pi(n-\tau)}R_N(n) \tag{10.3.6}$$

式(10.3.6) 是式(10.3.4) 所示的理想低通滤波的单位脉冲响应解析式，在确定了 N 之后很容易写出所设计的滤波器的单位脉冲响应 $h(n)$。

矩形窗是窗函数法设计中较常用的一种，为了获得不同的滤波器过渡带特性，目前在窗函数设计法常用的窗函数还有三角窗（Bartlett Window）、汉宁窗（Hanning Window，也叫升余弦窗）、哈明窗（Hamming Window，改进的升余弦窗）、布莱克曼窗（Blackman Window）、凯赛-贝塞尔窗（Kaiser-Basel Window）等，各种窗的时域序列用 $w(n)$ 表示，如果选定了理想单位脉冲响应为 $h_d(n)$，则符合要求的线性相位滤波器的单位脉冲响应

$$h(n) = h_d(n)w(n) \tag{10.3.7}$$

式(10.3.2) 是 $w(n) = R_N(n)$ 的一个特例。各种窗函数的单位脉冲响应如表 10-2 所示。

表 10-2 常用窗函数的单位脉冲序列

序号	窗函数名	$w(n)$
1	矩形窗	$w_R(n) = R_N(n)$
2	三角窗	$w_B(n) = \begin{cases} \dfrac{2}{N-1}n, 0 \leqslant n \leqslant \dfrac{1}{2}(N-1) \\ 2 - \dfrac{2}{N-1}n, \dfrac{1}{2}(N-1) \leqslant n \leqslant N-1 \end{cases}$
3	汉宁窗	$w_{Ha}(n) = 0.5\left[1 - \cos\left(\dfrac{2\pi}{N-1}n\right)\right]R_N(n)$
4	哈明窗	$w_{Hm}(n) = \left[0.54 - 0.46\cos\left(\dfrac{2\pi}{N-1}n\right)\right]R_N(n)$
5	布莱克曼窗	$w_{Bl}(n) = \left[0.42 - 0.5\cos\left(\dfrac{2\pi}{N-1}n\right) + 0.08\cos\left(\dfrac{4\pi}{N-1}n\right)\right]R_N(n)$
6	凯赛-贝塞尔窗	$w_k(n) = \dfrac{I_0(\beta)}{I_0(\alpha)}, 0 \leqslant n \leqslant N-1$

注：凯赛-贝塞尔窗是一种参数可调的最优窗函数，式中

$$\beta = \alpha\sqrt{1 - \left(\frac{2}{N-1}n - 1\right)^2}$$

$I_0(\beta)$ 是第一类修正贝塞尔函数，可用下列级数计算：

$$I_0(\beta) = 1 + \sum_{k=1}^{\infty} \frac{1}{k!}\left[\left(\frac{\beta}{2}\right)^k\right]^2$$

随着数字信号处理的不断发展，学者们提出的窗函数已经多达几十种，各种窗函数都是数学应用的宝贵资源。图 10-8 是三角窗、汉宁窗、哈明窗和布莱克曼窗的函数波形示意图。

当理想 $h_d(n)$ 与矩形窗相乘时，$h_d(n)$ 的大小不变，但是与上述四个函数的采样值相乘时，对称轴两边的样值衰减很大，这种衰减会在一定程度上改善滤波器的过渡带带宽。

10.3.2 加窗对滤波器频率特性的影响

事实上，在用窗函数法设计 FIR 滤波器时，由 $h_d(n)$ 求出对应的 $H_d(e^{j\omega})$ 是比较简单的，时域对序列的截断所用的运算是乘法，选择不同窗函数只要在 $h_d(n)$ 的基础上再乘以表 10-2 所示的常用窗函数序列即可得到所求的滤波器单位脉冲响应，是一个固定的模式。但是时域的简单往往带来的是频域的复杂。式(10.3.2) 所示的最后一个步骤，时域加窗是

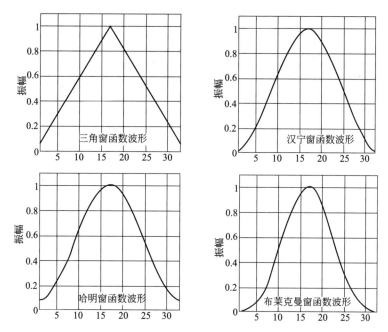

图 10-8　三角窗、汉宁窗、哈明窗和布莱克曼窗的函数波形示意图

乘法运算，根据傅里叶变换的频域卷积定理，两个函数的频谱运算是卷积。在第 5 章我们已经介绍过截断会带来码间干扰和频谱泄漏，这些影响在滤波器设计中同样存在。

利用式（4.2.6）的结论可知，矩形窗 $R_N(n)$ 的频谱为：

$$R_N(n) \leftrightarrow \mathrm{e}^{-\mathrm{j}(N-1)\frac{\omega}{2}} \frac{\sin\dfrac{\omega N}{2}}{\sin\dfrac{\omega}{2}}$$

图 10-9 所示为一个 8 点矩形窗频谱图。图中可看到矩形窗的幅度特性函数（以下简称窗谱）由主瓣和旁瓣构成，其中主瓣的两个过零点分别为 $\pm\dfrac{2\pi}{N}$，主瓣宽度为 $\dfrac{4\pi}{N}$，一个 N 点矩形窗函数，在 $0\sim 2\pi$ 区间内有 $N-1$ 个过零点，过零点的频率为 $\dfrac{2\pi}{N}k$，$0\leqslant k\leqslant N-1$。$N$ 值越大，过零点间隔越小，在区间内分布的旁瓣数量会更多。

当理想低通滤波器的单位脉冲响应 $h_d(n)$ 加窗时，即 $h(n)=h_d(n)R_N(n)$，由序列傅里叶变换的复频域卷积定理，实际滤波器的傅里叶变换（频谱）为：

$$h_d(n)R_N(n) \leftrightarrow \frac{1}{2\pi}\mathrm{e}^{-\mathrm{j}\omega\tau} * \left(\mathrm{e}^{-\mathrm{j}\omega\tau} \frac{\sin\dfrac{\omega N}{2}}{\sin\dfrac{\omega}{2}}\right)$$

上式中用群时延 $\tau=\dfrac{N-1}{2}$ 简化表达式，令系统的幅频特性为 $H(\mathrm{e}^{\mathrm{j}\omega})$，由卷积定义可得：

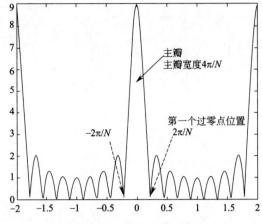

图 10-9　8 点矩形窗频谱图

$$H(e^{j\omega}) = \frac{1}{2\pi}\int_{-\pi}^{+\pi} e^{-j\xi\tau} e^{-j(\omega-\xi)\tau} \frac{\left[\sin\frac{N}{2}(\omega-\xi)\right]}{\sin\left[\frac{1}{2}(\omega-\xi)\right]} d\xi$$

$$= \frac{1}{2\pi} e^{-j\omega\tau} \int_{-\pi}^{+\pi} \frac{\left[\sin\frac{N}{2}(\omega-\xi)\right]}{\sin\left[\frac{1}{2}(\omega-\xi)\right]} d\xi$$

按式(10.2.1) 的方法将 $H(e^{j\omega})$ 分成幅度函数和相位函数两个部分：

$$\begin{cases} H_g(\omega) = \frac{1}{2\pi}\int_{-\pi}^{+\pi} \frac{\sin\left[\frac{N}{2}(\omega-\xi)\right]}{\sin\left[\frac{1}{2}(\omega-\xi)\right]} d\xi \\ \\ \theta(\omega) = -\omega\tau \end{cases}$$

从 $\theta(\omega)$ 很容易判断，这是一个第一类线性相位 FIR 滤波器。

直接求 $H_g(\omega)$ 波形有一定的难度，我们可以通过讨论几个特殊值来分析卷积后滤波器幅度性能的影响。在讨论中设滤波器截止频率为 ω_c，窗函数主瓣宽度为 $\frac{4\pi}{N}$，主瓣的两个过零点为 $\pm\frac{2\pi}{N}$。根据卷积的图解法原理可知，卷积时窗函数频谱在 ξ 上移动，与理想低通滤波器的矩形相乘求面积，ω 表示窗函数频谱移过的频率。在求面积的过程中，当窗函数主瓣和旁瓣全部在理想低通滤波器的矩形频谱内时，面积与主、旁瓣位置关系，旁瓣正负等因素都有关，因此通带内会在矩形的直线附近出现振荡曲线；另一方面，窗函数的主瓣到达理想低通滤波器的截止频率这个跳变点时，也会出现大的跳变，这是我们对用窗函数法设计滤波器时，滤波器频谱特性的一个直觉。下面讨论的特殊点是我们确定滤波器实际频响与理想低通滤波器之间的差异的关键点。

① 当 $\omega=0$ 时：

$$H_g(0) = \frac{1}{2\pi} \int_{-\omega_c}^{\omega_c} \frac{\sin\left(-\frac{N}{2}\xi\right)}{\sin\left(-\frac{1}{2}\xi\right)} \mathrm{d}\xi$$

当 $\omega_c \gg \frac{2\pi}{N}$ 时:

$$H_g(0) \approx \frac{1}{2\pi} \int_{-\omega_c}^{\omega_c} \frac{\sin\xi}{\xi} \mathrm{d}\xi = 1$$

② 当 $\omega = \omega_c$ 时:

$$H_g(\omega_c) = \frac{1}{2\pi} \int_{-\omega_c}^{\omega_c} \frac{\left[\sin\frac{N}{2}(\omega_c - \xi)\right]}{\sin\left[\frac{1}{2}(\omega_c - \xi)\right]} \mathrm{d}\xi$$

此时窗函数的频谱一半在积分区内,一半在积分区外,窗谱曲线围成的面积近似为 $\omega = 0$ 时的一半,即:

$$H_g(\omega_c) = \frac{H_g(0)}{2} = \frac{1}{2}$$

③ 当 $\omega = \omega_c - \frac{2\pi}{N}$ 时,取得最大值:

$$H_g\left(\omega_c - \frac{2\pi}{N}\right) = \frac{1}{2\pi} \int_{-\omega_c}^{\omega_c} \frac{\left[\sin\frac{N}{2}\left(\omega_c - \frac{2\pi}{N} - \xi\right)\right]}{\sin\left[\frac{1}{2}\left(\omega_c - \frac{2\pi}{N} - \xi\right)\right]} \mathrm{d}\xi = 1.0895 H(0) = 1.0895$$

此时窗谱的主瓣全部处于积分区间,而其中最大的负旁瓣刚好移出积分区间,这时得到的面积是最大值,形成所谓的正肩峰。之后随着 ω 的增加,$H_g(\omega)$ 的值不断减小,进入滤波器的过渡带。

④ 当 $\omega = \omega_c + \frac{2\pi}{N}$ 时,取得最小值:

$$H_g\left(\omega_c + \frac{2\pi}{N}\right) = -0.0895 H(0)$$

此时窗谱主瓣刚好全部移出积分区间,而其中最大的负旁瓣仍然在区间内,因此得到最小值,形成负肩峰。之后随着 ω 的增大,$H_g(\omega)$ 的值振荡不断减少,形成滤波器阻带波动。矩形窗与理想低通滤波器卷积结果如图 10-10 所示。

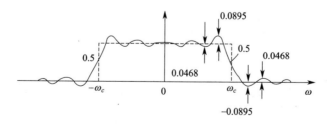

图 10-10 矩形窗与理想低通滤波器卷积结果

由此可以看出，序列加窗截断对理想低通滤波器频响特性会产生以下影响：

① 理想滤波器的边带特性由跳变演化为过渡带，过渡带的精确宽度是两个肩峰之间的频率，即主瓣宽度。由于窗谱的主瓣与长度 N 成反比，可以通过增加滤波器的长度来减小过渡带带宽。在工程中，过渡带的宽度是指阻带衰减和通带衰减对应的频率差，这个频率差小于主瓣宽度，对于矩形窗截断的滤波器，其过渡带的近似值一般取 $\dfrac{1.8\pi}{N}$，这样得到的阶数比用精确值时要少一些，利于滤波器的实现。

② 通带和阻带都会出现起伏。正如我们所感觉的，波动是由窗函数的旁瓣引起的，旁瓣越密集，波动越多；且旁瓣频率间隔越小，相对值越大，波动越剧烈；阻带内的波动与通带的波动相同。

这种在对 $h_d(n)$ 加窗截断时，由于窗函数频谱的旁瓣在滤波器通带阻带内产生波动的现象称为吉布斯现象。

根据上述分析可以得出结论：过渡带带宽与窗函数的窗长 N 有关，N 越大，过渡带越窄；而通带、阻带波动与旁瓣相对幅度有关，是由窗函数的类型决定的。

其他四种窗函数的幅频特性对数曲线如图 10-11 所示。

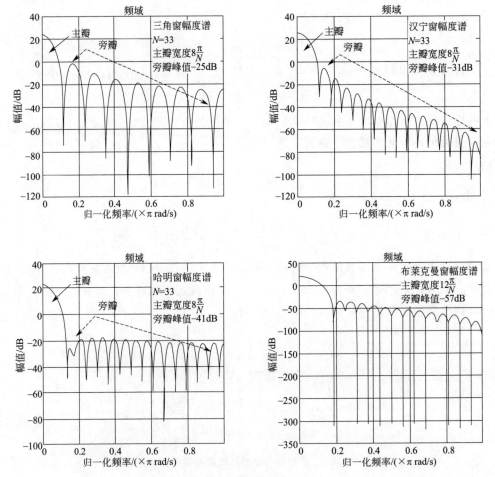

图 10-11　其他四种窗函数幅频特性对数曲线示意图（以 $N=33$ 点为例）

由图 10-11 可以看到，各种窗函数的主瓣、旁瓣指标都不一样，从而也会带来滤波器过渡带和波动特性的不同。表 10-3 总结了窗函数的基本参数。

表 10-3　五种窗函数的基本参数

窗函数	旁瓣峰值幅度/dB	窗函数主瓣宽度	过渡带带宽	阻带最小衰减
矩形窗	-13	$\dfrac{4\pi}{N}$	$\dfrac{1.8\pi}{N}$	-21
三角窗	-25	$\dfrac{8\pi}{N}$	$\dfrac{6.1\pi}{N}$	-25
汉宁窗	-31	$\dfrac{8\pi}{N}$	$\dfrac{6.2\pi}{N}$	-44
哈明窗	-41	$\dfrac{8\pi}{N}$	$\dfrac{6.6\pi}{N}$	-53
布莱克曼窗	-57	$\dfrac{12\pi}{N}$	$\dfrac{11\pi}{N}$	-74

注:过渡带带宽是指过渡带近似值。

10.3.3　窗函数设计法设计线性相位滤波器的步骤

上述分析中涉及的理想滤波器模型是理想低通滤波，在设计经典滤波时所用其他类型的滤波器理想模型的时域、频域表达式如表 10-4 所示。

表 10-4　理想线性相位经典滤波时域、频域函数

滤波器	频域理想幅度函数	理想单位脉冲响应$h_d(n)$
低通	$H_d(\mathrm{e}^{\mathrm{j}\omega})=\begin{cases}\mathrm{e}^{-\mathrm{j}\omega\tau} & \lvert\omega\rvert<\omega_c \\ 0 & \omega_c<\lvert\omega\rvert<\pi\end{cases}$	$\begin{cases}\dfrac{\sin[\omega_c(n-\tau)]}{\pi(n-\tau)} & n\neq\tau,0\leqslant n\leqslant N-1 \\ \dfrac{\omega_c}{\pi} & n=\tau(\tau\text{ 为整数时})\end{cases}$
高通	$H_d(\mathrm{e}^{\mathrm{j}\omega})=\begin{cases}\mathrm{e}^{-\mathrm{j}\omega\tau} & \omega_c<\lvert\omega\rvert<\pi \\ 0 & \lvert\omega\rvert<\omega_c\end{cases}$	$\begin{cases}-\dfrac{\sin[\omega_c(n-\tau)]}{\pi(n-\tau)} & n\neq\tau \\ 1-\dfrac{\omega_c}{\pi} & n=\tau(\tau\text{ 为整数时})\end{cases}$
带通	$H_d(\mathrm{e}^{\mathrm{j}\omega})=\begin{cases}\mathrm{e}^{-\mathrm{j}\omega\tau} & \omega_1<\lvert\omega\rvert<\omega_2 \\ 0 & \text{其他}\end{cases}$	$\begin{cases}\dfrac{\sin[\omega_2(n-\tau)]-\sin[\omega_1(n-\tau)]}{\pi(n-\tau)} & n\neq\tau \\ \dfrac{\omega_2-\omega_1}{\pi} & n=\tau(\tau\text{ 为整数时})\end{cases}$
带阻	$H_d(\mathrm{e}^{\mathrm{j}\omega})=\begin{cases}\mathrm{e}^{-\mathrm{j}\omega\tau} & 0<\lvert\omega\rvert<\omega_1 \\ 0 & \omega_c<\lvert\omega\rvert<\pi\end{cases}$	$\begin{cases}\dfrac{\sin[\omega_h(n-\tau)]-\sin[\omega_l(n-\tau)]+\sin[\pi(n-\tau)]}{\pi(n-\tau)} & n\neq\tau \\ 1-\dfrac{\omega_h-\omega_l}{\pi} & n=\tau(\tau\text{ 为整数时})\end{cases}$

注意：① 高通滤波器还有另一种表示方法为：

$$h_{dH}(n)=\delta(n-\tau)-\frac{\sin[\omega_c(n-\tau)]}{\pi(n-\tau)}$$

因为 $\delta(n-\tau)$ 在 $n\neq\tau$ 时为零，所以两种表示方法其实是相同的。

② 表 10-4 中，τ 为整数存在的值，同时也意味着 τ 不为整数时该结果不存在。

窗函数法设计线性相位 FIR 滤波器可用的结论分别在表 10-2～表 10-4 中可以查到，设计起来十分方便。用窗函数法设计线性相位 FIR 滤波器的步骤总结如下。

步骤一 滤波器指标计算。FIR 滤波器的参数和 IIR 滤波器是相同的，但是由于过渡带是计算 FIR 滤波器的主要指标，所以在 FIR 滤波器设计时需要计算的频率参数主要有过渡带带宽、3dB 截止频率。其中，过渡带带宽为：

$$B_t = |\omega_p - \omega_s| \qquad (10.3.8)$$

式中，ω_p 是通带截止频率；ω_s 是阻带截止频率。

在表 10-4 中给出的参数为 3dB 截止频率 ω_c，在实际需要设计的滤波器中通常会给出 ω_p 和 ω_s，ω_c 近似等于两者的中点，可用下式进行近似计算：

$$\omega_c = \frac{|\omega_p + \omega_s|}{2} \qquad (10.3.9)$$

另外，带通滤波器需要将上下通带阻带截止频率参数进行合并计算，具体方法可见【例 10.3.3】。

步骤二 选择窗函数，计算窗函数的长度。

选择窗函数的方法是由表 10-3 中阻带最小衰减要求来判断应选择哪种窗。比如要求阻带最小衰减为 50dB，那就只有 −53dB 和 −74dB 符合要求，哈明窗和布莱克曼窗都可以。

计算窗函数长度是在确定窗函数后，由表 10-4 中查到对应窗函数的过渡带带宽，结合过渡带带宽可求出窗函数的长度 N。比如用矩形窗，则在表中查到公式为：

$$B_t = \frac{1.8\pi}{N}$$

可推出矩形窗长度为：

$$N = \left\lceil \frac{1.8\pi}{B_t} \right\rceil \quad （\lceil\ \rceil 表示向上取整） \qquad (10.3.10)$$

为了计算方便，各种窗函数长度计算公式如表 10-5 所示。

表 10-5 窗函数长度计算公式

窗函数	矩形窗	三角窗	汉宁窗	哈明窗	布莱克曼窗
长度 N	$\left\lceil\dfrac{1.8\pi}{B_t}\right\rceil$	$\left\lceil\dfrac{6.1\pi}{B_t}\right\rceil$	$\left\lceil\dfrac{6.2\pi}{B_t}\right\rceil$	$\left\lceil\dfrac{6.6\pi}{B_t}\right\rceil$	$\left\lceil\dfrac{11\pi}{B_t}\right\rceil$

注意：上述公式计算值需要向上取整，一般情况下取 N 为奇数，对应的是第一类线性相位情况一，可用于低通、高通、带通、带阻等各种经典滤波器；若取 N 为偶数，则对应的是情况二，只能用于低通和带通滤波器。

步骤三 根据频响函数 $H_d(e^{j\omega})$ 的形式，确定滤波器的类型并确定 $h_d(n)$ 的形式〔如已经知需设计的滤波类型，可直接查表 10-2 得到所用 $h_d(n)$〕，并代入计算好的参数（包括 $\tau = \dfrac{N-1}{2}$）。另外，在表 10-4 中，当选择的长度 N 为偶数时会出现 τ 不为整数的情况，则此时会缺少 $n = \tau$ 时对应的直流项，读者在使用表格时要注意。

步骤四 将选择好的窗函数 $w(n)$ 和理想滤波单位脉冲响应 $h_d(n)$ 相乘，

$$h(n) = w(n)h_d(n), n = 0, 1, 2, \cdots, N-1$$

即为所求滤波器单位脉冲响应。

步骤五 计算 FIR 滤波器的频响 $H(e^{j\omega})$，并检验各项指标，如不符合要求，则需要重

新修改 N 和或另选其他窗函数（通常步骤五是在计算机辅助下设计完成的）。

【例 10.3.1】利用窗函数法设计一个线性相位高通滤波器，要求通带截止频率 $\omega_p = 0.5\pi$（rad），阻带截止频率 $\omega_s = 0.25\pi$，通带最大衰减为 $\alpha_p = 1\text{dB}$，阻带最小衰减为 $\alpha_s = 40\text{dB}$。

解：步骤一 滤波器参数计算：

$$B_t = |\omega_p - \omega_s| = 0.5\pi - 0.25\pi = 0.25\pi$$

$$\omega_c = \frac{|\omega_p + \omega_s|}{2} = \frac{3\pi}{8}$$

步骤二 选择窗函数：由已知条件知阻带最小衰减为 $\alpha_s = 40\text{dB}$，通过表 10-3 最后一列的指标可以查到，汉宁窗、哈明窗和布莱克曼窗都可以符合要求，三个窗之中汉宁窗过渡带带宽对长度要求较小，可以选择汉宁窗（选择另两个窗型也可以，看题目是否有其他约束条件）。

由表 10-5 可知：

$$N = \left\lceil \frac{6.2\pi}{B_t} \right\rceil = \left\lceil \frac{6.2\pi}{0.25\pi} \right\rceil = 25$$

则：

$$\tau = \frac{N-1}{2} = 12$$

步骤三 根据上述选择查表 10-2、表 10-4 确定窗函数和滤波器的理想单位脉冲响应形式，并代入计算出的参数可得到：

窗函数为

$$w_{Ha}(n) = 0.5\left[1 - \cos\left(\frac{2\pi}{N-1}n\right)\right]R_N(n) = 0.5\left[1 - \cos\left(\frac{\pi}{12}n\right)\right]R_{25}(n)$$

高通滤波器理想单位脉冲响应为：

$$h_d(n) = \begin{cases} -\dfrac{\sin[\omega_c(n-\tau)]}{\pi(n-\tau)} = -\dfrac{\sin\left[\frac{3\pi}{8}(n-12)\right]}{\pi(n-12)} & n \neq 12 \\[3mm] 1 - \dfrac{\omega_c}{\pi} = \dfrac{5}{8} & n = 12 \end{cases}$$

则写出所设计的滤波器单位脉冲响应为：

$$h(n) = w_{Ha}(n)h_d(n) = \begin{cases} 0.5\left[\cos\left(\frac{\pi}{12}n\right) - 1\right]\dfrac{\sin\left[\frac{3\pi}{8}(n-12)\right]}{\pi(n-12)}R_{25}(n) & n \neq 12 \\[3mm] \dfrac{5}{8}0.5\left[1 - \cos\left(\frac{\pi}{12}\times 12\right)\right] = \dfrac{5}{8} & n = 12 \end{cases}$$

【例 10.3.2】根据下列指标设计一个线性相位 FIR 低通滤波器，给定采样频率 10kHz，通带截止频率为 2kHz，阻带截止频率 3kHz，阻带衰减为 53dB。

解： 求滤波器参数并将其转化成数字频率：

$$B_t = |\omega_p - \omega_s| = 2\pi \frac{(3-2)k}{10k} = 0.2\pi$$

截止频率：

$$\omega_c = 2\pi \frac{\dfrac{(2+3)k}{2}}{10k} = 0.5\pi$$

阻带衰减为53dB，查表10-5可知哈明窗能满足要求，所以由表10-5计算滤波器单位脉冲响应长度为：

$$N = \left\lceil \frac{6.6\pi}{B_t} \right\rceil = 33$$

$$\tau = \frac{N-1}{2} = 16$$

则窗函数为：

$$w_{Hm}(n) = \left[0.54 - 0.46\cos\left(\frac{2\pi}{N-1}n\right)\right]R_N(n) = \left[0.54 - 0.46\cos\left(\frac{\pi}{16}n\right)\right]R_{32}(n)$$

题干要求设计的是低通滤波器，即：

$$h_d(n) = \begin{cases} \dfrac{\sin[\omega_c(n-\tau)]}{\pi(n-\tau)} = \dfrac{\sin[0.5\pi(n-16)]}{\pi(n-16)}, & n \neq 16 \\[2mm] \dfrac{\omega_c}{\pi} = 0.5, & n = 16 \end{cases}$$

所以有滤波器的单位脉冲响应为：

$$h(n) = w_{Hm}(n)h_d(n) = \begin{cases} \left[0.54 - 0.46\cos\left(\dfrac{\pi}{16}n\right)\right]\left\{\dfrac{\sin[0.5\pi(n-16)]}{\pi(n-16)}\right\}R_{32}(n), & n \neq 16 \\[2mm] 0.5\left[0.54 - 0.46\cos\left(\dfrac{\pi}{16}n\right)\right] = 0.5, & n = 16 \end{cases}$$

【例10.3.3】 已知带通滤波器的理想频域特性函数为：

$$H_d(e^{j\omega}) = \begin{cases} e^{-j\omega\tau} & \omega_1 < |\omega| < \omega_2 \\ 0 & \text{其他} \end{cases}$$

通带衰减为通带上截止频率为 $\omega_{p2} = 0.5\pi$，通带下截止频率为 $\omega_{p1} = 0.3\pi$，阻带上截止频率为 $\omega_{s2} = 0.6\pi$，阻带下截止频率为 $\omega_{s1} = 0.2\pi$，通带衰减为 $\alpha_p = 1\text{dB}$，阻带最小衰减为 $\alpha_s = 21\text{dB}$，旁瓣最小衰减为31dB。试设计满足设计指标的线性相位FIR滤波器。

解： 由题目所给的理想频域特性函数形式可知，这是一个带通滤波器。

对于带通滤波器，应转换成等效低通滤波器的技术指标，设计方法与模拟滤波器设计是一样的，即先将题干中通带阻带的上下截止频率转换成上截止频率 ω_2 和下截止频率 ω_1：

$$\omega_2 = \frac{1}{2}(\omega_{p2} + \omega_{s2}) = 0.55\pi$$

$$\omega_1 = \frac{1}{2}(\omega_{p1} + \omega_{s1}) = 0.25\pi$$

所需滤波器过渡带带宽为：

$$B_t = |\omega_{p1} - \omega_{s1}| = 0.1\pi$$

本题中上下截止频率相减得到的过渡带带宽是相等的，所以属于对称的情况，不需要校正，否则应按第 8 章带通滤波器设计方法进行校正。

由于所求阻带最小衰减为 $\alpha_s = 21\text{dB}$，本来选矩形窗就可以满足条件，但是后面还有一个附加条件，即要求旁瓣最小衰减为 31dB，查表 10-3 中旁瓣峰值幅度可知同时满足两个要求的只有汉宁窗，由此计算窗函数的长度为：

$$N = \left\lceil \frac{6.2\pi}{B_t} \right\rceil = 62$$

$$\tau = \frac{N-1}{2} = 30.5$$

窗函数为：

$$w_{Ha}(n) = 0.5 \left[1 - \cos\left(\frac{2\pi}{N-1} n \right) \right] R_N(n) = 0.5 \left[1 - \cos\left(\frac{2\pi}{61} n \right) \right] R_{62}(n)$$

根据上述选择查表 10-2、表 10-4 确定窗函数和理想单位脉冲响应形式，写出所设计的滤波器单位脉冲响应为：

$$h_d(n) = \frac{\sin[\omega_2(n-\tau)] - \sin[\omega_1(n-\tau)]}{\pi(n-\tau)} = \frac{\sin[0.55\pi(n-30.5)] - \sin[0.25\pi(n-30.5)]}{\pi(n-30.5)}$$

将计算出的参数代入 $h(n) = w_{Ha}(n) h_d(n)$ 即可得到：

$$h(n) = 0.5 \left[1 - \cos\left(\frac{2\pi}{61} n \right) \right] \frac{\sin[0.55\pi(n-30.5)] - \sin[0.25\pi(n-30.5)]}{\pi(n-30.5)} R_{62}(n)$$

注意：① 算出 N 是偶数的情况要注意，因为窗函数法设计滤波器属于第一类线性相位滤波器，有两种情况，其中 N 为偶数是情况二，只能设计低通滤波器和带通滤波器，本例中是可以选择 $N=62$ 的，但是如果要求设计的是高通和带阻，则应将该长度调整到 63。

② 因为 N 为偶数，τ 不是整数，所以没有 $h(\tau)$，不存在直流项。

③ 由于本书对整个窗函数法设计函数用表格进行了整理，所以在解题时可直接查表得到结果。在大多数教材的例题中，完整的设计流程一般是已知 $H_d(e^{j\omega})$，反变换得到 $h_d(n)$，如果数学基础好也可以直接通过计算得到，不需要查表。

【例 10.3.4】 某系统的输入 $x(t) = 0.4\cos(160\pi t) + 0.5\cos(200\pi t) + 0.4\cos(240\pi t)$，系统采样频率为 1000Hz。先需要用一个数字滤波器将 100Hz 频率保留下来，其他频率成分幅度要衰减到 0.01 以下，且滤波器过渡带带宽要小于 10Hz，具有线性相位。请确定滤波器类型、通带截止频率、窗函数类型、窗长及滤波器长度，求出系统的 $h(n)$ 及其相位响应函数。

解： 分析，在输入信号中有三个频率，80Hz、100Hz 和 120Hz，要保留中间 100Hz 频率，滤除较低和较高的两个频率，所以应该采用带通滤波。题目中要求滤除的频率幅度衰减到 0.01 以下，这里隐含的信息是阻带衰减，但只给出了幅度的衰减，所以需要将其转换成对数，才能查表找到窗函数类型；带通滤波器需要四个频率参数，通带阻带上截止频率和通带阻带下截止频率，根据题意，画出如图 10-12 所示示意图。

① 计算带通滤波器等效上下截止频率

$$\omega_2 = \frac{1}{2}(\omega_{p2} + \omega_{s2}) = \frac{1}{2}\left(\frac{2\pi \times 110}{1000} + \frac{2\pi \times 120}{1000} \right) = 0.23\pi$$

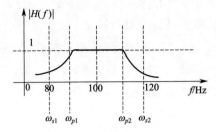

图 10-12 滤波器频带分布与数字滤波器设计参数示意图

$$\omega_1 = \frac{1}{2}(\omega_{p1} + \omega_{s1}) = \frac{1}{2}\left(\frac{2\pi \times 80}{1000} + \frac{2\pi \times 90}{1000}\right) = 0.17\pi$$

② 计算滤波器过渡带带宽数字频率

$$B_t = \frac{2\pi}{1000} \times 10 = 0.02\pi$$

③ 计算阻带衰减

$$\alpha_s \leqslant -20\lg\left(\frac{0.01}{0.4}\right) = 32$$

④ 确定窗长

查表 10-3 可知,该阻带衰减条件适用汉宁窗,根据表中的计算参数可求出窗长为:

$$N \geqslant \frac{6.2\pi}{B_t} = 310$$

因为采用窗函数法设计的 FIR 滤波器属于第一类线性相位,N 为偶数是情况二,可以用于带通滤波器,所以选择 $N = 310$,则:

$$\tau = \frac{N-1}{2} = 154.5$$

⑤ 查表

在表 10-2 中查得汉明窗的窗函数为:

$$w_{Ha}(n) = 0.5\left[1 - \cos\left(\frac{2\pi}{N-1}n\right)\right]R_N(n) = 0.5\left[1 - \cos\left(\frac{2\pi}{309}n\right)\right]R_{310}(n)$$

在表 10-4 查得理想带通滤波器单位脉冲响应为:

$$h_d(n) = \frac{\sin[\omega_2(n-\tau)] - \sin[\omega_1(n-\tau)]}{\pi(n-\tau)}$$
$$= \frac{\sin[0.23\pi(n-154.5)] - \sin[0.17\pi(n-154.5)]}{\pi(n-154.5)}$$

代入计算出的参数即可得到:

$$h(n) = w_{Ha}(n)h_d(n)$$
$$= 0.5\left[1 - \cos\left(\frac{2\pi}{309}n\right)\right]\frac{\sin[0.23\pi(n-154.5)] - \sin[0.17\pi(n-154.5)]}{\pi(n-154.5)}R_{310}(n)$$

因为窗长为 $N = 310$,滤波器的长度为 $N-1 = 309$;

相位响应函数 $\theta(\omega) = -\tau\omega = -154.5\omega$。

注意:① 本题也可以选 $N = 311$,在计算时注意不要漏掉直流项。

② 本题要求的过渡带带宽很小，所以 FIR 滤波器的长度到了 309 阶，其实很难实现，若将过渡带带宽扩大 10 倍，阶数可降为 30 阶的量级，就具有一定的现实意义了。

10.4 频域抽样法设计 FIR 滤波器

10.4.1 频域抽样法的基本思想

（1）频域抽样法的基本思路

窗函数法设计线性相位 FIR 滤波器是从时域出发，把理想的单位脉冲响应 $h_d(n)$ 用窗函数截断，从而得到性能逼近的滤波器。但是在一般情况下，滤波器的技术指标是由频域给出的，在频域内设计更为直接。这种方法称为频域抽样法。

设希望逼近的滤波器频率响应函数用 $H_d(e^{j\omega})$ 表示，对 $H_d(e^{j\omega})$ 在 $\omega \in [0, 2\pi]$ 范围内等间隔采样 N 点，得到幅度抽样值 $H_{dg}(k)$，即：

$$H_{dg}(k) = H_d(e^{j\omega}) \big|_{\omega = \frac{2\pi}{N}k} \tag{10.4.1}$$

幅度抽样值 $H_{dg}(k)$ 与相位函数抽样值相结合得到：

$$H_d(k) = H_{dg}(k) e^{j\theta(k)}$$

$H_d(k)$ 是实际设计 FIR 滤波的频率特性抽样值，对 $H_d(k)$ 做 IDFT（离散傅里叶反变换）即可得到所设计系统的单位脉冲响应：

$$h(n) = \frac{1}{N} \sum_{k=0}^{N-1} H_d(k) e^{j\frac{2\pi}{N}nk} = \frac{1}{N} \sum_{k=0}^{N-1} H_d(k) W_N^{-nk} \tag{10.4.2}$$

上式表示，如果对需要完成的系统频响进行频域抽样，再进行 DFT 反变换即可得到系统的单位脉冲响应。

所以，频域抽样法是利用 DFT 原理来实现的，这就意味着假设 $h(n)$ 为实序列，它应该满足 DFT 的共轭对称性，即：

$$|H_d(k)| = |H_d(N-k)| \tag{10.4.3}$$

$$\varphi(k) = -\varphi(n-k) \tag{10.4.4}$$

也就是说，频域抽样法是先构造一个频谱抽样序列 $H_d(k)$，抽样点的值必须首先具有共轭对称性，才能使用 IDFT 得到所需 $h(n)$。

（2）频域抽样点与线性相位约束

前面我们分析过，不是所有的 FIR 滤波器都能满足线性相位特性。因此，在频域抽样法中，要遵循线性相位的约束条件，即 $h(n)$ 应满足偶对称 $h(n) = h(N-1-n)$ 或奇对称 $h(n) = -h(N-1-n)$，根据表 10-1 所示两种线性相位特性分析幅度函数、相位函数在线性约束下的情况如下：

① 第一类线性相位滤波器，$h(n)$ 满足约束条件 $h(n) = h(N-1-n)$，在 $0 \leqslant \omega \leqslant 2\pi$ 内，有

$$\theta(\omega) = -\frac{N-1}{2}\omega$$

N 为奇数时，$H_{dg}(\omega)=H_{dg}(2\pi-\omega)$，关于 $\omega=\pi$ 偶对称；

N 为偶数时，$H_{dg}(\omega)=-H_{dg}(2\pi-\omega)$，关于 $\omega=\pi$ 奇对称。

因此，相位函数抽样值：

$$\theta(k)=\theta(\omega)\Big|_{\omega=\frac{2\pi}{N}k}=-\left(\frac{N-1}{2}\right)\left(\frac{2\pi}{N}k\right)=-\frac{N-1}{N}\pi k,\ k=0,1,\cdots,N-1 \quad (10.4.5)$$

频率函数抽样值 $H_g(k)$：

$$N \text{ 为奇数时}，H_{dg}(k)=H_{dg}(N-k),k=0,1,\cdots,N-1 \quad (10.4.6)$$

$$N \text{ 为偶数时}，H_{gd}(k)=-H_{dg}(N-k)，\text{且} H_{dg}\left(\frac{N}{2}\right)=0,k=0,1,\cdots,N-1 \quad (10.4.7)$$

② 第二类线性相位滤波器，$h(n)$ 满足约束条件 $h(n)=-h(N-1-n)$，在 $0\leqslant\omega\leqslant2\pi$ 内，有：

$$\theta(\omega)=\frac{\pi}{2}-\frac{N-1}{2}\omega$$

N 为奇数时，$H_{dg}(\omega)=-H_{dg}(2\pi-\omega)$，$H_{dg}(0)=H_{dg}(\pi)=H_{dg}(2\pi)=0$，关于 $\omega=\pi$ 奇对称；

N 为偶数时，$H_{dg}(\omega)=H_{dg}(2\pi-\omega)$，关于 $\omega=\pi$ 偶对称，$H_{dg}(0)=H_{dg}(2\pi)=0$。

因此，相位函数抽样值：

$$\theta(k)=\theta(\omega)\Big|_{\omega=\frac{2\pi}{N}k}=\frac{\pi}{2}-\frac{N-1}{N}\pi k,k=0,1,\cdots,N-1 \quad (10.4.8)$$

频率函数抽样值 $H_{dg}(k)$：

$$N \text{ 为奇数时}，H_{dg}(k)=-H_d(N-k),H_{dg}(0)=0,k=0,1,\cdots,N-1 \quad (10.4.9)$$

$$N \text{ 为偶数时}，H_{dg}(k)=H_d(N-k),H_{dg}(0)=0,k=0,1,\cdots,N-1 \quad (10.4.10)$$

以上由 DFT 序列对称性与相位约束关系推导出频率函数抽样值，$H_{dg}(k)$ 的对称性是充分条件。

【例 10.4.1】已知低通滤波的幅频响应如图 10-13 所示，截止频率为 0.5π，设 N 等于 4，用频域抽样法设计线性相位滤波器。按 $N=4$ 在 $0\leqslant\omega\leqslant2\pi$ 等间隔抽样，得到逼近滤波器的幅度采样值为：

$$H_{dg}(k)=\begin{cases}1 & k=0,1\\0 & k=2\end{cases}$$

回答下列问题：

①写出该滤波器的单位脉冲响应 $h(n)$；②判断该 FIR 系统的类型。

解： 由题意知，$H_{dg}(k)$ 是对 $H_d(e^{j\omega})$ 的抽样，抽样点数 $N=4$，根据 DFT 序列的对称性，应该有 $|H_d(k)|=|H_d(4-k)|$，即第 $k=3$ 点 $H_{dg}(k)$ 的值 $|H_d(4-3)|=|H_d(1)|=1$，进一步，为了满足相位约束条件，选择偶对称 $H_d(4-3)=H_d(1)$，由此补齐了题目给出的序列，即：

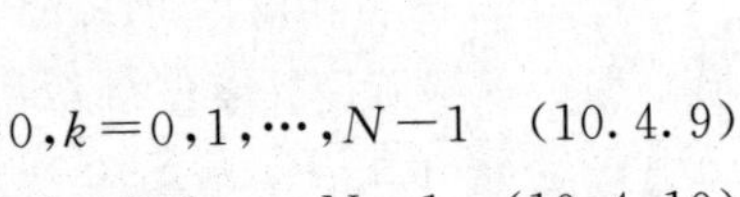

图 10-13　【例 10.4.1】图

$$H_{dg}(k)=\begin{cases}1 & k=0,1,3\\0 & k=2\end{cases}$$

并满足 $H_{dg}(0)=0$，这就是理想抽样序列完整的样值 ［注意最后一点是根据所给的 $H_{dg}(k)$ 结合 DFT 序列的特点由设计者补上的］。

结合式（10.4.5）计算 $\theta(k)=-\dfrac{N-1}{N}\pi k=-\dfrac{3}{4}\pi k$，

则构造的 FIR 滤波器频域抽样序列为：

$$H_d(k)=\begin{cases}H_{dg}(k)\,\mathrm{e}^{\mathrm{j}\theta(k)}=\mathrm{e}^{-\mathrm{j}\frac{3}{4}\pi k} & k=0,1,3\\[2mm] 0 & k=2\end{cases}$$

对 $H_d(k)$ 做 IDFT，得到：

$$h(n)=\mathrm{IDFT}\,[H_d(k)]=\frac{1}{N}\sum_{k=0}^{N-1}H_d(k)W_N^{-nk}=\frac{1}{N}\sum_{k=0}^{N-1}\mathrm{e}^{-\mathrm{j}\frac{3}{4}\pi k}\,\mathrm{e}^{\mathrm{j}\frac{2}{4}\pi nk}$$

$$=\frac{1}{4}\left[1+\mathrm{e}^{-\mathrm{j}\frac{3}{4}\pi}\,\mathrm{e}^{\mathrm{j}\frac{2}{4}\pi n}+\mathrm{e}^{-\mathrm{j}\frac{9}{4}\pi}\,\mathrm{e}^{-\mathrm{j}\frac{6}{4}\pi n}\right]R_4(n)$$

$$=\frac{1}{4}\left[1+\mathrm{e}^{-\mathrm{j}\frac{3}{4}\pi}\,\mathrm{e}^{\mathrm{j}\frac{1}{2}\pi n}+\mathrm{e}^{\mathrm{j}\frac{3}{4}\pi}\,\mathrm{e}^{-\mathrm{j}\frac{1}{2}\pi n}\right]R_4(n)$$

$$=\left\{1+2\cos\left[\frac{\pi}{2}\left(n-\frac{3}{2}\right)\right]\right\}R_4(n)$$

$$h(N-1-n)=\left\{1+2\cos\left[\frac{\pi}{2}\left(3-n-\frac{3}{2}\right)\right]\right\}=\left\{1+2\cos\left[\frac{\pi}{2}\left(n-\frac{3}{2}\right)\right]\right\}=h(n)$$

所以设计的 FIR 滤波器为第一类线性相位滤波器，N 为偶数属于第二种情况。

在上例中，对 $H_{dg}(k)$ 后半周期取偶对称时，虽然设计的 $h(n)$ 后半周期实际频谱 $H_{dg}(2\pi-\omega)$ 与设计者的设定幅度相反，但前半个周期的频响可以保证符合设计要求。

频域抽样法设计线性相位 FIR 滤波器单位脉冲响应 $h(n)$ 参考形式见表 10-6。

表 10-6　频域抽样法设计线性相位 FIR 滤波器单位脉冲响应参考形式

类型	N	系统单位脉冲响应一般形式
第一类线性相位	奇数	$h(n)=\dfrac{2}{N}\left\{\displaystyle\sum_{k=0}^{\tau-1}H_d(k)\cos\left[\dfrac{2\pi}{N}(n-\tau)k\right]\right\}R_N(n)$
第一类线性相位	偶数	$h(n)=\dfrac{1}{N}\left\{1+2\displaystyle\sum_{k=1}^{\frac{N}{2}-1}H_d(k)\cos\left[\dfrac{2\pi}{N}(n-\tau)k\right]\right\}R_N(n)$
第二类线性相位	奇数	$h(n)=\dfrac{2}{N}\left\{\displaystyle\sum_{k=0}^{\tau-1}H_d(k)\sin\left[\dfrac{2\pi}{N}(n-\tau)k\right]+\dfrac{\pi}{2}\right\}R_N(n)$
第二类线性相位	偶数	$h(n)=\dfrac{1}{N}\left\{1+\displaystyle\sum_{k=1}^{\frac{N}{2}-1}H_d(k)\sin\left[\dfrac{2\pi}{N}(n-\tau)k+\dfrac{\pi}{2}\right]\right\}R_N(n)$

比如【例 10.4.1】中，设计一个 4 点偶对称 $H_d(k)$，适用第 2 行表格，$\dfrac{2\pi}{N}=\dfrac{\pi}{2}$，$\tau=\dfrac{N-1}{2}=\dfrac{3}{2}$，$H_d\left(\dfrac{N}{2}\right)=0$，完全满足设计条件，则直接将参数代入公式得：

$$h(n)=\frac{1}{N}\left\{1+2\sum_{k=1}^{\frac{N}{2}-1}H_d(k)\cos\left[\frac{2\pi}{N}(n-\tau)k\right]\right\}R_N(n)$$

$$= \frac{1}{4} \left\{ 1 + 2\cos\left[\frac{\pi}{2}\left(n - \frac{3}{2}\right)\right] \right\} R_4(n)$$

可知与例题的结果是相同的。

(3) 频域抽样法的设计误差与改进措施

① 时域误差的原因及解决办法 上述频域抽样设计法设计 FIR 线性相位滤波器是在理想状态上通过定理转换得到的结果，事实上，如果待设计的滤波器频率响应为 $H_d(e^{j\omega})$，对应的单位脉冲响应 $h_d(n)$ 为：

$$h_d(n) = \frac{1}{2\pi}\int_{-\pi}^{\pi} H_d(e^{j\omega})\, e^{j\omega n}\, d\omega$$

根据频域抽样定理，在频率 $0 \sim 2\pi$ 之间对 $H_d(e^{j\omega})$ 等间隔抽样 N 点，再利用 IDFT 得到的 $h(n)$ 以 N 为周期，再进行周期延拓，再乘以 $R_N(n)$，即实际上是：

$$h(n) = \sum_{r=-\infty}^{+\infty} h_d((n))_N R_N(n)$$

如果 $H_d(e^{j\omega})$ 有间断点，其单位脉冲响应 $h_d(n)$ 是无限长的。这样就会由于时域混叠而导致所设计的 $h(n)$ 与 $h_d(n)$ 有偏差，这与 DFT 中分析的各种问题都是相吻合的。所以在设计时，抽样点数 N 越大，混叠效应会相应减少，设计出来的滤波器性能越接近待设计的滤波器的理想频响 $H_d(e^{j\omega})$。

② 从频域角度分析的误差及解决办法 从频域上看，频率域等间隔抽样 $H_d(k)$，经过 IDFT 得到 $h(n)$，参考式(5.2.7) 可得 $h(n)$ 的 z 变换为：

$$H(z) = \frac{1 - z^{-N}}{N} \sum_{k=0}^{N-1} \frac{H(k)}{1 - e^{j\frac{2\pi}{N}k} z^{-1}} \tag{10.4.11}$$

其中 $e^{j\frac{2\pi}{N}k} = w_N^{-k}$，将 $z = e^{j\omega}$ 代入上式，得到：

$$H(e^{j\omega}) = \sum_{k=0}^{N-1} H(k)\, \Phi\left(\omega - \frac{2\pi}{N}k\right)$$

其中：

$$\Phi\left(\omega - \frac{2\pi}{N}k\right) = \frac{1}{N} \times \frac{\sin\left(\frac{\omega N}{2}\right)}{\sin\left(\frac{\omega}{2}\right)} e^{-j\omega\frac{N-1}{2}}$$

上式表明，在频域抽样点 $\omega = \frac{2\pi}{N}k$，$\Phi\left(\omega - \frac{2\pi}{N}k\right) = 1$，即 $H(e^{j\omega}) = H(k)$，逼近误差为 0；而在抽样点之间的值 $H(e^{j\omega_k})$，是由有限项 $\dfrac{H(k)}{1 - e^{j\frac{2\pi}{N}k} z^{-1}}$ 之和形成的，因而有一定逼近误差，这种误差的大小取决于理想滤波器响应的形状，理想滤波器相应越陡峭，则逼近误差越大，理想频率特性在非抽样点处会产生较大的肩峰和波纹。为了减小逼近误差，可以在理想频响边缘加上一些过渡的抽样点。如图 10-14 所示，增加不同过渡带点数可以获得不同的阻带衰减，从而改善滤波器的性能。过渡带抽样点数 m 与滤波器阻带最小衰减的经验值如表 10-7 所示。

表 10-7　过渡带抽样点数与滤波器阻带最小衰减经验值

m	1	2	3
α_s/dB	44～54	65～75	85～95

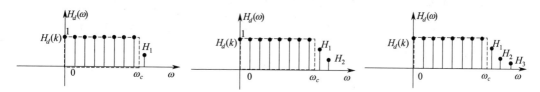

图 10-14　理想低通滤波器的过渡带优化示意图

经过实践可知，通过在过渡带多抽样几个点的方法，可以使得设计的滤波器特性更好地逼近设计目标滤波器。

10.4.2　频域抽样法设计 FIR 数字滤波器的步骤

综上所述，频域抽样法设计线性相位 FIR 滤波器的步骤如下：

① 根据阻带衰减 α_s 选择过渡带抽样点个数 m；

② 确定过渡带带宽 B_t 估算频域抽样点数 N。工程应用中可采用下式对滤波器单位脉冲响应 $h(n)$ 的长度进行估算：

$$N \geqslant (m+1)\frac{2\pi}{B_t} \tag{10.4.12}$$

③ 构造 $H_d(k) = H_{dg}(k)\mathrm{e}^{\mathrm{j}\theta(k)}$，根据 $H(\mathrm{e}^{\mathrm{j}\omega})$ 的形状和频域抽样点数写出 $H_{dg}(k)$ 的非零值、零值和过渡带抽样值，构造 $H_d(k)$；

④ 计算 $H_d(k)$ 的 IDFT 得到单位脉冲响应 $h(n)$ 及其系统函数 $H(z)$；

⑤ 验证滤波器是否满足设计指标，若不满足，需要调整滤波器长度以便获得较好的滤波效果。

【**例 10.4.2**】用频域抽样法设计第一类线性相位 FIR 滤波器，要求截止频率 $\omega_c = \dfrac{\pi}{16}$，过渡带带宽 $B_t = \dfrac{\pi}{32}$，阻带最小衰减 $\alpha_s = 30\mathrm{dB}$，设过渡带抽样点优化系数为 0.3904。

解： ① 查表 10-7 可知，阻带衰减指标要求对应的过渡带抽样点数为 1，故总抽样点数由式(10.4.12) 得：

$$N \geqslant (m+1)\frac{2\pi}{B_t} = \frac{4\pi}{\dfrac{\pi}{32}} = 128$$

因为是求低通滤波器，N 为偶数也可以满足设计要求，取 $N = 128$（若要求高通或带阻滤波器则应取奇数），则每个抽样点数对应的频率值为 $\omega_k = \dfrac{2\pi}{128}k = \dfrac{\pi}{64}k \to k = \dfrac{64\omega_k}{\pi}$。

② 构造 $H_d(k)$：在实际应用中，构造 $H_d(k)$ 主要是确定 $0\sim\pi$ 范围内，$k = 0\sim\dfrac{N}{2}$ 范围

通带非零样值的个数、过渡带抽样点 k 值，$\dfrac{N}{2} \sim N$ 的值则取偶对称关系即可。

通带点数：截止频率 $\dfrac{\pi}{16}$，则 $0 \sim \dfrac{\pi}{16}$ 的非零样值数的 k 值为 $0 \sim \dfrac{64 \times \frac{\pi}{16}}{\pi} = 4$。

过渡带的点数：1 点；N 为偶数；第一类线性相位，幅度偶对称 $H_{gd}(k) = H_{dg}(N-k)$，写出频域抽样点数写出 $H_{dg}(k)$ 为：

$$H_{dg}(k) = \begin{cases} 1 & k=0,1,2,3,4,124,125,126,127 \\ 0.3904 & k=5,123 \\ 0 & \text{其他} \end{cases}$$

其中，$k=0$，1，2，3，4，对应的是 $0 \sim \pi$ 范围内的非零值，$k=124$，125，126，127 是 $\pi \sim 2\pi$ 的偶对称取值；由式（10.4.5）写出相位函数 $\theta(k) = -\dfrac{N-1}{N}\pi k = -\dfrac{127}{128}\pi k$，根据这些信息写出理想抽样序列：

$$H_d(k) = \begin{cases} e^{-\frac{127}{128}\pi k} & k=0,1,2,3,4,124,125,126,127 \\ 0.3904 & k=5,123 \\ 0 & \text{其他} \end{cases}$$

则可求出所求系统的单位脉冲响应为：

$$\begin{aligned} h(n) &= \frac{1}{N}\sum_{k=0}^{N-1} H_d(k) W_N^{-nk} \\ &= \frac{1}{128}\left\{ 1 + 2\sum_{k=1}^{4}\cos\left[\frac{\pi}{64}(n-63.5)k\right] + 0.7808\cos\left[\frac{5\pi}{64}(n-63.5)\right]\right\} R_{128}(n) \end{aligned}$$

此时，$\tau = \dfrac{N-1}{2} = 63.5$。

根据式（10.4.11）写出系统函数为：

$$H(z) = \frac{1-z^{-N}}{N}\sum_{k=0}^{N-1}\frac{H(k)}{1-e^{j\frac{2\pi}{N}k}z^{-1}} = \frac{1-z^{-128}}{128}\left[\frac{1}{1-z^{-1}} + \frac{0.7808}{1-e^{j\frac{5\pi}{64}}z^{-1}} + \sum_{k=1}^{4}\frac{2}{1-e^{j\frac{\pi}{64}k}z^{-1}}\right]$$

仿真滤波器幅度的对数值如图 10-15 所示，对比可知，该系统指标符合要求。

【例 10.4.3】利用频域抽样法设计线性相位 FIR 带通滤波器。设 $N=33$。理想幅频特性如图 10-16 所示（假设不用过渡带抽样点）。

解：由图 10-16 可知理想幅度抽样值 $H_{dg}(k)$ 为：

$$H_{dg}(k) = \begin{cases} 1 & k=7,8,25,26 \\ 0 & \text{其他} \end{cases}$$

其中，$k=7$，8，对应的是 $0 \sim \pi$ 范围内的非零值，$k=25$，26 是 $\pi \sim 2\pi$ 的偶对称取值；由式（10.4.4）写出相位函数 $\theta(k) = -\dfrac{N-1}{N}\pi k = -\dfrac{32}{33}\pi k$，根据这些信息写出理想抽样序列：

$$H_d(k) = \begin{cases} e^{-j\frac{32}{33}\pi k} & k=7,8,25,26 \\ 0 & \text{其他} \end{cases}$$

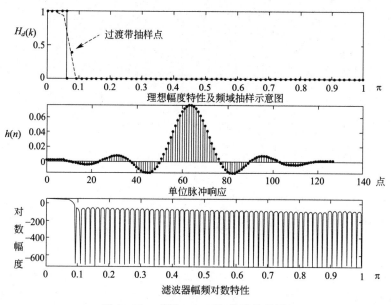

图 10-15　【例 10.4.2】仿真结果图

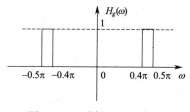

图 10-16　【例 10.4.3】图

所求系统的单位脉冲响应为：

$$h(n) = \frac{1}{N} \sum_{k=0}^{N-1} H_d(k) W_N^{-nk}$$

$$= \frac{2}{33} \left\{ \cos\left[\frac{14\pi}{33}(n-16)k\right] + 0.7808\cos\left[\frac{16\pi}{33}(n-16)\right] \right\} R_{33}(n)$$

此时，$\tau = \dfrac{N-1}{2} = 16$。

画出其对应的频率特性如图 10-17 所示。

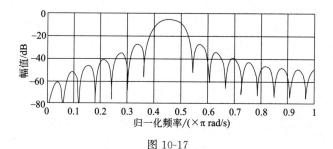

图 10-17

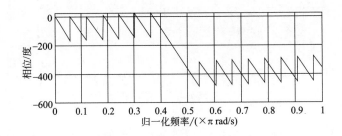

图 10-17　【例 10.4.3】图

10.5　数字信号处理的实现

数字信号处理可以用软件实现，也可以用硬件实现，其中软件实现是指在计算机上执行数字信号处理的程序。在之前的学习中可以了解到，描述系统的数学模型，常系数差分方程具有递推求解的特点，可以求解系统的各种响应，差分方程递推解的求解过程用计算机软件编程实现，就是一种系统的实现方式。

若一个系统的系统函数用硬件实现之后，它可以对输入信号进行实时处理，其计算原理是实现卷积运算即输出 $y(n)=x(n)*h(n)$。但是如果用软件实现，可以使用时域运算方法，也可以用变换域实现，比硬件系统实现更灵活。不过采用不同的运算原理来模拟，其实际性能是不同的。下面通过一个例题来说明。

【例 10.5.1】某信号种包含两个频率成分，$f_1=5\text{Hz}$，$f_2=20\text{Hz}$，初始相位分别为 45°和 60°。信号幅度均为 1，长度为 100 点。试用窗函数法设计 FIR 低通滤波器消除 f_2 的信号分量。滤波器采样频率为 100Hz，通带截止频率为 10Hz，阻带截止频率为 15Hz，通带衰减为 3dB，阻带衰减为 60dB。

① 试画出该滤波器的幅频曲线和相频曲线，并比较滤波器前后信号在时域和频域上的变化；

② 试求出该滤波器单位脉冲响应，使用卷积运算实现滤波处理，画出滤波器输出时域频域波形；

③ 对比①、②的时域波形，总结数字信号处理实现的实时性规律。

解： 由题意知，阻带衰减为 60dB，窗函数应选择布莱克曼窗。求出滤波器参数得到截止频率：

$$\omega_c=2\pi\frac{10}{100}=0.2\pi$$

过渡带：

$$B_t=2\pi\frac{15-10}{100}=0.1\pi$$

由表 10-5 计算滤波器单位脉冲响应长度为：

$$N=\left\lceil\frac{11\pi}{B_t}\right\rceil=110$$

$$\tau = \frac{N-1}{2} = 54.5$$

则窗函数为：

$$w_{Bl}(n) = \left[0.42 - 0.5\cos\left(\frac{2\pi}{N-1}n\right) + 0.08\cos\left(\frac{4\pi}{N-1}n\right)\right]R_N(n)$$

题干要求设计的是低通滤波器，即：

$$h_d(n) = \frac{\sin\left[\omega_c(n-\tau)\right]}{\pi(n-\tau)} = \frac{\sin\left[0.2\pi(n-54.5)\right]}{\pi(n-54.5)}$$

所以有滤波器的单位脉冲响应为：

$$h(n) = w_{Hm}(n)h_d(n)$$

$$= \frac{\sin\left[0.2\pi(n-54.5)\right]}{\pi(n-54.5)}\left[0.42 - 0.5\cos\left(\frac{2\pi}{109}n\right) + 0.08\cos\left(\frac{4\pi}{109}n\right)\right]R_{110}(n)$$

MATLAB 的 fir1 函数仿真滤波器处理信号，如图 10-18 所示，其中：

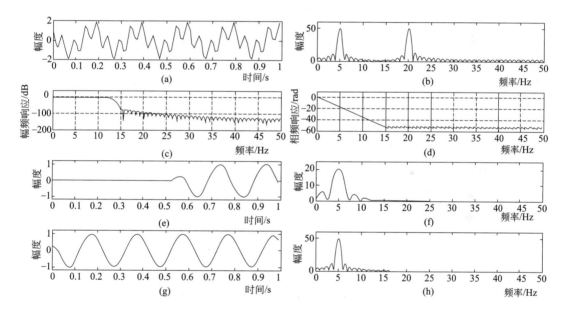

图 10-18　【例 10.5.1】图

图（a）为原始信号的时域波形，是由两个频率组成的余弦信号；

图（b）为输入信号频谱，在题设的采样频率下，用 FFT 求出，可以明显看到两个谱峰，分别对应频率 5Hz 和 20Hz；

图（c）、图（d）为滤波器的幅频响应和相频响应；

图（e）是采用 filter 函数实现对输入信号的处理后系统的输出波形，图中显示输出信号是在 0.5s 之后才出现完整波形，这个延迟就是由系统群时延 τ 引起的；

图（f）是输出信号频谱，另一个频率 20Hz 已经被抑制了，说明该滤波器很好地实现了题目所要求的低通滤波器功能；

图（g）是采用卷积函数 conv 实现的滤波效果，采用卷积和方法实现滤波，系统产生的数据长度为数据长度与滤波器长度之和，即 $100+(110-1)=209$，前面的一段数据为无效数据，需要将其去掉，所以获得的有效数据没有延迟；

图（h）是卷积法输出信号的频谱。由于用于计算的数据长度约为原数据长度的两倍，所以卷积数据的幅度比原来高很多。因为使用的是 MATLAB 库函数实现仿真，并没有考虑更多工程实际中对功率的一些匹配计算，频谱幅度大小与实际信号的大小是不匹配的，只是为了更明显地观察到波峰，实现对频率的辨识。

10.6　IIR 数字滤波器和 FIR 数字滤波器的比较

到目前为止，我们学习了 IIR 和 FIR 数字滤波器的设计原理和一般方法，这两种滤波器在实际应用中如何选择，在这里进行一个简单的比较。

首先，从性能上说，IIR 滤波器可以用较少的阶数获得精度很高的频率选择性指标，所用的存储单元少，运算次数少，较为经济且效率高，但是这个高效率的代价是以相位非线性换来的，选择性越好，其相位的非线性就会越严重。FIR 滤波器刚好相反，它可以在相频特性上很容易实现严格的线性相位，但是完成一定的频率选择性，FIR 滤波器的阶数是 IIR 滤波器的 6 倍以上，是用设备复杂度和运算效率换取线性相位指标的实现。

如果只要求满足幅频特性 $|H(e^{j\omega})|$ 的技术指标，特别是当幅频特性在一段连续频率均为常数特性，如经典低通、带通、高通等滤波器时，采用 IIR 滤波器可以用较少的阶数获得更好的频率选择性，所需的存储单元少，运算次数少，较为经济；如果不仅要满足幅频特性，还要求相频特性满足严格的线性相位，可以用 FIR 滤波器。

上述选择考虑的因素都不是绝对的。因为如果既要有优秀的频率选择性，又要线性相位，只能选择 IIR 滤波器，则可设计一个满足幅频特性的 IIR 滤波器，再增加一个全通网络补偿以获得线性相位，当然这也会增加 IIR 滤波器的复杂性。或者也可能因为存在 FIR 滤波器，同时实现幅频相频特性需要的滤波器阶数太大，导致无法实际应用的情况，则也可以考虑用 IIR 滤波器实现。

从结构上看，IIR 滤波器采用递归结构，极点位置必须在单位圆内，否则系统将不稳定，另外递归结构中由于运算过程中对序列的量化处理（比如四舍五入），由于反馈引起轻微的寄生振荡，有一定的运算误差；而 FIR 滤波器采用的是非递归结构，不存在反馈回路，不论在理论上还是在实际的有限精度运算中都不存在稳定性问题，运算误差也较小。

从设计工具上看，IIR 滤波器可以借助模拟滤波器的成果，不仅提供有效的封闭函数设计公式可供准确计算，还有详细的数据和表格可查，设计计算工作量小，对计算工具的要求不高，适合工程师充分利用他们的经验快速有效地设计滤波器；而 FIR 滤波器设计中，虽然窗函数法给出了窗函数计算公式，但计算通带阻带衰减仍无显式表达式，其他设计方法更是没有闭合函数设计公式可循，非常灵活，依赖算法设计，只能通过计算机辅助或专用芯片实现，对设计工具要求较高。

当然，IIR 滤波器虽然设计简单，但是主要用于设计标准低通、高通、带通及带阻等经典滤波器，脱离不了模拟滤波器的格局。而 FIR 滤波器则灵活得多，尤其是频域抽样法设计更容易适应各种要求的幅度特性和相位特性要求，可以设计出理想的正交变换、理想微分等重要网络，因而有更大的适应性。

从以上分析可以看出，IIR 滤波器和 FIR 滤波器各有所长，在实际应用时应综合经济上的要求以及计算工具的条件等各方面因素进行选择。

第**11**章　数字滤波器的网络结构

数字滤波器是离散时间系统，与模拟滤波器在功能上有相似之处，但在处理技术和方法上却有很大区别。模拟信号处理器由电阻、电容、电感等无源元件或放大器等有源元件组成，用来直接处理模拟信号。数字信号处理系统则是利用通用或专用的计算机，以数值计算的方式对信号进行处理。

为了用计算机或者专用硬件完成对输入信号的处理，必须把系统单位脉冲响应或者系统函数转换成一种算法，按照这种算法对输入信号进行运算。不同的算法直接影响系统的运算效率、速度、复杂程度、成本以及运算误差，因此研究实现信号处理算法是一个很重要的问题，而这些算法可以具体地用系统网络结构来表示，这是数字信号处理实现的必要基础。

11.1　系统模拟

离散 LTI 系统的模拟是数学意义上的系统模拟，通过采用延迟器、加法器、常数乘法器等基本单元模拟实际系统，使其与实际系统具有相同的数学模型，以便利用计算机进行模拟仿真，研究参数或输入信号对系统响应的影响。

一个离散 LTI 系统，可以用差分方程 $y(n)$ 来描述，也可以用系统函数 $H(z)$ 来描述，即：

$$y(n) = \sum_{i=0}^{M} b_i x(n-i) - \sum_{i=1}^{N} a_i y(n-i) \tag{11.1.1}$$

$$H(z) = \frac{\displaystyle\sum_{i=0}^{M} b_i z^{-i}}{1 - \displaystyle\sum_{i=1}^{N} a_i z^{-i}} = \frac{b_0 + b_0 z^{-1} + \cdots + b_M z^{-M}}{1 + a_1 z^{-1} + \cdots + a_N z^{-N}} \tag{11.1.2}$$

由第 9、10 章介绍可知，式(11.1.1) 中，当 $\displaystyle\sum_{i=1}^{M} b_i x(n-i) = 0$，$b_0 \neq 0$ 时是 IIR 滤波器，而 $\displaystyle\sum_{i=1}^{N} a_i y(n-i) = 0$ 时是 FIR 滤波器，以普通差分方程描述的离散 LTI 系统，根据方程结构的不同，定义了各种不同功能的系统。为了用计算机或者数字信号处理专用硬件完成对输入信号的处理，必须把式(11.1.1)、式(11.1.2)转换成相应的算法，按照这种算法对输入信号进行运算。根据不同的数学解析式可以设计出不同的网络结构，只要它们的数学模型相同，系统的网络结构不会影响其输入输出特性。正是这个特点，抽象的数学模型根据实际应用的不同，可以用不同的软件、硬件设计出性能相同、结构各异的系统。

11.1.1　系统的模拟框图

差分方程作为离散 LTI 系统的数学模型，呈现了系统输入和输出之间的运算关系，所以是离散时间系统的数学模型。在差分方程中存在三种基本运算：加法、常数乘法和延迟，这些运算都对应着相应的电路单元，图 11-1 表示系统结构的基本单元。

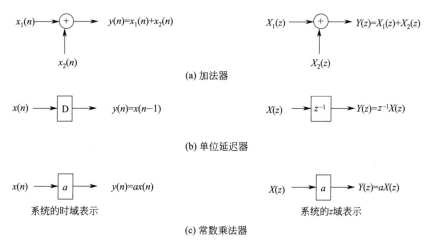

图 11-1　离散 LTI 系统的时域基本单元图

离散系统的系统结构框图由图 11-2 所示的基本元件构成，其结构形式可以分为时域和 z 域两种。从结构上看是完全相同的，只是延迟器、输入输出的表示有所不同。

用方框图描述系统的结构比差分方程更为直观。对于零状态响应，其时域框图与 z 域框图有相同的形式。图 11-2 中中间的主线路上延迟器的个数表示系统的阶数，线路上的箭头方向表示信号的传输方向，一般以输入到输出的方向作为传输的正方向，比例系数为图（b）的正向传输支路也称为正向支路，比例系数为图（a）的支路与传输正向相反，称为反馈支路。

系统函数表征了系统的输入输出特性，且是有理分式，运算简便，因而系统模拟常常通过系统函数进行。对比图 11-2 的模拟框图与公式的对应关系，可以发现 z 域直接模拟框图与系统函数 $H(z)$ 的对应关系为：系统函数的分子系数与正向支路的常数乘法器比例系数相对应，分母多项式的系数与反馈支路的比例系数相同。应注意，反馈支路输入的方向为负，正向支路输入方向为正。

【例 11.1.1】设差分方程为：

$$y(n)-2y(n-1)-3y(n-2)=x(n)+4x(n-1)+x(n+2)$$

画出该方程对应的系统模拟结构图。

解：根据差分方程两边 z 变换得到：

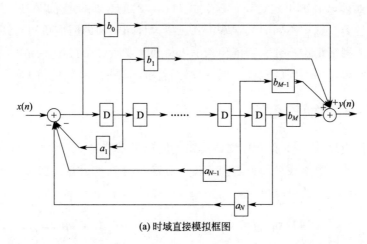

(a) 时域直接模拟框图

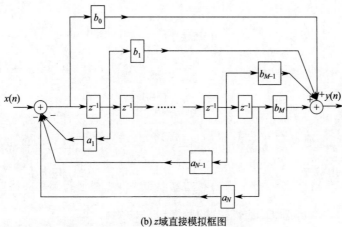

(b) z 域直接模拟框图

图 11-2 N 阶离散 LTI 系统模拟结构图

$$Y(z) - 2z^{-1}Y(z) - 3z^{-2}Y(z) = X(z) + 4z^{-1}X(z) + z^{-2}X(z)$$

$$\rightarrow H(z) = \frac{Y(z)}{X(z)} = \frac{1 + 4z^{-1} + z^{-2}}{1 - 2z^{-1} - 3z^{-2}}$$

根据 $H(z)$ 的多项式结构画出对应的系统模拟结构图如图 11-3 所示。

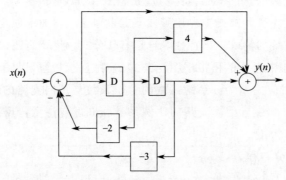

图 11-3   【例 11.1.1】对应的系统模拟结构图

注意：① 尽管是以 z 域系统函数为参考画出的系统模拟图，同样也可以用时域结构表示。

② 反馈支路乘法器的比例为负，支路符号也是负，所以该支路也可以简化为正 2，输入箭头为＋，可理解为反馈支路负负得正。

③ 当支路的比例系数为 1 时，可以省略。

11.1.2 用信号流图表示网络结构

信号流图是用有向线图描述线性方程组变量之间因果关系的一种图，用它来描述系统框图更为简便，并且可以简明地沟通描述系统的方程、系统函数及框图之间的联系，更有利于系统分析和模拟。

系统信号流图表示法如图 11-4 所示。

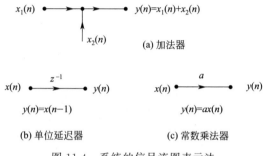

(a) 加法器

(b) 单位延迟器 (c) 常数乘法器

图 11-4　系统的信号流图表示法

图 11-4 中，线路上箭头方向表示信号传输方向，箭头上标注 z^{-1} 表示该线路为延迟器，标注 a 或常数表示该线路为常数乘法器，比例系数为箭头所示，也称为增益系数，没有表明增益的，可以默认为 1。支路上的节点在输入支路只有一个时，是普通的电路节点，如果有两个以上输入支路时，可以表示加法器。信号流图能够简明地表示信号输入系统的运算关系，同时也能表示运算的顺序，是数字信号处理系统实现的基础。

不同信号流图代表不同的运算方法，而对于同一系统来说，可以有多种信号流图与之对应。从基本运算考虑，满足以下条件，称为基本信号流图。

① 信号流图中所有支路都是基本支路，即支路的增益是常数或者 z^{-1}；

② 流图环路必须存在延迟支路；

③ 节点和支路的数目是有限的。

如果信号流图中支路的增益是子系统的传输函数 $H(z)$，而不是延迟、比例系数，则不是基本信号流图，不能决定一种具体算法。

11.2　数字滤波器的基本网络结构

一般数字滤波器的网络结构分为两类，即 IIR 滤波器和 FIR 滤波器，两种滤波器的网络结构与它们的数学模型有关，是本章的重点研究内容。

11.2.1　IIR滤波器的基本网络结构

无限长脉冲响应IIR滤波器有以下特点：

① 系统的单位脉冲响应是无限长的；

② 系统函数$H(z)$在有限z平面上有极点存在；

③ 结构上存在输出到输入的反馈，即结构上是递归的。

同一种系统函数$H(z)$可以有多种不同的结构，其基本结构分为直接型、级联型和并联型。

（1）直接型

根据式（11.1.1）表示的离散LTI系统数学模型，将其改写成：

$$\sum_{i=0}^{N} a_i y(n-i) = \sum_{i=0}^{M} b_i x(n-i)$$

式中，系数a_i或b_i相互独立，且不全为零。根据差分方程结构直接画出网络结构的信号流图如图11-5所示。

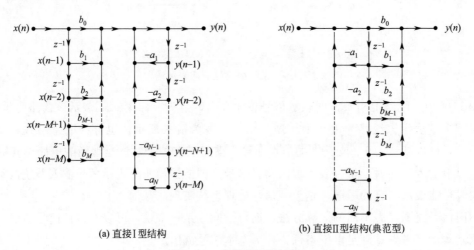

(a) 直接Ⅰ型结构　　　　　　(b) 直接Ⅱ型结构(典范型)

图11-5　直接型网络结构

图11-5中，图（a）是直接Ⅰ型结构，在结构图中有两条延迟器线路，需要使用$M+N$个延迟器；在输入端，$x(n)$每经过一个延迟器，输入延迟一个单位，同样，在输出端，每经过一个延迟器，输出也延迟一个单位。

图（b）是将输入输出的两条延迟器线路合并在一起，利用节点引出线路方向不同构成的正向、反馈支路，减少了延迟器的使用，简化了网络结构，因此直接Ⅱ型结构也称为典范型结构。

IIR滤波器的直接结构从原理上看是对系统差分方程的一种时域结构表示，但是在本质上，也是对系统函数$H(z)$的体现。只要选择$H(z)$的分母多项式系数a_i、分子多项式系数b_i，就能得到所需滤波特性的数字滤波器。

【例11.2.1】设IIR数字滤波器的系统函数为：

$$H(z)=\frac{4z^2+11z-2}{\left(z-\dfrac{1}{4}\right)\left(z^2-z-\dfrac{1}{2}\right)}$$

求该滤波器的差分方程，并画出直接Ⅰ型、Ⅱ型网络结构图。

解：根据系统函数的定义：

$$H(z)=\frac{Y(z)}{X(z)}=\frac{4z^2+11z-2}{\left(z-\dfrac{1}{4}\right)\left(z^2-z-\dfrac{1}{2}\right)}$$

将分子分母同时除以 z^2 并将等式转换成多项式方程：

$$\frac{Y(z)}{X(z)}=\frac{4+11z^{-1}-2z^{-2}}{1-\dfrac{5}{4}z^{-1}+\dfrac{3}{4}z^{-2}-\dfrac{1}{8}z^{-3}}$$

$$\left(1-\frac{5}{4}z^{-1}+\frac{3}{4}z^{-2}-\frac{1}{8}z^{-3}\right)Y(z)=(4+11z^{-1}-2z^{-2})X(z)$$

方程两边分别进行 z 反变换得：

$$y(n)-\frac{5}{4}y(n-1)+\frac{3}{4}y(n-2)-\frac{1}{8}y(n-3)=4x(n)+11x(n-1)-2x(n-2)$$

根据差分方程，画出系统Ⅰ型、Ⅱ型网络结构图如图 11-6 所示。

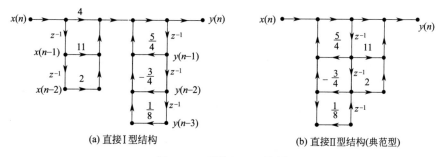

(a) 直接Ⅰ型结构　　　　　(b) 直接Ⅱ型结构(典范型)

图 11-6　【例 11.2.1】图

（2）级联型

从零极点角度看，IIR 滤波器的系统函数 $H(z)$ 的分子多项式系数 b_i 中每个系数的变化将会影响系统零点分布，同样分母多项式系数 a_i 的变化将影响各系统各极点分布。当系统阶数 N 较高时，这种影响将更大。所以通常很少采用直接形式来实现高阶 IIR 系统，往往通过变换，将高阶 IIR 系统转变成一系列不同组合的一阶、二阶子系统来实现。

设式(11.1.2) 所示的系统函数 $H(z)$ 分子分母可以因式分解为如下形式：

$$H(z)=\frac{\sum\limits_{i=0}^{M}b_iz^{-i}}{1-\sum\limits_{i=1}^{N}a_iz^{-i}}=A\frac{\prod\limits_{r=1}^{M}(1-c_rz^{-1})}{\prod\limits_{r=1}^{N}(1-p_rz^{-1})}\tag{11.2.1}$$

式中，A 为常数；c_r、p_r 分别为系统的零点和极点。一般情况下系数都为实常数，当 c_r 或 p_r 为共轭复数对形式的零极点时，一般将共轭复数的零极点组合成一个二阶多项式，其系数仍为实数。由每个一阶因式或二阶因式组成的子系统记为 $H_{jk}(z)$，则有：

$$H(z)=H_{j1}(z)H_{j2}(z)\cdots H_{jk}(z) \tag{11.2.2}$$

每个 $H_{jk}(z)$ 子系统的网络结构采用直接 Ⅱ 型（典范型）结构，常见一阶或二阶网络结构如图 11-7 所示，也称为一阶节或二阶节。

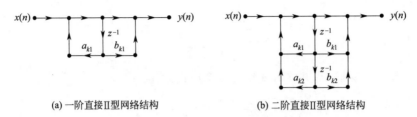

(a) 一阶直接Ⅱ型网络结构　　　　(b) 二阶直接Ⅱ型网络结构

图 11-7　一阶和二阶直接Ⅱ型网络结构

级联型网络中，一阶网络决定一个极点、一个零点，二阶网络决定一对极点、一对零点，可以通过分别调整相应的系数，即可改变零点、极点位置，从而达到改变系统参数的目的。另外，级联结构中后面的网络输出不会流到前面的子系统，运算误差的积累相对直接型也小。

（3）并联型

若将级联型形式展开为部分分式，则可得到：

$$H(z)=H_{b1}(z)+H_{b2}(z)+\cdots+H_{bk}(z) \tag{11.2.3}$$

对应的网络结构为 k 个子系统并联。

并联型网络结构中每个一阶网络决定一个实数极点，每个二阶网络决定一对共轭极点，因此调整极点位置较方便，但调整零点位置不如级联型方便。由于每个子系统是并联的，可以对输入信号同时进行处理，运算速度比直接型和级联型都高；且由于每个网络的计算都是独立的，误差不会积累，其计算误差是最小的。

【例 11.2.2】已知某三阶离散 LTI 系统的系统函数如下，试画出其直接Ⅱ型、级联型和并联型网络结构。

$$H(z)=\frac{3+2.4z^{-1}+0.4z^{-2}}{(1-0.6z^{-1})(1+z^{-1}+0.5z^{-2})}$$

解：观察题干中系统函数的分子和分母，令分母因式 $1+z^{-1}+0.5z^{-2}=0$，可知其存在一对共轭复数极点，分子因式 $3+2.4z^{-1}+0.4z^{-2}=0$，可知存在一对共轭复数零点，有理分式进行如下变换：

$$H(z)=\frac{3+2.4z^{-1}+0.4z^{-2}}{(1-0.6z^{-1})(1+z^{-1}+0.5z^{-2})}$$

$$=\frac{3+2.4z^{-1}+0.4z^{-2}}{1+0.4z^{-1}-0.1z^{-2}-0.3z^{-3}} \tag{11.2.4}$$

$$=\frac{1}{1-0.6z^{-1}}\times\frac{3+2.4z^{-1}+0.4z^{-2}}{1+z^{-1}+0.5z^{-2}} \tag{11.2.5}$$

$$=\frac{2}{1-0.6z^{-1}}+\frac{1+z^{-1}}{1+z^{-1}+0.5z^{-2}} \tag{11.2.6}$$

由式(11.2.4) 可得到级联型结构如图 11-8(a) 所示。

式(11.2.5) 中令:

$$H_{j1}(z)=\frac{1}{1-0.6z^{-1}},H_{j2}(z)=\frac{3+2.4z^{-1}+0.4z^{-2}}{1+z^{-1}+0.5z^{-2}}$$

得到:$H(z)=H_{j1}(z)H_{j2}(z)$,构成级联型网络结构如图 11-8(b) 所示。

式(11.2.6) 中令:

$$H_{b1}(z)=\frac{2}{1-0.6z^{-1}},H_{b2}(z)=\frac{1+z^{-1}}{1+z^{-1}+0.5z^{-2}}$$

得到:$H(z)=H_{b1}(z)+H_{b2}(z)$,构成并联型网络结构如图 11-8(c) 所示。

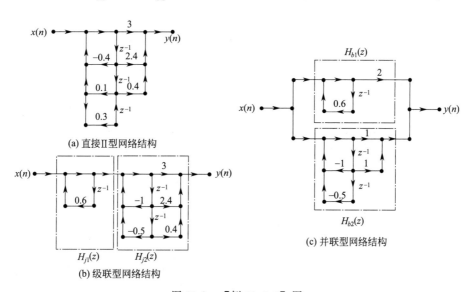

图 11-8　【例 11.2.2】图

注意:在本例中要注意理解和把握以下两点:

① 不同系统结构的数学模型是经过数学运算得到的,即选择不同的算法可以获得不同性能的具体实现方案;

② 实际系统中无法直接实现复数系数(增益),因此当分解为一阶系统出现共轭复数根时,取其二阶系统来实现子系统,则可达到各项系数为实数的目的,这也是对一元二次方程性质的一种应用。

11.2.2　FIR 滤波器的基本网络结构

FIR 滤波器的特点是在保证幅度特性的同时,还能实现严格的线性相位特性,在图像处理、数据通信中得到广泛应用。

FIR 滤波器的系统函数和差分方程可以用下列公式表示:

$$H(z)=\sum_{n=0}^{N-1}h(n)z^{-n} \tag{11.2.7}$$

$$y(n)=\sum_{n=0}^{N-1}h(m)x(n-m)=h(n)*x(n) \tag{11.2.8}$$

由式(11.2.1)、式(11.2.2)可以总结 FIR 滤波器的特点如下：

① 系统函数 $H(z)$ 在 $|z|>0$ 时收敛，只有零点，因此是全零点系统。

② 对比 IIR 滤波器系统函数形式，令式(11.1.2) 的分母 $1-\sum\limits_{i=1}^{N}a_i z^{-i}=0$，可以理解为 FIR 滤波器在有限 z 平面内只有 N 个非零值的零点，以及 N 个 $z=0$ 的极点。由此构成的 FIR 网络结构只有正向结构，没有反馈，也称为非递归结构。

③ 将 $H(z)$ 的级数形式展开成逐项相加形式：

$$H(z)=h(0)+h(1)z^{-1}+h(2)z^{-2}+\cdots+h(N-1)z^{-(N-1)} \tag{11.2.9}$$

可看出系统的单位脉冲响应 $h(n)$ 在有限个 n 值处不为零，每个 $h(n)$ 的值即为对应延迟器的输出增益。

FIR 滤波器结构可分为直接型、级联型、线性相位结构和频率抽样结构。由于 FIR 滤波器是非递归型的，因此没有并联型结构。

（1）直接型

根据差分方程直接画出的系统网络结构图即直接型结构。此时系统输入输出关系为 $y(n)=h(n)*x(n)$，即输出是输入序列 $x(n)$ 和滤波器单位脉冲响应 $h(n)$ 的卷积运算，因此 FIR 滤波器直接型结构也称为卷积型结构，或根据其结构特点称为横截型结构。FIR 滤波器直接型结构如图 11-9 所示。

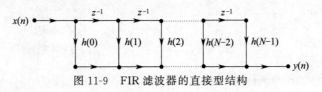

图 11-9　FIR 滤波器的直接型结构

注意：图 11-9 中所有支路的方向都是指向 $y(n)$，不具备返回 $x(n)$ 的支路，这与 IIR 滤波器是有本质不同的。

（2）级联型

若系统需要控制增益，即需要方便调整零点位置的系统时，常采用级联型实现，即将系统函数 $H(z)$ 进行因式分解，每个因式作为一个子系统并实现：

$$H(z)=H_{j1}(z)H_{j2}(z)\cdots H_{jk}(z)$$

则以此获得的网络结构称为级联型结构。级联型结构的基本阶数也是由一阶和二阶直接型构成，其中二阶结构具有一对共轭复数零点。

FIR 一阶网络结构与二阶网络结构如图 11-10 所示。

（3）线性相位结构

FIR 滤波器最重要的特点之一就是具有精确的线性相位。根据线性相位的条件，线性相位滤波器可分为两类，其中第一类线性相位滤波器的系统单位脉冲响应 $h(n)=h(N-1-n)$，即单位脉冲响应的样值偶对称；而第二类线性相位滤波器的系统单位脉冲响应 $h(n)=-h(N-1-n)$，即单位脉冲响应的样值奇对称。即 N 个样值前后存在对称性，其结构可以简化，得到特殊的线性相位结构。FIR 滤波器的线性相位结构如图 11-11 所示。

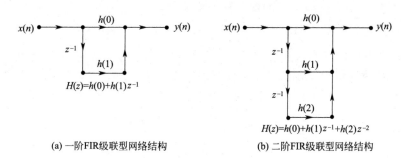

(a) 一阶FIR级联型网络结构   (b) 二阶FIR级联型网络结构

图 11-10   一阶和二阶 FIR 网络结构图

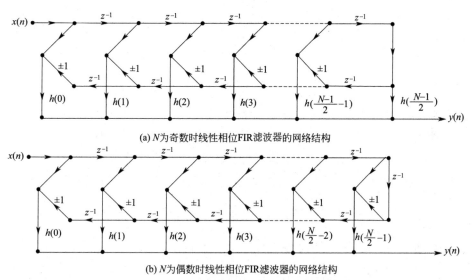

(a) N 为奇数时线性相位FIR滤波器的网络结构

(b) N 为偶数时线性相位FIR滤波器的网络结构

图 11-11   FIR 滤波器的线性相位结构

图 11-11 中：第一类线性相位滤波器时 ±1 取 +1；第二类线性相位滤波器时 ±1 取 −1。采用线性相位滤波器利用了 $h(n)$ 样值的对称性，比直接型网络结构节约了近一半乘法器，是所需乘法次数最少的结构。

【例 11.2.3】已知系统的单位脉冲响应为：

$$h(n)=\delta(n)+2\delta(n-1)+0.3\delta(n-2)+2.5\delta(n-3)+0.5\delta(n-5)$$

试写出系统的系统函数，并画出其直接型结构。

解：将 $h(n)$ 进行 z 变换，得到它的系统函数：

$$H(z)=1+2z^{-1}+0.3z^{-2}+2.5z^{-3}+0.5z^{-5}$$

这是一个阶数 $N=6$（偶数）的 FIR 滤波器，参照图 11-9 结构画出其直接型网络结构如图 11-12 所示。

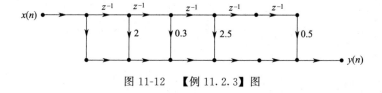

图 11-12   【例 11.2.3】图

【例 11.2.4】 已知 FIR 滤波器的单位脉冲响应为：

① $N=6$；$h(0)=h(5)=1.5$，$h(1)=h(4)=2$，$h(2)=h(3)=3$；

② $N=7$；$h(0)=h(6)=3$，$h(1)=-h(5)=-2$，$h(2)=-h(4)=1$，$h(3)=9$。

试画出它们的线性相位型结构图，并分别说明它们的幅度特性、相位特性各有什么特点。

解： 参照图 11-11(b) 画出 $N=6$ 时对应的线性相位结构图如图 11-13(a) 所示；参照图 11-11(a) 画出 $N=7$ 时对应的线性相位结构图如图 11-13(b) 所示。

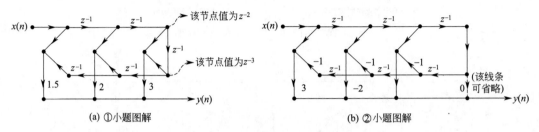

图 11-13　**【例 11.2.4】** 图

以上两个 FIR 滤波器的幅度特性和相位特性：

因为①的 $h(n)=h(N-1-n)$，所以是第一类 N 为偶数的线性相位滤波器，幅度特性关于 $\omega=2k\pi(0,\pi,2\pi,\cdots;k$ 为整数)偶对称，相位特性为线性相位，奇对称；

②的 $h(n)=-h(N-1-n)$，是第二类 N 为奇数的线性相位滤波器，幅度特性关于 $\omega=2k\pi(0,\pi,2\pi,\cdots;k$ 为整数)奇对称，相位特性为线性相位且固有 $\dfrac{\pi}{2}$ 相移。

【例 11.2.5】 已知 FIR 滤波器的系统函数为 $H(z)=\dfrac{1}{10}(1+2z^{-1}+4z^{-2}+2z^{-3}+z^{-4})$。

① 求 $H(e^{j\omega})$ 的表示式，画出频域幅度特性图；

② 画出乘法次数最少的结构框图。

解： ① 令 $z=e^{j\omega}$，则：

$$H(e^{j\omega})=\frac{1}{10}\left[1+2e^{-j\omega}+4e^{-j2\omega}+2e^{-j3\omega}+e^{-j4\omega}\right]$$

$$=\frac{1}{10}e^{-j2\omega}\left[e^{j2\omega}+2e^{j\omega}+4+2e^{-j\omega}+e^{-j2\omega}\right]$$

$$=\left[\frac{2}{5}+\frac{2}{5}\cos\omega+\frac{1}{5}\cos(2\omega)\right]e^{-j2\omega}$$

$$=\left|H(e^{j\omega})\right|e^{-j2\omega}$$

即频域幅度特性为 $\left|H(e^{j\omega})\right|=\dfrac{2}{5}+\dfrac{2}{5}\cos\omega+\dfrac{1}{5}\cos(2\omega)$；

当 $\omega=2k\pi$ 时，$\left|H(e^{j\omega})\right|=1$；当 $\omega=(2k+1)\pi$ 时，$\left|H(e^{j\omega})\right|=0.2$；

当 $\omega=\dfrac{2k+1}{2}\pi$ 时，$\left|H(e^{j\omega})\right|=0.2$；其中 k 为整数，幅度谱如图 11-14(a) 所示。

② 线性相位直接型结构需要的乘法次数最少，其结构图如图 11-14(b) 所示。

（4）频率抽样结构

频率抽样结构也叫频率采样结构，是 FIR 滤波器中比较特殊的一种结构，与一般 FIR

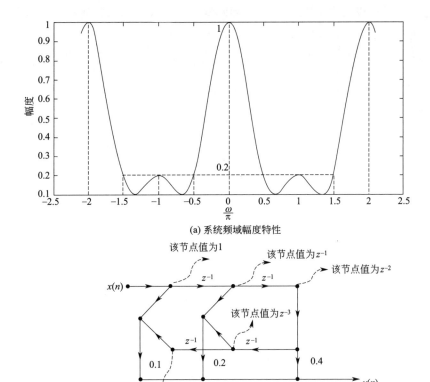

(a) 系统频域幅度特性

(b) 系统的线性相位结构

图 11-14　【例 11.2.5】图

滤波器不同的是，该结构中引入了极点结构，并通过增加梳状滤波器来平衡极点可能带来的不稳定，从而实现 FIR 滤波器的稳定特性。

第 5 章介绍了频域抽样定理，对于离散傅里叶变换 DFT，当等间隔抽样点数 N 大于或等于序列长度 M 时，可由频域抽样序列 $X(k)$ 不失真地恢复 $X(z)$。关于序列的定理，对于单位脉冲响应序列 $h(n)$ 同样适用。则有：

$$H(z) = (1 - z^{-N}) \frac{1}{N} \sum_{k=0}^{N-1} \frac{H(k)}{1 - W_N^{-k} z^{-1}} \tag{11.2.10}$$

式中，$H(k)$ 是频率采样值，公式为：

$$H(k) = H(z) \Big|_{z = e^{j\frac{2\pi}{N}k}} = \sum_{n=0}^{N-1} h(n) W_N^{nk}, (k = 0, 1, 2, 3, \cdots, N-1) \tag{11.2.11}$$

也就是 $h(n)$ 的离散傅里叶变换。如果再设：

$$H_c(z) = 1 - z^{-N} \tag{11.2.12}$$

$$H_k(z) = \sum_{k=0}^{N-1} \frac{H(k)}{1 - W_N^{-k} z^{-1}} \tag{11.2.13}$$

则式 (11.2.2) 可写成：

$$H(z) = \frac{1}{N} H_c(z) H_k(z) \tag{11.2.14}$$

根据这个式子可以实现 FIR 系统另一种网络结构形式，称为频率抽样结构。

这种结构由两个子系统 $H_c(z)$、$H_k(z)$ 级联而成。其中 $H_c(z)$ 是由 N 阶延迟单元所组成的梳状滤波器，它在单位圆上有 N 个等分的零点；$H_k(z)$ 是由 N 个一阶系统并联而成，有 N 个极点；前后两部分一个提供零点，另一个提供极点，从而使得 $\omega_k = \dfrac{2\pi}{N}k$ 处的频响正好等于 $H(k)$。FIR 滤波器的频率抽样结构，是一种特殊的模块化结构，将系统函数 $H(z)$ 在 z 平面单位圆上等间隔抽样，得到频率抽样值 $H(k)$，用 $H(k)$ 直接控制频率 $\omega_k = \dfrac{2k\pi}{N}$ 的频率响应，从而可以精确控制滤波器的频响特性。根据式（11.2.12）所画的频率抽样型结构如图 11-15 所示。

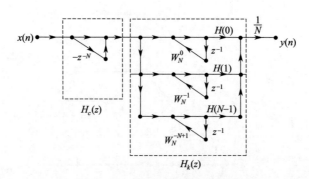

图 11-15　FIR 滤波器频率抽样型结构

注意：在图 11-15 中，$H_c(z)$ 的两个支路是同向的，即两个都是正向，而 $H_k(z)$ 每个一阶子系统都具有反馈支路，即两个支路是反向的，极点正是由该反馈支路提供的。

上述结构有两个缺点：一是系统 $H_k(z)$ 存在极点，其稳定性是靠 $H_c(z)$ 单位圆上 N 个零点与之相互对消来保证的。因为数字滤波器的字长、量化误差等问题，零极点可能不能完全抵消，从而影响到系统的稳定性；二是所有相乘系数 W_N^{nk} 及 $H(k)$ 一般为复数，用乘法器完成复数乘法运算，不仅运算复杂度高，还因为需要增加存储单元和运算空间而使得硬件成本增加。

第一个缺点的解决办法是将零极点向单位圆内收缩一点，收缩到半径为 r 的圆上，取 $r<1$ 且 $r\approx1$，此时

$$H(z) = (1-r^N z^{-N})\frac{1}{N}\sum_{k=0}^{N-1}\frac{H_r(k)}{1-rW_N^{-k}z^{-1}} \tag{11.2.15}$$

式中，$H_r(k)$ 为在半径为 r 的圆上对 $H(z)$ 的 N 点等间隔抽样值，因为 $r\approx1$，有 $H_r(k)\approx H(k)$。这样，零极点均为 $H_r(k)re^{\mathrm{j}\frac{2\pi}{N}k}$，$k=0,1,2,\cdots,N-1$。如果由于实际量化误差，零极点不能抵消时，极点的位置仍处在单位圆内，保持系统稳定。

【例 11.2.6】已知 FIR 滤波器的 16 个频率抽样值如下：

$$H(0)=12, H(1)=-3-\mathrm{j}\sqrt{3}, H(2)=1+\mathrm{j}, H(3)\sim H(13)=0;$$

$$H(14)=1-\mathrm{j}, H(15)=-3+\mathrm{j}\sqrt{3}$$

试画出其频率抽样结构，选择 $r=1$，可采用复数乘法器。

解： 由题干可知，该滤波器的阶数为 $N = 16$，根据式（11.2.10）写成系统函数的频率抽样结构为：

$$H(z) = (1 - z^{-1}) \frac{1}{16} \sum_{k=0}^{15} \frac{H(k)}{1 - W_{16}^{-k} z^{-1}}$$

画出其结构图如图 11-16 所示。

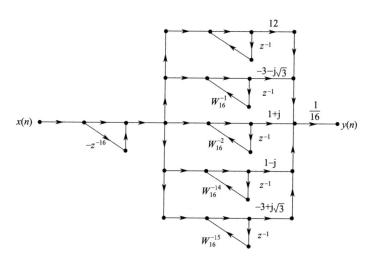

图 11-16 　【例 11.2.6】图

图 11-16 所示的网络结构中，由于子系统 $H_k(z)$ 大部分的频率抽样值 $H(k)$ 为零，所以只有 5 个并联的一阶系统。其中有两个支路系数为共轭复数，这是由离散傅里叶变换 DFT 的共轭对称性决定的。由此可以找到频率抽样结构的第二个缺点的解决办法，就是利用 DFT 的共轭对称性，将共轭部分合并成一个二阶子系统，从而避免系统中出现复数乘法运算，同时也减少了并联支路的数量。

一般系统的单位脉冲响应 $h(n)$ 为实序列，其离散傅里叶变换 $H(k)$ 关于 $\frac{N}{2}$ 点共轭对称，即 $H(k) = H^*(k)$，且旋转因子 $W_N^{-k} = W_N^{N-k}$，将 $H_k(z)$ 中具有共轭对称的项合并为一项，记为 $H_{kc}(z)$，合并后的二阶系统的系数均为实数。合并后的二阶网络公式推导如下：

$$\begin{aligned}
H_{kc}(z) &= \frac{H(k)}{1 - r W_N^{-k} z^{-1}} + \frac{H(N-k)}{1 - r W_N^{-(N-k)} z^{-1}} \\
&= \frac{H(k)}{1 - r W_N^{-k} z^{-1}} + \frac{H^*(k)}{1 - r (W_N^{-k})^* z^{-1}} \\
&= \frac{b_{0k} + b_{1k} z^{-1}}{1 + a_{1k} z^{-1} + a_{2k} z^{-2}}
\end{aligned} \tag{11.2.16}$$

上式中系数的计算公式为：

$$\left.\begin{array}{l} b_{0k}=2\mathrm{Re}\left[H(k)\right] \\ b_{1k}=-2\mathrm{Re}\left[rH(k)W_{N}^{-k}\right] \\ a_{1k}=-2r\cos\left(\dfrac{2\pi}{N}k\right) \\ a_{2k}=r^{2} \end{array}\right\}k=1,2,3,\cdots,\dfrac{N}{2}-1 \qquad (11.2.17)$$

合并后的二阶网络实系数 a_{0k}、a_{1k} 取代了对应两条共轭复数支路的系数 $H(k)$、$H(N-k)$，其结构图如图 11-17 所示。

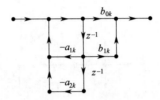

图 11-17 频率抽样结构中两个共轭复数支路合成的二阶网络

【例 11.2.7】已知 FIR 滤波器的 16 个频率抽样值如下：
$$H(0)=12,H(1)=-3-\mathrm{j}\sqrt{3},H(2)=1+\mathrm{j},H(3)\sim H(13)=0;$$
$$H(14)=1-\mathrm{j},H(15)=-3+\mathrm{j}\sqrt{3}$$

试画出其频率抽样结构，选择 $r=0.9$，要求采用实数乘法器实现。

解：因为要求采用实数乘法器实现，先要将具有共轭对称的复数项进行合并，本例中有两对支路需要合并，下面分别计算支路合并后的系数，根据系数计算公式(11.2.17) 有：

① 对于 $H(1)=-3-\mathrm{j}\sqrt{3}$ 及其共轭对称项 $H(15)=-3+\mathrm{j}\sqrt{3}$，此时 $k=1$，计算合并需要的四个系数为：

$$b_{01}=2\mathrm{Re}\left[H(1)\right]=2\mathrm{Re}\left[-3-\mathrm{j}\sqrt{3}\right]=-6$$

$$b_{11}=-2\mathrm{Re}\left[0.9H(1)W_{16}^{-1}\right]=-2\mathrm{Re}\left[0.9(-3-\mathrm{j}\sqrt{3})(\cos\frac{\pi}{8}+\mathrm{j}\sin\frac{\pi}{8})\right]=-6.182$$

$$a_{11}=-2r\cos\left(\frac{2\pi}{N}k\right)=-2\times0.9\times\cos\frac{\pi}{8}=-1.663$$

$$a_{21}=r^{2}=(0.9)^{2}=0.81$$

② 对于 $H(2)=1+\mathrm{j}$ 及其共轭对称项 $H(14)=1-\mathrm{j}$，此时 $k=2$，计算合并需要的四个系数为：

$$b_{02}=2\mathrm{Re}\left[H(2)\right]=2\mathrm{Re}\left[1-\mathrm{j}\right]=2$$

$$b_{12}=-2\mathrm{Re}\left[0.9H(2)W_{16}^{-2}\right]=-2\mathrm{Re}\left[0.9(1+\mathrm{j})(\cos\frac{2\pi}{8}+\mathrm{j}\sin\frac{2\pi}{8})\right]=-2.5456$$

$$a_{12}=-2r\cos\left(\frac{2\pi}{N}k\right)=-2\times0.9\times\cos\left(\frac{2\pi}{8}\right)=-1.2728$$

$$a_{22}=r^{2}=(0.9)^{2}=0.81$$

另外，由于系统选择了修正系数 $r=0.9$，则子系统 $H_{c}(z)=1-r^{N}z^{-N}=1-0.1853z^{-16}$。

根据上述计算数据及频率抽样结构修正公式(11.2.10)写出系统函数为:

$$H(z)=(1-r^N z^{-N})\frac{1}{N}\sum_{k=0}^{N-1}\frac{H_r(k)}{1-rW_N^{-k}z^{-1}}$$

$$=(1-r^{16}z^{-16})\frac{1}{16}\left[\frac{H(0)}{1-rW_{16}^{-0}z^{-1}}+\frac{b_{01}+b_{11}z^{-1}}{1+a_{11}z^{-1}+a_{21}z^{-2}}+\frac{b_{02}+b_{12}z^{-1}}{1+a_{12}z^{-1}+a_{22}z^{-2}}\right]$$

$$=(1-1.853z^{-16})\frac{1}{16}\left(\frac{12}{1-0.9z^{-1}}+\frac{-6-6.182z^{-1}}{1-1.663z^{-1}+0.81z^{-2}}+\frac{2-2.5456z^{-1}}{1-1.2728z^{-1}+0.81z^{-2}}\right)$$

根据上式画出题干所求网络结构如图 11-18 所示。

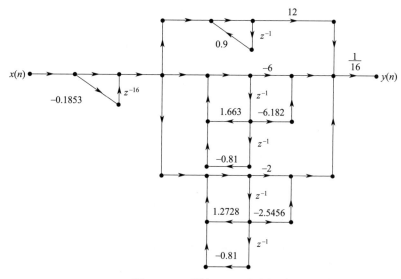

图 11-18　【例 11.2.7】图

【例 11.2.8】 设滤波器的系统函数为:

$$H(z)=\frac{5-2z^{-3}-3z^{-6}}{1-z^{-1}}$$

在 z 平面单位圆上抽样 6 点,选择 $r=0.95$,试画出其采用实数乘法器的频率采样结构。

解: 本题给出的系统函数不是最简形式,需先对 $H(z)$ 的有理分式做整理和计算:

$$H(z)=\frac{5-2z^{-3}-3z^{-6}}{1-z^{-1}}=\frac{(1-z^{-3})(5+3z^{-3})}{1-z^{-1}}$$

$$=\frac{(1-z^{-1})(1-z^{-1}+z^{-2})(5+3z^{-3})}{1-z^{-1}}$$

$$=5+5z^{-1}+5z^{-2}+3z^{-3}+3z^{-4}+5z^{-5}$$

z 反变换得到系统单位脉冲响应为:

$$h(n)=5\delta(n)+5\delta(n-1)+5\delta(n-2)+3\delta(n-3)+3\delta(n-4)+3\delta(n-5)$$

$h(n)$ 的序列长度是 $N=6$,因此频率抽样的点数取 $N=6$,计算 $h(n)$ 的 6 点 DFT 频率抽样值即 $H(k)=\text{DFT}[h(n)]$ 的值如下:

$$H(0)=24,H(1)=2-\text{j}2\sqrt{3},H(2)=H(4)=0,H(3)=3,H(5)=2+\text{j}2\sqrt{3}$$

则该结构中有一对共轭对称需要合并，计算其参数为：

$$b_{01} = 2\mathrm{Re}\left[H(1)\right] = 2\mathrm{Re}\left[2 - \mathrm{j}2\sqrt{3}\right] = 4$$

$$b_{11} = -2\mathrm{Re}\left[0.95H(1)W_6^{-1}\right] = -2\mathrm{Re}\left[0.95(2 - \mathrm{j}2\sqrt{3})(\cos\frac{\pi}{3} + \mathrm{j}\sin\frac{\pi}{3})\right] = -10.89$$

$$a_{11} = -2r\cos\left(\frac{2\pi}{N}k\right) = -2 \times 0.95 \times \cos\left(\frac{\pi}{3}\right) = -0.95$$

$$a_{21} = r^2 = (0.95)^2 = 0.9025$$

$$(0.95)^6 = 0.735$$

根据计算参数写出 $H(z)$ 的频率抽样结构为：

$$H(z) = (1 - r^N z^{-N})\frac{1}{N}\sum_{k=0}^{N-1}\frac{H_r(k)}{1 - rW_N^{-k}z^{-1}}$$

$$= (1 - r^6 z^{-6})\frac{1}{6}\left[\frac{H(0)}{1 - rz^{-1}} + \frac{b_{01} + b_{11}z^{-1}}{1 + a_{11}z^{-1} + a_{21}z^{-2}}\right]$$

$$= (1 - 0.735z^{-6})\frac{1}{6}\left[\frac{24}{1 - 0.95z^{-1}} + \frac{4 - 10.89z^{-1}}{1 - 0.95z^{-1} + 0.9025z^{-2}}\right]$$

由上式画出系统频率抽样结构如图 11-19 所示。

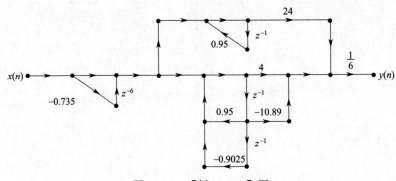

图 11-19　【例 11.2.8】图

参考文献

［1］　高西全，丁玉美．数字信号处理．第 4 版．西安：西安电子科技大学出版社，2018.

［2］　程佩青．数字信号处理教程．第 5 版．北京：清华大学出版社，2017.

［3］　吴镇扬．数字信号处理．第 3 版．北京：高等教育出版社，2016.

［4］　吉培荣，李海军，邹红波．现代信号处理基础．北京：科学出版社，2018.

［5］　冀振元．数字信号处理基础及 MATLAB 实现．第 3 版．哈尔滨：哈尔滨工业大学出版社，2020.

［6］　艾伦 V. 奥本海姆．离散时间信号处理．原书第 3 版·精编版．李玉柏，等译．北京：机械工业出版社，2017.

［7］　詹姆斯·H. 麦克莱伦．数字信号处理引论-基于频谱和滤波器的分析方法．原书第 2 版．李勇，程伟，译．北京：机械工业出版社，2018.

［8］　李永全．数字信号处理 MATLAB 实现与实验．武汉：华中科技大学出版社，2019.

［9］　胡广书．数字信号处理题解及电子课件．北京：清华大学出版社，2007.

［10］　B. A. 谢诺依．数字信号处理与滤波器设计．白文乐，等译．北京：机械工业出版社，2018.

［11］　杨学志．通信之道——从微积分到 5G. 北京：电子工业出版社，2016.

［12］　张力．通信之美．北京：电子工业出版社，2016.

［13］　布龙施泰因．数学手册．原书第 10 版．李文林，等译．北京：科学出版社，2020.

［14］　余建军，迟楠．高速光纤通信中数字信号处理算法原理与应用．第二卷：多载波调制和人工智能新技术．北京：清华大学出版社，2018.

［15］　Luis F. Chaparro. 信号与系统-使用 MATLAB 分析与实现．原书第 2 版．宋琪，译．北京：清华大学出版社，2017.

［16］　吴大正，杨林耀．信号与线性系统分析．第 3 版．北京：高等教育出版社，2007.

［17］　陈绍荣，刘郁林，雷斌，等．数字信号处理．北京：国防工业出版社，2016.

［18］　袁世英，姚道金．数字信号处理．成都：西南交通大学出版社，2020.

附 录　例题索引

第 2 章　离散时间序列的信号分析

第 3 章 离散时间系统时域分析

例题	页码
【例 3.2.1】已知系统的输入输出,证明 $y(n)=kx(n)+b(k$、b 是常数)所代表的系统是非线性系统。	56
【例 3.2.2】已知系统 $y(n)=\lg(|x(n)|)$,证明该系统为非线性系统。	56
【例 3.2.3】试判断系统 $y_c(n)=ax^2(n)$ 和 $y_d(n)=ax(n^2)$ 是否为线性系统。	56
【例 3.2.4】试判断系统 $y_1(n)=x^2(n)$ 和 $y_2(n)=x(n^2)$ 是否为时不变系统。	57
【例 3.2.5】已知系统为 $y(n)=nx(n)$,判断其线性和时变性。	58
【例 3.2.6】已知系统输入输出关系为 $y(n)=x(n)+2x(n-1)+3x(n-2)$,试证明该系统为离散线性时不变系统。	58
【例 3.2.7】已知离散时间系统的输入为 $x(n)$,输出为 $y(n)$,其电路的结构如图 3-3 所示,试写出其差分方程。 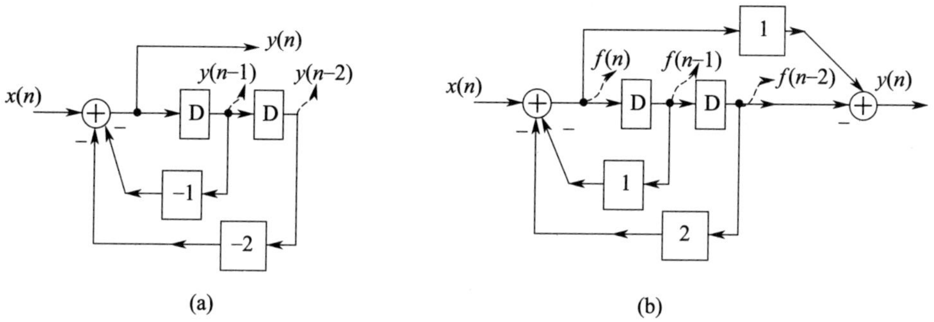 图 3-3 【例 3.2.7】图	60
【例 3.2.8】已知某离散线性时不变系统的差分方程为: $$y(n)+0.4y(n-1)+0.03y(n-2)=0$$ 初始条件 $y(1)=1$,$y(2)=0.7$,试求解方程的齐次解 $y_c(n)$。	63
【例 3.2.9】某离散线性时不变系统的差分方程为: $$y(n)-y(n-1)-2y(n-2)=x(n)+2x(n-2)$$ 若输入 $x(n)=u(n)$,且 $y(-1)=2$,$y(-2)=-0.5$,试求解方程的全解 $y(n)$。	63
【例 3.3.1】设二阶离散 LTI 系统的差分方程为: $$y(n)+3y(n-1)+2y(n-2)=x(n)$$ 已知系统起始状态为 $y(-1)=0$、$y(-2)=0.5$,求系统的零输入响应 $y_{zi}(n)$。	66
【例 3.3.2】已知离散 LTI 系统的差分方程为: $$y(n)+1.5y(n-1)-0.5y(n-3)=x(n)$$ 系统起始状态为 $y(-1)=0.5$、$y(-2)=2$,$y(-3)=4$,求系统的零输入响应 $y_{zi}(n)$。	66
【例 3.3.3】已知离散 LTI 系统的差分方程为 $y(n)-0.5y(n-1)=x(n)+0.5x(n-1)$,$n<0$ 时,$h(n)=0$,用递推法求其单位脉冲响应 $h(n)$。	68
【例 3.3.4】已知离散 LTI 系统的差分方程为: $$y(n)=2[x(n)+x(n-1)+x(n-2)+x(n-3)]$$ ① 求出该滤波器的单位脉冲响应; ② 设输入序列为 $x(n)=\{1,1,1,1,1,1,2\}$,写出零状态响应 $y_{zs}(n)$ 序列的样值,并分析 $y(n)$ 连续零值从第几位开始。	68

第4章　离散时间信号与系统的变换域分析

例题	页码
【例 4.1.6】求双边序列 $x(n)=a^{\mid n \mid}$ 的 z 变换,并确定其收敛域,式中,a 为实数。	83
【例 4.1.7】已知序列 $x(n)=[1.4(0.4)^n-0.4(-0.6)^n]u(n)$,利用线性性质求序列的 z 变换及其收敛域。	89
【例 4.1.8】用尺度变换特性求序列 $x(n)=a^nu(n)$ 的 z 变换。	90
【例 4.1.9】利用 z 变换的 z 域微分特性求 $nu(n)$ 和 $n^2u(n)$ 的 z 变换。	90
【例 4.1.10】已知序列 $x(n)=\mid n-3\mid u(n)$,求序列的单边 z 变换。	90
【例 4.1.11】设 $x(n)=a^nu(n)$,$\mid a \mid<1$,用卷积定理求 $$y(n)=\sum_{m=0}^{n}x(m)$$ 的 z 变换。	91
【例 4.1.12】若已知序列 $y(n)=\left(\dfrac{1}{16}\right)^nu(n)$,试确定两个不同序列 $x(n)$,每个序列都有其 z 变换 $X(z)$,且满足: ① $Y(z^2)=\dfrac{1}{2}[X(z)+X(-z)]$; ② 在 z 平面内,$X(z)$ 仅有一个极点和一个零点。	91
【例 4.1.13】已知序列 $X(z)$ 如下,求其反变换 $x(n)$。 $$X(z)=\dfrac{1-\dfrac{1}{3}z^{-1}}{1+z^{-1}-2z^{-2}},\mid z \mid>2$$	94
【例 4.1.14】已知序列的 z 变换 $X(z)=\dfrac{-3z}{2z^2-5z+2}$,求当 $x(n)$ 分别为右边序列、左边序列和双边序列三种情况下对应的序列。	95
【例 4.1.15】利用部分分式展开法求 $X(z)=\dfrac{z^3-8z}{(z-4)^3}$,$\mid z \mid>4$ 的逆变换 $x(n)$。	96
【例 4.1.16】利用幂级数展开法,求下列 $X(z)$ 的反变换。 ① $X(z)=\dfrac{z}{2z^2-3z+1}$,$\mid z \mid<\dfrac{1}{2}$ ② $X(z)=\dfrac{z}{2z^2-3z+1}$,$\mid z \mid>1$	97
【例 4.1.17】若描述离散 LTI 系统的差分方程为: $$y(n)-y(n-1)-2y(n-2)=x(n)+2x(n-2)$$ 已知 $y(-1)=2$,$y(-2)=-\dfrac{1}{2}$,$x(n)=u(n)$,利用 z 变换法求解系统的全响应 $y(n)$。	99
【例 4.1.18】已知离散 LTI 系统的差分方程为: $$y(n+2)-3y(n+1)+2y(n)=x(n)$$ 已知 $y(0)=y(1)=1$,$x(n)=u(n)$,利用 z 变换法求: ① 系统的零输入响应 $y_{zi}(n)$ 和零状态响应 $y_{zs}(n)$; ② 系统的全响应 $y(n)$。	100
【例 4.1.19】离散 LTI 因果系统用下面差分方程描述: $$y(n)=0.9y(n-1)+x(n)+0.9x(n-1)$$ ① 求系统函数 $H(z)$ 及单位脉冲响应 $h(n)$; ② 设输入为 $x(n)=(0.9)^nu(n)$,求输出 $y(n)$。	102
【例 4.2.1】求单边实指数序列 $x(n)=a^nu(n)$,$0<a<1$ 的傅里叶变换 DTFT。	103
【例 4.2.2】求序列 $\delta(n)$ 的傅里叶变换 DTFT。	104

例题	页码
【例 4.2.3】设 $x(n)$ 为矩形序列 $$x(n)=R_N(n)$$ ① 求 $x(n)$ 的傅里叶变换 DTFT; ② 令 $N=4$,分别画出 $R_4(n)$ 的幅频特性和相频特性图。	104
【例 4.2.4】求下列序列的傅里叶变换。 ① $x_1(n)=\delta(n-n_0)$ ② $x_2(n)=3,\|n\|\leqslant 3$ ③ $x_3(n)=\|a\|^n u(n+2)\ \|a\|<1$ ④ $x_4(n)=a^n\cos(\omega_1 n)u(n),0<a<1$	105
【例 4.2.5】已知序列的傅里叶变换为如下,求原序列 $x(n)$。 $$X(e^{j\omega})=\begin{cases}1 & \|\omega\|<\omega_c \\ 0 & \omega_c<\|\omega\|<\pi\end{cases}$$	110
【例 4.2.6】用卷积定理确定下式的傅里叶反变换 $x(n)$。 $$X(e^{j\omega})=\frac{1}{(1-ae^{-j\omega})^2}$$	110
【例 4.2.7】已知序列的傅里叶变换为: $$X(e^{j\omega})=\sum_{r=-\infty}^{+\infty}2\pi\delta(\omega-\omega_0+2\pi r)$$ 其中 $-\pi<\omega_0<\pi$,求该频谱对应的序列。	111
【例 4.2.8】已知 $x_a(t)=2\cos(2\pi f_0 t)$,式中 $f_0=100\text{Hz}$,以采样频率 $f_s=400\text{Hz}$ 对其采样,得到采样信号 $\hat{x}_a(t)$ 和时域离散序列 $x(n)$,试完成下列各题: ① 求 $x_a(t)$ 的傅里叶变换 $X_a(\Omega)$; ② 求 $\hat{x}_a(t)$ 和 $x(n)$ 的傅里叶变换。	115
【例 4.2.9】对 $x(t)=0.8\cos(2\pi t)+1.1\cos(5\pi t)$ 进行理想采样,采样间隔 $T=0.25\text{s}$,得到 $\hat{x}(t)$,再让 $\hat{x}(t)$ 通过频谱为 $G(\Omega)$ 的理想低通滤波器,$G(\Omega)$ 用下式表示。 $$G(\Omega)=\begin{cases}0.25 & \|\Omega\|\leqslant 4\pi \\ 0 & \|\Omega\|>4\pi\end{cases}$$ ① 写出 $\hat{x}(t)$ 的表达式; ② 求理想低通滤波器的输出 $y(t)$。	115
【例 4.3.1】已知一线性时不变因果系统的系统函数为 $H(z)=\dfrac{z(z-1)(z-0.3)}{(z+0.5)(z^2+2z+2)(z-2)}$,求系统的零极点并在 z 平面画出零极点图。	118
【例 4.3.2】一个离散时间 LTI 系统输入为 $x(n)=u(n)$,输出 $y(n)=2\left(\dfrac{1}{3}\right)^n u(n)$。 ① 用 z 变换法求出系统函数,画出系统零极点图及收敛域示意图; ② 求系统单位脉冲响应 $h(n)$。	118
【例 4.3.3】已知二阶离散系统的初始条件为 $y_{zi}(0)=2,y_{zi}(1)=1$。当输入为 $x(n)=u(n)$ 时,响应为 $y(n)=\left[\dfrac{1}{2}+4(2)^n-\dfrac{5}{2}(3)^n\right]u(n)$,求系统的差分方程及系统单位脉冲响应。	119
【例 4.3.4】研究一个离散 LTI 系统,其输入 $x(n)$ 与输出 $y(n)$ 满足下列差分方程: $$y(n)-y(n-1)-\frac{3}{4}y(n-2)=x(n-1)$$ ① 求该系统的系统函数 $H(z)$,并画出零极点图; ② 求系统的单位脉冲响应 $h(n)$ 的三种可能的选择; ③ 对每一种 $h(n)$ 讨论系统是否稳定,是否因果; ④ 写出系统输入输出的前向差分方程形式,并说明此时该系统是否属于因果系统。	121

续表

例题	页码
【例 4.3.5】一个因果的离散 LTI 系统，其系统函数为 $H(z)=\dfrac{1-a^{-1}z^{-1}}{1-az^{-1}}$，其中 a 为实数。 ① a 值在哪些范围内才能使系统稳定？ ② 假设 $0<a<1$，画出零极点图，并用阴影线注明收敛域。 ③ 证明这个系统是全通系统，即其频率特性的幅度为一常数。	125
【例 4.3.6】线性因果系统用下面差分方程描述： $y(n)=0.9y(n-1)+x(n)$ ① 求系统函数 $H(z)$ 及单位脉冲响应 $h(n)$； ② 求系统频响函数 $H(\mathrm{e}^{\mathrm{j}\omega})$； ③ 设输入为 $x(n)=\mathrm{e}^{\mathrm{j}\omega_0 n}$，$\omega_0=\dfrac{\pi}{3}$，求输出 $y(n)$。	128
【例 4.3.7】一个离散 LTI 系统由 $h_1(n)=\delta(n)$，$h_2(n)=\dfrac{1}{3}\delta(n-1)$，$h_3(n)=\dfrac{1}{3}\delta(n-2)$三个子系统级联而成，其频率特性记为 $H(\mathrm{e}^{\mathrm{j}\omega})=\|H(\mathrm{e}^{\mathrm{j}\omega})\|\mathrm{e}^{\mathrm{j}\varphi(\omega)}$。 ① 求系统频响 $H(\mathrm{e}^{\mathrm{j}\omega})$、幅频特性 $\|H(\mathrm{e}^{\mathrm{j}\omega})\|$ 及相频特性 $\varphi(\omega)$； ② 若 $\omega_0=\dfrac{\pi}{4}$，求频响的幅频特性、相频特性函数值 $\|H(\mathrm{e}^{\mathrm{j}\frac{\pi}{4}})\|$、$\varphi\left(\dfrac{\pi}{4}\right)$； ③ 当输入为 $x_1(n)=R_4(n)$时，系统输出 $y_1(n)$； ④ 当输入为 $x_2(n)=A\cos\left(\dfrac{\pi}{4}n+\dfrac{\pi}{2}\right)$时，求系统输出 $y_2(n)$的幅频和相频特性函数 $\|Y_2(\mathrm{e}^{\mathrm{j}\omega})\|$、$\varphi_2(\omega)$。	129
【例 4.3.8】已知离散 LTI 系统为因果稳定系统，其频率响应函数 $H(\mathrm{e}^{\mathrm{j}\omega})$如图 4-17(a)所示，输入序列$x(n)=\dfrac{2}{3}\mathrm{Sa}(\dfrac{2}{3}\pi n)(-1)^n$，求输出 $y(n)$。 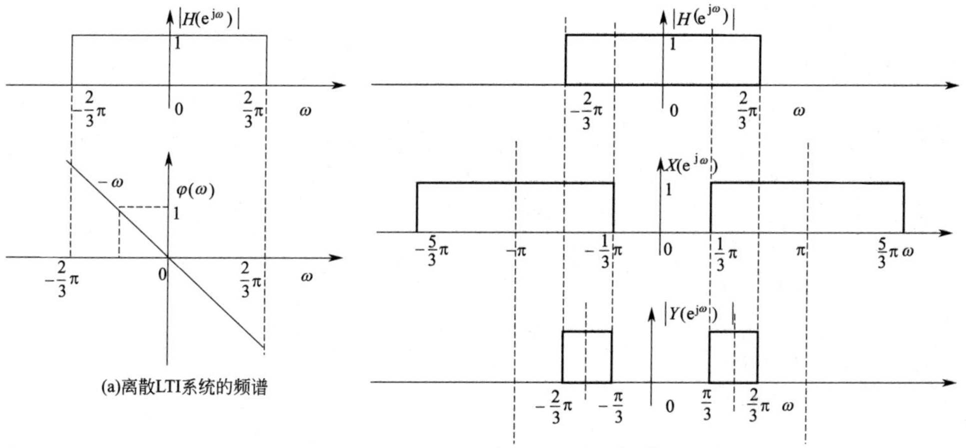 (a)离散LTI系统的频谱 (b) $\|Y(\mathrm{e}^{\mathrm{j}\omega})\|=\|H(\mathrm{e}^{\mathrm{j}\omega})\|\|X(\mathrm{e}^{\mathrm{j}\omega})\|$相乘示意图 图 4-17 【例 4.3.8】图	130
【例 4.3.9】设一阶系统的差分方程为 $y(n)-\dfrac{1}{3}y(n-1)=x(n)$。 ① 求系统函数 $H(z)$； ② 求系统零点极点并画出系统函数零极点分布图； ③ 利用几何法粗略画出系统幅频响应曲线。	133

例题	页码
【例 5.1.18】设 $x(n)=3\delta(n)+2\delta(n-2)+4\delta(n-3)$。 ① 求 $x(n)$ 的 4 点 DFT； ② 若 $y(n)$ 是 $x(n)$ 与 $h(n)=\delta(n)+5\delta(n-1)+4\delta(n-3)$ 的 4 点循环卷积，求 $y(n)$ 及其 4 点 DFT。	157
【例 5.1.19】计算下列序列的 N 点 DFT。 ① $x(n)=e^{j\omega_0 n}R_N(n)$ ② $y(n)=\cos(\omega_0 n)R_N(n)$ ③ $h(n)=\sin(\omega_0 n)R_N(n)$	158
【例 5.2.1】已知序列 $x(n)=2\delta(n)+\delta(n-1)+\delta(n-3)$ 的 5 点 DFT 为 $X(k)$，求 $Y(k)=X^2(k)$ 的 IDFT。	159
【例 5.2.2】已知一个有限长序列 $x(n)=\delta(n)+2\delta(n-5)$。 ① 求它的 10 点 DFT； ② 已知序列 $y(n)$ 的 10 点傅里叶变换为 $Y(k)=W_{10}^{2k}X(k)$，求序列 $y(n)$； ③ 已知序列 $m(n)$ 的 10 点离散傅里叶变换为 $M(k)=X(k)Y(k)$，求序列 $m(n)$。	160
【例 5.2.3】若序列 $x(n)=\{\underline{1},1,1,1,1\}$，长度为 $M=5$，求 $N=3$ 及 $N=6$ 时的序列 $x_N(n)$。	161
【例 5.2.4】已知无限长序列 $x(n)=a^n u(n)$，$0<a<1$，对 $x(n)$ 的 z 变换 $X(z)$ 在单位圆上等间隔采样 N 点，抽样值为： $$X(k)=X(z)\big|_{z=W_N^{-k}},0\leqslant k\leqslant N-1$$ 令有限长序列 $x_N(n)=\text{IDFT}[X(k)]$，求： ① 序列的 N 点 DFT 变换； ② $N=10$ 和 $N=20$ 时的有限长序列 $x_{10}(n)$、$x_{20}(n)$； ③ 取 $a=0.8$，画出 40 点 $y_1(n)=x_{10}((n))_{10}$ 和 $y_2(n)=x_{20}((n))_{20}$ 的波形，对比波形并解释这种现象的原因。	162
【例 5.3.1】已知信号 $x(t)$ 的不同成分中最高频率为 $f_m=2500\text{Hz}$，用采样频率 $f_s=8\text{kHz}$ 对 $x(t)$ 时域采样。之后再对采样序列进行 1600 点 DFT。试确定 $X(k)$ 中 $k=10$、50、150、300、1200、1500 点分别对应原连续信号的连续频谱点 f_1、f_2、f_3、f_4、f_5、f_6。	168
【例 5.3.2】连续信号 $x(t)$ 的带宽为 $0\sim200\text{Hz}$，采样序列记为 $x(n)$，其 DFT 为 $X(k)$。假设时域采样频率为 $f_s=1600\text{Hz}$，频域抽样点数为 2048。 ① 请分析 $|X(20)|$ 代表的是 $x(t)$ 在哪个频率点处的频谱幅度。 ② 若采样频率为 400Hz，$|X(20)|$ 对应的是原信号的哪个频点？ ③ 比较两种采样频率下，信号最高频率对应 DFT 的点数（k 的值），说明在利用 DFT 分析信号频谱时采样频率与 DFT 点数选择应如何权衡。	169
【例 5.3.3】已知 $X(e^{j\omega})=\text{DFT}[R_8(n)]$，对 $X(e^{j\omega})$ 在 $[0,2\pi]$ 上进行 8 点等间隔采样（从 $\omega=0$ 开始）得到 $X(k)$。为减小栅栏效应，观察到更多其他谱线值，应采用什么方法？若希望观察到原来 3 倍的谱线，应采用多少点 DFT 实现？试写出 8 点 $X(k)$ 的数学表达式，若令新方案的 DFT 变换记为 $H(k)$，写出 $H(k)$ 的数学表达式，并画出 $|X(k)|$、$|H(k)|$ 波形。	170
【例 5.4.1】对实信号进行谱分析，要求谱分辨率 $F_0\leqslant10\text{Hz}$，信号最高频率 $f_c=2.5\text{kHz}$，试确定最小记录时间 $T_{p\min}$、时域最大采样间隔 T_s 和 DFT 的频域最小抽样点数 $N_{\min}$。若谱分辨率要求提高一倍，求 DFT 的最小变换点数和最小记录时间。	176
【例 5.4.2】已知信号由 10Hz、25Hz、50Hz、100Hz 四个频率成分组成。完成下列各问： ① 采用 DFT 分析其频谱，请选取合适的采样频率 f_s、截取时长 T_p。 ② 选取合适的采样点数 N，并计算信号各频率成分在 N 点 DFT 分析结果中对应的序号 k。	176

例题	页码
③ 如果需要滤除信号中 100Hz 的频率成分,以小题①中选取的采样频率 f_s 对信号进行采样,如何设定数字滤波器的截止频率？如果对输出信号的相位特性没有特殊要求,选用哪种类型的滤波器比较节省成本？	176
【例 5.4.3】对连续时间信号 $x_a(t)=\mathrm{e}^{-t}u(t)$ 进行谱分析,分别按采样频率 $f_s=5\text{Hz}$ 和 $f_s=20\text{Hz}$ 采样。比较原信号的频谱与采样信号的频谱,观察不同采样频率下的混叠现象。	177
【例 5.4.4】已知信号的 z 变换为 $X(z)=\dfrac{1}{1-1.35z^{-1}+0.98z^{-2}},\|z\|>0.85$,求 ① 序列 $x(n)$ 及其频谱 $X(\mathrm{e}^{\mathrm{j}\omega})$； ② 画出 $x(n)$ 及并用几何法大致画出幅度谱 $\|X(\mathrm{e}^{\mathrm{j}\omega})\|$ 的波形； ③ 假设截断长度为 $N=16$ 和 64,分别计算截断后的幅度谱,并比较谱泄漏的程度。	179
【例 5.4.5】对连续单频正弦信号 $x(t)=\sin(2\pi f_m t)$ 按采样频率 $f_s=8f_m$ 采样,截断长度 N 分别取 $N_1=36$ 和 $N_2=32$。观察其 DFT 结果。	180
【例 5.4.6】已知模拟信号 $x(t)=\cos(8\pi t)+\cos(20\pi t)+\cos(24\pi t)$,以采样频率 64Hz 对其进行采样并利用 DFT 进行谱分析,求频率至少应抽样多少点,方能利用 DFT 准确地观测到 6 根谱线？设频率分辨率取 4Hz,会出现什么情况？	181
【例 5.4.7】已知模拟信号为 $x(t)=0.2\cos(10000\pi t)+0.8\cos(9900\pi t)$,为了对其做频谱分析,选定抽样频率 f_s 为该信号最高频率的 4 倍,对该信号进行等间隔抽样,然后进行离散傅里叶变换。 ① 求抽样频率 f_s。 ② 为了分辨两个频率成分,DFT 所需最小点数 $N_{\min}$ 应该如何选取？为保证使用基 2-FFT,N 应如何选取？ ③ 按照上述确定的点数 N,截取模拟信号 $x(t)$ 的长度为多少？ ④ 分析该谱分析系统可能出现的误差。	182
【例 5.4.8】已知一个信号的频率在 $5\text{Hz}\leqslant f_0\leqslant 10\text{Hz}$ 之间,为分析这个频率,选择频率分辨率 $F_0=1\text{Hz}$,采样频率 $f_s=50\text{Hz}$,试设计一个 DFT 谱分析实验方案,通过实验确定这个频率的大小并证明该频率是否正确。	183
【5.4.9】设序列中含有三种频率成分,$f_1=2\text{Hz}$,$f_2=2.05\text{Hz}$,$f_3=1.9\text{Hz}$,采样频率为 10Hz。试分析:分别取序列截断长度为 $N_1=128$ 点,$N_2=512$ 点。 ① 若取截断序列为 128 点,求此时信号的最小记录时间为多大？频率分辨率为多少？通过仿真用波形定性说明如 DFT 的点数分别取 128 点和 512 点,其谱分析准确性如何？ ② 取截断序列长度为 256 点,即序列的有效长度为 512 点,再分别用 256 点和 512 点 DFT 进行谱分析,与①中的 512 点 DFT 谱分析效果相比,有何结论？	184
【例 5.4.10】图 5-21 为时间信号 $x(t)=\sin(2\pi f_1 t)+2\sin(2\pi f_2 t)$ 的离散傅里叶变换分析频谱,其中 $f_1=15\text{Hz}$,$f_2=18\text{Hz}$。 求:① 满足频率分辨率和采样定理要求的最小截断时间长度 $T_{\min}$,最小采样频率 f_{s0} 为多少？ ② 某同学经过 MATLAB 仿真得到如图 5-21 所示波形,分析该同学选择的截断时间长度 T 和采样频率 f_s 分别为多少？是否发生了混叠现象？ 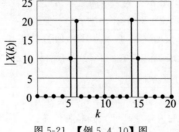 图 5-21 【例 5.4.10】图	185

续表

例题	页码
【例 8.3.1】已知高通滤波器的通带截止频率为 4kHz，阻带截止频率为 1kHz，通带最大衰减 3dB，阻带最小衰减 30dB，设计一个巴特沃斯滤波器，写出其系统函数。	240
【例 8.3.2】采用切比雪夫 I 型模拟低通滤波器，设计一个模拟带通滤波器。给定指标为 ① 通带：通带下限截止频率 $f_{pl}=200\text{Hz}$，通带上限截止频率 $f_{pu}=300\text{Hz}$，并要求通带内幅度衰减 $d_p=3\text{dB}$； ② 阻带：下阻带截止频率 $f_{sl}=100\text{Hz}$，上阻带截止频率 $f_{su}=400\text{Hz}$，并要求阻带最小衰减 $\alpha_s=20\text{dB}$。	241

第 9 章　IIR 数字滤波器

例题	页码
【例 9.1.1】已知数字滤波器的系统函数为 $H(z)=\dfrac{1}{z-0.9}$，求它的幅度平方函数、相位函数及其群延迟，并判断该系统是否为线性相位低通滤波器。	247
【例 9.1.2】已知系统频响如图 9-3(a)所示，其频响记为 $H_{LPF}(e^{j\omega})$，对应的单位脉冲响应记为 $h_{LPF}(n)$。证明单位脉冲响应为 $h(n)=(-1)^n h_{LPF}(n)$ 对应的频响为高通滤波器。 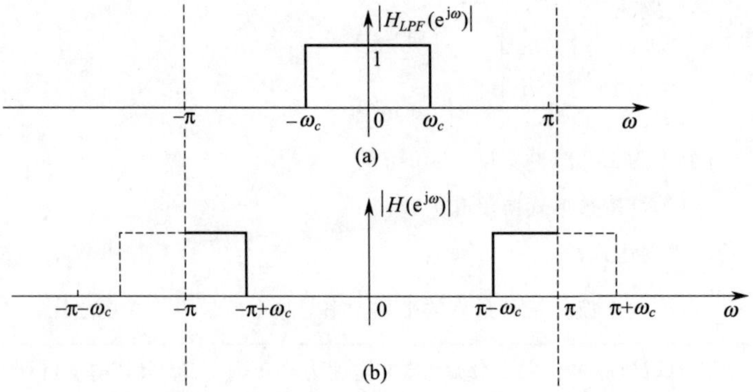 图 9-3 【例 9.1.2】图	248
【例 9.2.1】已知模拟滤波器的系统函数为 $H(s)=\dfrac{2}{s^2+4s+3}$，试用脉冲响应不变法求出其 IIR 数字滤波器系统函数 $H(z)$，并写出采样间隔分别为 1s 和 0.1s 时数字滤波的系统函数。	251
【例 9.2.2】已知模拟系统的系统函数为 $H_a(s)=\dfrac{s+1}{s^2+5s+6}$，试利用 MATLAB 软件辅助设计用脉冲响应不变法将其转换成等价的数字系统函数 $H(z)$，其中 $T=0.1\text{s}$。	252
【例 9.3.1】利用双线性变换，把 $H_a(s)=\dfrac{s+1}{s^2+5s+6}$ 转换成数字滤波器，设 $T=1$。	256
【例 9.3.2】借助巴特沃斯模拟低通滤波器，利用双线性变换法设计一个 IIR 数字低通滤波器，给定技术指标是：通带截止频率 $f_p=125\text{Hz}$，且衰减 α_p 不大于 3dB，阻带截止频率 $f_s=375\text{Hz}$，且衰减 α_s 不小于 18dB，采样频率为 $F_s=1000\text{Hz}$。	258
【例 9.3.3】试用巴特沃斯模拟低通滤波器设计一个 IIR 数字高通滤波器，技术指标要求：通带截止频率 $f_p=400\text{Hz}$，通带最大衰减 $\alpha_p=3\text{dB}$，阻带截止频率 $f_s=200\text{Hz}$，阻带最小衰减 $\alpha_s=18\text{dB}$，抽样频率 $F_s=1200\text{Hz}$。	260

第 10 章 FIR 数字滤波器

例题	页码
【例 10.1.1】假设一个 FIR 滤波器的单位脉冲响应为 $h(n)=\delta(n)+2\delta(n-1)+\delta(n-2)$。 ① 求系统的系统函数和系统频响,计算其幅频、相频特性函数; ② 当系统输入 $x(n)=R_4(n)$ 时,求系统输出 $y(n)$; ③ 求当系统输入为 $x(n)=4+\cos\left(\dfrac{\pi}{3}n-\dfrac{\pi}{2}\right)+3\cos(\dfrac{7}{8}\pi n)$ 时的输出。	266
【例 10.1.2】设一个 3 点滑动平均滤波器的差分方程为: $$y(n)=\frac{1}{3}\sum_{i=n-2}^{n}x(i)$$ ① 设输入信号为 $x(n)=R_{10}(n)$,试计算出 $y(n)$ 的全部非零值; ② 根据滑动平均器的结构,试分析当输入序列为 $x(n)=(1.02)^n+\dfrac{1}{2}\cos\left(\dfrac{2\pi}{11}n+\dfrac{\pi}{4}\right)$ 时,平均器最少要多少点才能将序列中的正弦扰动滤除。	268
【例 10.1.3】已知某 FIR 滤波器的系统函数为 $H(z)=1-2z^{-1}+2z^{-2}-z^{-3}$。 ① 求系统的零点,并写出系统单位脉冲响应 $h(n)$; ② 求系统的频响 $H(e^{j\omega})$,并求 $\omega=0,\dfrac{\pi}{3},\pi$ 时的频响; ③ 根据 $H(z)$、$H(e^{j\omega})$ 的关系分析零点与上述频响值的关系; ④ 若输入信号 $x(n)=1+\cos(\dfrac{\pi}{3}n)$,求输出 $y(n)$。	269
【例 10.1.4】已知 50Hz 电源中存在 60Hz、100Hz 干扰信号,请设计一个零陷滤波器,将 60Hz、100Hz 的频率滤除。	270
【例 10.2.1】已知四个 FIR 滤波器的单位脉冲响应如图 10-2 所示,写出滤波器的系统函数和幅度、相位函数,试分析其相位函数是否满足线性特性,若是线性相位,求其群时延 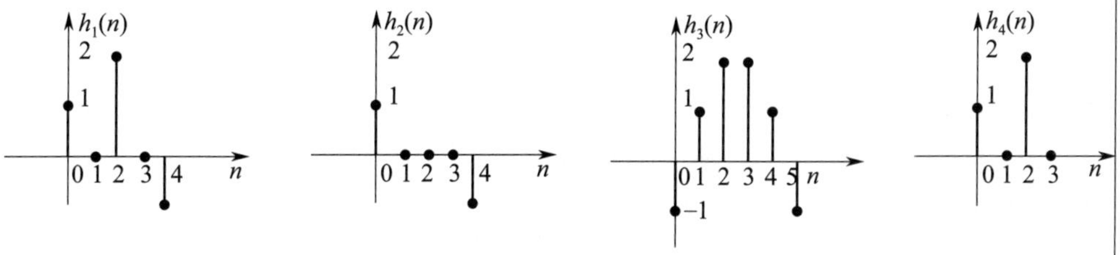 τ。 图 10-2 【例 10.2.1】图	272
【例 10.2.2】已知系统的单位脉冲响应为 $h(n)=\{1,2,1\}$,试回答下列问题: ① 判断该 FIR 滤波器是否为线性相位滤波器; ② 写出系统的幅度函数和相位函数; ③ 当输入为 $x(n)=4+3\left(\dfrac{\pi}{3}n-\dfrac{\pi}{2}\right)+3\cos(\dfrac{7}{8}\pi n)$ 时,求输出 $y(n)$,并讨论输出是否符合群时延为常数的线性相位特性。	274

例题	页码
【例 10.2.3】某滤波器的系统函数为 $H(z)=0.15+0.2z^{-1}+0.3z^{-2}+0.2z^{-3}+0.15z^{-4}$,试回答下列问题: ① 分析该滤波器是否属于 FIR 滤波器。 ② 写出滤波器的单位脉冲响应 $h(n)$,判断该滤波器是否具有线性相位特性,若是,请说明该滤波器属于第几类线性相位? ③ 这个滤波器是低通滤波器吗?为什么? ④ 如滤波器输入为 $x(n)=\delta(n)+\delta(n-1)$,求滤波器输出 $y(n)$。	275
【例 10.2.4】已知两个第一类线性相位滤波器的单位脉冲响应分别为: $h_1(n)=\{-0.08,-0.05,0,0.09,0.18,0.25,0.28,0.25,0.18,0.09,0,-0.05,-0.08\}$ $h_2(n)=\{0.3,0,0.5,0,0,0,-0.3,0,0,0,0.5,0,0.3\}$ 请判断这两个滤波器是哪一类线性相位滤波器;这两滤波器都是低通滤波器吗?	276
【例 10.2.5】已知 FIR 滤波器的单位脉冲响应 $h(n)=\{1,2,1\}$,画出其幅度函数波形图并分析其能够实现何种经典滤波器。	277
【例 10.2.6】已知一个线性相位 FIR 系统有零点 $z=1,z=e^{j\frac{\pi}{3}},z=\dfrac{3}{5},z=3e^{j\frac{2}{3}\pi}$,请问: ① 这个系统是否还有其他零点,若有,请写出,若没有请给出理由。 ② 写出该系统的系统函数,并说明滤波器的阶数和单位脉冲响应 $h(n)$ 的长度最少为多少。 ③ 根据系统配置的零点情况,请说明该滤波器是否可以用于设计线性相位的低通滤波器。 ④ 该系统的极点在哪?系统是否稳定?	280
【例 10.3.1】利用窗函数法设计一个线性相位高通滤波器,要求通带截止频率 $\omega_p=0.5\pi(\text{rad})$,阻带截止频率 $\omega_s=0.25\pi$,通带最大衰减为 $\alpha_p=1\text{dB}$,阻带最小衰减为 $\alpha_s=40\text{dB}$。	291
【例 10.3.2】根据下列指标设计一个线性相位 FIR 低通滤波器,给定采样频率 10kHz,通带截止频率为 2kHz,阻带截止频率 3kHz,阻带衰减为 53dB。	291
【例 10.3.3】已知带通滤波器的理想频域特性函数为: $$H_d(e^{j\omega})=\begin{cases}e^{-j\omega\tau} & \omega_1<\vert\omega\vert<\omega_2\\0 & \text{其他}\end{cases}$$ 通带衰减为通带上截止频率为 $\omega_{p2}=0.5\pi$,通带下截止频率为 $\omega_{p1}=0.3\pi$,阻带上截止频率为 $\omega_{s2}=0.6\pi$,阻带下截止频率为 $\omega_{s1}=0.2\pi$,通带衰减为 $\alpha_p=1\text{dB}$,阻带最小衰减为 $\alpha_s=21\text{dB}$,旁瓣最小衰减为 31dB。试设计满足设计指标的线性相位 FIR 滤波器。	292
【例 10.3.4】某系统的输入 $x(t)=0.4\cos(160\pi t)+0.5\cos(200\pi t)+0.4\cos(240\pi t)$,系统采样频率为 1000Hz。先需要用一个数字滤波器将 100Hz 频率保留下来,其他频率成分幅度要衰减到 0.01 以下,且滤波器过渡带带宽要小于 10Hz,具有线性相位。请确定滤波器类型、通带截止频率、窗函数类型、窗长及滤波器长度,求出系统的 $h(n)$ 及其相位响应函数。	293
【例 10.4.1】已知低通滤波的幅频响应如图 10-13 所示,截止频率为 0.5π,设 N 等于 4,用频域抽样法设计线性相位滤波器。按 $N=4$ 在 $0\leq\omega\leq2\pi$ 等间隔抽样,得到逼近滤波器的幅度采样值为: $$H_{dg}(k)=\begin{cases}1 & k=0,1\\0 & k=2\end{cases}$$ 回答下列问题: ①写出该滤波器的单位脉冲响应 $h(n)$;②判断该 FIR 系统的类型。	296

例题	页码
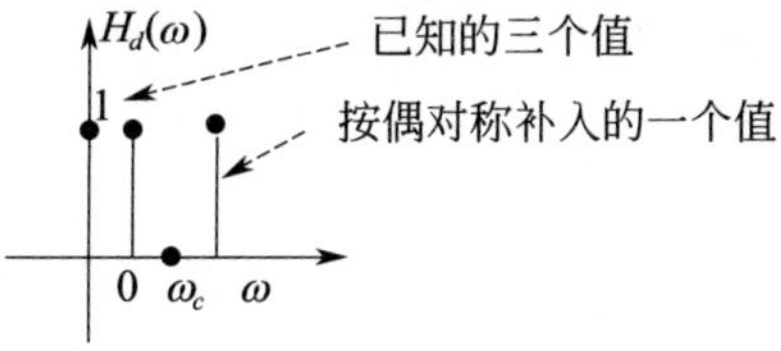 图 10-13 【例 10.4.1】图	296
【例 10.4.2】用频域抽样法设计第一类线性相位 FIR 滤波器,要求截止频率 $\omega_c=\dfrac{\pi}{16}$,过渡带带宽 $B_t=\dfrac{\pi}{32}$,阻带最小衰减 $\alpha_s=30$dB,设过渡带抽样点优化系数为 0.3904。	299
【例 10.4.3】利用频域抽样法设计线性相位 FIR 带通滤波器。设 $N=33$。理想幅频特性如图 10-16 所示(假设不用过渡带抽样点)。 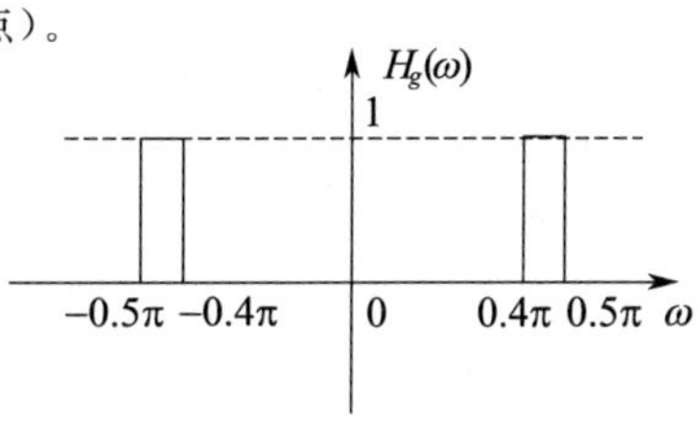 图 10-16 【例 10.4.3】图	300
【例 10.5.1】某信号种包含两个频率成分,$f_1=5$Hz,$f_2=20$Hz,初始相位分别为 45° 和 60°。信号幅度均为 1,长度为 100 点。试用窗函数法设计 FIR 低通滤波器消除 f_2 的信号分量。滤波器采样频率为 100Hz,通带截止频率为 10Hz,阻带截止频率为 15Hz,通带衰减为 3dB,阻带衰减为 60dB。 ① 试画出该滤波器的幅频曲线和相频曲线,并比较滤波器前后信号在时域和频域上的变化; ② 试求出该滤波器单位脉冲响应,使用卷积运算实现滤波处理,画出滤波器输出时域频域波形; ③ 对比①、②的时域波形,总结数字信号处理实现的实时性规律。	302

第 11 章　数字滤波器的网络结构

例题	页码
【例 11.1.1】设差分方程为: $$y(n)-2y(n-1)-3y(n-2)=x(n)+4x(n-1)+x(n+2)$$ 画出该方程对应的系统模拟结构图。	307
【例 11.2.1】设 IIR 数字滤波器的系统函数为: $$H(z)=\frac{4z^2+11z-2}{\left(z-\dfrac{1}{4}\right)\left(z^2-z-\dfrac{1}{2}\right)}$$ 求该滤波器的差分方程,并画出直接 I 型、II 型网络结构图。	310
【例 11.2.2】已知某三阶离散 LTI 系统的系统函数如下,试画出其直接 II 型、级联型和并联型网络结构。 $$H(z)=\frac{3+2.4z^{-1}+0.4z^{-2}}{(1-0.6z^{-1})(1+z^{-1}+0.5z^{-2})}$$	312

例题	页码
【例 11.2.3】已知系统的单位脉冲响应为： $$h(n)=\delta(n)+2\delta(n-1)+0.3\delta(n-2)+2.5\delta(n-3)+0.5\delta(n-5)$$ 试写出系统的系统函数，并画出其直接型结构。	315
【例 11.2.4】已知 FIR 滤波器的单位脉冲响应为： ① $N=6$；$h(0)=h(5)=1.5$，$h(1)=h(4)=2$，$h(2)=h(3)=3$； ② $N=7$；$h(0)=h(6)=3$，$h(1)=-h(5)=-2$，$h(2)=-h(4)=1$，$h(3)=9$。 试画出它们的线性相位型结构图，并分别说明它们的幅度特性、相位特性各有什么特点。	316
【例 11.2.5】已知 FIR 滤波器的系统函数为 $H(z)=\dfrac{1}{10}(1+2z^{-1}+4z^{-2}+2z^{-3}+z^{-4})$。 ① 求 $H(\mathrm{e}^{\mathrm{j}\omega})$ 的表示式，画出频域幅度特性图； ② 画出乘法次数最少的结构框图。	316
【例 11.2.6】已知 FIR 滤波器的 16 个频率抽样值如下： $$H(0)=12,H(1)=-3-\mathrm{j}\sqrt{3},H(2)=1+\mathrm{j},H(3)\sim H(13)=0;$$ $$H(14)=1-\mathrm{j},H(15)=-3+\mathrm{j}\sqrt{3}$$ 试画出其频率抽样结构，选择 $r=1$，可采用复数乘法器。	318
【例 11.2.7】已知 FIR 滤波器的 16 个频率抽样值如下： $$H(0)=12,H(1)=-3-\mathrm{j}\sqrt{3},H(2)=1+\mathrm{j},H(3)\sim H(13)=0;$$ $$H(14)=1-\mathrm{j},H(15)=-3+\mathrm{j}\sqrt{3}$$ 试画出其频率抽样结构，选择 $r=0.9$，要求采用实数乘法器实现。	320
【例 11.2.8】设滤波器的系统函数为： $$H(z)=\frac{5-2z^{-3}-3z^{-6}}{1-z^{-1}}$$ 在 z 平面单位圆上抽样 6 点，选择 $r=0.95$，试画出其采用实数乘法器的频率采样结构。	321